全国高等职业院校“互联网+”土建类规划教材

江苏高校品牌专业建设工程·建筑工程技术专业

钢结构施工与算量

主　编　刘如兵　姜荣斌　张　军

副主编　陈佳佳　李存钱　钱　军　朱　星

南京大学出版社

图书在版编目(CIP)数据

钢结构施工与算量 / 刘如兵，姜荣斌，张军主编
. —南京：南京大学出版社，2019.1
ISBN 978-7-305-20871-3

Ⅰ. ①钢…　Ⅱ. ①刘…　②姜…　③张…　Ⅲ. ①钢结构－工程施工－高等学校－教材　②钢结构－建筑工程－工程造价－高等学校－教材　Ⅳ. ①TU758.11　②TU723.3

中国版本图书馆 CIP 数据核字(2018)第 197710 号

出版发行　南京大学出版社
社　　址　南京市汉口路 22 号　　　　邮　　编　210093
出 版 人　金鑫荣

书　　名　钢结构施工与算量
主　　编　刘如兵　姜荣斌　张　军
责任编辑　朱彦霖　刘　灿　　　　编辑热线　025-83597482

照　　排　南京理工大学资产经营有限公司
印　　刷　南京玉河印刷厂
开　　本　787×1092　1/16　印张 18.75　字数 456 千
版　　次　2019 年 1 月第 1 版　2019 年 1 月第 1 次印刷
ISBN　978-7-305-20871-3
定　　价　46.00 元

网　　址：http://www.njupco.com
官方微博：http://weibo.com/njupco
微信服务号：njuyuexue
销售咨询热线：(025)83594756

编　委　会

前　言

本书主要为配合高职高专建筑工程技术专业学生学习钢结构施工与算量而编写，根据《钢结构设计标准》(GB 50017—2017)、《房屋建筑与装饰工程工程量计算规范》(GB 50854—2013)、《钢结构工程施工质量验收规范》(GB 50205—2001)及其他新颁布的有关规范、多年教学体会和工程实践经验编写。全书共分10章：绪论、钢结构材料的选择、钢结构识图、钢结构加工制作、钢结构安装、钢结构的涂装工程、钢结构施工质量检验、拱结构工程量清单编制、钢结构工程量清单计价、某钢结构厂房造价编制实例。

为了使学生能对钢结构工程有较系统的了解，本书在结合钢结构工程实践的基础上，以规范为根本，吸收已有教学成果、新知识、新技能，重点编写了钢结构原材料、钢结构施工与验收以及钢结构工程算量部分内容。全书特点主要是结合专业知识和案例，采用任务驱动教学法，重点让学生掌握钢结构原材料及施工、验收和算量等方面的知识，不仅要让学生看懂图纸，更要让学生知道所看的图纸如何施工、如何验收、如何算量。这正适应了国家高职高专的课程改革要求，便于高职高专学生将钢结构相关的一系列知识融会贯通地掌握。

本书为江苏省示范高职院校重点专业建设成果，江苏省高职院校高水平骨干专业建设成果，主要供高职高专建筑工程技术专业学生使用，也可作为高教自考、电大函授、专业培训和工程建设和管理人员的学习参考书。

本书由泰州职业技术学院刘如兵、姜荣斌和扬州工业职业技术学院张军担任主编；由泰州市中诚工程咨询有限公司陈佳佳，正太集团有限公司李存钱，泰州职业技术学院钱军、朱星担任副主编。本书参考和引用了已公开发表、出版的有关文献和资料，在此谨对所有文献的作者和曾关心、支持本书的同志们深表谢意。

在本书编写过程中，泰州中诚咨询工程有限公司和正太集团有限公司给予了实质性的帮助，对保证本书编写质量提出了不少建设性意见。在此表示衷心感谢。

限于编者水平有限，时间仓促，书中难免存在缺点和不妥之处，敬请广大读者批评指正。

编　者

2018年7月

目　录

扫码查看本书相关
规范、标准、规程和图集

第1章 绪 论

扫码获取
电子资源

1.1 钢结构的发展史

钢(steel)是铁碳合金。人类采用钢结构的历史和炼铁、炼钢技术的发展是密不可分的。早在公元前2000年左右,在人类古代文明的发祥地之一的美索布达米亚平原(位于现代伊拉克境内的幼发拉底河和底格里斯河之间)就出现了早期的炼铁术。

我国也是较早发明炼铁技术的国家之一。在河南辉县等地出土的大批战国时代(公元前475~前221年)的铁制生产工具说明,早在战国时期,我国的炼铁技术早已盛行。公元65年(汉明帝时代),我国已成功地锻铁(wrought iron)为环,相扣成链,建成了世界上最早的铁链悬桥——兰津桥。此后,为了跨越深谷,便利交通,又陆续建造了数十座铁链桥。其中跨度最大的为1705年(清康熙四十四年)建成的四川大渡河泸定桥,桥宽2.8 m,跨度100 m,由9根桥面铁链和4根桥栏铁链构成,两端系于直径20 cm、长4 m的生铁铸成的锚桩上。该桥比美洲1801年才建造的跨度23 m的铁索桥早近百年,比号称世界最早的英格兰跨度30 m铸铁(cast iron)拱桥也早74年。

除铁链悬桥外,我国古代还建有许多铁建筑物,如公元694年(周武氏十一年)我国在洛阳建成的"天枢",高35 m,直径4 m,顶有直径为11.3 m的"腾云承露盘",底部有直径约16.7 m用来保持天枢稳定的"铁山",这样的结构相当符合力学原理。又如公元1061年(宋代)我国在湖北荆州玉泉寺建成的13层铁塔,目前依然存在。所有这些都表明,我们中华民族对铁结构的应用,曾经居于世界领先地位。

欧美等国家中最早将铁作为建筑材料的应属英国,但直到1840年以前,还只采用铸铁来建造拱桥。1840年以后,随着铆钉(rivets)连接和锻铁技术的发展,铸铁结构才逐渐被锻铁结构取代。1846年~1850年,在英国威尔士修建的布里塔尼亚桥(Brittania Bridge)是这方面的典型代表。该桥共有4跨,跨长分别为70 m、140 m、140 m、70 m,每跨均为箱型梁式桥,由锻铁型板和角铁经铆钉连接而成。随着1855年英国人发明贝氏转炉炼钢法和1865年法国人发明平炉炼钢法,以及1870年成功轧制出工字钢,工业化大批量生产钢材(steel products)的能力逐渐形成,强度高且韧性好的钢材才开始在建筑领域逐渐取代锻铁材料,自1890年以后更是成了金属结构的主要材料。20世纪初焊接(welding)技术的出现,以及1934年高强度螺栓(high-strength bolts)连接的出现,极大地促进了钢结构的发展。除西欧、北美之外,钢结构在苏联和日本等国家也获得了广泛的应用,逐渐发展成为全世界所接受的重要结构体系。

由于我国长期处于封建主义统治之下,生产力的发展受到束缚,1840年鸦片战争以后,更是沦为了半封建半殖民地国家,经济凋敝,工业落后,古代在铁结构方面的技术优势早已丧失殆尽。我国在1907年才建成了汉阳钢铁厂,年产钢只有0.85万吨。日本帝国主义侵略中国期间，曾在东北的鞍山、本溪建设了几个钢铁企业，疯狂掠夺我国的宝贵资源。1943年是我国历史上钢铁产量最高的一年，生产生铁180万吨，钢90万吨，绝大部分都是在东北生产的。这些钢铁很少用于建设，大部分被日本帝国主义用于反动的侵略战争。

新中国成立以后，随着经济建设的发展，钢结构曾起过重要作用，如第一个五年计划期间，我国建设了一大批钢结构厂房、桥梁。但由于受到钢产量的制约，在其后的很长一段时间内，钢结构被限制使用在其他结构不能代替的重大工程项目中。这在一定程度上影响了钢结构的发展。

自1978年我国实行改革开放政策以来，经济建设获得了飞速的发展，钢产量也逐年增加。自1996年超过1亿吨以来，我国钢产量一直位列世界钢产量之首，2003年更创纪录地达到了2.2亿吨，这逐步改变着钢材供不应求的局面。我国的钢结构技术政策，也从限制使用改为积极合理地推广应用。近年来，随着市场经济的不断完善，钢结构制作和安装企业像雨后春笋般在全国各地涌现，外国著名钢结构厂商也纷纷打入中国市场。在多年工程实践和科学研究的基础之上，我国新的《钢结构设计标准》(GB 50017—2017)和《冷弯薄壁型钢结构技术规范》(GB 50018—2016)也已发布实施。所有这些都为钢结构在我国的快速发展创造了条件。

中国的钢结构产业在最近几年得到了长足的发展，钢结构企业数量也不断增多，规模不断增大。钢结构市场也随着改革开放经济社会的发展和民众文化知识的普遍提高而日益剧增。现在钢结构市场成为当今中国市场上份额最大、经济效益最好的市场之一。许多大企业纷纷开始意识到并且对钢结构企业进行一定的投资。

近10年的钢结构工程发展之快、范围之广都是空前的，我国也已称得上世界钢结构大国。传统的空间结构如网架、网壳等继续得到大力推广，新型空间结构开始得到广泛的应用，如张弦梁、张弦桁架、弦支穹顶等。上海浦东机场、哈尔滨会展中心、上海会展中心、广东会展中心等都采用超过100米的张弦桁架，这在世界上也极为少见。广东白云机场和三个落叶状的广东体育馆都是采用了当时先进的空间结构。特别是几个运动会、博览会场馆更加大采用空间结构的力度，如：2008年北京奥运会新建的37个场馆，2009年山东济南全运会场馆，2010年上海世博会及广州亚运会场馆，2011年深圳大运会场馆。值得注意的是，2008年奥运会北京新建的12个场馆都显示了我国在钢结构方面高超的技术水平。

1.2 钢结构的特点及应用范围

在土木建筑工程中，除钢结构外，还有钢筋混凝土结构、砖石结构、木结构等。做工程规划时，要根据各类结构的特点，结合工程的具体情况来确定选用结构的类型，以便使工程设计经济合理。与其他结构相比，钢结构有如下特点：

(1) 强度高、自重小

钢材的容重虽然比钢筋混凝土、砖石及木材大，但因其强度更高，因此在承载力相同的条件下，钢结构的自重比其他结构要小。如使用H型钢制作的钢结构与混凝土结构比较，自重可减轻20%～30%。另一方面，由于结构自重小，钢结构就可以承担更多的外加荷载，或具有更大的跨度；自重小也便于运输和吊装，例如：交通不便、取材困难的边远山区修建公路或输电工程时，常常考虑运输方便而选用钢桥或钢制输电线塔架。

(2) 塑性、韧性好

钢材破坏前要经受很大的塑性变形，能吸收和消耗很大的能量。因此，一般情况下不会因偶然局部超载而突然发生脆性破坏，对动力荷载的适应性强，抗震性能好。国内外大量的调查表明，地震后，各类结构中钢结构所受的损害最小。

(3) 材质均匀，工作可靠性高

钢材在冶炼和轧制过程中，质量受到严格的检验控制，因而材质比较均匀，质量比较稳定。钢材各向同性，弹性工作范围大，因此它的实际工作情况与一般结构力学计算中采用的材料为匀质各向同性体的假定较为符合，工作可靠性高。

(4) 适于机械化加工，工业化生产程度高

组成钢结构的各个部件一般是在专业化的金属结构加工厂制造，然后运至现场，用焊接或螺栓进行拼接和吊装，加工精细，生产效率高，因此，钢结构是工业化生产程度最高的一种结构。同时，钢结构也是施工现场工程量最小的一种结构，因而施工周期也最短。此外，钢结构工程主要是干作业，能改善施工环境，有利于文明施工。

(5) 采用钢结构可大大减少砂、石、灰的用量，减轻对不可再生资源的破坏

钢结构拆除后可回炉再生循环利用，有的还可以搬迁复用，可大大减少灰色建筑垃圾。因此，采用钢结构有利于保护环境、节约资源，被认为是环保产品。

(6) 能制成不渗漏的密闭结构

(7) 耐热性能好，但耐火性能差

钢材在常温至200℃以内性能变化不大，但超过200℃，钢材的强度及弹性模量将随温度升高而大大降低，到600℃时就完全失去承载能力。另外，钢材导热性很好，局部受热(如发生火灾)也会迅速引起整个结构升温，危及结构安全。一般认为，当钢结构表面长期受高温辐射达150℃以上，或短时间内可能受到火焰作用，或可能受到炽热熔化金属喷溅以及可能遭受火灾袭击时，就应采取有效的防护措施，如用耐火材料做成隔热层等。

(8) 易锈蚀

这是钢材的最大弱点。据有关资料估算，有10%～12%的钢材损耗属于锈蚀损耗。低合金钢的抗锈能力比低碳钢好，其锈蚀速度比低碳钢慢。耐候钢(见第2章)抗锈最好，其抗锈能力高出一般钢材2～4倍。

钢材锈蚀严重时会影响结构的使用寿命，因此钢结构必须采取防锈措施，彻底除锈并涂以油漆和镀锌等。此外，还应注意使结构经常处于清洁和干燥的环境中，保持通风良好，及时排除侵蚀性气体和湿气；选用的结构构件截面的形式及构造方式应有利于防锈；尽量避免出现难以检查、清洗和油漆之处，以及能积留湿气和大量灰尘的死角和凹槽，闭口截面应沿全长和端部焊接封闭；平时应加强维护，及时进行清灰、清污工作，视涂装情况，每隔数年应重新油漆一次；必要时可采用耐候钢，如桥梁等露天结构。

综合上述特点，与混凝土结构相比，钢结构是环保型、可再次利用的，也是易于产业化的结构，同时还有较好的综合经济指标。例如，因自重小，其地基基础费用相对较省；因构件截面相对较小，可增加有效使用面积；与混凝土结构相比，采用热轧H型钢的钢结构有效使用面积可增加4%～6%；因施工快、工期短，可节省贷款利息并提前发挥使用效益；工程资料表明，1吨钢结构可减少7吨混凝土用量，这样又可以节约能源。

随着我国国民经济的不断发展和科学技术的进步，钢结构在我国的应用范围也在不断

扩大。目前钢结构应用范围大致如下(图 1－1～图 1－6)：

(1) 大跨结构

结构跨度越大,自重在荷载中所占的比例就越大,减轻结构的自重会带来明显的经济效益。钢材强度高结构重量轻的优势正好适合于大跨结构,因此钢结构在大跨空间结构和大跨桥梁结构中得到了广泛的应用。所采用的结构形式有空间桁架、网架、网壳、悬索(包括斜拉体系)、张弦梁、实腹或格构式拱架和框架等。

图 1－1　上海八万人体育场

图 1－2　润扬长江大桥

(2) 工业厂房

吊车起重量较大或者其工作较繁重的车间的主要承重骨架多采用钢结构。另外,有强烈辐射热的车间,也经常采用钢结构。结构形式多为由钢屋架和阶形柱组成的门式刚架或排架,也有采用网架做屋盖的结构形式。

近年来，随着压型钢板等轻型屋面材料的采用，轻钢结构工业厂房得到了迅速的发展。其结构形式主要为实腹式变截面门式刚架。

(3) 受动力荷载影响的结构

由于钢材具有良好的韧性，设有较大锻锤或产生动力作用的其他设备的厂房，即使屋架跨度不大，也往往由钢材制成。对于抗震能力要求高的结构，采用钢结构也是比较适宜的。

(4) 多层和高层建筑

由于钢结构的综合效益指标优良，近年来其在多、高层民用建筑中也得到了广泛的应用。其结构形式主要有多层框架、框架-支撑结构、框筒、悬挂、巨型框架等。

图1-3 金茂大厦和环球金融中心

图1-4 哈利法塔

(5) 高耸结构

高耸结构包括塔架和桅杆结构，如高压输电线路的塔架、广播、通信和电视发射用的塔架和桅杆、火箭(卫星)发射塔架等。

图1-5 埃菲尔铁塔

图1-6 东方明珠电视塔

(6) 可拆卸的结构

钢结构不仅重量轻，还可以用螺栓或其他便于拆装的手段来连接，因此非常适用于需要搬迁的结构，如建筑工地、油田和需野外作业的生产和生活用房的骨架等。钢筋混凝土结构施工用的模板和支架以及建筑施工用的脚手架等也大量采用钢材制作。

(7) 容器和其他构筑物

冶金、石油、化工企业中大量采用钢板做成的容器结构，包括油罐、煤气罐、高炉、热风炉等。此外，经常使用的还有皮带通廊栈桥、管道支架、锅炉支架、海上采油平台等其他钢构筑物。

(8) 轻型钢结构

钢结构重量轻不仅对大跨结构有利，对屋面活荷载特别轻的小跨结构也有优越性。因为当屋面活荷载特别轻时，小跨结构的自重也成为一个重要因素。冷弯薄壁型钢屋架在一定条件下的用钢量可比钢筋混凝土屋架的用钢量还少。轻钢结构的结构形式有实腹变截面门式刚架、冷弯薄壁型钢结构(包括金属拱形波纹屋盖)以及钢管结构等。

(9) 钢和混凝土的组合结构

钢构件和板件受压时必须满足稳定性要求，往往不能充分发挥强度高的作用，而混凝土则最宜于受压，不适于受拉，将钢材和混凝土并用，使两种材料都充分发挥它的长处，是一种很合理的结构。近年来这种结构在我国获得了长足的发展，广泛应用于高层建筑(如深圳的赛格广场)、大跨桥梁、工业厂房和地铁站台柱等，主要构件形式有钢与混凝土组合梁和钢管混凝土柱等。

1.3 钢结构的应用前景

根据前瞻产业研究院发布的《2014—2018 年中国钢结构行业市场需求预测与投资战略规划分析报告》分析：2012 年，我国钢结构年产量达到约 3 500 万吨，占钢产量的比重仅为 5%左右。这一数据与发达国家相差甚远，也表明钢结构发展的前景、市场空间和潜力巨大。

2012 年，全国房屋建筑施工面积达到 57 亿平方米，而钢结构建筑仅占约 6%。未来我国房屋建筑中的钢结构建筑用量至少可以达到 20%。按照 100 公斤/平方米的平均用钢量(其中多高层钢结构住宅用钢量为 50～80 kg/m^3)计算，每年仅房屋建筑钢结构用钢量就可达到 1 亿吨。

国家发展和改革委员会、住房和城乡建设部印发了《绿色建筑行动方案的通知》，要求“十二五”期间新建绿色建筑 10 亿平方米；到 2015 年末，20%的城镇新建建筑达到绿色建筑标准要求。钢结构住宅符合绿色环保、节能减排和循环经济政策，其工业化、标准化的钢结构住宅产品具有广阔和无限的市场空间。因此，钢结构建筑正成为绿色建筑的发展方向之一。国家对环保的日益重视，绿色、节能建筑将成为未来城市建设的重点。在城镇化建设的推动下，绿色钢结构建筑的市场规模将非常大，预计有上万亿元的巨大市场。政府和钢铁企业都应对钢结构产业给予更多的重视。对钢铁企业而言，转变观念、进军钢结构产业，不失为实现转型发展的一条新路。

习题与思考题

一、选择题

1. 关于钢结构的特点叙述错误的是(　　)。
   A. 建筑钢材的塑性和韧性好　　B. 钢材的耐腐蚀性很差
   C. 钢材具有良好的耐热性和防火性　　D. 钢结构更适合于建造高层和大跨结构
2. 钢结构更适合于建造大跨结构,这是由于(　　)。
   A. 钢材具有良好的耐热性
   B. 钢材具有良好的焊接性
   C. 钢结构自重轻而承载力高
   D. 钢结构的实际受力性能和力学计算结果最符合

二、思考讨论题

1. 目前我国钢结构主要应用在哪些方面?钢结构与其他结构相比有哪些优点?
2. 钢结构的主要缺陷有哪两个?
3. 通过收集查阅钢结构应用和发展方面的资料,谈谈你对钢结构应用和发展的看法。

第2章　钢结构材料的选择

扫码获取
电子资源

2.1　钢材的分类

钢材品种很多，各自的性能、产品规格及用途都不相同。用于建筑的钢材，在性能方面要求具有较高的强度、较好的塑性和韧性以及良好的加工性能。对于焊接结构还要求可焊性良好。在低温下工作的结构，要求钢材在低温下也能保持较好的韧性。在易受大气影响的露天环境下或在有害介质侵蚀的环境下工作的结构，要求钢材具有较好的抗锈能力。

我国现行《钢结构设计标准》(GB 50017—2017)(以下简称《标准》)推荐采用Q235、Q345、Q390及Q420号钢材作为建筑结构使用钢材。其中Q235号钢材属于碳素结构钢中的低碳钢(C＜0.25%)；而Q345、Q390及Q420都属于低合金高强度结构钢，这类钢材是在冶炼碳素结构钢时加入少量合金元素，而含碳量与低碳钢相近。由于增加了少量的合金元素，材料的强度、冲击韧性、耐腐性能均有所提高，而塑性降低却不多，因此性能优越。

各类钢种供应的钢材规格分为型材、板材、管材及金属制品四个大类，其中钢结构用得最多的是型材和板材，以及冷加工成型的冷轧薄钢板和冷弯薄壁型钢等。为了减少制作工作量和降低造价，钢结构的设计和制作者应对钢材的规格有较全面的了解。

2.1.1　钢板

钢板有厚钢板、薄钢板、扁钢(或带钢)之分。厚钢板常用做大型梁、柱等实腹式构件的翼缘和腹板以及节点板等；薄钢板主要用来制造冷弯薄壁型钢；扁钢可用做焊接组合梁、柱的翼缘板、各种连接板、加劲肋等，钢板截面的表示方法为在符号"—"后加"宽度×厚度"，如—200×20等。钢板的供应规格如下：

厚钢板：厚度4.5～60 mm，宽度600～3 000 mm，长度4～12 m。

薄钢板：厚度0.35～4 mm，宽度500～1 500 mm，长度0.5～4 m。

扁　钢：厚度4～60 mm，宽度12～200 mm，长度3～9 m。

2.1.2　热轧型钢

常用的有角钢、工字钢、槽钢等，如图2-1(a)～(f)所示。

角钢分为等边(也叫等肢)的和不等边(也叫不等肢)的两种，主要用来制作桁架等格构式结构的杆件和支撑等连接杆件。角钢型号的表示方法为在符号"L"后加"长边宽×短边宽×厚度"(对不等边角钢，如L125×80×8)，或加"边长×厚度"(对等边角钢，如L125×8)。目前我国生产的角钢最大边长为200 mm，角钢的供应长度一般为4～19 m。

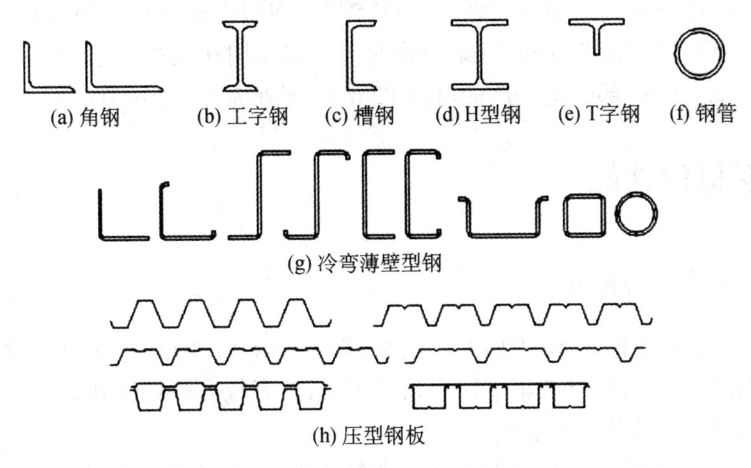

图 2-1　热轧型钢及冷弯薄壁型钢

工字钢有普通工字钢、轻型工字钢和 H 型钢三种。普通工字钢和轻型工字钢的两个主轴方向的惯性矩相差较大，不宜单独用作受压构件，而宜用作腹板平面内受弯的构件，或由工字钢和其他型钢组成的组合构件或格构式构件。宽翼缘 H 型钢平面内外的回转半径较接近，可单独用作受压构件。

普通工字钢的型号用符号“I”后加截面高度的厘米数来表示，20 号以上的工字钢，又按腹板的厚度不同，分为 a、b 或 a、b、c 等类别，例如 I20a 表示高度为 200 mm，腹板厚度为 a 类的工字钢。轻型工字钢的翼缘要比普通工字钢的翼缘宽而薄，回转半径较大。普通工字钢的型号为 10～63 号，轻型工字钢为 10～70 号，供应长度均为 5～19 m。

H 型钢与普通工字钢相比，其翼缘板的内外表面平行，便于与其他构件连接。H 型钢的基本类型可分为宽翼缘(HW)、中翼缘(HM)及窄翼缘(HN)三类。还可剖分成 T 型钢供应，代号分别为 TW、TM、TN。H 型钢和相应的 T 型钢的型号分别为代号后加“高度 H×宽度 B×腹板厚度 t_1×翼缘厚度 t_2”，例如 HW400×400×13×21 和 TW200×400×13×21 等。宽翼缘和中翼缘 H 型钢可用于钢柱等受压构件，窄翼缘 H 型钢则适用于钢梁等受弯构件。目前国内生产的最大型号 H 型钢为 HN700×300×13×24，供货长度可与生产厂家协商，长度大于 24 m 的 H 型钢不成捆交货。

槽钢有普通槽钢和轻型槽钢二种。槽钢适于作檩条等双向受弯的构件，也可用其组成组合或格构式构件。槽钢的型号与工字钢相似，例如[32a 指截面高度 320 mm 的腹板较薄的槽钢。目前国内生产的最大型号为[40c，供货长度为 5～19 m。

钢管有无缝钢管和焊接钢管两种。由于其回转半径较大，常用作桁架、网架、网壳等平面和空间格构式结构的杆件；在钢管混凝土柱中也有广泛的应用。型号可用代号“D”后加“外径 d×壁厚 t”表示，如 D180×8 等。国产热轧无缝钢管的最大外径可达 630 mm，供货长度为 3～12 m。焊接钢管的外径可以做得更大，一般由施工单位卷制。

2.1.3　冷弯薄壁型钢

采用 1.5～6 mm 厚的钢板经冷弯和辊压成型的型材[如图 2-1(g)所示]和采用0.4～1.6 mm 的薄钢板经辊压成型的压型钢板[如图 2-1(h)所示]，其截面形式和尺寸均可按受力特点合理设计，能充分利用钢材的强度、节约钢材，在国内外轻钢建筑结构中被广泛地应用。近年来，冷弯高频焊接圆管和方、矩形管的生产和应用在国内有了很大的进展，冷弯型钢的壁厚已达 12.5 mm（部分生产厂的可达 22 mm，国外为 25.4 mm）。

2.2 钢材的性能

2.2.1 钢材的破坏形式

钢材有两种完全不同的破坏形式：塑性破坏（ductile fracture）和脆性破坏（brittle fracture）。钢结构所用的钢材在正常使用条件下，虽然有较高的塑性和韧性，但在某些条件下，仍然存在发生脆性破坏的可能性。

塑性破坏的主要特征是破坏前具有较大的塑性变形，常在钢材表面出现明显的相互垂直交错的锈迹剥落线。只有当构件中的应力达到抗拉强度后才会发生破坏，破坏后的断口呈纤维状，色泽发暗。由于塑性破坏前总有较大的塑性变形发生，且变形持续时间较长，容易被发现和抢修加固，因此不致发生严重后果。钢材塑性破坏前的较大塑性变形能力，可以实现构件和结构中的内力重分布，钢结构的塑性设计就是建立在这种足够的塑性变形能力上。

脆性破坏的主要特征是破坏前塑性变形很小或根本没有塑性变形而突然迅速断裂。破坏后的断口平直，呈有光泽的晶粒状或有人字纹。由于破坏前没有任何预兆，脆性破坏速度又极快，无法察觉和补救，而且一旦发生常引发整个结构的破坏，后果非常严重，因此在钢结构的设计、施工和使用过程中，要特别注意防止这种破坏的发生。

《规范》所推荐的几种建筑钢材均有较好的塑性和韧性。在正常情况下，它们都不会发生脆性破坏。因此，我国规范对钢结构构件的可靠性计算一般根据延性破坏来取值。

但是，钢材究竟会发生何种形式的破坏，不仅与钢材的品种有关，还与钢材所建结构的工作环境、结构构件形式等多种因素有关。常常有这样的情况，即原来塑性很好的钢材，当工作环境改变，如应力集中严重、在低温下受冲击荷载作用等，就可能导致钢材性能转脆，发生脆性破坏。历史上曾有过多起焊接桥梁、船舶、吊车梁及贮罐等，由于气温骤降、受冲击荷载、有严重应力集中或钢材及焊缝品质不合格等原因，导致脆性破坏的事故。我国 1989 年曾发生过一起直径 20 m 的焊接钢制贮罐，在交工验收后使用不久即突然破坏的事故。事故发生过程不足 10 秒，无任何先兆，呈明显的脆性断裂特征。当时气温为−11.9℃，罐内装载低于设计容量，罐体压力远低于钢材屈服点。调查判定其为低应力下低温脆性断裂事故。进一步调查发现，大量贮罐焊缝存在未焊透现象，部分钢材含碳量、含硫量较高，降低了钢材的塑性及可焊性，其常温冲击韧性值比规定值低，这些是导致低温断裂的原因。鉴于这些教训，对钢材发生脆性破坏的危险性应有充分的认识，应注意研究钢材的机械性能及钢材性能转脆的条件。在钢结构的设计、制造及安装过程中，采取适当的措施，防止发生脆性破坏。

2.2.2 钢材的主要机械性能

1. 强度和塑性

钢材的强度和塑性一般由常温静载下单向拉伸试验曲线表示。该试验是将钢材的标准试件放在拉伸试验机上，在常温下按规定的加荷速度逐渐施加拉力荷载，使试件逐渐伸长，直至拉断破坏，然后根据加载过程中所测得的数据画出其应力-应变曲线(即 $\sigma-\varepsilon$ 曲线)。图2-2 是低碳钢在常温静载下的 $\sigma-\varepsilon$ 单向拉伸曲线。图中纵坐标为应力(按试件变形前的截面积计算)，横坐标为试件的应变 ε($\varepsilon=\Delta L/L$，L 为试件原有标距段长度，对于标准试件，L 取为试件直径的 5 倍，ΔL 为标距段的伸长量)。从这条曲线中可以看出钢材在单向受拉过程中有下列阶段：

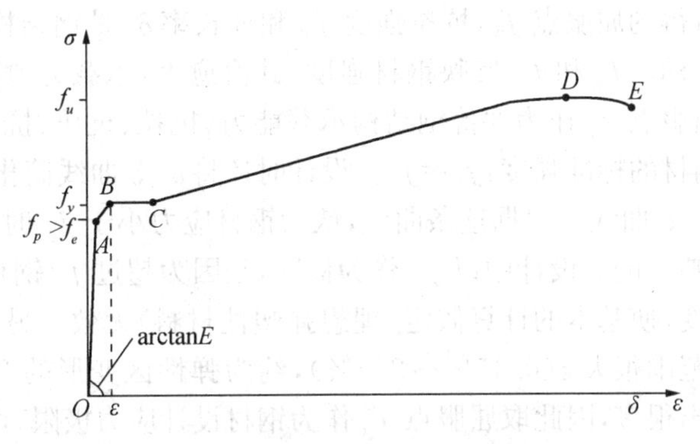

图 2-2　低碳钢拉伸曲线示意图

(1) 弹性阶段(曲线的 OA 段)

应力很小，不超过 A 点。这时如果试件卸荷，$\sigma-\varepsilon$ 曲线将沿着原来的曲线下降，至应力为 0 时，应变也为 0，即没有残余的永久变形。这时钢材处于弹性工作阶段，A 点的应力称为钢材的弹性极限所对应的应力，所发生的变形(应变)称为弹性变形(应变)。实际上弹性阶段 OA 由一直线段及一曲线段组成，直线段从 O 开始到接近 A 点处终止，然后是一极短的曲线段到 A 点终止。直线段的应变随着应力增加成比例地增长，即应力-应变关系符合胡克定律，直线的斜率 $E=d_\sigma/d_\varepsilon$，称为钢材的弹性模量。直线段终点处的应力称为钢材的比例极限 f_p，由于 f_p 与 f_e 十分接近，一般认为两者相同。《规范》取各类建筑钢材的弹性模量 $E=2.06\times10^5\ \mathrm{N/mm^2}$。

(2) 弹塑性阶段(曲线的 AB 段)

在这一阶段应力与应变不再保持直线变化而呈曲线关系。弹性模量亦由 A 点处 $E=2.06\times10^5\ \mathrm{N/mm^2}$ 逐渐下降，至 B 点趋于 0。B 点应力称为钢材屈服点(或称屈服应力、屈服强度)f_y。这时如果卸荷，$\sigma-\varepsilon$ 曲线将从卸荷点开始沿着与 OA 平行的方向下降，至应力为 0 时，应变仍保持一定数值，称为塑性应变或残余应变。在这一阶段，试件既包括弹性变形(应变)，也包括塑性变形(应变)，因此 AB 段称为弹塑性阶段。其中弹性变形在卸荷后可以恢复，塑性变形在卸荷后仍旧保留，故塑性变形又称为永久变形。

(3) 屈服阶段(曲线的 BC 段)

低碳钢在应力达到屈服点 f_y 后，压力不再增加，应变却可以继续增加。应变由 B 点开始屈服时 $\varepsilon_y\approx0.15\%$，增加到屈服终了时，$\varepsilon$ 达到 2.5%左右。这一阶段曲线保持水平，故又称为屈服台阶，在这一阶段钢材处于完全的塑性状态。对于材料厚度(直径)不大于 16 mm 的 Q235 号钢，$f_y\approx235\ \mathrm{N/mm^2}$。

(4) 应变硬化阶段(曲线的 CD 段)

钢材在屈服阶段经过很大的塑性变形，达到 C 点以后又恢复继续承载的能力，$\sigma-\varepsilon$ 曲线又开始上升，直到应力达到 D 点的最大值，即抗拉强度 f_u。这一阶段（CD 段）称为应变硬化阶段。对于 Q235 号钢，f_u 为 375～460 N/mm²。

（5）颈缩阶段（曲线的 DE 段）

试件应力达到抗拉强度 f_u 时，试件中部截面变细，形成颈缩现象。随后 σ-ε 曲线下降，直到试件拉断（E 点）。曲线的 DE 段称为颈缩阶段。试件拉断后的残余应变称为伸长率 δ。对于材料厚度（直径）不大于 16 mm 的 Q235 号钢，$\delta > 26\%$。

钢材拉伸试验所得的屈服点 f_y，抗拉强度 f_u 和伸长率 δ，是钢结构设计对钢材机械性能要求的三项重要指标。f_y 和 f_u 反映钢材强度，其值愈大，承载力愈高。钢结构设计中，常把钢材应力达到屈服点 f_y 作为评价钢结构承载能力（抗拉、抗压、抗弯强度）极限状态的标志，即取 f_y 作为钢材的标准强度：$f_k = f_y$。设计时还将 σ-ε 曲线简化为如图 2-3 所示的理想弹塑性材料的 σ-ε 曲线。根据这条曲线，认为钢材应力小于 f_y 时是完全弹性的，应力超过 f_y 后则是完全塑性的。设计中以 f_y 作为极限，是因为超过 f_y 钢材就进入应变硬化阶段，材料性能发生改变，使基本的计算假定（理想弹塑性材料）无效。另外，钢材从开始屈服到破坏，塑性区变形范围很大 ε(0.15%～2.5%)，约为弹性区变形的 200 倍。同时抗拉强度 f_u 又比屈服点高出很多，因此取屈服点 f_y 作为钢材设计应力极限，可以使钢结构有相当大的强度安全储备。

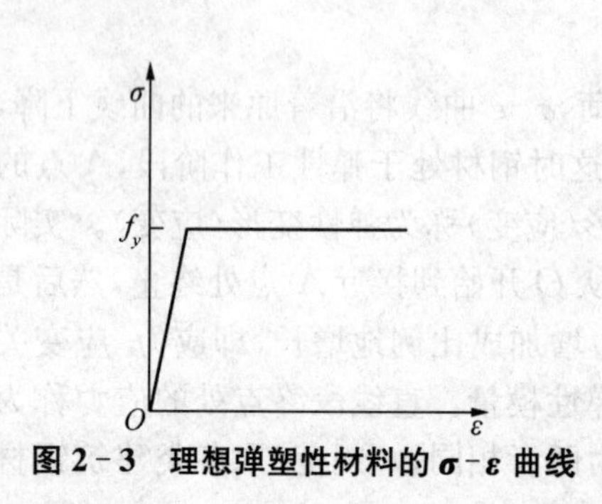

图 2-3　理想弹塑性材料的 σ-ε 曲线

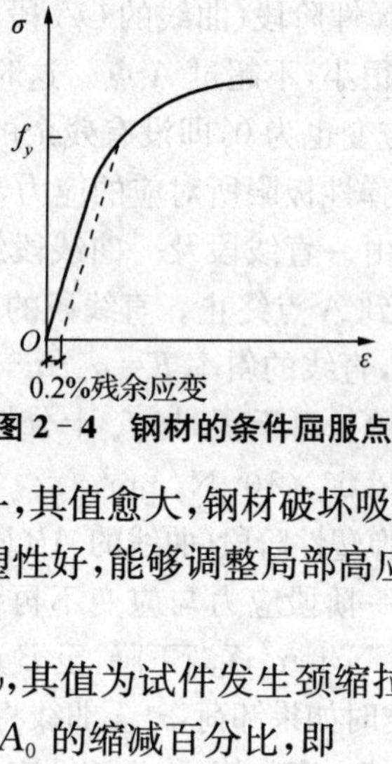

图 2-4　钢材的条件屈服点

钢材的伸长率 δ 是反映钢材塑性（或延性）的指标之一，其值愈大，钢材破坏吸收的应变能愈多，塑性愈好。建筑用钢材不仅要求强度高，还要求塑性好，能够调整局部高应力，提高结构抗脆断的能力。

反映钢材塑性（或延性）的另一个指标是截面收缩率 ψ，其值为试件发生颈缩拉断后，断口处横截面积（即颈缩处最小横截面积）A_1 与原横截面积 A_0 的缩减百分比，即

$$\psi = \frac{A_0 - A_1}{A_0} \times 100\%$$

截面收缩率标志着钢材颈缩区在三向拉应力状态下的最大塑性变形能力。ψ 值愈大，钢材塑性愈好。对于抗层状撕裂的 Z 向钢，要求 ψ 值不得过低。

建筑中有时也使用强度很高的钢材，例如用于制造高强度螺栓的经过热处理的钢材。这类钢材没有明显的屈服台阶，伸长率 δ 也相对较小。对于这类钢材，取卸荷后残余应变为 $\varepsilon = 0.2\%$ 时所对应的应力作为屈服点，这种屈服点又称为条件屈服点，它和有明显屈服点的钢材一样均用 f_y 表示（图 2-4），并统称为屈服强度。

2. 冷弯性能

冷弯试验又称为弯曲试验，它是将钢材按原有厚度(直径)做成标准试件，放在如图 2-5 所示的冷弯试验机上，用具有一定弯心直径 d 的冲头，在常温下对标准试件中部施加荷载，使之弯曲达 180°，然后检查试件表面，如果不出现裂纹和起层，则认为试件材料冷弯试验合格。冲头的弯心直径 d 根据试件厚度 a 和钢种确定：一般厚度愈大，d 也愈大；同时钢种不同，d 也有区别。

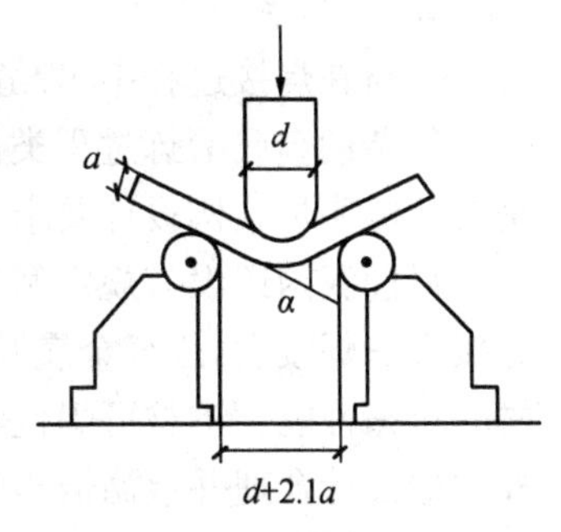

图 2-5　冷弯试验示意图

3. 韧性

韧性是指钢材抵抗冲击或振动荷载的能力，其衡量指标称为冲击韧性值。

前述钢材的屈服点 f_y，抗拉强度 f_u、伸长率 δ 是在常温静载下试验得到的，因此只能反映钢材在常温静载下的性能。实际的钢结构常常会承受冲击或振动荷载，如厂房中的吊车梁、桥梁结构等。为保证结构承受动力荷载安全，就要求钢材的韧性好、冲击韧性值高。

冲击韧性值是由冲击试验求得的，即用带有 V 形缺口的标准试件，在冲击试验机上通过动摆施加冲击荷载，使之断裂(图 2-6)，由此测出试件受冲击荷载发生断裂所吸收的冲击功，即为材料的冲击韧性值，用 A_{KV} 表示，单位为 J。A_{KV} 值愈高表明材料破坏时吸收的能量愈多，因而抵抗脆性破坏的能力愈强，韧性愈好。因此它是衡量钢材强度、塑性及材质的一项综合指标。

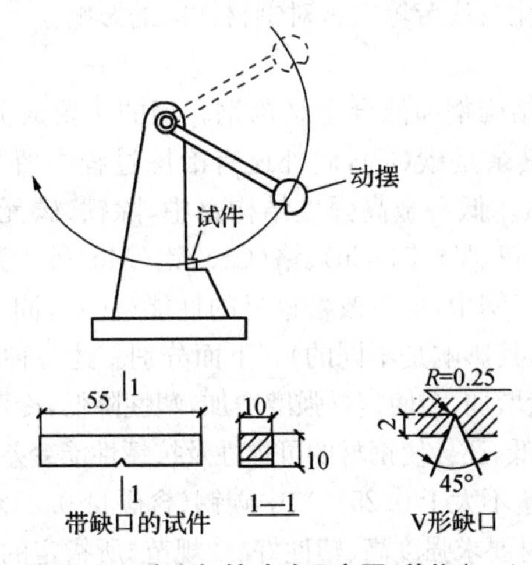

图 2-6　冲击韧性试验示意图(单位/mm)

冲击试验采用 V 形缺口试件是考虑到钢材的脆性断裂常常发生在裂纹和缺口等应力集中处或三向拉应力场处，试件的 V 形缺口根部比较尖锐，与实际缺陷情况相近，因此能更好地反映钢材的实际性能。

冲击韧性值的大小与钢材的轧制方向有关。顺着轧制方向(纵向)，由于钢材经受碾压次数多，内部结晶构造细密，性能好。故沿纵向切取的试件冲击韧性值较高，横向切取的则较低。冲击韧性值的大小还与试验温度有关，试验温度愈低，其值愈低。对于 Q235 钢，根据钢材质量等级不同，有的不要求保证 A_{KV} 值，有的则要求在＋20℃或 0℃或－20℃时，纵

向 A_{KV} 值大于 27 J。

4. 可焊性

钢材在焊接过程中，焊缝及其附近的金属要经历升温、熔化、冷却及凝固的过程。这与一个复杂的金属冶炼过程类似。经历这样一个过程后，焊缝区金属机械性能是否发生变化，是否还能满足结构设计要求，是钢材可焊性研究的课题。

目前我国还没有规定衡量钢材可焊性的指标。一般来说，可焊性良好的钢材用普通的焊接方法焊接后，焊缝金属及其附近热影响区的金属不产生裂纹，并且其机械性能不低于母材的机械性能。钢材可焊性与钢材品种、焊缝构造及所采用的焊接工艺规程有关。只要焊缝构造设计合理并遵循恰当的焊接工艺规程，我国钢结构设计规范所推荐的几种建筑钢材（当含碳量不超过 0.2%时）均有良好的可焊性。对于其他钢材，必要时可进行焊接工艺试验来确定其可焊性。

钢结构设计中，除上述各种机械性能需要了解之外，还有下列四种数据也会常常用到：

(1) 钢材的质量密度：$\rho = 7\,850\ kg/m^3 = 76.98\ kN/m^3$。

(2) 钢材的泊松比：$\nu = 0.3$。

(3) 钢材的温度线膨胀系数：$\alpha = 1.2 \times 10^{-5}/℃$。

(4) 钢材的剪变模量：$G = 7.9 \times 10^4\ N/mm^2$。

2.2.3 影响钢材机械性能的主要因素

影响钢材性能的因素很多，本节讨论化学成分、钢材制造过程、钢材硬化、复杂应力和应力集中、残余应力、温度变化及疲劳等因素对钢材性能的影响。

1. 化学成分的影响

钢结构主要采用碳素结构钢和低合金结构钢。钢的主要成分是铁(Fe)。碳素结构钢中纯铁含量占 99%以上，其余是碳(C)，此外还有冶炼过程中留下来的杂质，如硅(Si)、锰(Mn)、硫(S)、磷(P)等元素。低合金高强度结构钢中，除铁、碳元素之外，冶炼时还特意加入少量合金元素，如锰、硅、钒(V)、铜(Cu)、铬(Cr)、钼(Mo)等。这些合金元素通过冶炼工艺以一定的结晶形态存在于钢中，可以改善钢材的性能（注意，同一种元素以合金的形式和以杂质的形式存在于钢中，其影响是不同的）。下面分别叙述各种元素对钢材性能的影响。

(1) 碳：钢材中含碳量增加，会使钢材强度增加，塑性降低，冷弯性能及冲击韧性（尤其是低温下的冲击韧性）也会降低，还会使钢材的可焊性及抗锈性能变差。碳素结构钢按含碳量多少分为三类：低碳钢（含碳量不大于 0.25%）、中碳钢（含碳量 0.25%～0.60%）、高碳钢（含碳量不低于 0.6%）。建筑钢材要求强度高、塑性好。《规范》所指定的碳素结构钢 Q235，其含碳量为 0.12%～0.22%，属低碳钢，其强度、塑性适中，有明显的屈服台阶（图2-2）。

(2) 锰：在碳素钢中，锰作为一种脱氧剂加入，因此它常以杂质的形式留在钢中。我国的低合金高强度结构钢中，锰常作为一种合金元素加入，是仅次于碳的一种重要的合金元素。当锰的含量不多时，它能提高钢材强度，但又不会过多降低塑性和冲击韧性。此外，锰能与硫生成硫化锰，从而消除硫的不利影响；锰还可以改善钢材冷脆的倾向。

(3) 硅：硅也是作为一种脱氧剂加入碳素钢中的。硅作为一种合金元素可以提高钢的强度，同时对钢的塑性、冷弯性能、冲击韧性及可焊性没有显著的不利影响。

(4) 钒：钒作为一种合金元素加入钢中，可以提高钢的强度，增加钢材的抗锈性能，同时又不会显著降低钢的塑性。

(5) 硫和磷：它们是冶炼过程中留在钢中的杂质，是有害元素。

硫能使钢的塑性及冲击韧性降低，并使钢材在高温时出现裂纹，称为“热脆”现象。这对钢材热加工不利。磷能使钢材在低温下冲击韧性降低很多，称为“冷脆”现象。这对低温下工作的结构不利。硫和磷一般作为杂质，其含量均应严格控制。

氧(O)和氮(N)以及氢(H)是冶炼过程中留在钢中的杂质，它们均是有害元素，含量高时可分别使钢热脆或冷脆。

2. 冶炼、浇注、轧制过程及热处理的影响

建筑用的轧制钢材，是将炼钢炉炼出的钢液注入盛钢桶中，再由盛钢桶送入浇筑车间，浇注成钢锭。一般钢锭冷却至常温处放置，需要时再将钢锭加热切割，送入轧钢机中反复碾压轧制成各种型号的钢材(钢板、型钢等)。

钢材在冶炼、轧制过程中常常出现的缺陷有偏析、夹层、裂纹等。偏析是指金属结晶后化学成分分布不均匀。夹层是由于钢锭内有气泡，有时气泡内还有非金属夹渣，当轧制温度及压力不够时，不能使气泡压合，气泡被压扁延伸，形成了夹层。此外，因冶炼过程中残留的气泡、非金属夹渣，或因钢锭冷却收缩，或因轧制工艺不当，还可能导致钢材内部形成细小的裂纹。偏析、夹层、裂纹等缺陷都会使钢材性能变差。

建筑所用的钢材一般由平炉和氧气转炉炼成。目前用这两种方法冶炼的钢材，其质量相当，但氧气转炉钢成本较低。

钢液从出炉到浇注的过程中，会析出氧气等并生成氧化铁，造成钢材内部夹渣等缺陷。为保证钢材质量，需要在钢液中加入脱氧剂进行脱氧。根据脱氧程度不同，钢材分为沸腾钢、半镇静钢、镇静钢及特殊镇静钢。

沸腾钢用“F”表示，是以脱氧能力较弱的锰作为脱氧剂，因而脱氧不够充分，在浇注过程中，有大量气体逸出，钢液表面剧烈沸腾，故称为沸腾钢。沸腾钢注锭时冷却快，钢液中的气体(氧、氮、氢等)来不及逸出，在钢中形成气泡。沸腾钢结晶构造粗细不匀、偏析严重，常有夹层，因而塑性、韧性及可焊性相对较差。

镇静钢用“Z”表示(可省略不写)，所用脱氧剂除锰之外，还用脱氧能力较强的硅，因而脱氧充分，在脱氧过程中产生很多热量，使钢液冷却缓慢，气体容易逸出，浇注时没有沸腾现象，钢锭模内钢液表面平静，故称为镇静钢。镇静钢结晶构造细密，杂质气泡少，偏析程度低，因而塑性、冲击韧性及可焊性比沸腾钢好，同时冷脆及时效敏感性也低。

半镇静钢用“b”表示，介于沸腾钢及镇静钢之间。

特殊镇静钢用“TZ”表示(可省略不写)，是在用锰和硅脱氧之后，再加铝或钛进行补充脱氧，其性能得到明显改善，尤其是可焊性显著提高。

轧制钢材时，在轧机压力作用下，钢材的结晶粒会变得更加细密均匀，钢材内部的气泡、裂缝可以得到压合。因此，轧制钢材的性能比铸钢优越。轧制次数多的钢材比轧制次数少的性能改善程度要好些，一般薄钢材的强度及冲击韧性优于厚的钢材。此外，钢材性能与轧制方向也有关，一般钢材顺轧制方向的强度和冲击韧性比横方向的要好。

对于某些特殊用途的钢材，在轧制后还常经过热处理进行调质，以改善钢材性能。常见的热处理方式有淬火、正火、回火、退火等。用作高强度螺栓的合金钢，如 20MnTiB(20 锰钛硼)就要进行热处理调质(淬火后高温回火)，使其强度提高，同时又保持良好的塑性和韧性。

3. 钢材的冷作硬化与时效硬化

如图 2-7(a)所示为低碳钢试件单向拉伸的 σ-ε 曲线。如前所述，当拉伸应力从 0 增加，超过弹性阶段 OA，进入弹塑性阶段 AB 内的某一点 1 时，这时如果卸荷，曲线不会沿着原来的曲线返回至 O 点，而是从 1 点开始沿着与 OA 平行的方向直线下降至应力为 0 时的 2 点，产生残余应变 ε_P(0-2 段)。如果再加荷，曲线将沿从 2 到 1 的方向上升至 1 点。这意味着经历一次加载后，钢材的弹性极限(或比例极限)由原来的 A 点升至 1 点，弹性范围加大了。如果再继续加荷到 3 点又卸荷，曲线将从 3 点沿着与 OA 平行的方向降至应力为 O 时的 4 点。若再加荷，曲线由 4 点升至 3 点，弹性范围更大。若继续加荷至拉断破坏，曲线沿着原来的实线，拉断后直线下降至应力为 O 的 5 点。这就是说，经历几次重复加载后，钢材的塑性变形范围由原来的"0-5"段缩小至"4-5"段。σ-ε 曲线的这种变化说明钢材受荷超过弹性范围以后，若重复地卸载、加载，将使钢材弹性极限提高，塑性降低。这种现象称为应变硬化或冷作硬化。

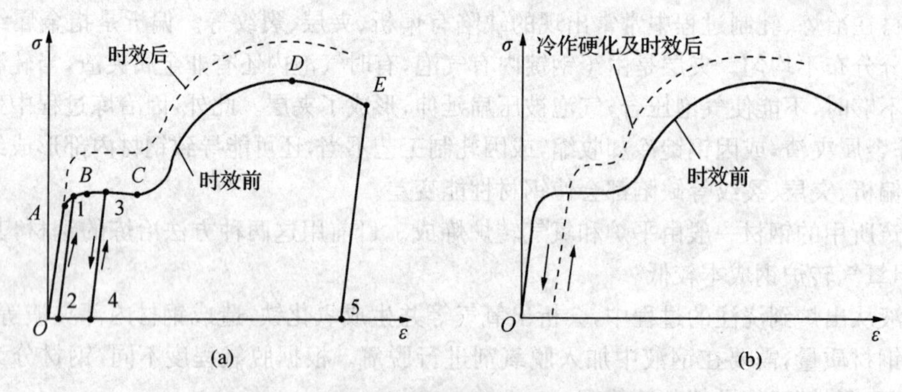

图 2-7　钢材的冷作硬化与时效硬化(示意图)

轧制钢材放置一段时间后，其机械性能也会发生变化。钢材的 σ-ε 曲线会由图 2-7(a)中的实线变成虚线所示的曲线。比较实线和虚线，可以看出钢材放置一段时间后，强度提高，塑性降低。这种现象称为时效硬化。如果钢材经过冷加工产生过塑性变形，时效过程会加快[图 2-7(b)]。如果冷加工后又将钢材加热(例如加热到 100℃左右)，其时效过程就更加迅速。这种处理称为人工时效。在钢筋混凝土结构中，常常利用这种性能对钢筋进行冷拉、冷拔等工艺，然后再作人工时效处理，以提高钢筋的承载力。对于冷弯薄壁型钢，考虑到它在经受冷弯加工成型过程中，由于受冷作硬化和时效硬化的影响，其屈服点比原来有较大的提高，其抗拉强度也略有提高，延伸率降低。科技人员经过一系列的理论和试验研究，并借鉴国外成功的经验，认为在设计中可以考虑利用冷弯效应引起的强度提高，以充分发挥冷弯薄壁型钢的承载力，因此在现行的冷弯薄壁型钢技术规范中，列入了考虑冷弯效应引起设计强度提高的条款。

但是，在一般的由热轧型钢和钢板组成的钢结构中，不利用冷作硬化来提高钢材强度。对于直接承受动荷载的结构，还要求采取措施消除冷加工后钢材硬化的影响，防止钢材性能变脆。例如，经过剪切机剪断的钢板，为消除剪切边缘冷作硬化的影响，常常用火焰烧烤使之"退火"，或者将剪切边缘部分钢材用刨、削的方法将其除去(刨边)。

4. 复杂应力和应力集中的影响

钢材受同号复杂应力作用时，强度提高，塑性降低，性能变脆。钢材受异号复杂应力作用时，强度降低，塑性增加。

现在讨论应力集中对钢材性能的影响。实际钢结构中的构件常因构造而有孔洞、缺口、凹槽，或采用变厚度、变宽度的截面，这类构件就会有应力集中现象。如图 2-8 所示为带有孔洞的轴向受力构件，孔洞处的截面应力不再是均匀分布，而是在孔口边缘处有局部的应力高峰，其余部分则应力较低，这种现象称为应力集中。应力高峰值及应力分布不均匀的程度与杆件截面变化急剧的程度有关。如槽孔尖端处[图 2-8(b)]就比圆孔[图 2-8(a)]的应力集中程度大得多。同时，应力集中处不仅有纵向应力 σ_x，还有横向应力 σ_y，常常形成同号应力场，有时还会有三向的同号应力场。这种同号应力场导致钢材塑性降低，脆性增加，使结构发生脆性破坏的危险性增大。

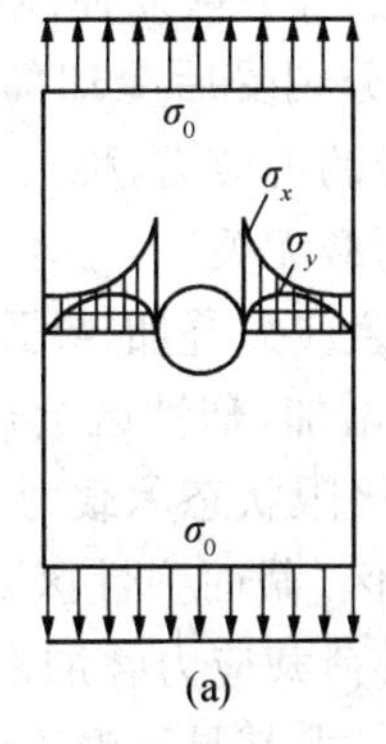

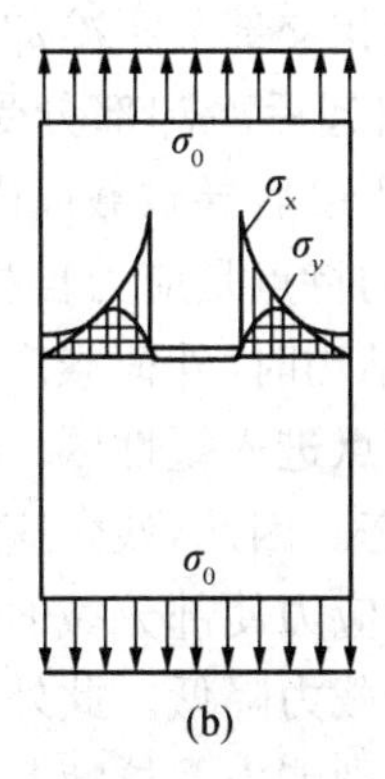

σ_x—沿孔洞截面纵向应力　　σ_y—沿孔洞截面横向应力

图 2-8　构件孔洞处的应力集中现象

在静荷载作用下，应力集中可以因材料本身具有塑性(即 $\sigma-\varepsilon$ 曲线上的屈服台阶)得到缓和。例如图 2-9 中的杆件，当荷载增加，孔口边缘应力高峰首先达到屈服点 f_y 时，如荷载继续增加，边缘达到 f_y 处的应变可继续增加，但应力保持 f_y。截面其他地方应力及应变仍旧继续增加。这样，截面上的应力随荷载增加逐渐趋向均匀，直到全截面的应力都达到 f_y，不会影响截面的极限承载能力。因此，塑性良好的钢材可以缓和应力集中。

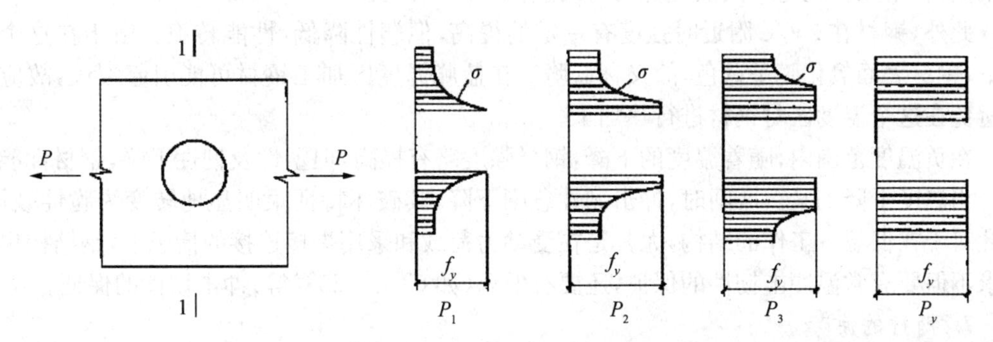

图 2-9　应力集中缓和的过程

常温下受静荷载的结构只要符合设计和施工规范要求，计算时可不考虑应力集中的影响。但是对于受动荷载的结构，尤其是低温下受动荷载的结构，应力集中引起钢材变脆的倾向更为显著,常常是导致钢结构脆性破坏的原因。对于这类结构,设计时应注意构件形状合理,避免构件截面急剧变化以减小应力集中程度,从构造措施方面防止钢材脆性破坏。

注:前面讲述冲击韧性试验的试件带有 V 形缺口,就是为了使试件受荷载时产生应力集中,由此测得的冲击韧性值就能够反映材料对应力集中的敏感性,因而能够更全面地反映材料的综合品质。

5. 残余应力的影响

型钢及钢板热轧成材后,一般放置堆场自然冷却,冷却过程中截面各部分散热速度不同,导致冷却不均匀。例如,钢板截面两端接触空气表面积大,散热快,先冷却,而截面中央部分则因接触空气表面积小,散热慢,后冷却。同样,工字钢边缘端部及腹板中央部分一般冷却较快,腹板与冀缘相交部分则冷却较慢。先冷却的部分恢复弹性较早,它将阻止后冷却部分自由收缩,从而引起后冷却部分受拉,先冷却部分则受后冷却部分收缩的牵制引起受压。这种作用和反作用最后导致截面内形成自相平衡的内应力,称为热残余应力。

钢材中残余应力的特点是应力自相平衡且与外荷载无关。

当外荷载作用于结构时,外荷载产生的应力与残余应力叠加,导致截面某些部分应力增加,可能提前达到屈服点进入塑性区。随着外荷载的增加,塑性区会逐渐扩展,直到全截面进入塑性达到极限状态。因此,残余应力对构件强度极限状态承载力没有影响,计算中不予考虑。但是,由于残余应力使部分截面提前进入塑性区,截面弹性区减小,因而刚度也随之减小,导致构件稳定承载力降低。此外,残余应力与外荷载应力叠加常常产生二向或三向应力,将使钢材抗冲击断裂能力及抗疲劳破坏能力降低。尤其是低温下受冲击荷载的结构,由于残余应力的存在,更容易在低工作应力状态下发生脆性断裂。

对钢材进行“退火”热处理,在一定程度上可以消除一些残余应力。

6. 温度的影响

温度升高时,钢材的强度(f_u、f_y)及弹性模量(E)降低,但在 200℃以内,钢材性能变化不大,因此,钢材的耐热性较好。但超过 200℃,尤其是在 430℃～540℃,f_u 及 f_y 急剧下降,到 600℃时强度很低已不能继续承载,所以钢结构是一种不耐火的结构。对于受高温作用的钢结构,钢结构规范对其隔热、防火措施有具体的规定。

此外,钢材在 250℃附近时强度有一定的提高,但塑性降低,性能转脆。由于在这个温度下,钢材表面氧化膜呈蓝色,故又称蓝脆。在蓝脆温度区加工钢材可能引起裂纹,故应尽量避免在这个温度区对钢材进行热加工。

在负温度范围内,随着温度的下降,钢材强度略有提高,但塑性及韧性下降,钢材性能变脆。当温度下降到某一区间时,冲击韧性急剧下降,其破坏特征很明显地转变为脆性破坏。因此对于在低温下工作的结构,尤其是在受动力荷载和采用焊接连接的情况下,钢结构规范要求不但要有常温冲击韧性的保证,还要有低温(如 0℃、－20℃等)冲击韧性的保证。

7. 钢材的疲劳

生活中常有这样的经验,一根细小的铁丝,要拉断它很不容易,但将它弯折几次就容易折断了;又如机械设备中高速运转的轴,由于轴内截面上应力不断交替变化,承载能力就较静荷载时低得多,常常在低于屈服点时就断了。这些实例说明,钢材承受重复变化的荷载作用时,材料强度降低,破坏提早。这种现象称为疲劳破坏。

疲劳破坏的特点是强度降低,材料转为脆性,破坏突然发生。

钢结构规范规定，对于承受动力荷载作用的构件（如吊车梁、吊车桁架、工作平台等）及其连接，当应力变化的循环次数超过 5×10^4 次时，就需要进行疲劳计算，以保证不发生疲劳破坏。

钢材发生疲劳破坏一般认为是由于钢材内部有微观细小的裂纹，在连续反复变化的荷载作用下，裂纹端部产生应力集中，其中同号的应力场使钢材性能变脆，交变的应力使裂纹逐渐扩展，这种累积的损伤后导致其突然地脆性断裂。因此钢材发生疲劳对应力集中也最为敏感。对于受动荷载作用的构件，设计时应注意避免截面突变，让截面变化尽可能平缓过渡，目的是减缓应力集中的影响。

一般情况下，钢材静力强度不同，其疲劳破坏情况没有显著差别。因此，对于受动荷载的结构不一定要采用强度等级高的钢材，但宜采用质量等级高的钢材，使其有足够的冲击韧性，以防止疲劳破坏。

2.3　钢材的选择

建筑钢材的选择是指根据规范要求确定钢材牌号及其质量等级。选择的目的是保证安全可靠、经济合理。选择钢材时应考虑下述原则。

2.3.1　结构的重要性

对重型工业建筑结构、大跨度结构、高层民用建筑结构等重要结构，应考虑选用质量好的钢材。根据统一标准的规定，结构安全等级有一级（重要的）、二级（一般的）和三级（次要的），安全等级不同，所选钢材的质量也应不同。同时，构件造成破坏对结构整体的影响也应考虑。当构件破坏导致整个结构不能正常使用时，则后果十分严重；如果构件破坏只造成局部损害而不致危及整个结构正常使用，则后果就不那么严重。两者对材质的要求也应有所区别。

2.3.2　荷载情况

直接承受动荷裁的结构和强烈地震区的结构，应选用综合性能好的钢材；一般承受静荷载的结构则可选用质量等级稍低的钢材，以降低造价。

2.3.3　连接方法

钢结构的连接方法有焊接和非焊接两种。对于焊接结构，为保证焊缝质量，要求可焊性较好的钢材。

2.3.4　结构所处的温度和工作环境

在低温下工作的结构，尤其是焊接结构，应选用有良好抗低温脆断性能的镇静钢。在露天或在有害介质环境中工作的结构，应考虑结构要有较好的防腐性能，必要时应采用耐候钢。

对于具体的钢结构工程，选用哪一种钢材应根据上述原则结合工程实际情况及钢材供货情况进行综合考虑。同时对于所选的钢材，还应按规范要求及视工程具体情况，提出保证各项指标合格的要求：如承重结构的钢材应具有抗拉强度、伸长率、屈服强度和硫磷含量的合格保证；对焊接结构尚应具有碳含量的合格保证；焊接承重结构以及重要的非焊接承重结构的钢材还应具有冷弯试验的合格保证；对于需要疲劳验算的结构，还应根据结构的工作温度及所用钢材的品种保证不同温度下的冲击韧性合格。

一般来说，保证的条件愈高，保证的项目愈多，钢材的价格愈高。因此，所提要求应务必经济合理。

习题与思考题

一、选择题

1. 钢材牌号 Q235 中的 235 反映的是(　　)。
   A. 设计强度　　B. 抗拉强度
   C. 屈服强度　　D. 含碳量
2. 在以下各级别钢材中，屈服强度最低的是(　　)。
   A. Q235　　B. Q345　　C. Q390　　D. Q420
3. 在以下各级钢材中，冲击韧性保证温度最低的是(　　)。
   A. Q345B　　B. Q345C　　C. Q345D　　D. Q345E
4. 以下同种牌号四种厚度的钢板中，钢材设计强度最高的为(　　)。
   A. 12 mm　　B. 24 mm　　C. 30 mm　　D. 50 mm
5. 钢材具有良好的焊接性能是指(　　)。
   A. 焊接后对焊缝附近的母材性能没有任何影响
   B. 焊缝经修整后在外观上几乎和母材一致
   C. 在焊接过程中和焊接后，能保持焊接部分不开裂的完整性性质
   D. 焊接完成后不会产生残余应力
6. 按设计规范直接受动荷载作用的构件，钢材应保证的指标为(　　)。
   A. f_u、f_y、E、冷弯 180°和 A_{KV}　　B. δ_5、f_y、E、冷弯 180°和 A_{KV}
   C. f_u、δ_5、E、冷弯 180°和 A_{KV}　　D. f_u、δ_5、f_y、冷弯 180°和 A_{KV}
7. 伸长率是衡量钢材哪项力学性能的指标？(　　)
   A. 抗层状撕裂能力　　B. 弹性变形能力
   C. 抵抗冲击荷载能力　　D. 塑性变形能力
8. 焊接承重结构的钢材应具有(　　)。
   A. 抗拉强度、伸长率、屈服强度和硫磷含量的合格保证
   B. 抗拉强度、伸长率、屈服强度和碳硫磷含量的合格保证
   C. 抗拉强度、伸长率、屈服强度，碳硫磷含量和冷弯试验的合格保证
   D. 抗拉强度、伸长率、屈服强度，碳硫磷含量、冷弯试验和冲击韧性的合格保证
9. H450×450×12×20 是表达：(　　)。
   A. 高度 H × 腹板厚度 t_1 × 翼缘厚度 t_2 × 宽度 B
   B. 腹板厚度 t_1 × 宽度 B × 高度 H × 翼缘厚度 t_2
   C. 宽度 B × 高度 H × 腹板厚度 t_1 × 翼缘厚度 t_2
   D. 高度 H × 宽度 B × 腹板厚度 t_1 × 翼缘厚度 t_2

二、名词解释

1. 钢材的韧性
2. 时效硬化
3. 冷作硬化
4. 应力集中
5. 镇静钢
6. 蓝脆现象

三、填空题

1. 钢材在当温度下降到负温的某一区间时，其冲击韧性急剧下降，破坏特征明显地由________破坏转变为________破坏，这种现象称为________。
2. 钢材的三项主要力学性能指标分别为：________、________和________。
3. 对钢材性能有利的化学元素有：________、________、________和________。
4. 对钢材性能不利的化学元素有：________、________、________和________。
5. 低碳钢的应力-应变曲线的五个阶段分别为：________、________、________、________和________。
6. 钢材按脱氧程度的不同可以分为：________、________、________和________。

四、思考讨论题

1. 碳(C)、硅(Si)、锰(Mn)、钒(V)对钢材的机械性能的影响分别是什么？
2. 硫(S)、磷(P)、氧(O)、氮(N)对钢材的机械性能的影响分别是什么？
3. 钢结构对钢材的机械性能有哪些要求？这些要求用哪些指标来衡量？
4. 钢结构中常用的钢材有哪几种？钢材牌号的表示方法是什么？
5. 钢材选用应考虑哪些因素？怎样选择才能保证经济合理？
6. 集中应力对钢材的机械性能有哪些影响？为什么？
7. 钢结构调质常用的热处理方式有哪些？
8. 试查阅相关资料，写出常见钢板、热轧型钢、焊接组合型钢、冷弯薄壁型钢有哪些？分别如何表示？

第3章　钢结构识图

扫码获取
电子资源

3.1　看图的一般方法和步骤

3.1.1　看图的方法

一般是先要弄清是什么图纸，要根据图纸的特点来看，将看图经验归纳为：从上往下看、从左往右看、由外向里看、由大到小看、由粗到细看，图样与说明对照看，建施与结施图结合看，有必要时还要把设备图拿来参照看。但是由于图面上的各种线条纵横交错，各种图例、符号繁多，对初学者来说，开始看图时必须要有耐心，认真细致，并要花费较长的时间，才能把图看明白。

3.1.2　看图的步骤

一般按以下步骤来看图：先把目录和说明看一遍，了解是什么类型的建筑，是工业厂房还是民用房屋，建筑面积有多大，是单层、多层还是高层，是哪个建设单位和哪个设计单位，图纸共有多少张等；接下来按照图纸目录检查各类图纸是否齐全，图纸编号与图名是否符合。如采用相配套的标准图，则要了解标准图是哪一类的，图集的编号和编制的单位。

看图程序是先看设计总说明，以了解建筑概况、技术要求等，然后再进行看图。一般按目录的排列逐张往下看，如先看建筑总平面图，了解建筑物的地理位置、高程、坐标、朝向以及与建筑物有关的一些情况。作为一个施工技术人员，看了建筑总平面图之后，就需要进一步考虑施工时如何进行施工的平面布置。

看完建筑总平面图之后，一般先看施工图的平面图，从而了解房屋的长度、宽度、轴线间尺寸、开间进深大小、内部一般的布局等。看了平面图之后，可再看立面图和剖面图，从而达到对建筑物有一个总体的了解，能在头脑中形成这栋房屋的立体形象，能想象出建筑物的规模和轮廓。这就需要运用自己的生产实践经验和想象能力了。

对每张图纸经过初步全面阅览之后，在对建筑、结构、水、电设备有大致了解之后，就可以根据施工程序的先后，从基础施工图开始深入看图了。

先从基础平面图、剖面图了解挖土的深度，基础的构造、尺寸、轴线位置等开始仔细地看图。按照建筑→基础→上部钢结构＋结合设施（包括各类详图）的施工程序进行看图，遇到问题可以先记下来，以便在继续看图中得到解决，或到设计交底时再提出得到答复。

在看基础施工图时，我们还应结合看地质勘探报告，了解土质情况，以便施工中核对土质构造，保证地基土的质量。

在图纸全部看完之后，可按不同工种有关的施工部分，将图纸再细读。如砌砖工序要了解墙多厚、多高，门、窗口多大，是清水墙还是混水墙，窗口有没有出屋檐，用什么过梁等。木工工序则关心哪里要支模板，如现浇钢筋混凝土梁、柱，就要了解梁、柱断面尺寸、标高、长度、高度等；除结构之外，木工工序还要了解门窗的编号、数量、类型和建筑上有关的木装修图纸。钢筋工序则凡是有钢筋的地方，都要看细，才能配料和绑扎。钢结构工序要了解钢材、结构形式、节点做法、组装放样、施工顺序等。其他工序都可以从图纸中看到施工需要的部分。除了会看图之外，有经验的技术人员还要考虑按图纸的技术要求，如何保证各工序的衔接以及工程质量和安全作业等。

随着生产实践经验的增长和看图知识的积累，在看图中还应该对照建筑图与结构图查看有无矛盾，构造上能否施工，支模时标高与砌砖高度能不能对口(俗称能不能交圈)等等。

通过看图纸，详细了解要施工的建筑物，在必要时边看图边做笔记，记下关键的内容，在忘记时备查。这些关键的东西是轴线尺寸，开间进深尺寸，层高，楼高，主要梁、柱截面尺寸、长度、高度；混凝土强度等级，砂浆强度等级等。当然在施工中不能一次看图就能将建筑物全部记住，还要再结合每个工序再仔细看与施工时有关的部分图纸。要做到按图施工无差错，才算把图纸看懂了。

在看图中如能把一张平面上的图形看成为一栋带有立体感的建筑形象，那就具有了一定的看图水平。当然这种能力不是一朝一夕所能具备的，而要通过积累、实践、总结才能取得。

3.1.3　看图的注意事项

(1) 施工图是根据投影原理绘制的，用图纸表明房屋建筑的设计及构造作法。要看懂施工图，应掌握投影原理并熟悉房屋建筑的基本构造。

(2) 施工图采用了一些图例符号以及必要的文字说明，共同把设计内容表现在图纸上。因此要看懂施工图，还必须记住常用的图例符号。

(3) 读图应从粗到细，从大到小。先大概看一遍，了解工程的概貌，然后再细看。细看时应先看总说明和基本图纸，然后再深入看构件图和详图。

(4) 一套施工图是由各工种的许多张图纸组成的，各图纸之间是互相配合、紧密联系的。图纸的绘制大致按照施工过程中不同的工种、工序分成一定的层次和部位进行，因此要有联系地、综合地看图。

(5) 结合实际看图。根据实践、认识、再实践、再认识的规律，看图时联系实践，就能比较快地掌握图纸的内容。

3.1.4　建筑图与结构图的综合识图方法

在实际施工中，我们要经常同时看建筑图和结构图。只有把两者结合起来看，把它们融合在一起，一栋建筑物才能进行施工。

1. 建筑图和结构图的关系

建筑图和结构图有相同点和不同点，也有相关联的地方。

相同点：轴线位置、编号都相同；墙体厚度应相同；过梁位置与门窗洞口位置应相符合等。因此凡是应相符合的地方都应相同，如果有不符合时，就有了矛盾，有了问题，在看图时应记下来，留在会审图纸时提出，或随时与设计人员联系，以便得到解决，使图纸对口才能施工。

不同点：建筑标高，有时与结构标高是不同的；结构尺寸和建筑（做好装饰后的）尺寸是不相同的；承重的结构墙在结构平面图上有，非承重的隔断墙则在建筑图上才有等。这些要从看图积累经验后，了解到从所需图纸中获取有关建筑物全貌的有用信息。

相关联点：民用建筑中，雨篷、阳台的结构图和建筑的装饰图必须结合起来看；如圈梁的结构布置图中圈梁通过门、窗口处对门窗高度有无影响，这时也要把两种图结合起来看；还有楼梯的结构图往往与建筑图结合在一起绘制等。工业建筑中，建筑部分的图纸与结构图纸很接近，如外墙围护结构绘在建筑图上，柱子具体配筋绘在结构图上，具体施工时还有如柱子与墙的拉结钢筋，因此要将两种图结合起来看。

2. 综合看图应注意的事项

查看建筑尺寸和结构尺寸有无矛盾之处。

建筑标高和结构标高之差，是否符合应增加的装饰厚度。

建筑图上的一些构造，在做结构时是否需要先做上预埋件或木砖之类。

结构施工时，应考虑建筑安装时尺寸上的放大或缩小。这在图上是没有具体标志的，但依据施工经验并看了两种图的配合后，应该预先想到应放大或缩小的尺寸。

以上几点只是应引起注意的一些方面，在看图时应全面考虑到施工，才能算真正领会和消化图纸。

3.2 钢结构的符号

型钢规格

3.2.1 型钢的符号

图纸上为了说明使用型钢的种类、型号，也可用符号表示，下面进行简单的介绍：

(1) 工字钢：用“I”及号数表示，其中号数代表截面高度的厘米数，如果它的高度为30 cm，那么就表示成I30。仅有热轧工字钢，无焊接组合工字钢。

I20以上的工字钢根据腹板的厚度和翼缘宽度的不同，同号工字钢又分为a、b类型，I32分为a、b、c三类。

(2) H型钢：用“H”表示，分为轧制H型钢和焊接组合H型钢。

轧制H型钢分为宽翼缘H型钢、中翼缘H型钢、窄翼缘H型钢三类，代号分别为HW、HM、HN，其型号用相应代号和截面高度×翼缘宽度（单位为mm），如HW250×250。

焊接组合H型钢，由三块钢板焊接而成，仅用“H”表示，其型号用相应代号和截面高度×翼缘宽度×腹板厚度×翼缘厚度（单位为mm），如H350×200×8×12。

(3) 槽钢：用“[”表示。如果它的高度为36 cm，那么就写成[36。

(4) 角钢：分为等边和不等边两种，用“L”表示。分为等边角钢和不等边角钢。

等边角钢书写时，如其两边各为60 mm长、翼缘厚度6 mm时，则写成L60×6；不等边角钢书写时，如其长边75 mm长、短边60 mm长、翼缘厚度6 mm时，则写成L75×60×6。

(5) 冷弯薄壁C型钢：用“C”表示，其型号用相应代号和截面高度×翼缘宽度×垂边长度×钢板厚度（单位为mm），如C160×60×20×2.0。

(6) T型钢：用“T”表示，分为轧制T型钢和焊接组合T型钢。

轧制T型钢分为宽翼缘T型钢、中翼缘T型钢、窄翼缘T型钢三类，代号分别为TW、

TM、TN，其型号用相应代号和截面高度×翼缘宽度(单位为 mm)，如 TW200×400。

焊接组合 T 型钢，由两块钢板焊接而成，仅用“T”表示，其型号用相应代号和截面高度×翼缘宽度×腹板厚度×翼缘厚度(单位为 mm)，如 T350×200×8×12。

(7) 圆管(钢管)：用“D”或“ϕ”表示，其型号用相应代号和外径×壁厚(单位为 mm)，如 D38×3、ϕ38×3。

(9) 圆钢(钢筋)：用“ϕ”表示，其型号用相应代号和直径(单位为 mm)，如 ϕ25。

(9) 方管：用文字“箱”或“□”表示，其型号用相应代号和高×宽×壁厚(单位为 mm)，如□40×25×2。

(10) 钢板和扁钢：钢板和扁钢用“—”符号表示，在“—”符号后注明数字。如 8 mm 厚的钢板或扁钢，其表示方法是—8；如用 15 cm 宽、6 mm 厚的钢板或扁钢，其表示方法是—150×6；如用 30 cm 长、15 cm 宽、6 mm 厚的钢板或扁钢，其表示方法是—300×6×150。

型钢的标注方法见表 3-1。

表 3-1　常用型钢的标注方法

名称	截面	标注	说明
等边角钢		$b \times t$	b 为肢宽，t 为肢厚。如 L80×6 表示等边角钢肢宽为 80 mm，肢厚为 6 mm。
不等边角钢	B	$B \times b \times t$	B 为长肢宽，b 为短肢宽，t 为肢厚，如：L80×60×5 表示不等边角钢肢宽分别为 80 mm 和 60 mm，肢厚为 5 mm
工字钢		N　Q N	轻型工字钢加注 Q 字，N 为工字钢的型号，如：I20a 表示截面高度为 200 mm 的 a 类厚板工字钢
槽钢		N　Q N	轻型槽钢加注 Q 字，N 为槽钢型号。如 Q25b 表示截面高度为 250 mm 的 b 类轻型槽钢
方钢	b	b	如：□ 900 表示边长为 900 mm 的方钢
扁钢	b	—$b \times t$	如：—150×4 表示宽度为 150 mm，厚度为 4 mm 的扁钢

续表

名称	截面	标注	说明
钢板		$\frac{-b\times t}{l}$	$\frac{一宽\times厚}{板长}$ 如：$\frac{-100\times6}{1\,500}$表示钢板的宽度为 100 mm，厚度为 6 mm，长度为 1 500 mm
圆钢		ϕd	如：ϕ30 表示圆钢的直径为 30 mm
钢管		$\phi d\times t$	如：ϕ30×8 表示圆钢的外径为 90 mm，壁厚为 8 mm
薄壁方钢管		B □ $b\times t$	薄壁型钢加注 B 字，如：B □ 50×2 表示边长为 50 mm，壁厚为 2 mm 的薄壁方钢管
薄壁等肢角钢		B ∟ $b\times t$	如：BL50×2 表示薄壁等边角钢肢宽为 50 mm，壁厚为 2 mm
薄壁等肢卷边角钢	a	B $b\times a\times t$	如：B 60×20×2 表示薄壁等肢卷边角钢的肢宽为 60 mm，卷边宽度为 20 mm，壁厚为 2 mm
薄壁槽钢	b	B [$b\times a\times t$	如：B [60×20×2 表示薄壁槽钢截面高度为 60 mm，宽度为 20 mm，壁厚为 2 mm
薄壁卷边槽钢	a	B $h\times b\times a\times t$	如：B 180×60×20×2 表示薄壁卷边槽钢截面高度为 180 mm，宽度为 60 mm，卷边宽度为 20 mm，壁厚为 2 mm
薄壁卷边 Z 型钢	h a	B $h\times b\times a\times t$	如：B 120×60×30×2 表示薄壁卷边 Z 型钢截面高度为 120 mm，宽度为 60 mm，卷边宽度为 30 mm，壁厚为 2 mm
T 型钢	b h	TW$h\times b$ TM$h\times b$ TN$h\times b$	热轧 T 型钢：TW 为宽翼缘，TM 为中翼缘，TN 为窄翼缘。如：TW200×400 表示截面高度为 400 mm，宽度为 200 mm 的宽翼缘 T 型钢

续表

名称	截面	标注	说明
热轧 H 型钢		HW$h\times b$ HM$h\times b$ HN$h\times b$	热轧 H 型钢：HW 为宽翼缘，HM 为中翼缘，HN 为窄翼缘。 如：HM400×300 表示截面高度为 400 mm，宽度为 300 mm 的中翼缘热轧 H 型钢
焊接 H 型钢		H$h\times b\times t_1\times t_2$	焊接 H 型钢，如：H200×100×3.5×4.5 表示截面高度为 200 mm，宽度为 100 mm，腹板厚度为 3.5 mm，翼缘厚度为 4.5 mm 的焊接 H 型钢
起重机钢轨		QU××	××为起重机轨道型号
轻轨及钢轨		××kg/m 钢轨	××为轻轨或钢轨型号

3.2.2　压型钢板、夹芯保温板的符号

采用彩色压型钢板或保温夹芯板做建筑的围护结构屋面与墙面，是钢结构工业厂房与民用建筑的常用做法，它具有施工简便、施工周期较短、经济实用的特点。屋面与墙面的承重结构是轻钢龙骨组成的檩条体系。

1. 压型钢板

压型钢板是采用镀锌钢板、冷轧钢板、彩色钢板等作原料，经辊压冷弯成各种波形的压型板，具有轻质高强、美观耐用、施工简便、抗震防火的特点。它的加工和安装已做到标准化、工厂化、装配化。

我国的压型钢板是由冶金工业部建筑研究总院首先开发研制成功的，至今已有十多年历史。目前已有《建筑压型钢板》(GS/T 12755—1991)和《压型金属板设计施工规程》，并已正式列入《冷弯薄壁型钢结构技术规范》(GB 50018—2002)中使用。

压型钢板的截面呈波形，从单波到 6 波，板宽 360～900 mm。大波为 2 波，波高 75～130 mm；小波(4～7 波)，波高 14～38 mm；中波(2～4 波)，波高达 51 mm。板厚 0.6～1.6 mm(一般可用 0.6～1.0 mm)。压型钢板的最大允许檩距，可根据支承条件、荷载及芯

板厚度，由设计人选用。

压型钢板的重量为0.07～0.14 kN/m²。分长尺和短尺两种。一般采用长尺，板的纵向可不搭接。适用于平波的梯形屋架和门式刚架。

压型钢板用“YXH－S－B－t”表示，压型钢板用YX表示。其中YX指压型钢板中压型的汉语拼音首字母，H表示压型钢板波高，S表示压型钢板的波距，B表示压型钢板的有效覆盖宽度，t表示压型钢板的厚度，如图3－1所示。

例如：YX130－300－600－1.0表示压型钢板的波高为130 mm、波距为300 mm、有效的覆盖宽度为600 mm、厚度为1.0 mm，如图3－2所示。

又如：YX173－300－300表示压型钢板的波高为173 mm、波距为300 mm、有效覆盖宽度为300 mm，如图3－3所示。压型钢板的厚度可在说明材料性能时一并说明。

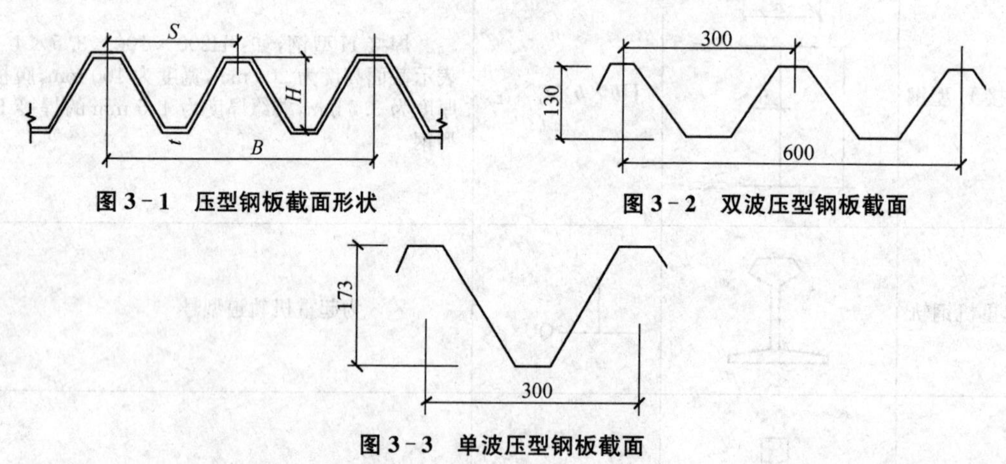

图3－1　压型钢板截面形状

图3－2　双波压型钢板截面

图3－3　单波压型钢板截面

2. 保温夹芯板

实际上这是一种保温和隔热与面板一次成型的双层压型钢板。由于保温和隔热芯材的存在，芯材的上、下均需加设钢板。上层为小波的压型钢板，下层为小肋的平板。芯材可采用聚氨酯、聚苯或岩棉，芯材与上下面板一次成型，也有在上下两层压型钢板间在现场增设玻璃棉保温和隔热层的做法。

保温夹芯板的重量为0.12～0.25 kN/m²。一般采用长尺，板长不超过12 m，板的纵向可不搭接，也适用于平坡的梯形屋架和门式刚架。

保温夹芯板用“JxB”表示，其型号用相应代号和肋高—肋距—单个板宽—板厚（单位为mm），如：JxB45－500－1000－75，面板厚由查表知，为固定数值0.6 mm。又如JxB－Qy－1000表示墙面保温夹芯板，单个板宽1 000 mm，面板厚由查表知，为固定数值0.5 mm。

3.2.3　钢结构构件的符号

为了书写简便，结构施工图中构件中的梁、柱、板等，一般用汉语拼音字母代表构件名称，常用的构件代号见表3－2。

表 3 - 2　常用构件代号

序号	名称	代号	序号	名称	代号	序号	名称	代号
1	檩条	LT	8	钢架	GJ	15	吊车安全走道板	DB
2	吊车梁	DL	9	柱间支撑	ZC	16	墙板	QB
3	连系梁	LL	10	垂直支撑	CC	17	天沟板	TGB
4	基础梁	JL	11	水平支撑	SC	18	支架	ZJ
5	屋架	WJ	12	柱	Z	19	基础	J
6	屋面梁	WL	13	托架	TJ	20	设备基础	SJ
7	钢梁	GL	14	天窗架	CJ	21		

3.3　螺栓的表示

螺栓的表示

螺栓的表示方法见表 3 - 3。

表 3 - 3　螺栓、孔、电焊铆钉的表示方法

名称	图例	说明
永久螺栓	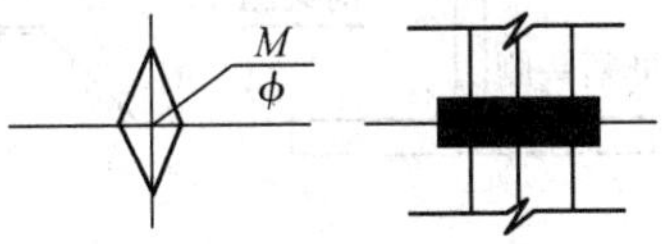 M φ	(1) 细“＋”表示定位线； (2) M 表示螺栓型号； (3) 表示螺栓孔直径； (4) 采用引出线表示螺栓时，横线上标注螺栓规格，横线下标注螺栓孔直径
高强螺栓	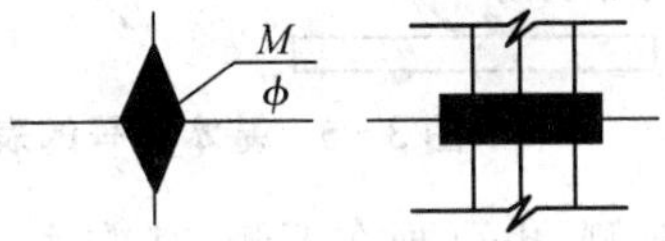 M φ	
安装螺栓	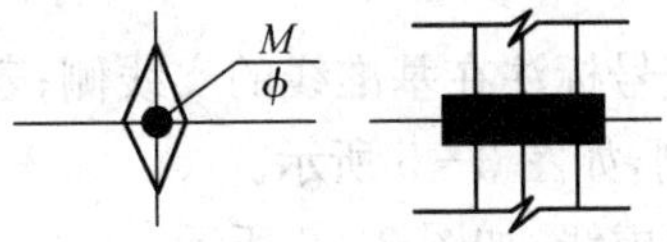 M φ	
胀锚螺栓	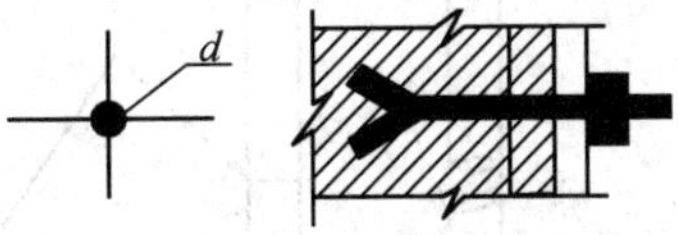 d	d 表示膨胀螺栓、电焊铆钉的直径。
圆形螺栓孔	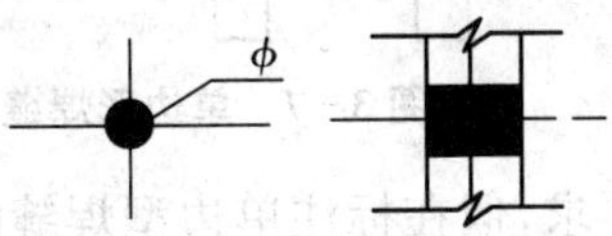 φ	

续表

名称	图例	说明
长圆形螺栓孔	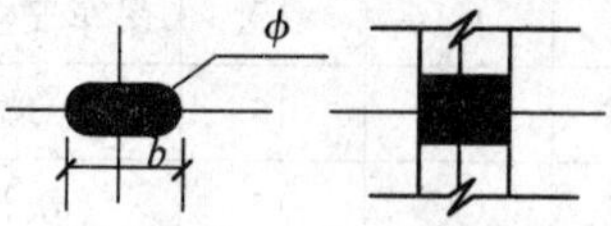 ϕ b	
电焊铆钉	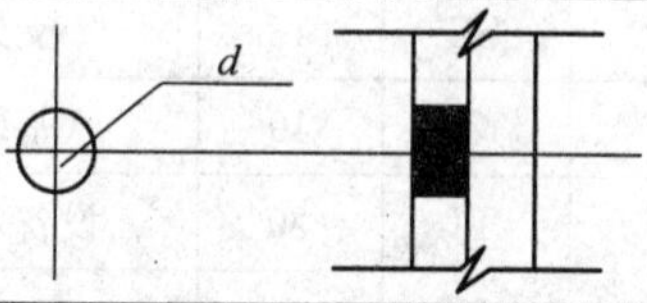 d	

3.4 焊缝的表示

焊缝的表示

3.4.1 焊缝符号的表示及相关规定

(1) 焊缝的引出线由箭头和两条基准线组成，其中一条为实线，另一条为虚线。线型均为细线，如图 3-4 所示。

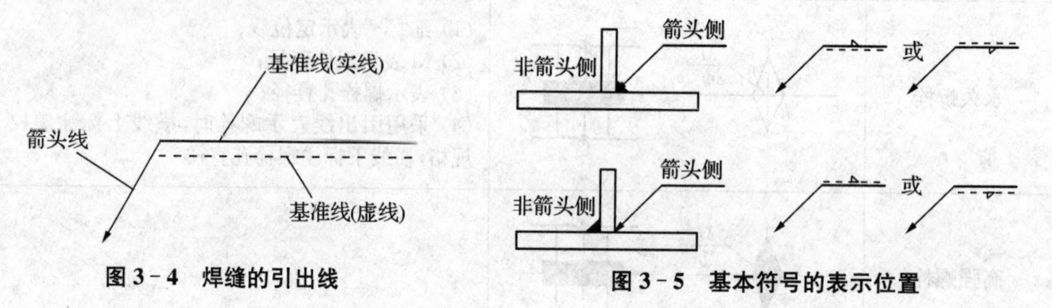

图 3-4　焊缝的引出线

图 3-5　基本符号的表示位置

(2) 基准线虚线可以画在基准线实线的上侧，也可画在下侧，基准线一般应与图样的标题栏平行，仅在特殊条件下才与标题栏垂直。

(3) 若焊缝处在接头的箭头侧，则基本符号标注在基准线的实线侧；若焊缝处在接头的非箭头侧，则基本符号标注在基准线的虚线侧，如图 3-5 所示。

(4) 当为双面对称焊缝时，基准线可不加虚线，如图 3-6 所示。

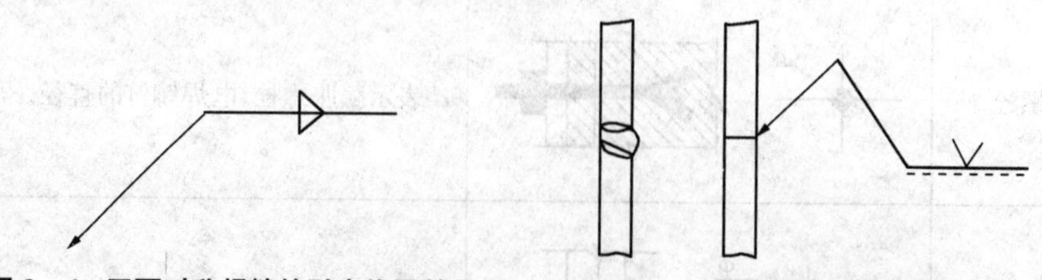

图 3-6　双面对称焊缝的引出线及符号

图 3-7　单边形焊缝的引出线

(5) 箭头线相对焊缝的位置一般无特殊要求，但在标注单边型焊缝时箭头线要指向带有坡口一侧的工件，如图 3-7 所示。

(6) 基本符号、补充符号与基准线相交或相切，与基准线重合的线段，用粗实线表示。

(7) 焊缝的基本符号、辅助符号和补充符号(尾部符号除外)一律为粗实线，尺寸数字原则上亦为粗实线，尾部符号为细实线，尾部符号主要是标注焊接工艺、方法等内容。

(8) 在同一图形上，当焊缝形式、断面尺寸和辅助要求均相同时，可只选择一处标注焊缝的符号和尺寸，并加注“相同焊缝的符号”，相同焊缝符号为 3/4 圆弧，画在引出线的转折处，如图 3－8(a)所示。

在同一图形上，有数种相同焊缝时，可将焊缝分类编号，标注在尾部符号内。分类编号采用 A、B、C……在同一类焊缝中可选择一处标注代号，如图 3－8(b)所示。

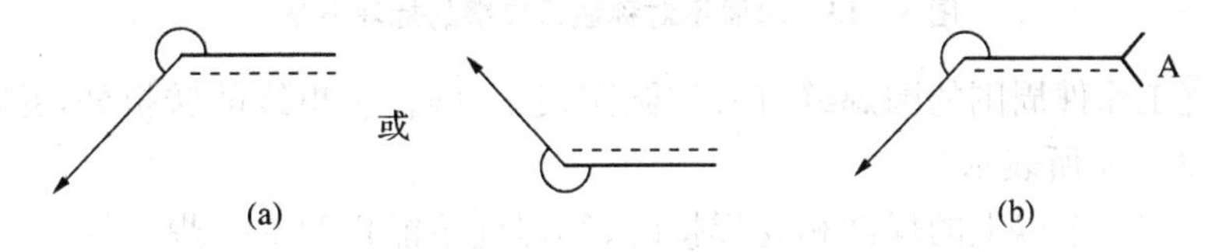

图 3－8　相同焊缝的引出线及符号

(9) 熔透角焊缝的符号应按图 3－9 方式标注。熔透角焊缝的符号为涂黑的圆圈，画在引出线的转折处。

(10) 图形中较长的角焊缝(如焊接实腹钢梁的翼缘焊缝)，可不用引出线标注，而直接在角焊缝旁标注焊缝尺寸值 K，如图 3－10 所示。

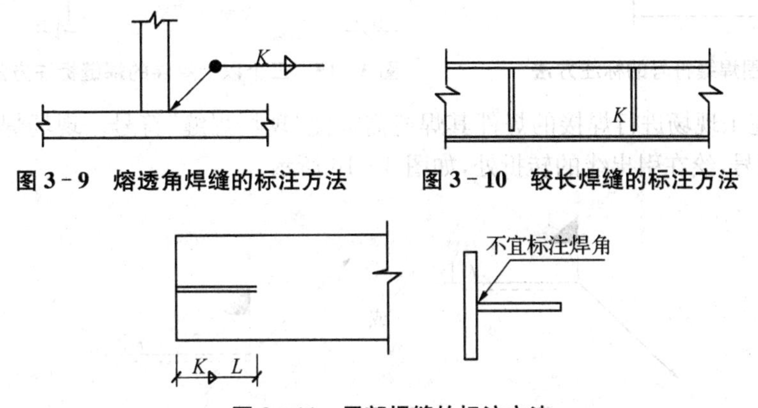

图 3－9　熔透角焊缝的标注方法　　**图 3－10　较长焊缝的标注方法**

图 3－11　局部焊缝的标注方法

(11) 在连接长度内仅局部区段有焊缝时，标注如图 3－11 所示。K 为角焊缝焊脚尺寸。

(12) 当焊缝分布不规则时，在标注焊缝符号的同时，在焊缝处加中实线表示可见焊缝，或加栅线表示不可见焊缝，标注方法如图 3－12 所示。

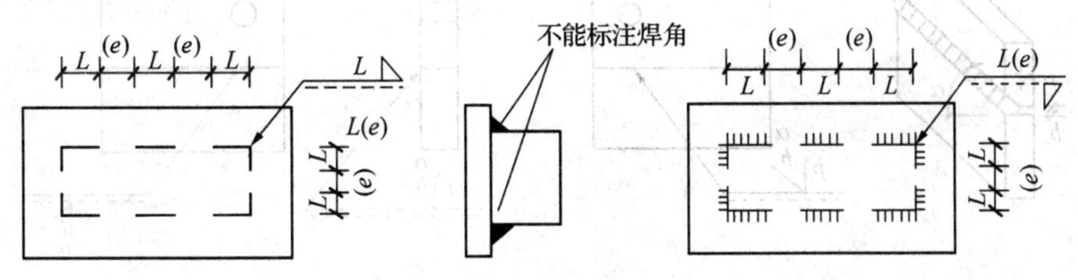

图 3－12　不规则焊缝的标注方法

(13) 相互焊接的两个焊件，当为单向带双边不对称坡口焊缝时，引出线箭头指向较大坡口的焊件，如图 3－13 所示（$\alpha_1 \geqslant \alpha_2$）。

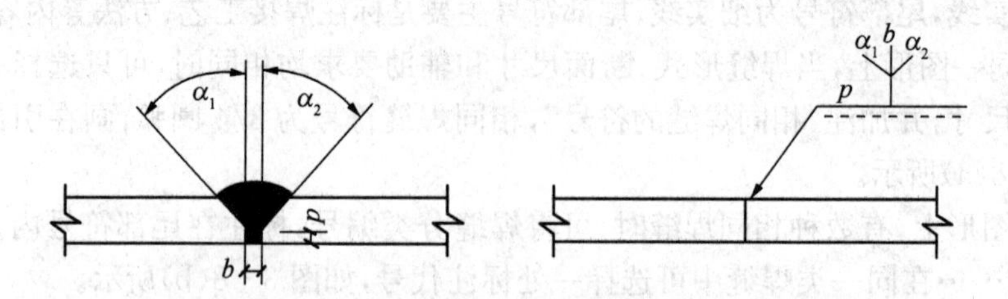

图 3－13　单面不对称坡口焊缝的标注方法

(14) 环绕工作件周围的围焊缝符号用圆圈表示，画在引出线的转折处，并标注其焊角尺寸 K，如图 3－14 所表示。

(15) 三个或三个以上的焊件相互焊接时，其焊缝不能作为双面焊缝标注，焊缝符号和尺寸应分别标注，如图 3－15 所示。

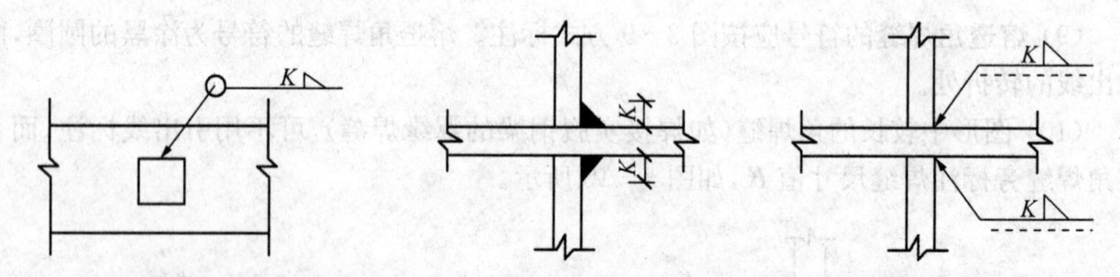

图 3－14　围焊缝符号的标注方法　　**图 3－15　三个以上焊件的焊缝标注方法**

(16) 在施工现场进行焊接的焊件其焊缝需标注“现场焊缝”符号。现场焊缝符号为涂黑的三角形旗号，绘在引出线的转折处，如图 3－16 所示。

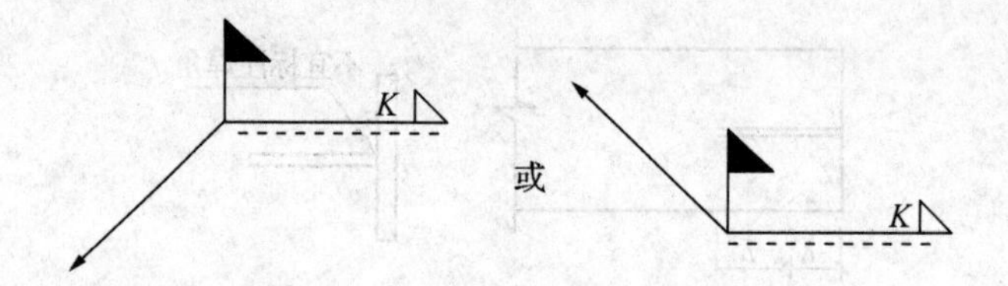

图 3－16　现场焊缝的表示方法

(17) 相互焊接的两个焊件中，当只有一个焊件带坡口时（如单面 V 形），引出线箭头指向带坡口的焊件，如图 3－17 所示（上部焊件带坡口）。

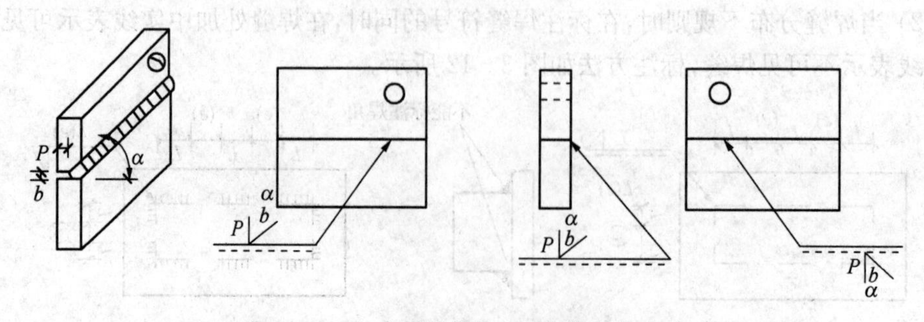

图 3－17　一个焊件带坡口的焊缝标注方法

3.4.2　常用焊缝的标注方法

常用焊缝的标注方法见表 3－4。

表 3－4　常用焊缝的标注方法

焊缝名称	型式	标准标注方法	习惯标注方法(或说明)
I 型焊缝	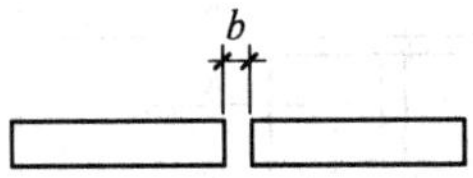 b	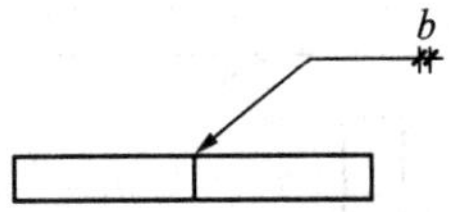 b	b 焊件间隙(施工图中可不标注)
单边 V 型焊缝	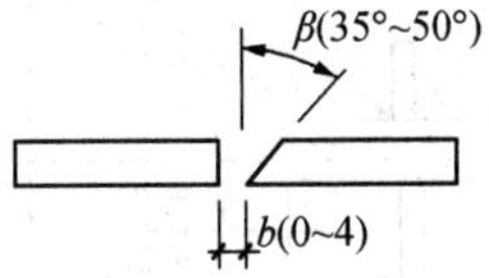 β(35°~50°) b(0~4)	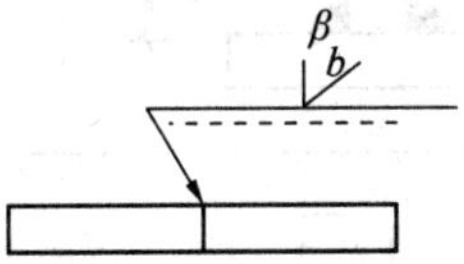 β b	β 施工图中可不标注
带钝边单边 V 型焊缝	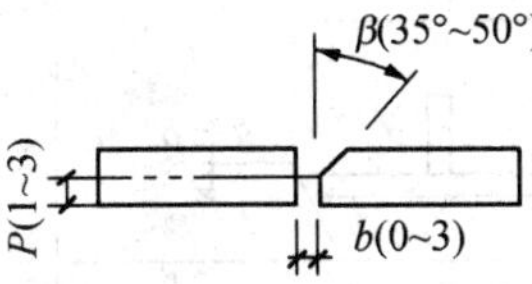 β(35°~50°) P(1~3) b(0~3)	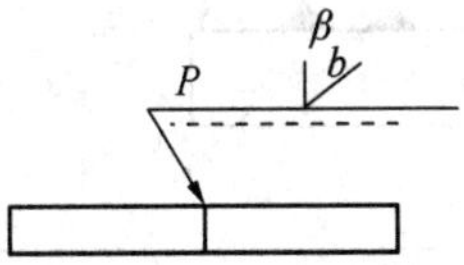 β P b	P 的高度称钝边,施工图中可不标注
带垫板 V 型焊缝	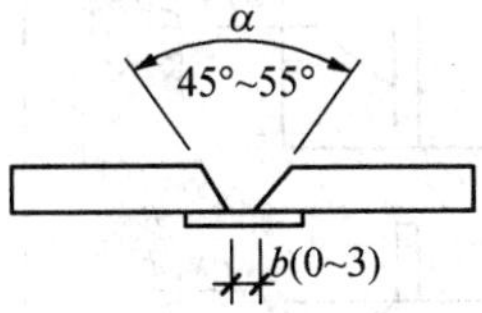 α 45°~55° b(0~3)	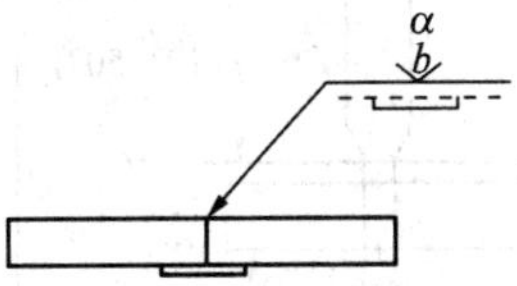 α b	α 施工图中可不标注
带垫板 V 型焊缝	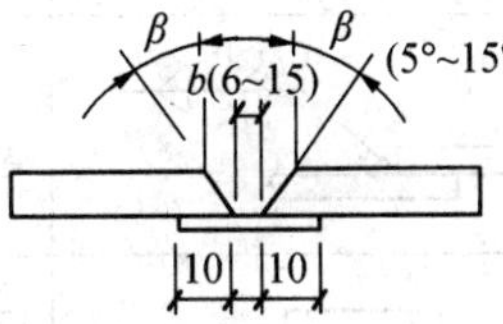 β　β (5°~15°) b(6~15) 10　10	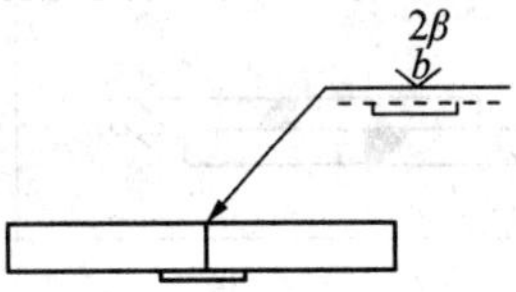 2β b	焊件较厚时
Y 型焊缝	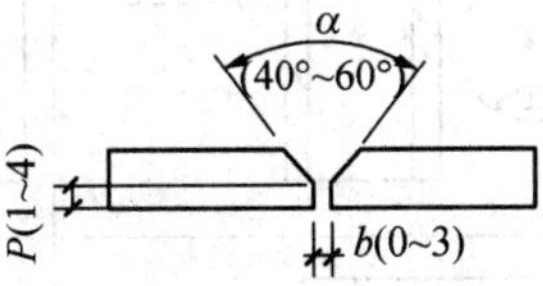 α 40°~60° P(1~4) b(0~3)	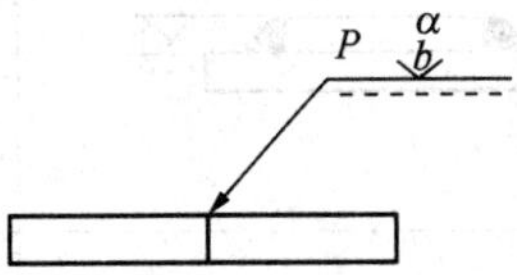 P α b	
带垫板 Y 型焊缝	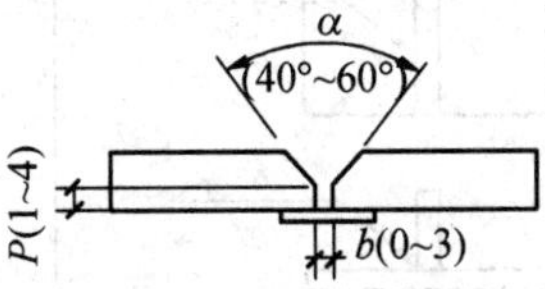 α 40°~60° P(1~4) b(0~3)	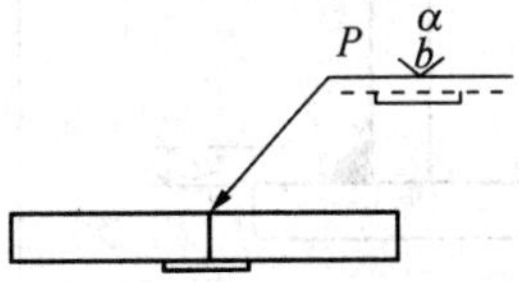 P α b	
双单边 V 型焊缝	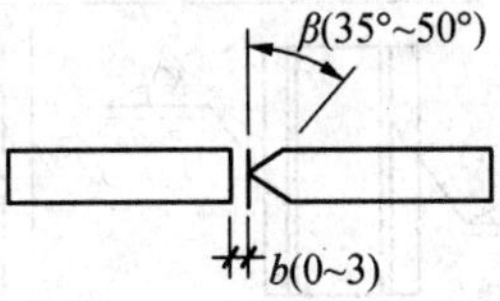 β(35°~50°) b(0~3)	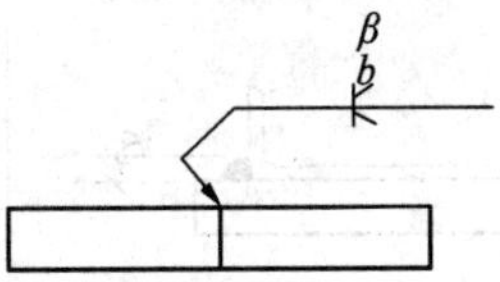 β b	

续表

焊缝名称	型式	标准标注方法	习惯标注方法(或说明)
双V型焊缝	α (40°~60°) b(0~3)	α b	
T型接头双面焊缝	K	K K	
T型接头带钝边双单边V型焊缝(不焊透)	β S	S β S β	
T型接头带钝边单边V型焊缝(焊透)	β(40°~50°) b(0~3) P (1~3)	β Px b β Px b	
双面角焊缝	K K	K	K
双面角焊缝	K	K K	K
T型接头角焊缝	K	K K	
双面角焊缝	K	K K	K

续表

焊缝名称	型式	标准标注方法	习惯标注方法(或说明)
周围角焊缝	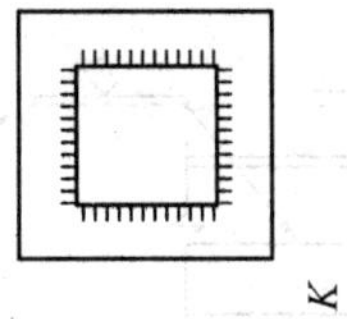 K	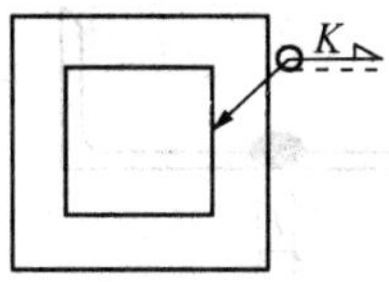 K	
三面围角焊缝	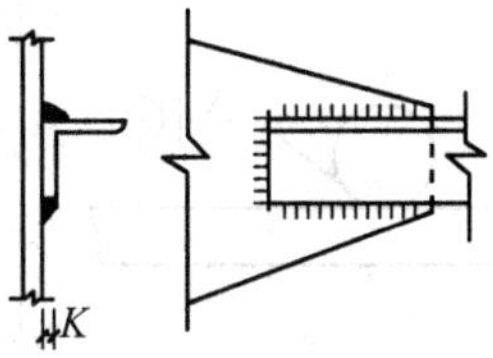 K	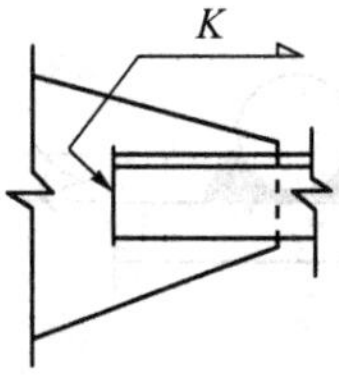 K	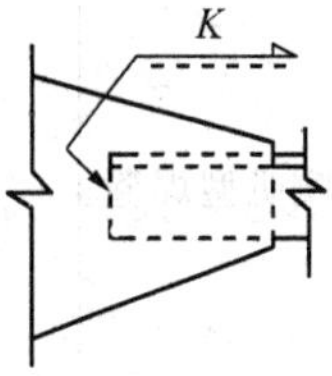 K
L 型围角焊缝	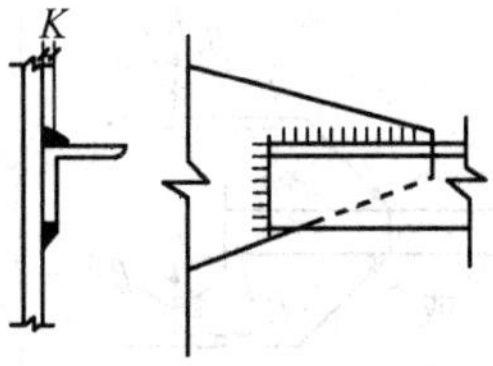 K	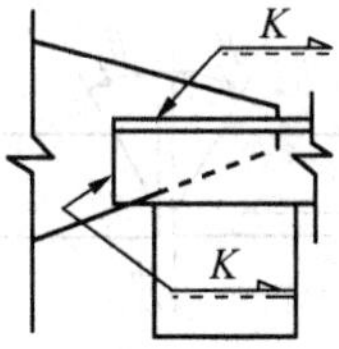 K K	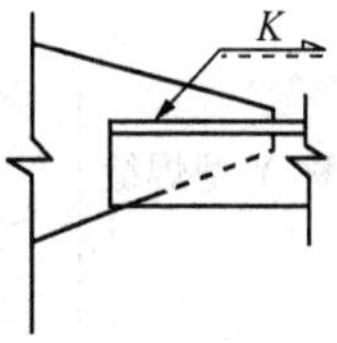 K
双面 L 型围角焊缝	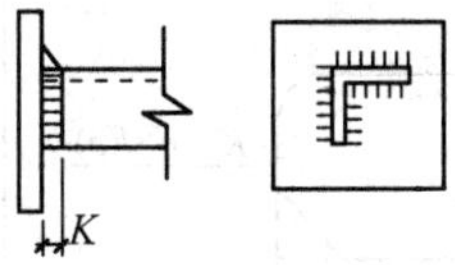 K	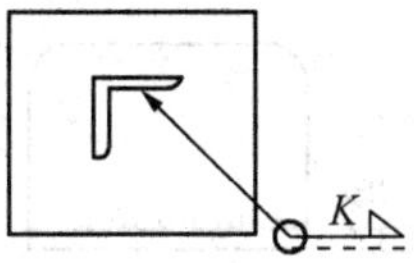 K	
双面角焊缝	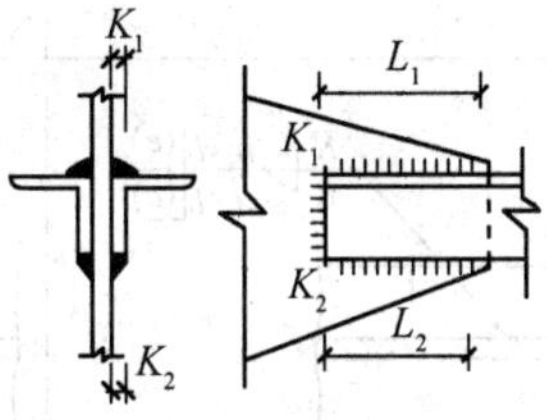 K_1 L_1 K_1 K_2 L_2 K_2		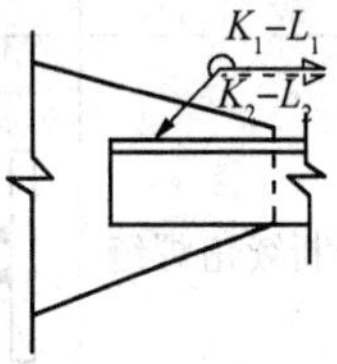 K_1–L_1 K_2–L_2
双面角焊缝	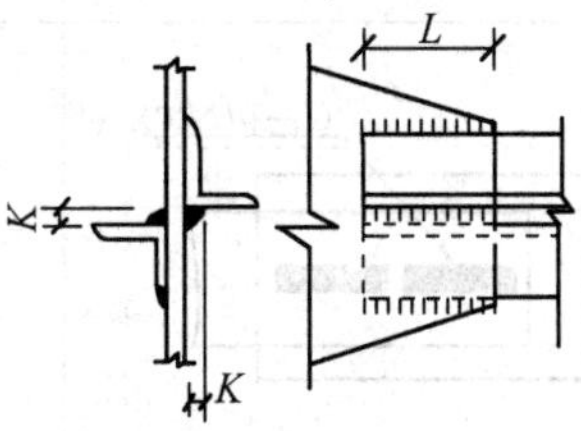 L K K		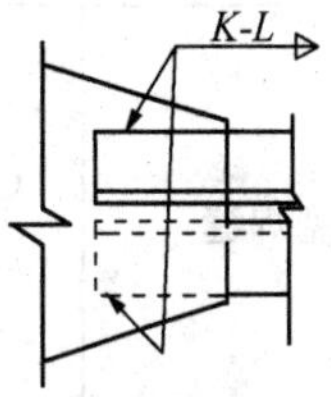 K-L
槽焊缝	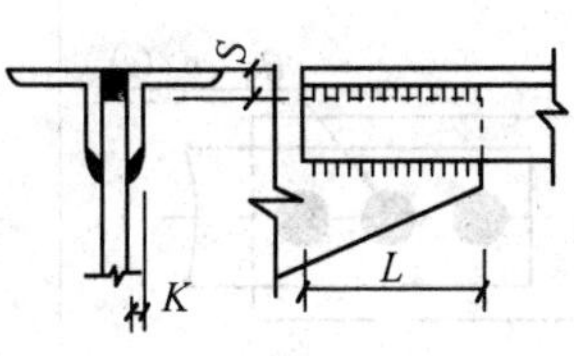 S K L	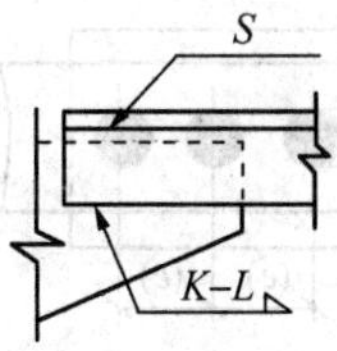 S K–L	

续表

焊缝名称	型式	标准标注方法	习惯标注方法(或说明)
喇叭型焊缝	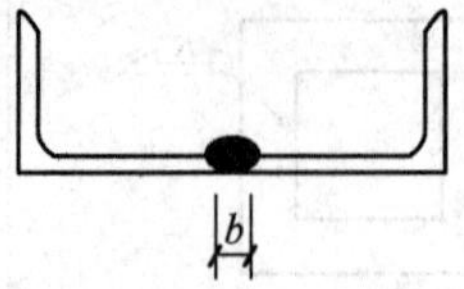 b	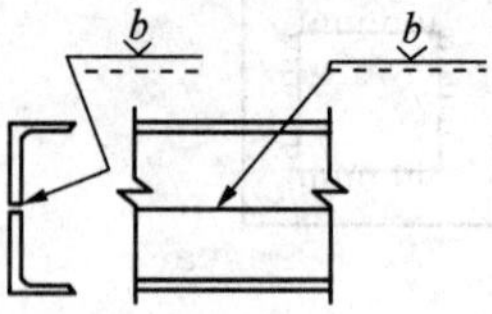 b b	
双面喇叭型焊缝	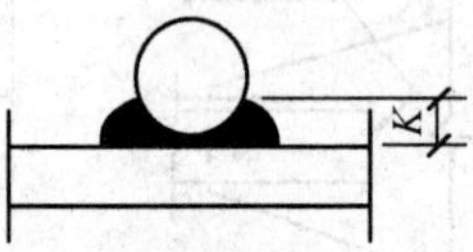 K	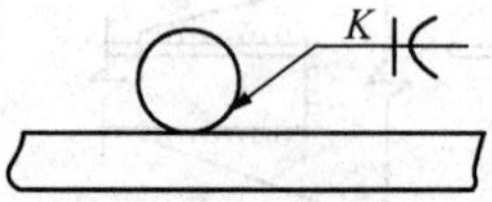 K	
不对称Y型焊缝	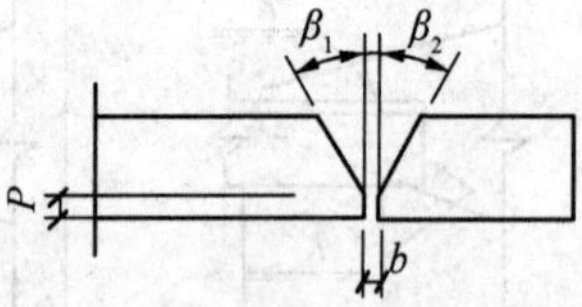 β_1 β_2 P b	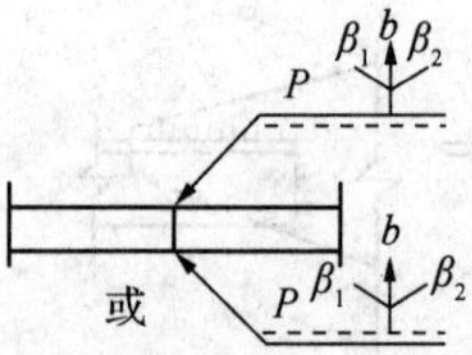 β_1 b β_2 P 或 P β_1 b β_2	
断续角焊缝	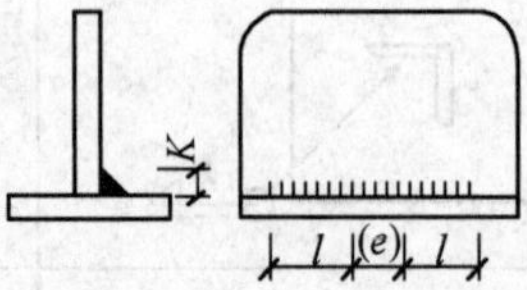 K l (e) l	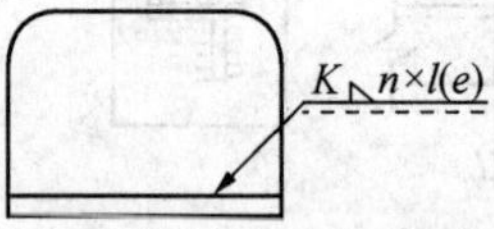 K $n\times l(e)$	
交错断续角焊缝	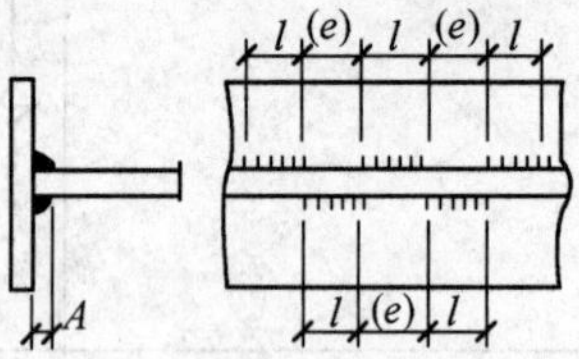 l (e) l (e) l A l (e) l	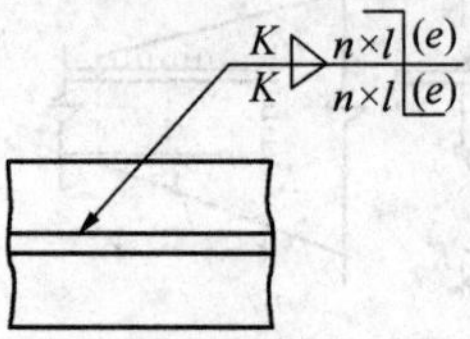 K $n\times l$ (e) K $n\times l$ (e)	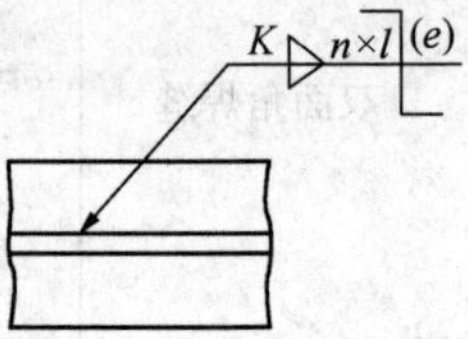 K $n\times l$ (e)
塞焊缝	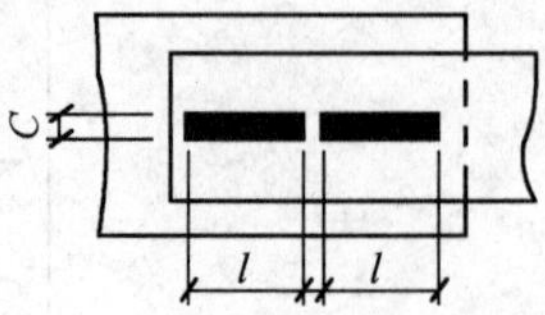 C l l	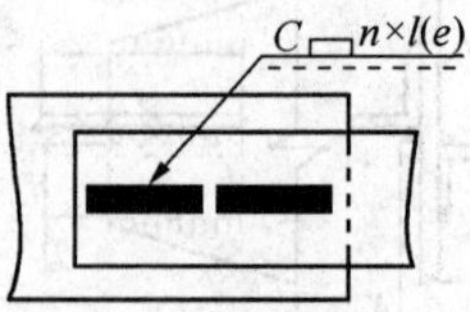 C $n\times l(e)$	
塞焊缝	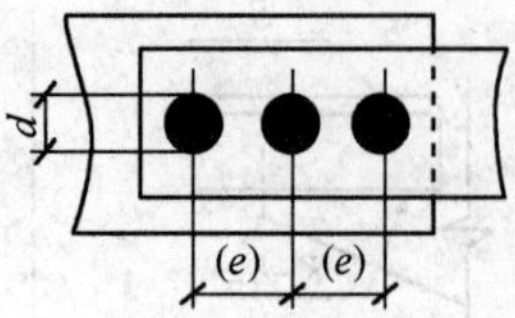 d (e) (e)	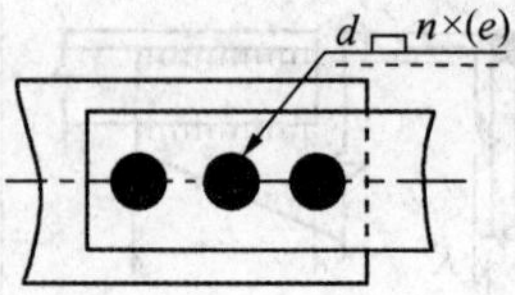 d $n\times(e)$	

续表

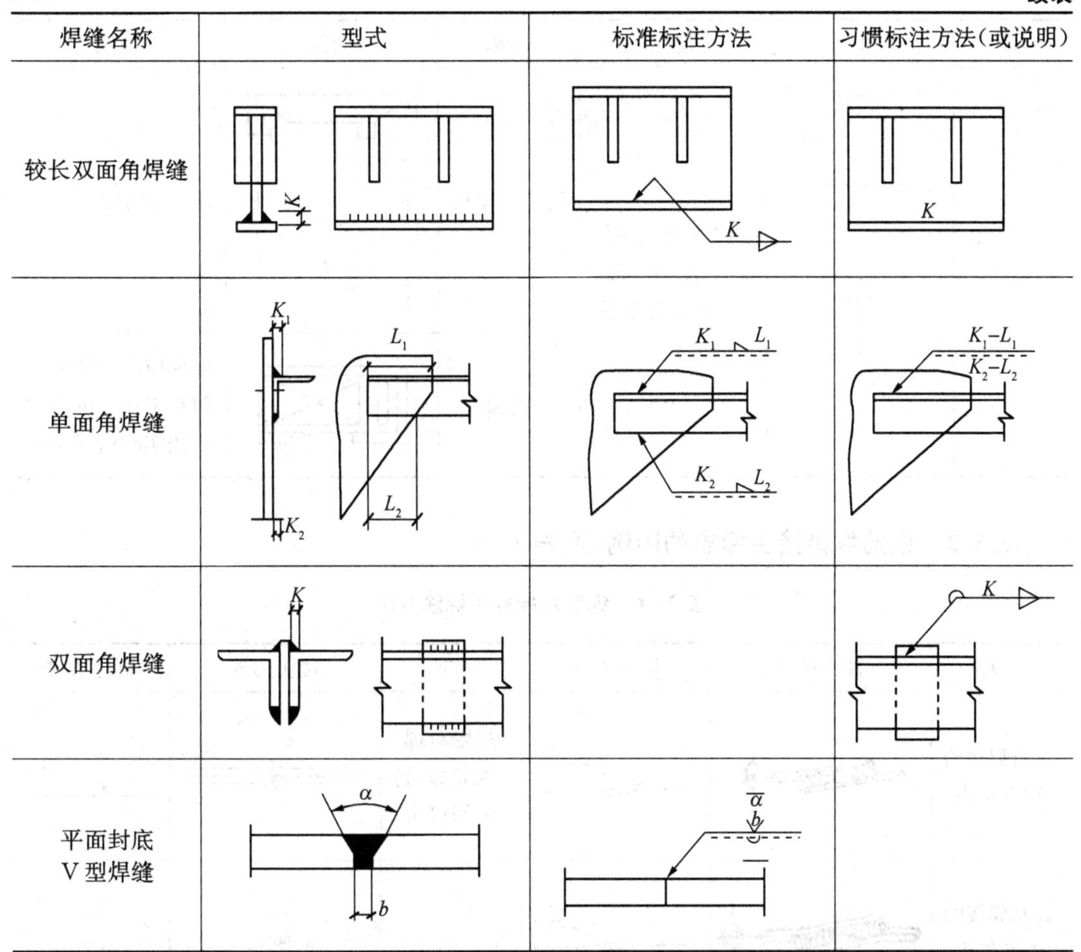

焊缝名称	型式	标准标注方法	习惯标注方法(或说明)
较长双面角焊缝			
单面角焊缝			
双面角焊缝			
平面封底V型焊缝			

注：在实际应用中基准线中的虚线经常被省略。

3.5　钢结构施工图的常用图例

图例是施工图纸上用图形来表示一定含义的符号，具有一定的形象性，可向读者表达所代表的内容。下面将一般建筑和结构施工图中的图例分类绘制成表。

3.5.1　表示水平及垂直运输装置的图例(见表 3－5)

表 3－5　水平及垂直运输装置的图例

名称	图例	说明	名称	图例	说明
铁路		本图例适用标准轨距，使用时注明轨距	起重机轨道		

续表

名称	图例	说明	名称	图例	说明
电动葫芦	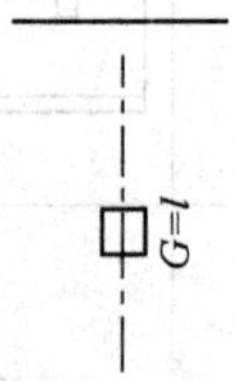 G=l	上图表示立面，下图表示平面，G_{tw} 表示起重量	桥式起重机	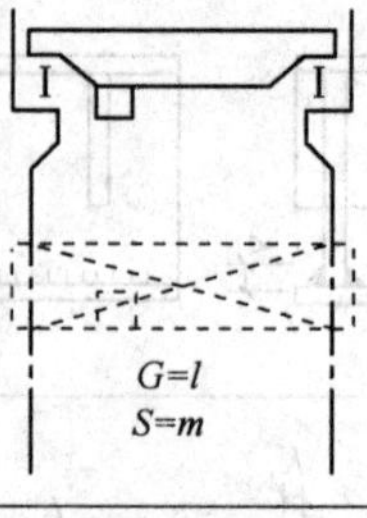 G=l S=m	S 表示跨度
			电梯	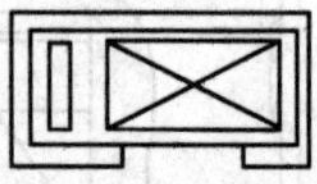	电梯应注明类型门和平衡锤的位置应按实际情况绘制

3.5.2 钢筋焊接接头标志的图例（见表 3-6）

表 3-6 钢筋焊接接头标注方法

名称	接头形式	标注方法	名称	接头形式	标注方法
单面焊接的钢筋接头			接触对焊（闪光焊）的钢筋接头	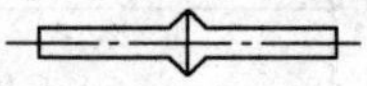	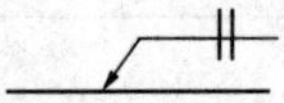
双面焊接的钢筋接头			坡口平焊的钢筋接头	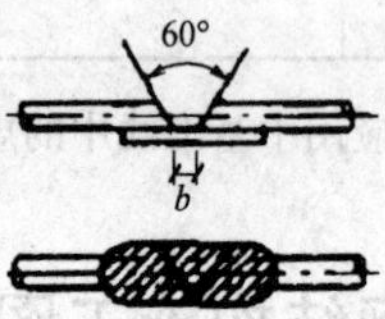 60° b	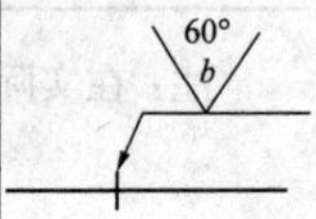 60° b
用帮条单面焊接的钢筋接头		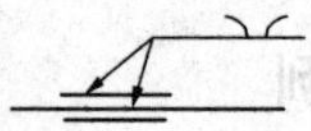			
用帮条双面焊接的钢筋接头			坡口立焊的钢筋接头	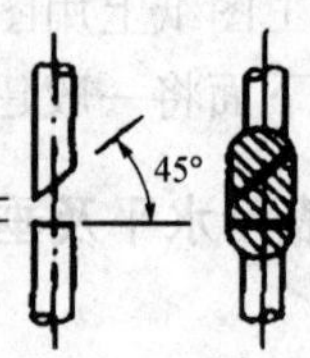 45° b	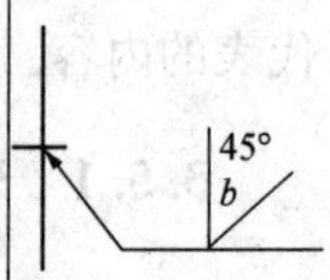 45° b

3.5.3　钢结构中使用的有关图例(见表 3 - 7～表 3 - 10)

表 3 - 7　孔、螺栓、铆钉图例

名称	图例	说明	名称	图例	说明
永久螺栓		(1) 细"+"线表示定位线 (2) 必须标注孔、螺栓、铆钉的直径	安装螺栓		(1) 细"+"线表示定位线 (2) 必须标注孔、螺栓、铆钉的直径
高强螺栓	ϕd		螺栓、铆钉的圆孔		

表 3 - 8　钢结构焊缝图形符号

焊缝名称	焊缝形式	图形符号	焊缝名称	焊缝形式	图形符号
V 形			单边 V 形(带根)		
V 形(带根)			形		
不对称 V 型(带根)			贴角焊		
单边 V 形			塞焊		

表 3 - 9　焊缝的辅助符号

符号名称	辅助符号	标志方法	焊缝形式
相同焊缝			
安装焊缝			
三面焊缝		h h	

续表

符号名称	辅助符号	标志方法	焊缝形式
周围焊缝	□	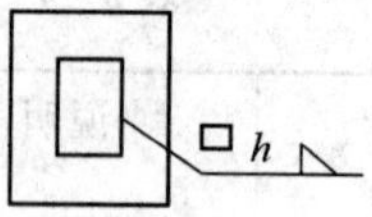 □ h	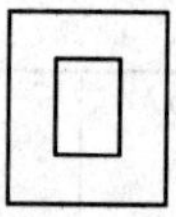
断续焊缝	I	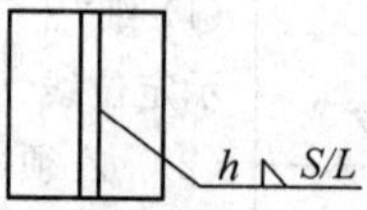 h S/L	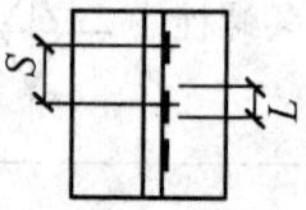 S L

表 3－10　常用焊缝接头的焊缝代号标志方法

图形	焊缝形式	标志方法
对接 I 形焊缝	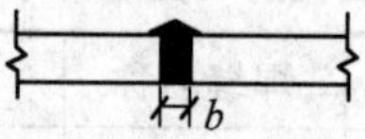 b	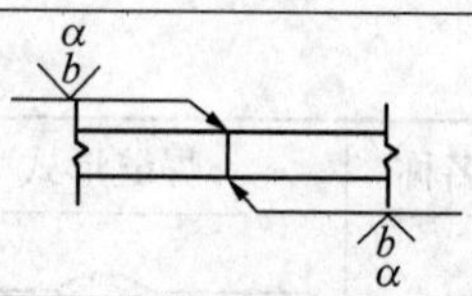 α b b α
对接 I 形焊缝	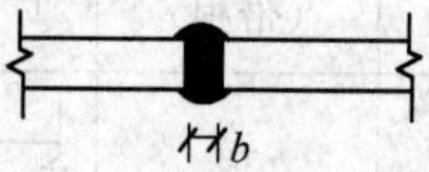 b	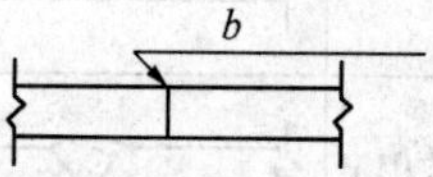 b
对接 V 形焊缝	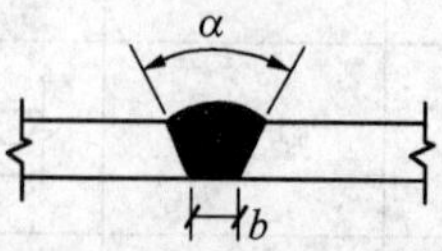 α b	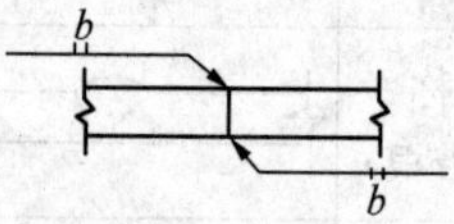 b b
对接单边 V 形焊缝	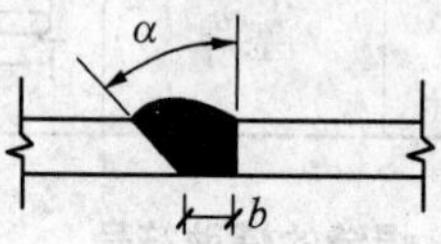 α b	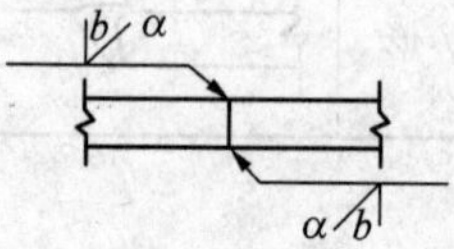 b α α b
对接 V 形带根焊缝	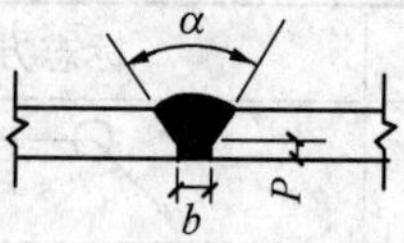 α P b	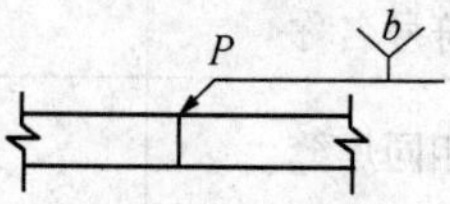 P b
搭接周边焊缝	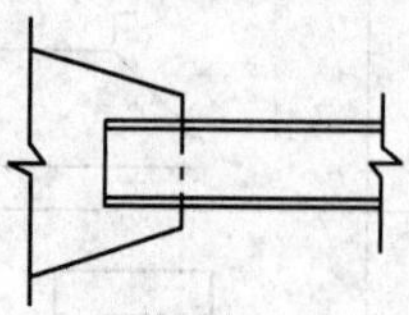	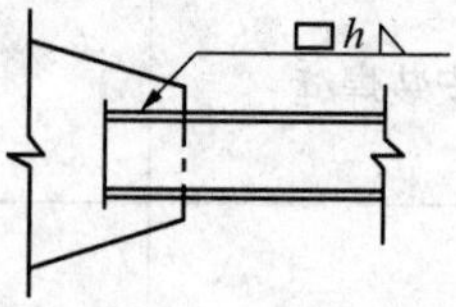 □ h
贴角焊缝	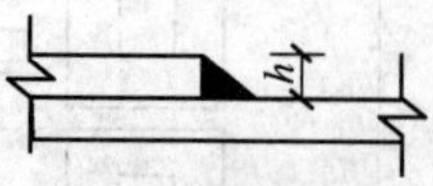 h	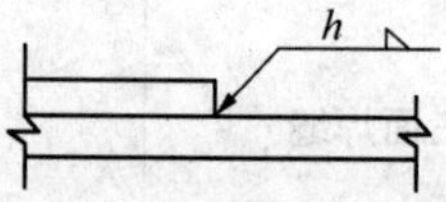 h
T 形接头	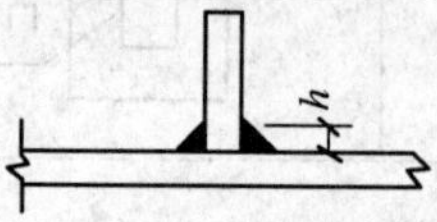 h	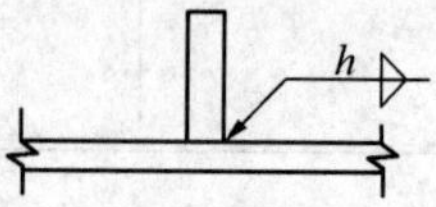 h

续表

图形	焊缝形式	标志方法
对接V形带根焊缝	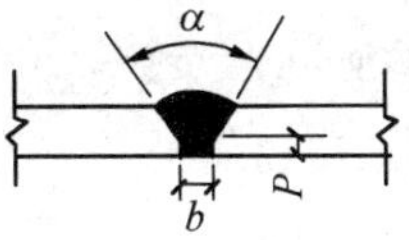	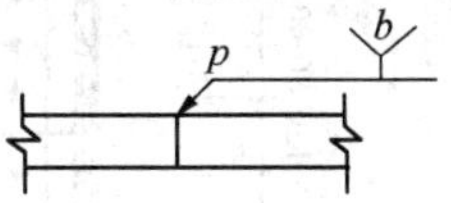
搭接周边焊缝	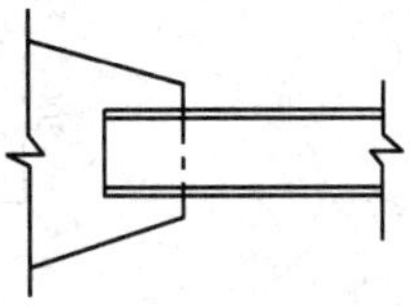	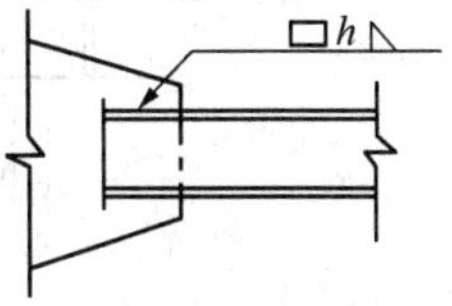
贴角焊缝	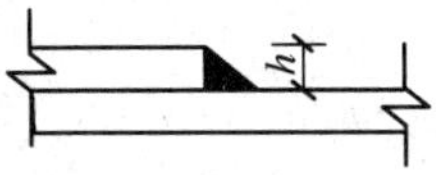	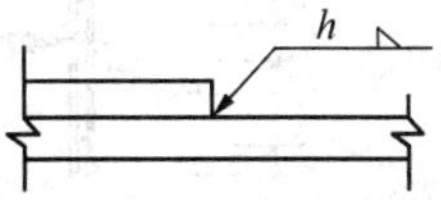
T形接头	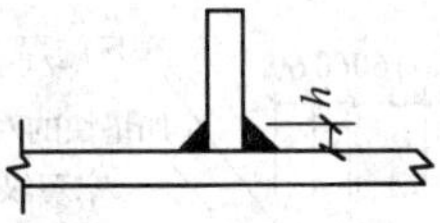	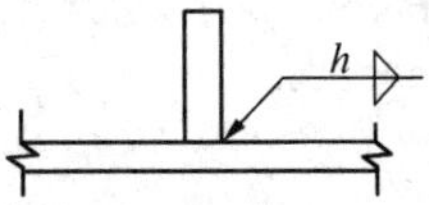

3.6　节点详图的识读

钢结构的连接有焊缝连接、铆钉连接、普通螺栓连接和高强度螺栓连接，连接部位统称为节点。连接设计是否合理，直接影响到结构的使用安全、施工工艺和工程造价，所以钢结构节点设计同构件或结构本身的设计一样重要。钢结构节点设计的原则是安全可靠、构造简单、施工方便和经济合理。

在识读节点施工详图时，特别要注意连接件（螺栓、铆钉和焊缝）和辅助件（拼接板、节点板、垫块等）的型号、尺寸和位置的标注，螺栓（或铆钉）在节点详图上要了解其个数、类型、大小和排列；焊缝要了解其类型、尺寸和位置；拼接板要了解其尺寸和放置位置。

在具备了钢结构施工图基本知识的基础上，即可对钢结构节点详图进行分类识读。

柱拼接连接如图3-18所示。

变截面柱详图主要是了解H型钢变截面处采用的钢板与连接方式，如图3-19所示。

梁拼接详图关键是了解高强螺栓的数量与连接节点板的做法，如图3-20所示。

主次梁侧向连接与梁柱刚性连接均是采用节点板与高强螺栓，从详图中了解高强螺栓的型号与做法。主次梁侧向连接详图如图3-21所示。

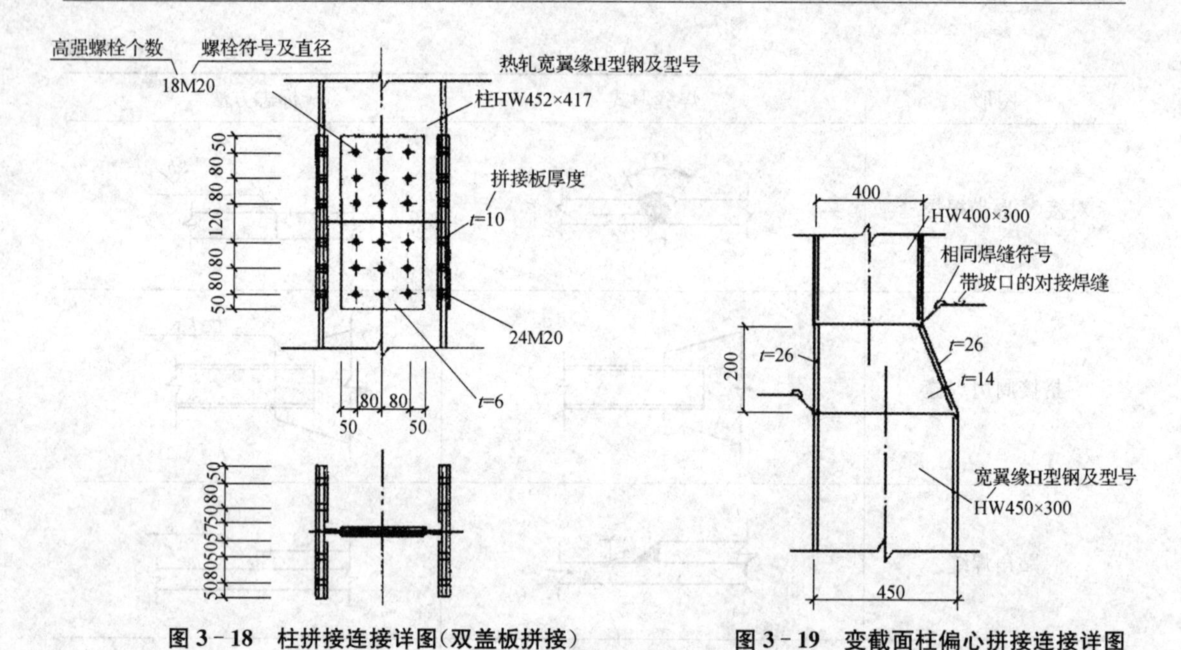

图 3－18　柱拼接连接详图(双盖板拼接)

图 3－19　变截面柱偏心拼接连接详图

60 60 60 60
现场施焊
加垫块的对接焊缝
窄翼缘H型钢及型号
HN500×200
10
40 50 4×80=320 50 40
螺栓数量
高强螺栓 10M20
螺栓符号 螺栓直径
t=6

图 3－20　梁拼接连接详图(刚接)

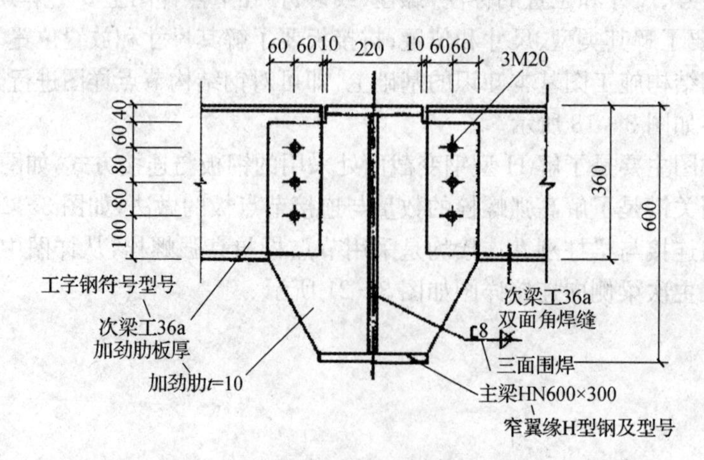

图 3－21　主次梁侧向连接详图(铰接)

梁柱刚性连接做法如图 3－22 所示。

梁柱半刚性连接做法如图 3－23 所示。

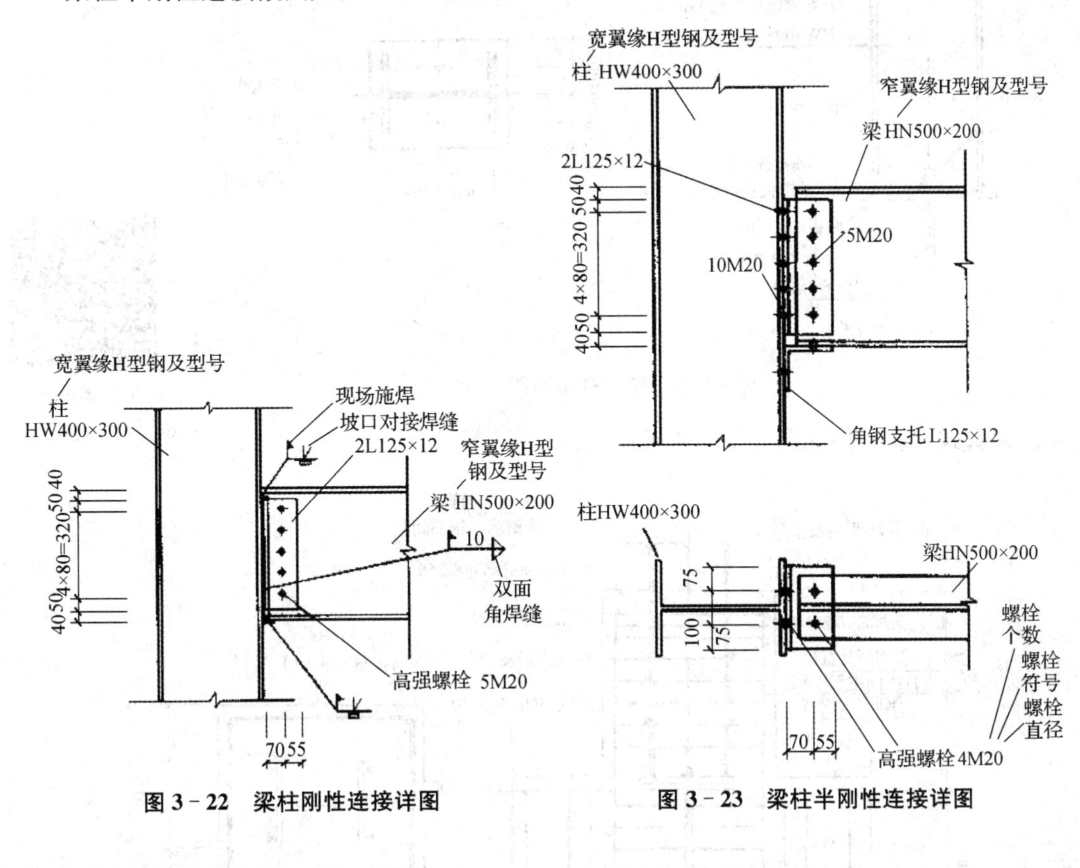

图 3－22　梁柱刚性连接详图　　　图 3－23　梁柱半刚性连接详图

梁柱铰接连接如图 3－24 所示。

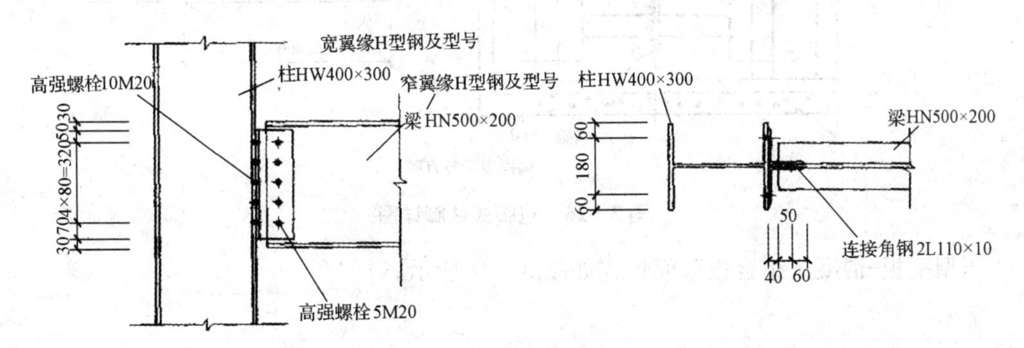

图 3－24　梁柱铰接连接详图

钢柱脚铰接做法用螺栓连接如图 3－25 所示。

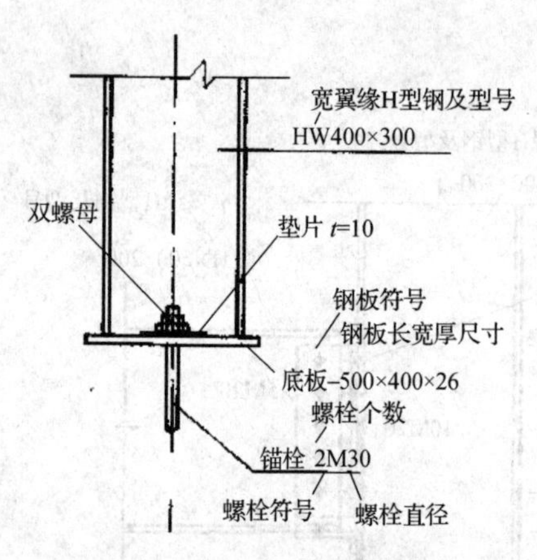

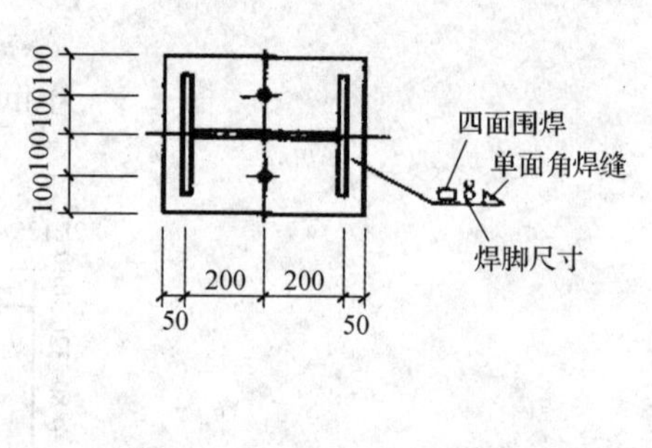

图 3-25　铰接柱脚详图

平板式铰接柱脚的构造

包脚式柱脚做法如图 3-26 所示。

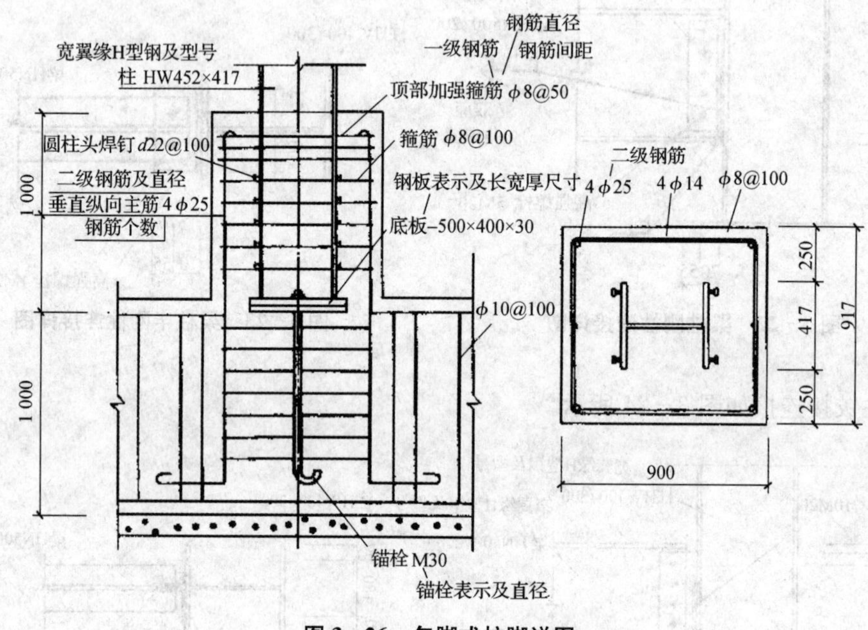

图 3-26　包脚式柱脚详图

压型钢板-混凝土组合板截面形式如图 3-27 所示。

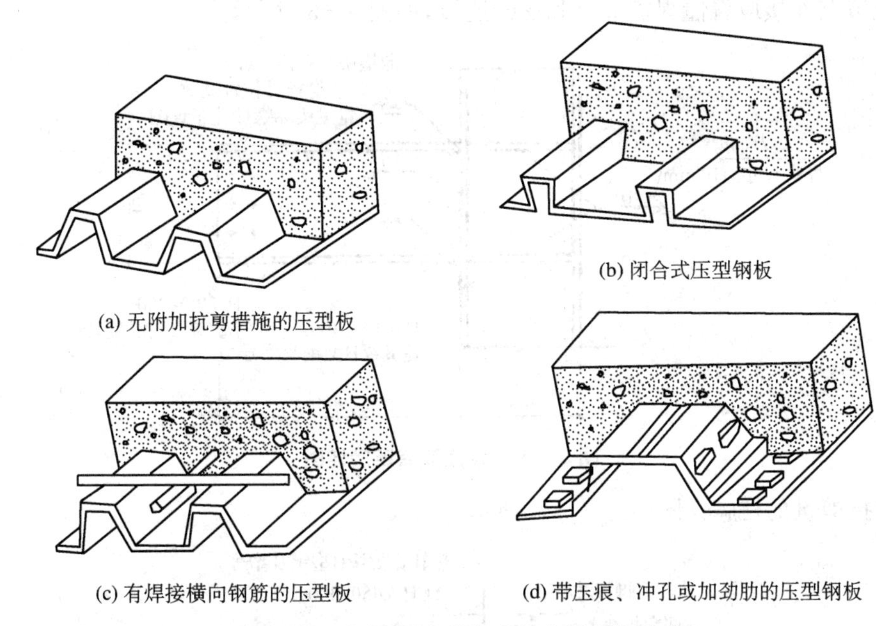

(a) 无附加抗剪措施的压型板

(b) 闭合式压型钢板

(c) 有焊接横向钢筋的压型板

(d) 带压痕、冲孔或加劲肋的压型钢板

图 3－27　压型钢板-混凝土组合板截面形式

钢梁与混凝土墙连接详图如图 3－28 和图 3－29 所示。

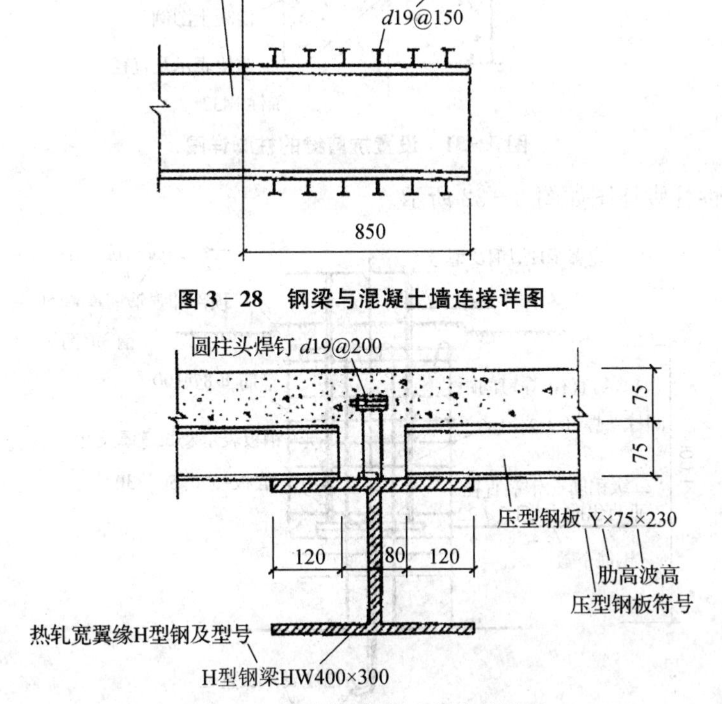

图 3－28　钢梁与混凝土墙连接详图

图 3－29　钢梁与混凝土板连接详图

梁柱节点连接应看懂焊接节点和螺栓连接，如图 3－30 所示。

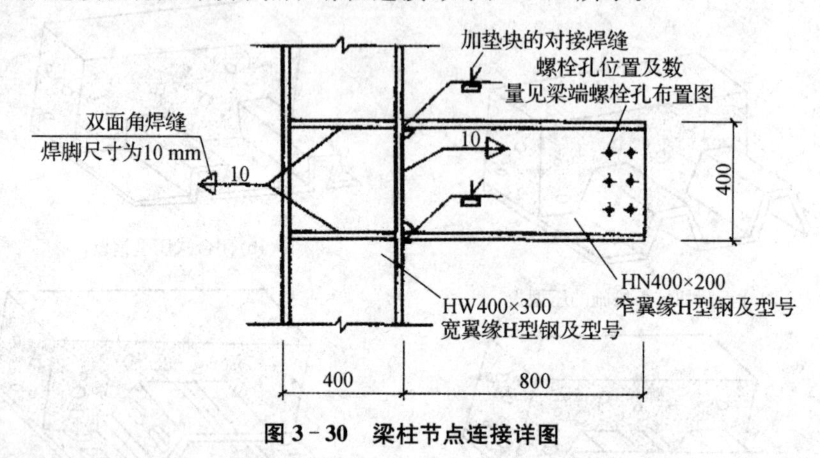

图 3－30　梁柱节点连接详图

设置抗剪键的柱脚详图如图 3－31 所示。

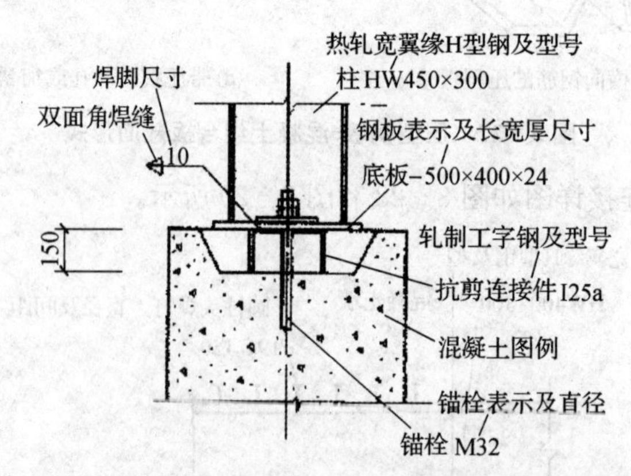

图 3－31　设置抗剪键的柱脚详图

埋入式刚性柱脚详图如图 3－32 所示。

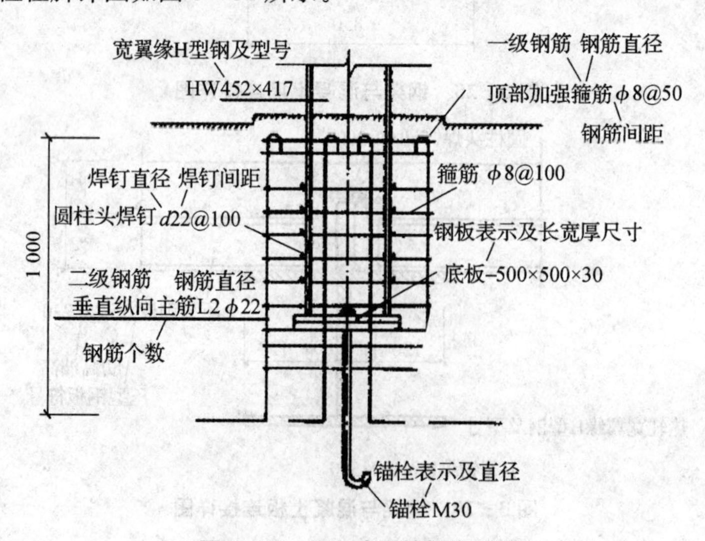

图 3－32　埋入式刚性柱脚详图

工字钢支撑节点详图如图 3－33 所示。

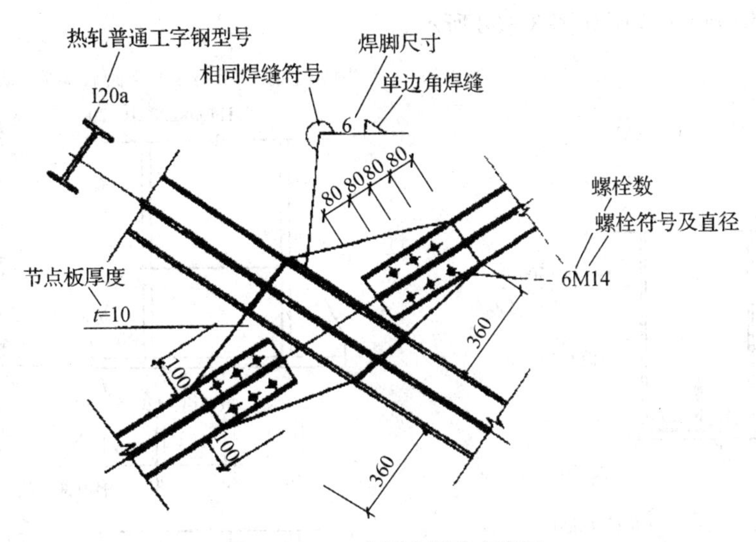

图 3－33　工字钢支撑节点详图

钢梁与混凝土构件刚性连接详图如图 3－34 所示。

组合梁板连接详图如图 3－35 所示。

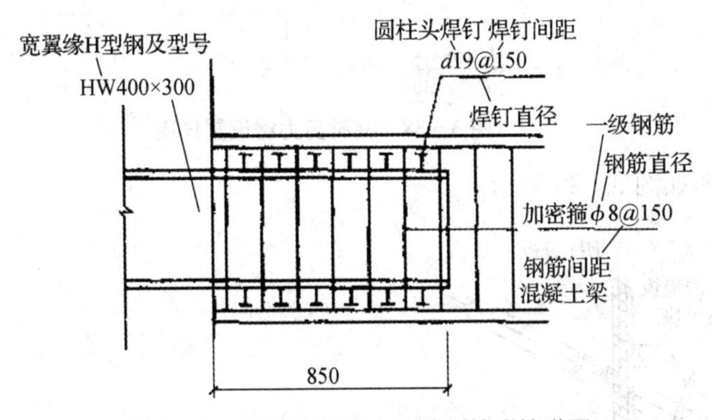

图 3－34　钢梁与混凝土构件刚性连接详图

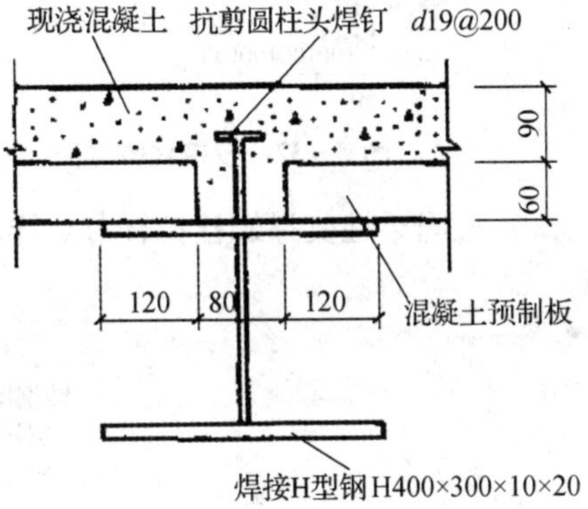

图 3－35　组合梁板连接详图

梁腹板开洞(圆洞)补强详图如图 3－36 所示。

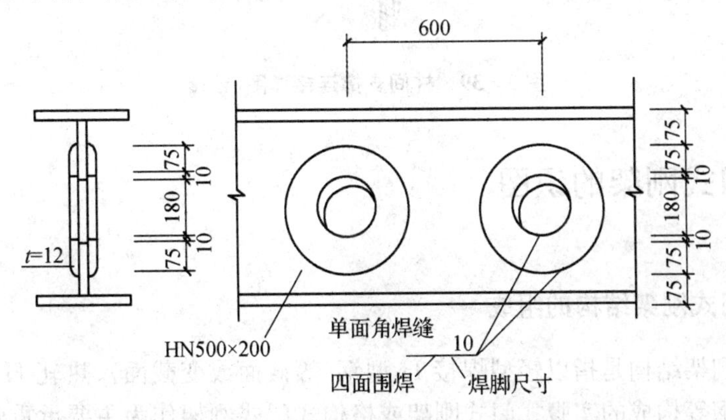

图 3－36　梁腹板开洞(圆洞)补强详图

铰接柱脚详图如图 3－37 所示。

柱脚剪力键设置详图如图 3－38 所示。

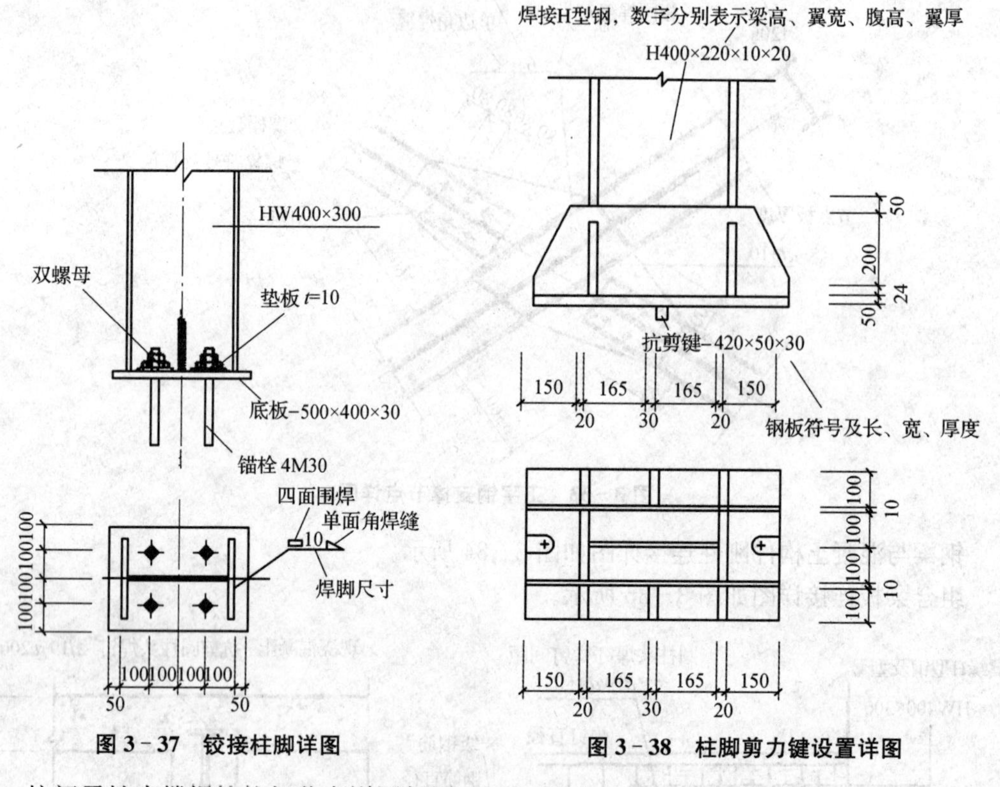

图 3－37　铰接柱脚详图

图 3－38　柱脚剪力键设置详图

柱间柔性支撑螺栓拉杆节点详图如图 3－39 所示。

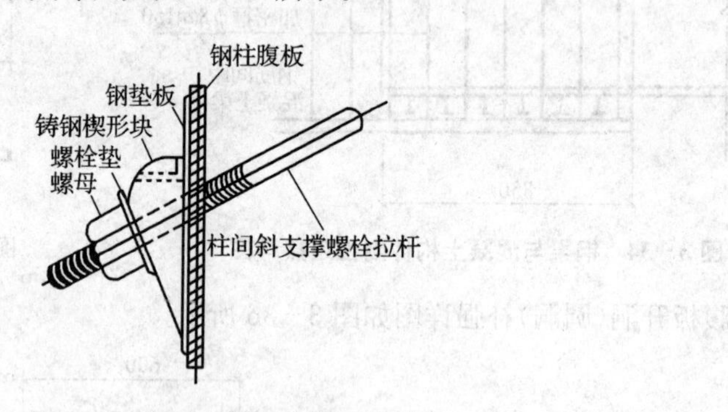

图 3－39　柱间支撑连接详图(铰接)

3.7　门式刚架的识图

门式刚架结构

3.7.1　门式刚架结构的组成

单层门式刚架结构是指以轻型焊接 H 型钢(等截面或变截面)、热轧 H 型钢(等截面)或冷弯薄壁型钢等构成的实腹式门式刚架或格构式门式刚架作为主要承重骨架；用冷弯薄壁型钢(槽形、卷边槽形、Z 形等)做檩条、墙梁;以压型金属板(压型钢板、压型铝板)做屋面、墙面;采用聚苯乙烯泡沫塑料、硬质聚氨酯泡沫塑料、岩棉、矿棉、玻璃棉等作为保温隔热材料并适当设置支撑的一种轻型房屋结构体系。

单层轻型钢结构房屋的组成如图 3－40 所示。

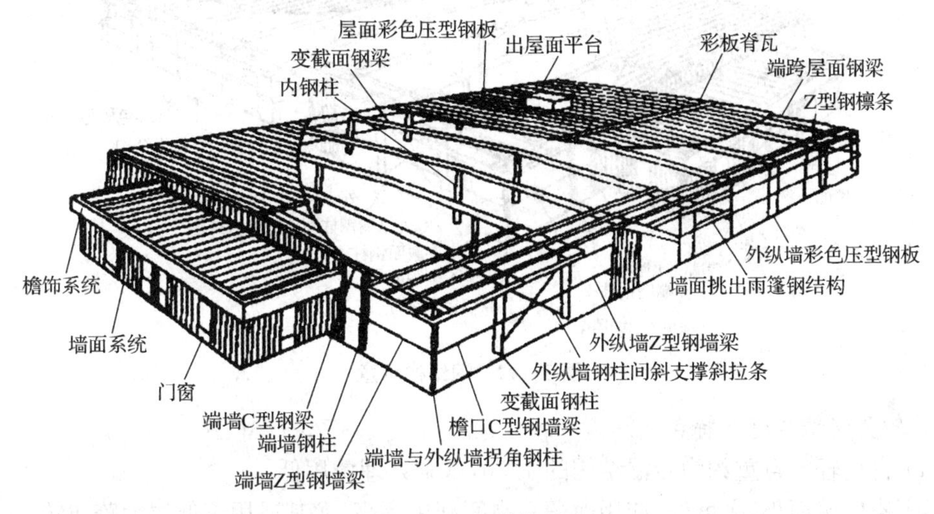

图 3－40　钢结构示意

在目前的工程实践中,门式刚架的梁、柱构件多采用焊接变截面的 H 型截面,单跨刚架的梁柱节点采用刚接,多跨者大多刚接和铰接并用。柱脚可与基础刚接或铰接。围护结构采用压型钢板的居多,玻璃棉则由于其具有自重轻、保温隔热性能好及安装方便等特点,用作保温隔热材料最为普遍。

保温轻型钢建筑示意,如图 3－41 所示。

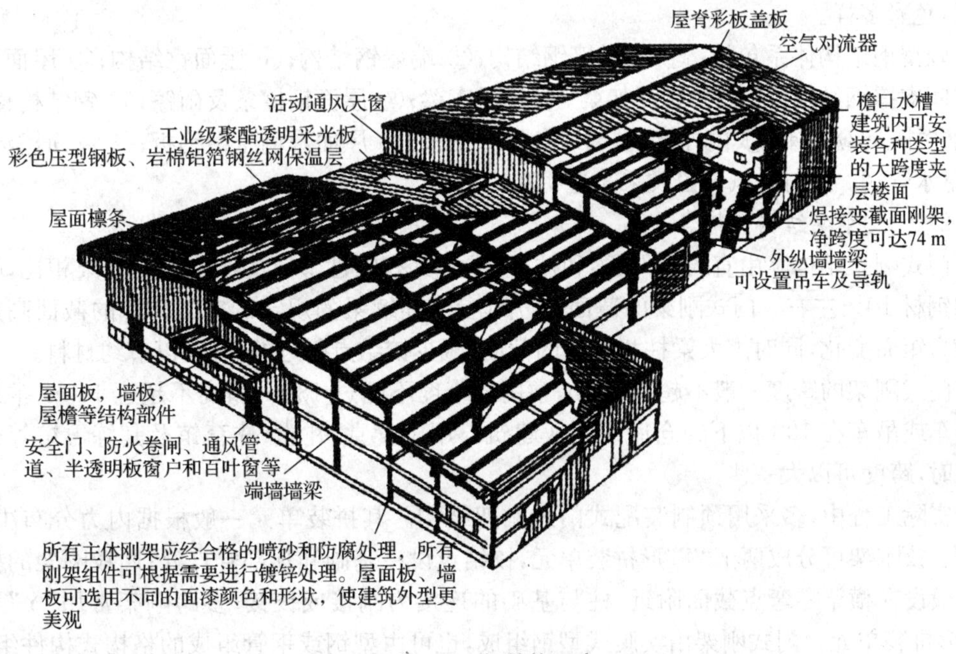

图 3－41　钢结构示意

不保温轻型钢建筑示意，如图 3-42 所示。

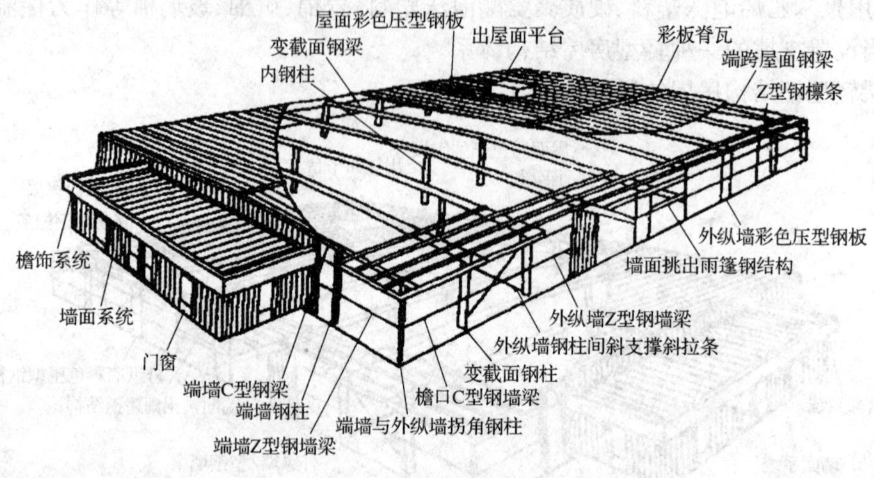

图 3-42　钢结构示意

1. 轻型钢结构建筑特点

(1) 自重轻。自重约为砖混结构的 1/30，基础处理费用低。

(2) 构件截面小，刚度好，使用面积和空间利用率高，尤其适用于低层大跨建筑。

(3) 施工周期短，施工占地小。

(4) 可多次拆装，重复使用，回收率达 70%。

(5) 抗腐蚀性强，耐久性好，可靠性高，适用露天厂房、仓库等，使用寿命为 15～25 年。

(6) 保温隔热、隔声性能好，可供选择的不同型号屋面板、墙板、导热系数仅为 0.017 5～0.035 kW/(m·℃)，隔热效果可达同等厚度砖墙的 15 倍以上，隔声效果达 30～40 dB。

(7) 屋面及墙面采用轻质复合板或彩色压型钢板，整体性好，抗风、抗震能力强，轻巧、大方，色彩多样。

轻型钢结构体系包括：① 外纵墙钢结构；② 端墙钢结构；③ 屋面钢结构；④ 屋面支撑及柱间支撑钢结构；⑤ 内外钢托架梁；⑥ 钢吊车梁；⑦ 屋面钢檩条及雨篷；⑧ 钢结构楼板；⑨ 钢楼梯及检修梯；⑩ 内外墙、端墙彩色压型钢板；⑪ 屋面彩色压型钢板；⑫ 屋面檐沟、天沟、落水管；⑬ 屋向通风天窗及采光透明瓦。

2. 门式刚架结构的特点

门式刚架结构是由直线杆件(梁和柱)组成的具有刚性节点的结构。与排架相比，其可节约钢材 10%左右。门式刚架的截面尺寸可参考连续梁的规定确定。杆件的截面高度最好随弯矩而变化，同时加大梁柱相交处的截面，减少铰结点附近的截面，以节约材料。

门式刚架的跨度一般不超过 40 m，常用的跨度不超过 18 m，檐高不超过 10 m，常用于无吊车或吊车在 10 t 以下的仓库或工业建筑。用于食堂、礼堂、体育馆及其练习馆等公共建筑时，跨度可以大一些。

实际工程中，多采用预制装配式门式刚架结构。其拼装单元一般根据内力分布决定。单跨三铰刚架可分成两个“T”形拼装单元，铰结点设在基础和顶部脊点处；两铰刚架的拼装点一般设在横梁零弯点截面附近，柱与基础的连接为刚接或铰接；多跨刚架常用“Y”形和“T”形拼装单元。门式刚架由实腹式型钢组成，也可由型钢或钢管组成的格构式构件组成。

一般的重型单层厂房就是由钢屋架(梁)与钢柱(实腹式或格构式)组成的无铰门式刚接结构。常见的门式刚架形式如图 3 - 43 所示。

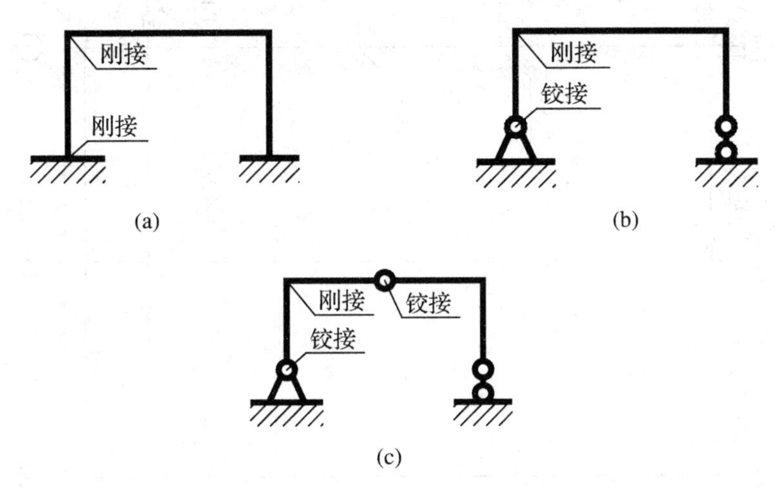

图 3 - 43　常见的门式刚架形式

(1) 无铰刚架：弯矩最小，刚度较好，基础较大，对温度和变位反应较为敏感。

(2) 两铰刚架：弯矩较无铰刚架的大，基底弯矩小，故基础用料较省。

(3) 三铰刚架：弯矩较小，但刚度较差，屋脊节点不易处理，适用于小跨度及地基差的建筑。

3.7.2　门式刚架结构施工图的识读

1. 门式刚架结构的总体及构件布置

(1) 地脚锚栓的平面布置如图 3 - 44 所示。地脚锚栓一般为 Q235 钢，也可采用 Q345 钢。地脚锚栓满足《地脚螺栓(锚栓)通用图》(HG/T 21545—2006)的要求。

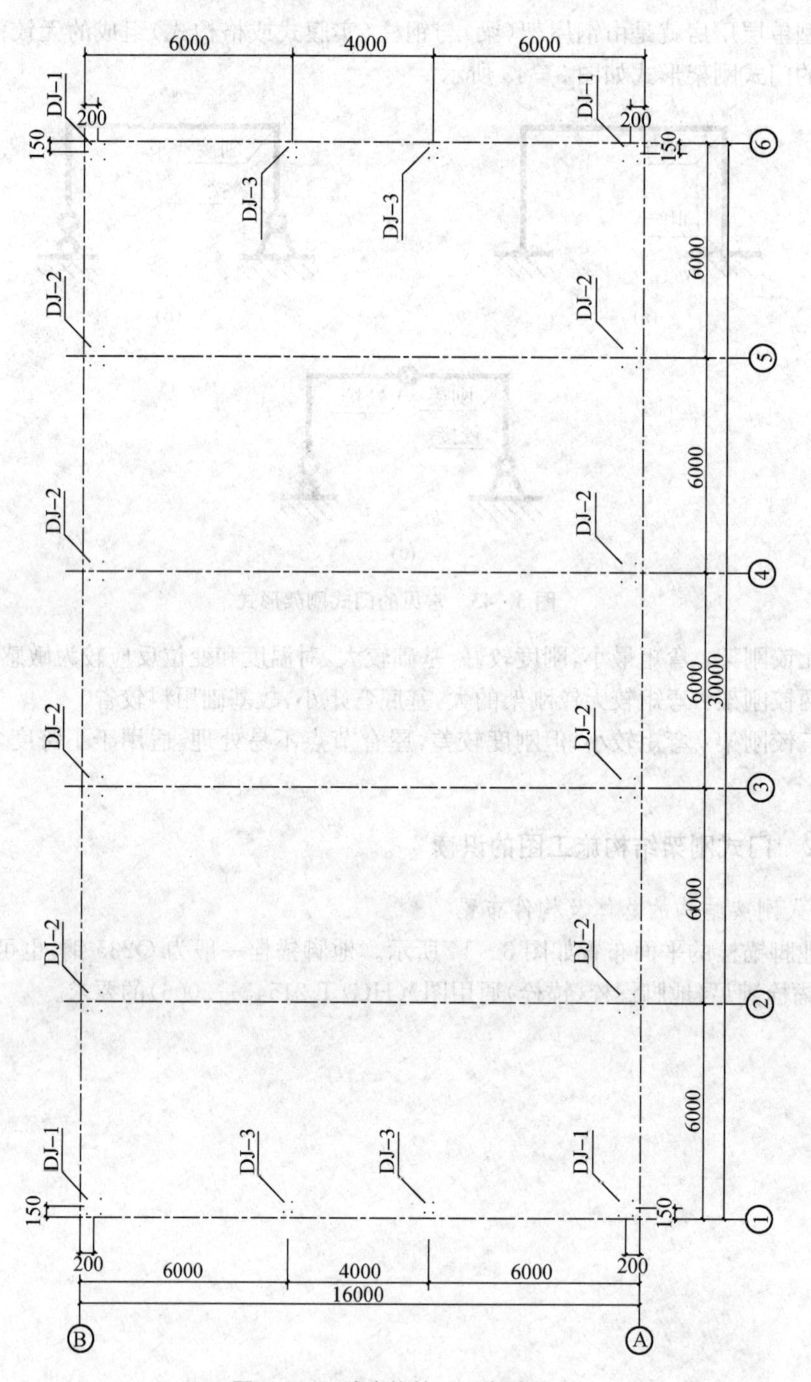

图 3－44　地脚锚栓平面布置图

(2) 主体结构的平面布置如图 3－45 所示。跨度一般为 9～24 m;柱距一般为 6 m、7.5 m、9 m 三种模数。

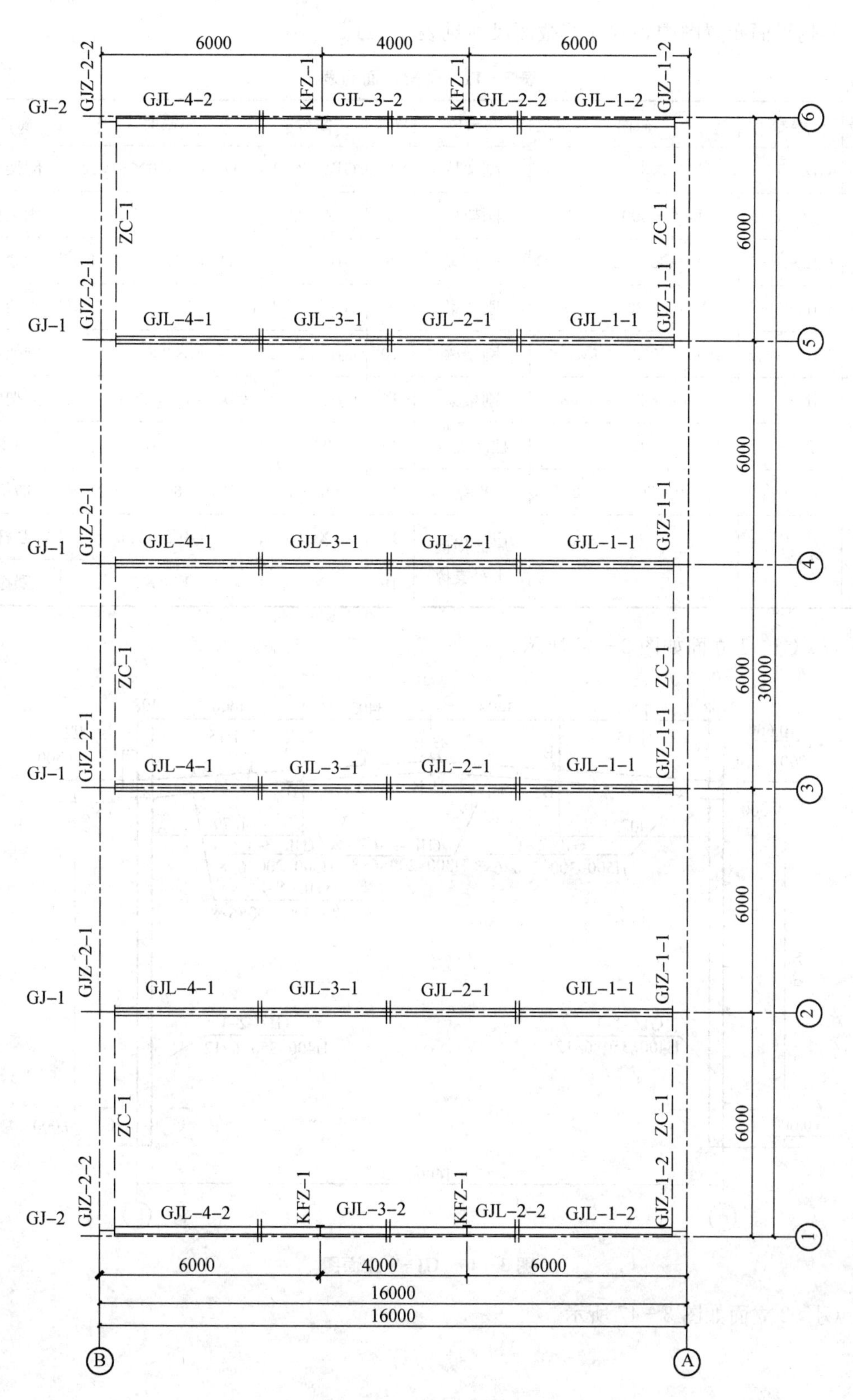

图 3-45　结构平面布置图

结构平面布置图中各构件的截面尺寸见表 3－11。

表 3－11　刚架截面列表

序号	编号	截面	备注	序号	编号	截面	备注
1	GJZ－1－1	H400×350×6×12	刚架柱	2	GJZ－2－1	H400×350×6×12	刚架柱
3	GJZ－1－2	H400×300×6×10	刚架柱	4	GJZ－2－2	H400×300×6×10	刚架柱
5	GJL－1－1	H500～300×200×6×8	刚架梁	6	GJL－2－1	H300×200×6×8	刚架梁
7	GJL－3－1	H300×200×6×8	刚架梁	8	GJL－4－1	H300～500×200×6×8	刚架梁
9	GJL－1－2	H500～300×200×6×8	刚架梁	10	GJL－2－2	H300×200×6×8	刚架梁
11	GJL－3－2	H300×200×6×8	刚架梁	12	GJL－4－2	H300～500×200×6×8	刚架梁
13	ZC－1	ϕ20	柱间支撑	14	ZC－2	ϕ20	柱间支撑
15	LT－1a	C180×70×20×2.2	檩条	16	QL－1	C160×60×20×2.5	墙梁
17	RC－1	ϕ20	屋面横向水平支撑	18	XG1	D102×3.5	系杆
				19	YC	L50×5	隅撑

(3) GJ－1 立面如图 3－46 所示。

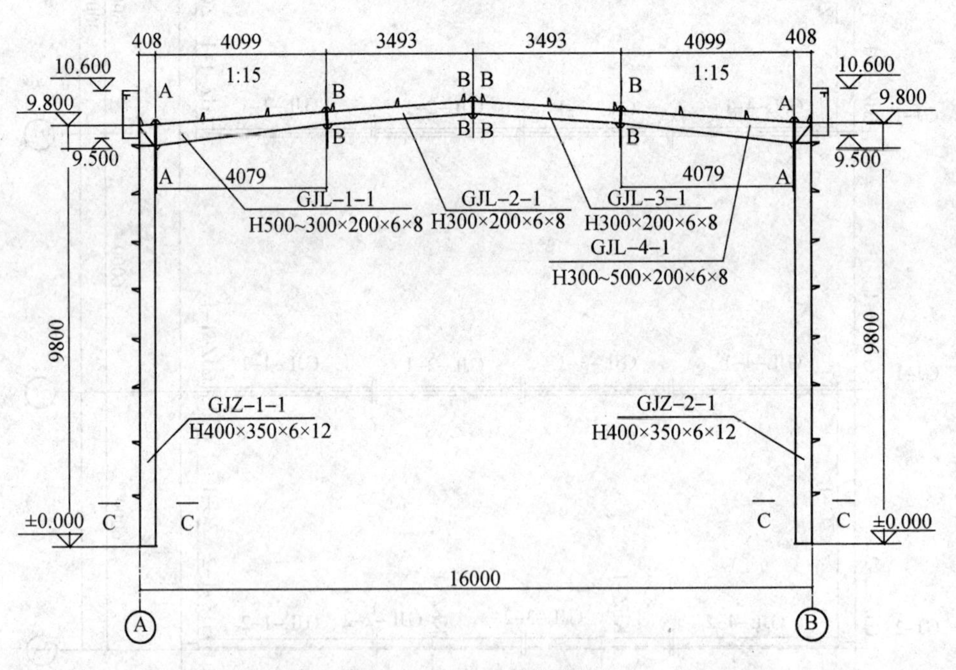

图 3－46　GJ－1 立面图

GJ－2 立面如图 3－47 所示。

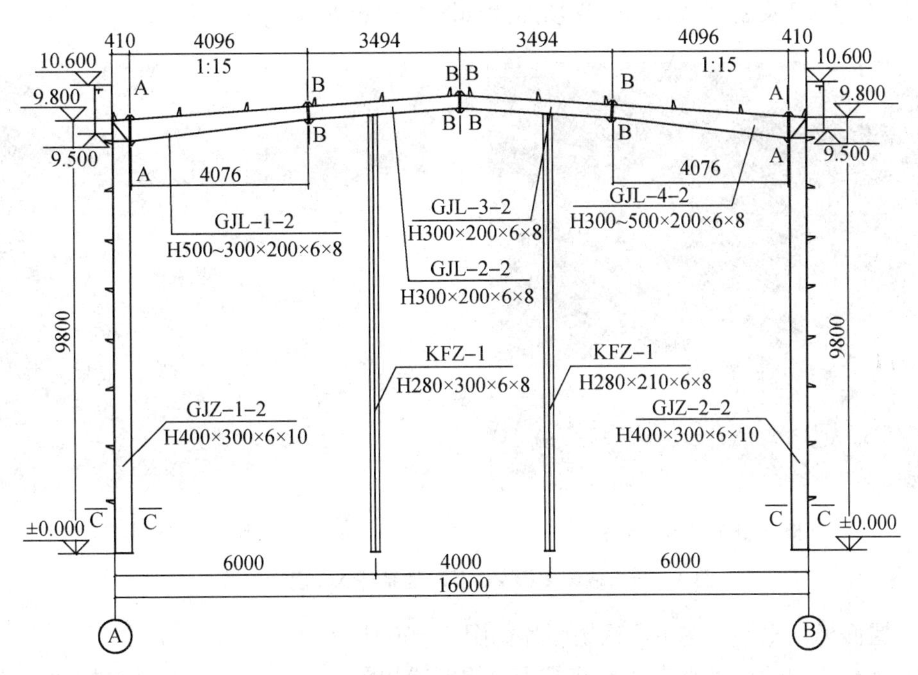

图 3 - 47　GJ - 2 立面图

(4) 柱间支撑 ZC 及刚性系杆 XG 的布置如图 3 - 48 所示。在每个温度区段或分期建设的区段中,应分别设置能独立构成空间稳定结构的支撑体系。柱间支撑的间距应根据房屋纵向受力情况及安装条件确定,一般取 45～60 m;当房屋高度较大时,柱间支撑应分层设置;端部柱间支撑考虑温度应力的影响宜设在第二开间。有吊车时,下层柱间支撑须采用刚性柱间支撑,其余可采用柔性柱间支撑。

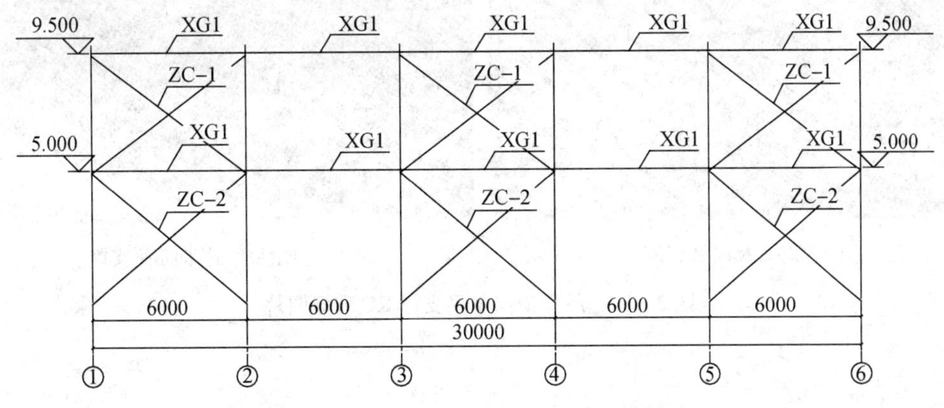

图 3 - 48　柱间支撑及刚性系杆布置图

柱间支撑 ZC 及刚性系杆 XG 现场照片如图 3 - 49 所示。

(a) 格构式柱刚性柱间支撑

(b) 双角钢刚性柱间支撑

图 3 - 49　柱间支撑 ZC 及刚性系杆 XG 现场照片

(5) 屋面横向水平支撑 RC 现场照片如图 3 - 50 所示。

屋面刚性系杆 XG 及横向水平支撑 RC 的布置如图 3 - 51 所示。在设置柱间支撑的开间,应同时设置屋盖横向支撑,以构成几何不变体系。端部支撑宜设在温度区段端部的第一或第二个开间。

(a) 柔性屋面横向水平支撑

(b) 刚性屋面横向水平支撑

图 3 - 50　屋面横向水平支撑 RC 现场照片

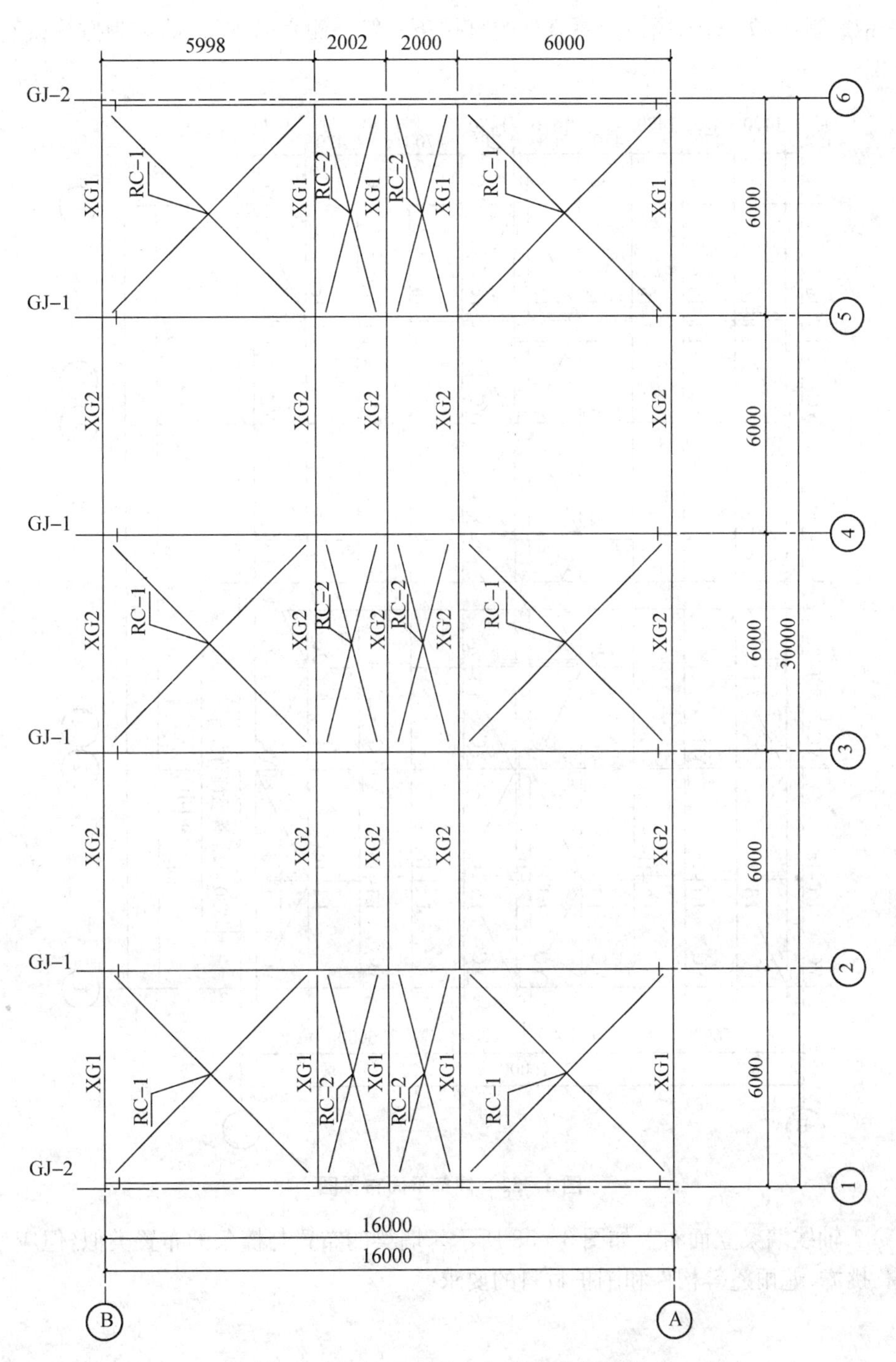

图3-51　屋面刚性系杆及支撑布置图

（6）檩条的平面布置如图3-52所示。檩条应等间距布置，一般为1 500 mm左右。确定檩条间距时，应综合考虑屋面材料、檩条规格等因素按计算确定。

在屋脊处应沿屋脊两侧各布置一道檩条，使得屋面板的外伸宽度不要太长（一般小于200 m）；在天沟附近应布置一道檩条，以便于天沟的固定。LT与LT之间为拉条，拉条一般采用细钢筋制作，如 ϕ10；檐口及屋脊处的直拉条一般外侧套以钢管，简称为撑管或套管，如 D30×2。

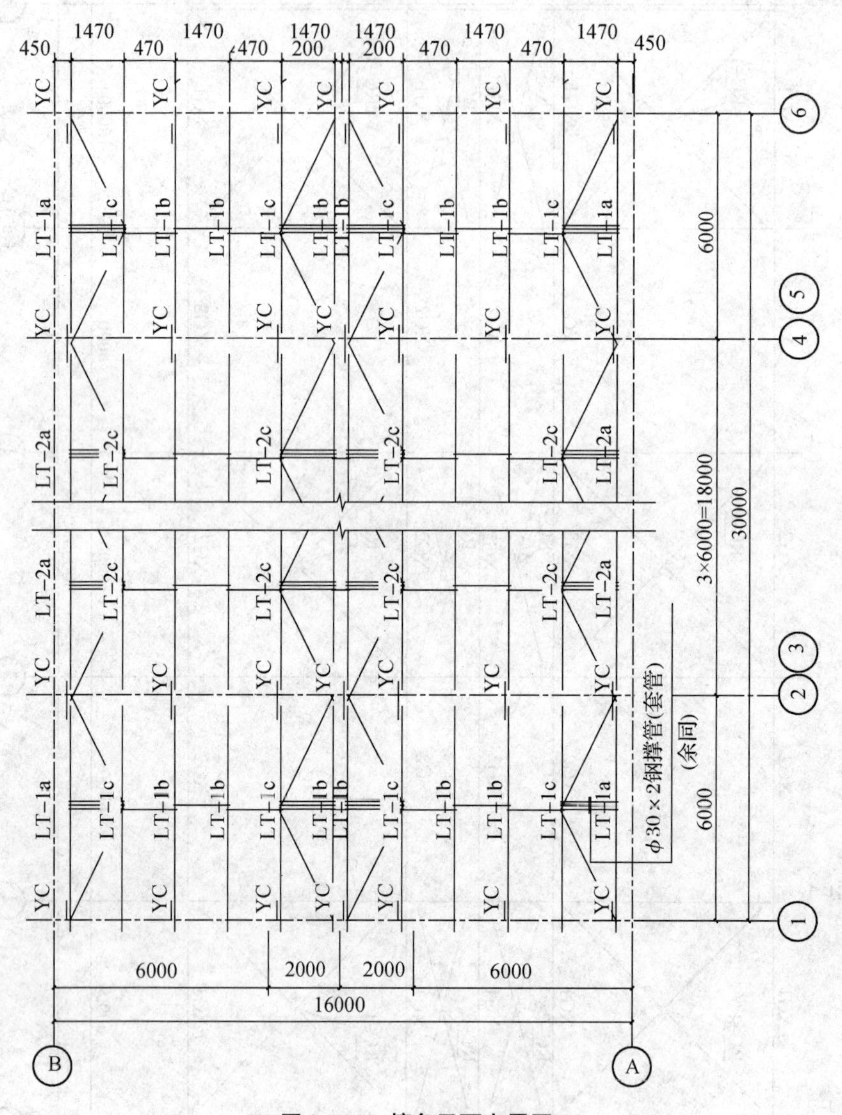

图 3-52　檩条平面布置图

(7) 1 轴线墙梁立面布置如图 3-53 所示。墙梁的布置与檩条的布置类似，但应考虑设置门窗、挑檐、遮雨篷等构件和围护材料的要求。

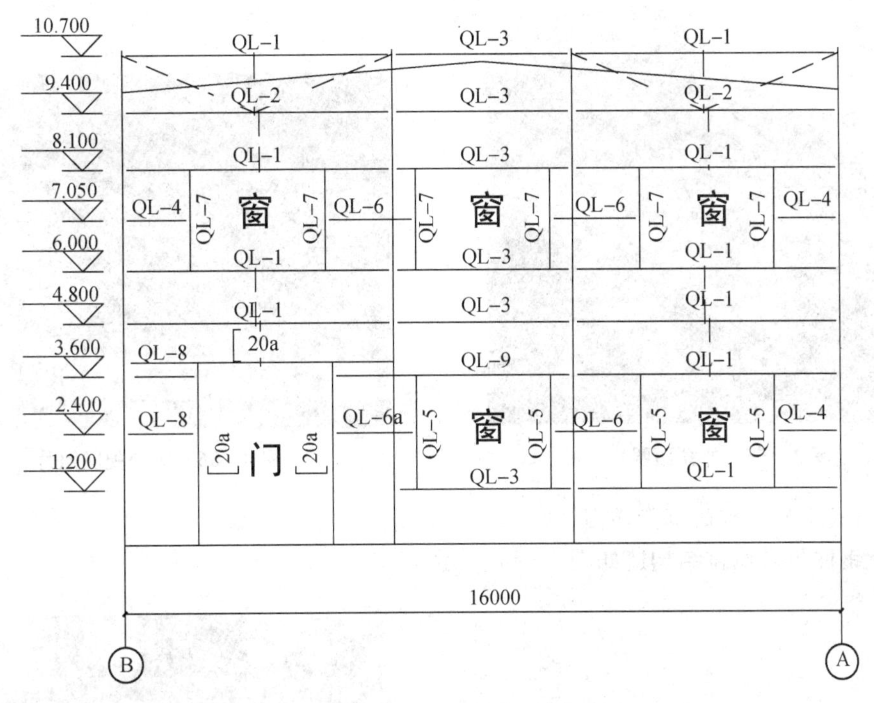

图 3 - 53　1 轴线墙梁立面布置图

檩条或墙梁详图如图 3 - 54 所示。

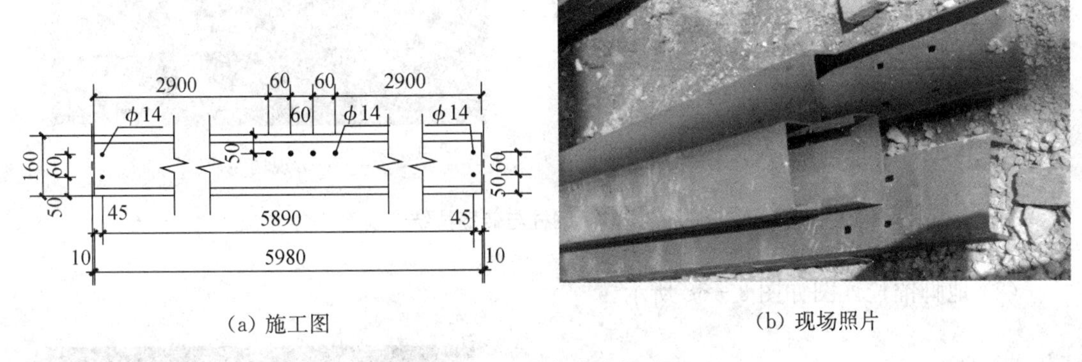

(a) 施工图　　　　(b) 现场照片

图 3 - 54　檩条或墙梁详图

(8) 门式刚架钢结构厂房的外立面照片如图 3 - 55 所示。

(9) 门式刚架钢结构厂房的内部视图照片如图 3 - 56 所示。

图 3-55　外立面照片

图 3-56　内部视图照片

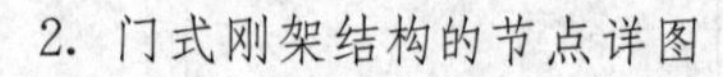

2. 门式刚架结构的节点详图

（1）钢柱与砖墙拉结构造如图 3-57 所示。

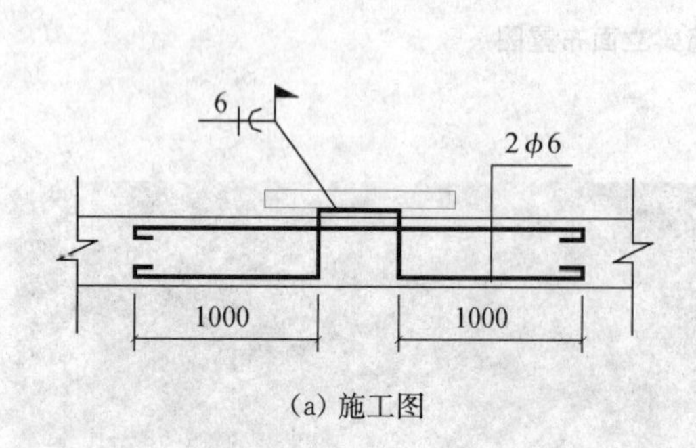

(a) 施工图

(b) 现场照片

图 3-57　钢柱与砖墙拉结

（2）地脚锚栓详图如图 3-58 所示。

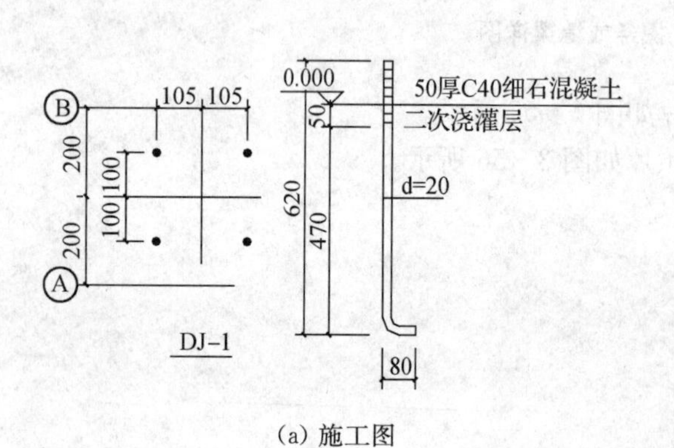

(a) 施工图

(b) 现场照片

图 3-58　地脚锚栓

(3) 柔性柱间支撑或屋面横向水平支撑节点连接如图 3-59 所示。

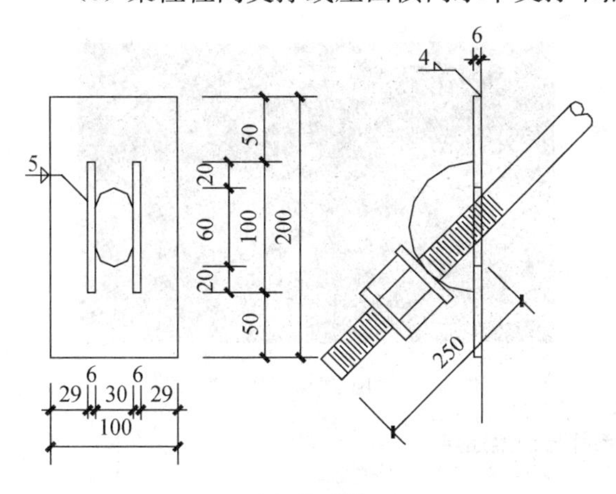

(a) 施工图

(b) 现场照片

图 3-59　柔性柱间支撑或屋面横向水平支撑节点连接

(4) 刚性柱间支撑或屋面横向水平支撑节点连接如图 3-60 所示。

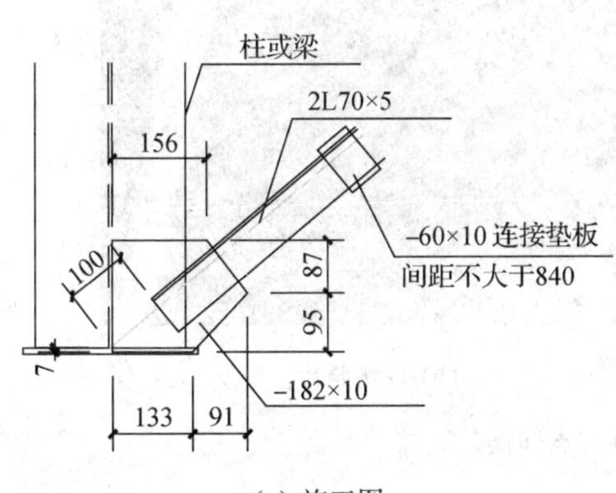

(a) 施工图

(b) 现场照片

图 3-60　刚性柱间支撑或屋面横向水平支撑节点连接

(5) 系杆与钢柱连接如图 3-61 所示。

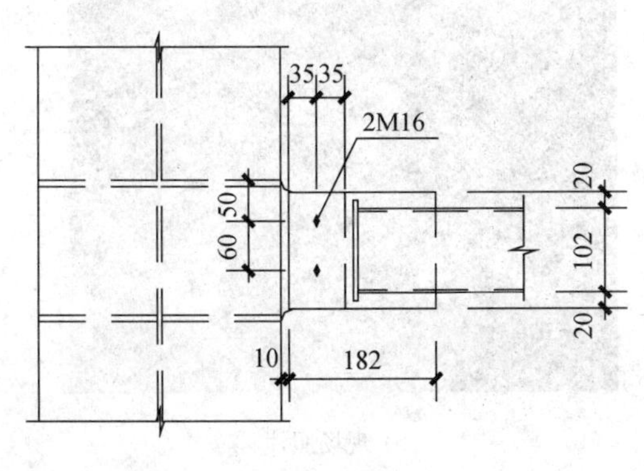

(a) 施工图

(b) 现场照片

图 3-61　系杆与钢柱连接

(6) 系杆与钢梁连接如图 3-62 所示。

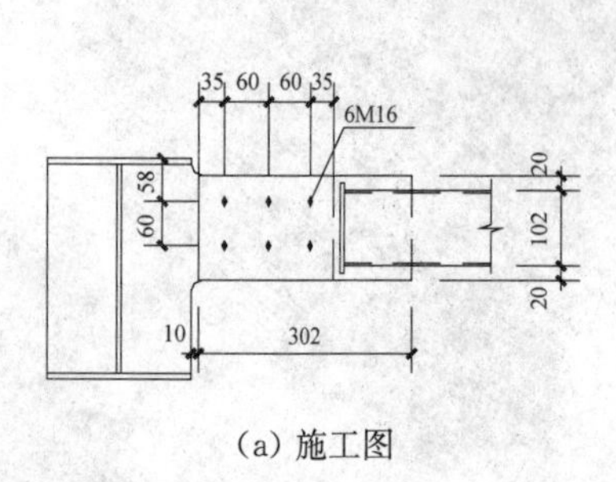

(a) 施工图

(b) 现场照片

图 3-62　系杆与钢梁连接

(7) 梁柱节点连接如图 3-63 所示。

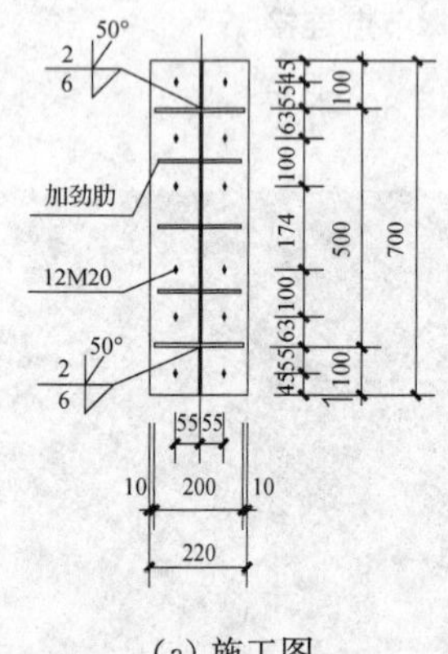

(a) 施工图

(b) 现场照片

图 3-63　梁柱节点连接

(8) 梁梁节点连接如图 3-64 所示。

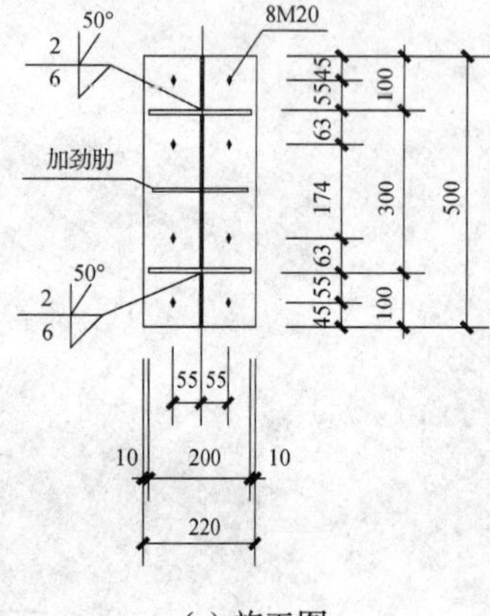

(a) 施工图

(b) 现场照片

图 3-64　梁梁节点连接

(9) 刚接柱脚节点连接如图 3 - 65 所示。

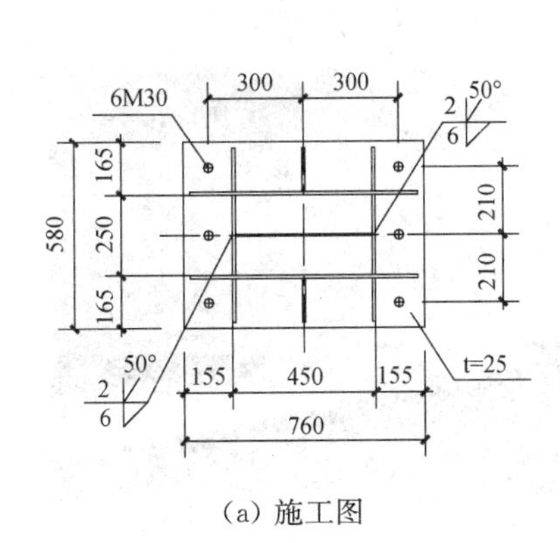

(a) 施工图

(b) 现场照片

图 3 - 65　刚接柱脚节点连接

(10) 铰接柱脚节点连接如图 3 - 66 所示。

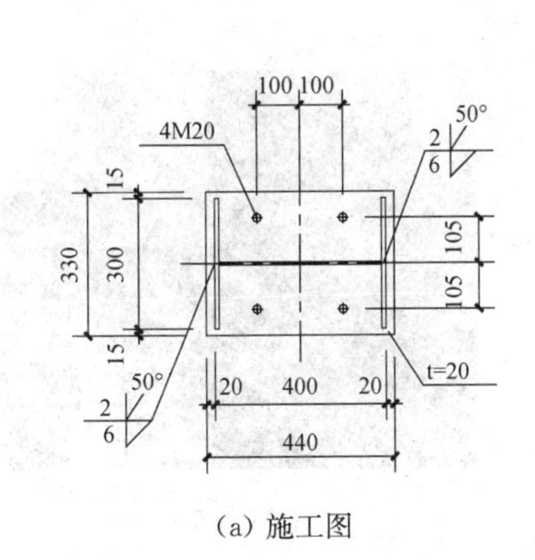

(a) 施工图

(b) 现场照片

图 3 - 66　铰接柱脚节点连接

(11) 檩托详图如图 3 - 67 所示。

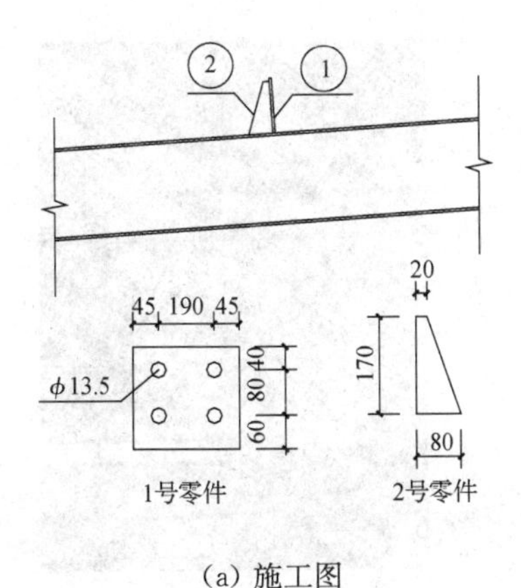

(a) 施工图

(b) 现场照片

图 3 - 67　檩托详图

（12）檩条与钢梁节点连接如图 3－68 所示。

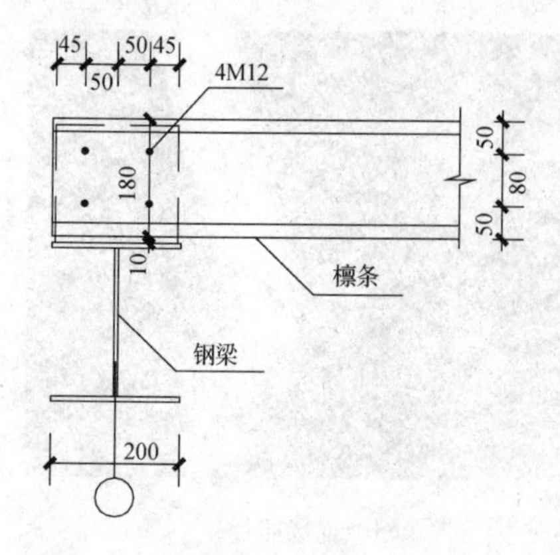

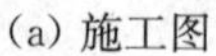

(a) 施工图

(b) 现场照片

图 3－68　檩条与钢梁节点连接

（13）墙梁与钢柱节点连接如图 3－69 所示。

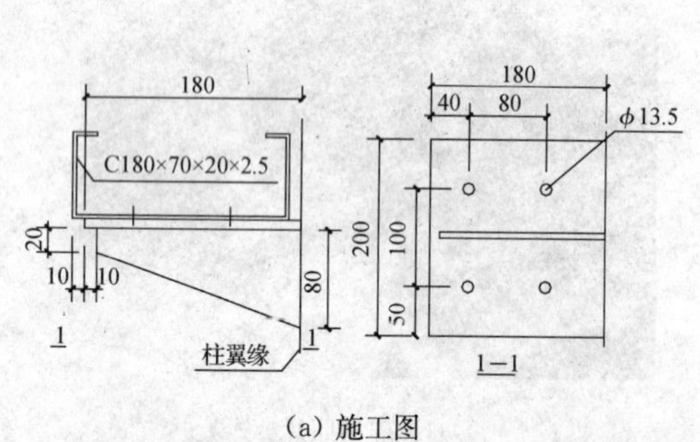

(a) 施工图

(b) 现场照片

图 3－69　墙梁与钢柱节点连接

（14）隅撑节点连接如图 3－70 所示。

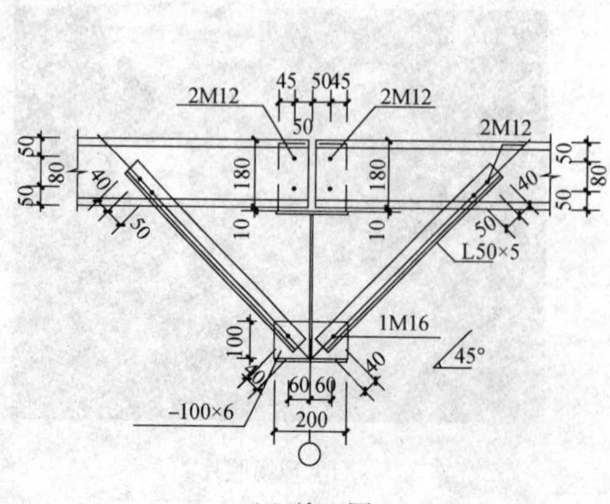

(a) 施工图

(b) 现场照片

图 3－70　隅撑节点连接

(15) 拉条与檩条节点连接如图 3－71 所示。

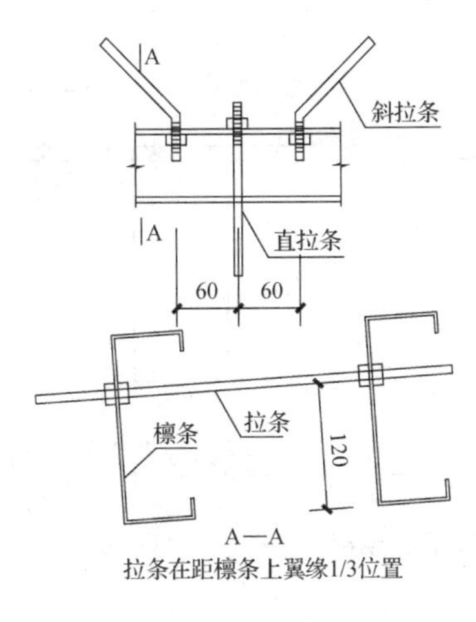

(a) 施工图

(b) 现场照片

图 3－71　拉条与檩条节点连接

(16) 牛腿节点连接如图 3－72 所示。

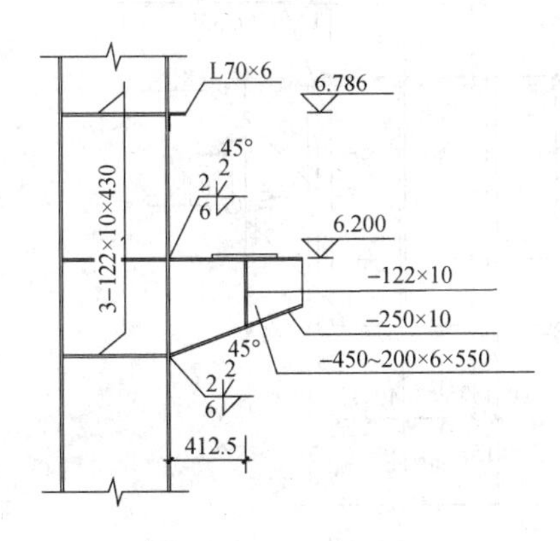

(a) 施工图

(b) 现场照片

图 3－72　牛腿节点连接

(17) 增加吊车梁稳定的角钢与钢柱节点连接如图 3－73 所示。

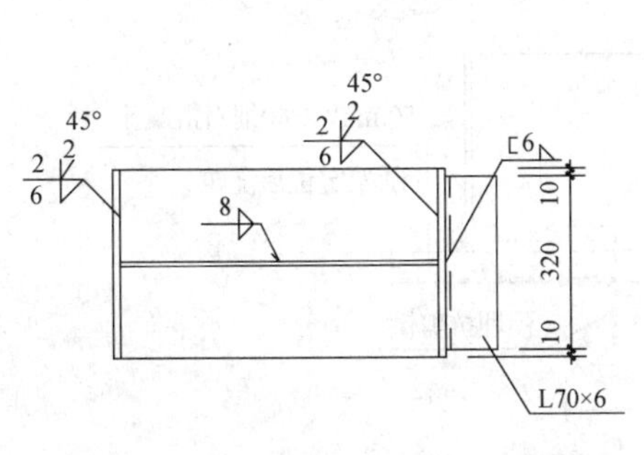

(a) 施工图

(b) 现场照片

图 3－73　增加吊车梁稳定的角钢与钢柱节点连接

(18) 吊车梁垫板与牛腿节点连接如图 3-74 所示。

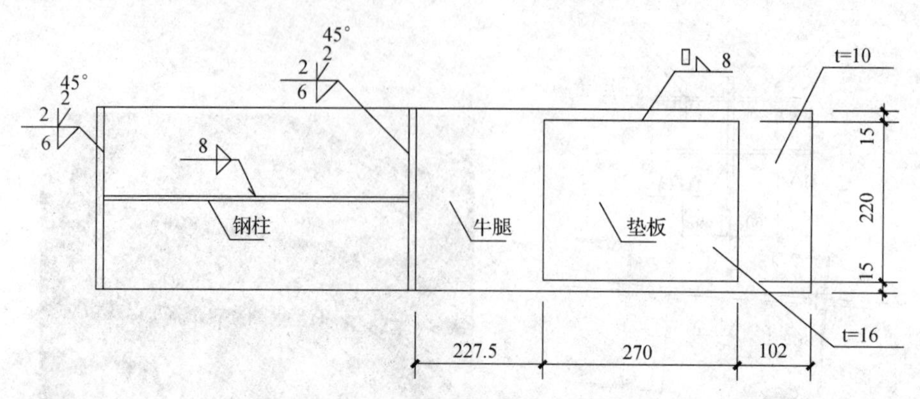

图 3-74 吊车梁垫板与牛腿节点连接

(19) 女儿墙立柱节点连接如图 3-75 所示。

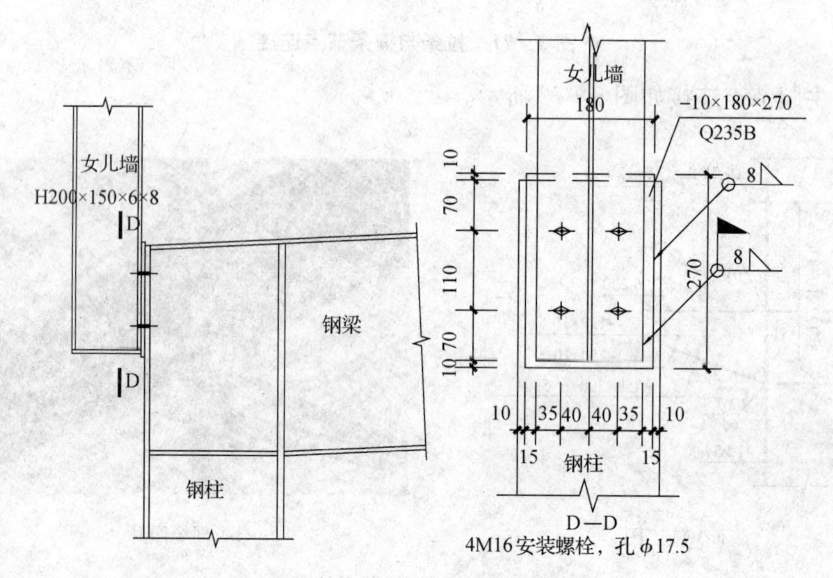

图 3-75 女儿墙立柱节点连接

(20) 基础顶面柱脚抗剪键节点连接如图 3-76 所示。

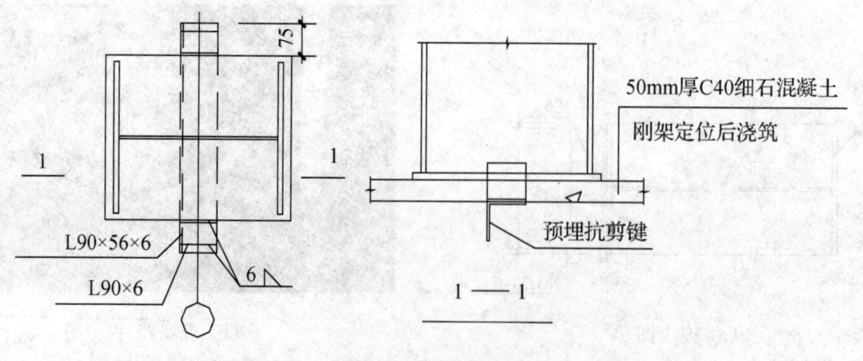

图 3-76 基础顶面柱脚抗剪键节点连接

(21) 吊车轨道及其端部车档详图如图 3－77 所示。

图 3－77　吊车轨道及其端部车档详图

习题与思考题

一、思考讨论题

1. 钢结构看图的步骤是什么？看图有哪些注意事项？
2. 试写出文中所写的 10 种型钢分别用什么符号表示？请画图表示各种型钢符号后面跟的号数是什么含义？
3. 压型钢板和夹芯保温板分别如何表示？请画图表示各自符号后面跟的号数是什么含义？
4. 请画图表示高强螺栓、永久螺栓和安装螺栓的图例。
5. 现场安装焊缝如何表示？
6. 试用图形和文字表示 Y 型焊缝、T 型接头双面焊缝和双面角焊缝的含义？
7. 轻型钢结构建筑的特点有哪些？
8. 试写出门式刚架结构常见的结构构件有哪些？

第4章　钢结构加工制作

扫码获取
电子资源

钢结构建筑是由多种规格尺寸的钢板、型钢等钢材，按设计要求裁剪加工成众多个零件，经过组装、连接、校正、涂漆等工序后制成成品，然后再运到现场安装建成的。

随着科技进步和工业发展，制造工艺和加工设备也不断改进、更新。以钢结构的连接方法为例，它经历了销接、栓接、铆接、焊接、栓接与焊接联合使用等几个历程。目前，国内外绝大多数连接方法采用焊接、栓接与焊接联合使用两种。后者是指先在工厂制造的结构杆件或单元先采用焊接，而后在工地进行整体拼装，节点连接采用高强度螺栓。加工工艺及质量保证中采用了高新技术，在各工序中采用了程控自动机具，大大缩短了制造过程，保证了产品质量，提高了生产效率。生产结构的类型也从中小跨度的平面结构发展到大跨空间结构及超高层钢结构等。加工材料的种类也由角钢、槽钢、工字钢等品种扩展到圆钢管、方钢管、宽翼缘H型钢、T型钢及冷轧薄壁型钢等多种类型。因此，对制造工艺的加工方法、精度和加工能力等都不断提出了新的要求。

由于钢结构生产过程中加工对象的材性、自重、精度、质量等特点，其原材料、零部件、半成品以及成品的加工、组拼、移位和运送等工序全需凭借专用的机具及设备来完成，所以需要设立专业化的钢结构制造工厂进行工业化生产。工厂的生产部门由原料库、放样车间、机加工车间、焊接车间、喷涂车间和成品库等单位组成，一般还有设计及质量检查部门。

目前，我国大型钢结构制造厂的生产工艺已基本实现了机械化，有些工序正向半自动化和全自动化过渡。新技术、新工艺、新材料和新结构的不断开发和应用将促使钢结构制造工厂向全自动化和工业化批量生产的方向发展。

4.1　钢结构加工制作前的准备工作

施工准备

4.1.1　审查图纸

审查图纸的目的，首先是检查图纸设计的深度能否满足施工的要求，如检查构件之间有无矛盾，尺寸是否全面等；其次是对工艺进行审核，如审查技术上是否合理，是否满足技术要求等。如果是加工单位自己设计施工详图，又经过审批，就可简化审图程序。

图纸审核主要包括以下内容：

(1) 设计文件是否齐全。

(2) 构件的几何尺寸是否标注齐全。

(3) 相关构件的尺寸是否正确。

(4) 节点是否清楚。

(5) 构件之间的连接形式是否合理。

(6) 标题栏内构件的数量是否符合工程的总数量。

(7) 加工符号、焊缝符号是否齐全。

(8) 标注方法是否符合规定。

(9) 本单位能否满足图纸上的技术要求等。

图纸审核过程中发现的问题应报原设计单位处理,需要修改设计的应有书面设计变更文件。

4.1.2　材料的准备

1. 采购和核对

(1) 采购

为了尽快采购钢材,采购一般应在详图设计的同时进行,这样就能不因材料原因耽误施工。采购时应根据图纸材料表计算出各种材质、规格的材料净用量,再加上一定数量的损耗,提出材料需用量计划。工程预算一般可按实际用量所需数值再增加 10%进行提料。

(2) 核对

应核对来料的规格、尺寸和重量,并仔细核对材质。如进行材料代用,必须经设计部门同意,同时应按下列原则进行。

① 当钢号满足设计要求,而生产厂商提供的材质保证书中缺少设计提出的部分性能要求时,应做补充试验,合格后方可使用。每炉钢材,每种型号规格一般不宜少于 3 个试件。

② 当钢材性能满足设计要求,而钢号的质量优于设计提出的要求时,应注意节约,避免以优代劣。

③ 当钢材性能满足设计要求,而钢号的质量低于设计提出的要求时,一般不允许代用,如代用必须经设计单位同意。

④ 当钢材的钢号和技术性能都与设计提出的要求不符时,首先检查钢材,然后按设计重新计算,改变结构截面、焊缝尺寸和节点构造。

⑤ 对于成批混合的钢材,如用于主要承重结构时,必须逐根进行化学成分和机械性能试验。

⑥ 当钢材的化学成分允许偏差在规定的范围内时方可使用。

⑦ 当采用进口钢材时,应验证其化学成分和机械性能是否满足相应钢号的标准。

⑧ 当钢材规格与设计要求不符时,不能随意以大代小,须经计算后才能代用。

⑨ 当钢材规格、品种供应不全时,可根据钢材选用原则灵活调整。建筑结构对材质要求一般是:受拉构件高于受压构件;焊接连接的结构高于螺栓或铆接连接的结构;厚钢板结构高于薄钢板结构;低温结构高于高温结构;受动力荷载的结构高于受静力荷载的结构。

⑩ 钢材机械性能所需保证项目仅有一项不合格时,若冷弯合格,抗拉强度的上限值可以不限;若伸长率比规定的数值低 1%,允许使用此材料,但不宜用于塑性变形构件;冲击功值一组三个试样,允许其中一个单值低于规定值,但不得低于规定值的 70%。

2. 有关试验与工艺规程的编制

1) 钢材连接复验与工艺试验

(1) 钢材复验

当钢材属于下列情况之一时,加工下料前应进行复验:

① 国外进口钢材。

② 不同批次的钢材混合。

③ 对质量有异议的钢材。

④ 板厚不小于 40 mm，并承受沿板厚方向拉力作用，且设计上有要求的厚板。

⑤ 建筑结构安全等级为一级，大跨度钢结构、钢网架和钢桁架结构中主要受力构件所采用的钢材。

⑥ 现行设计规范中未含的钢材品种及设计有复验要求的钢材。

钢材的化学成分、力学性能及设计要求的其他指标应符合国家现行有关标准的规定，进口钢材应符合供货国相应标准的规定。

(2) 连接材料的复验

① 焊接材料。在大型、重型及特种钢结构上采用的焊接材料应进行抽样检验，其结果应符合设计要求和国家现行有关标准的规定。

② 扭剪型高强度螺栓。采用扭剪型高强度螺栓的连接应按规定进行预拉力复验，其结果应符合相关的规定。

③ 高强度大六角头螺栓。采用高强度大六角头螺栓的连接应按规定进行扭矩系数复验，其结果应符合相关的规定。

(3) 工艺试验

工艺试验一般可分为三类：

① 焊接试验。钢材可焊性试验、焊接工艺性试验、焊接工艺评定试验等均属于焊接性试验，而焊接工艺评定试验是各工程制作时最常遇到的试验。焊接工艺评定是焊接工艺的验证，是衡量制造单位是否具备生产能力的一个重要的基础技术资料，未经焊接工艺评定的焊接方法、技术系数不能用于工程施工。同时，焊接工艺评定对提高劳动生产率、降低制造成本、提高产品质量、搞好焊工技能培训是必不可少的环节。

② 摩擦面的抗滑移系数试验。当钢结构构件的连接采用摩擦型高强螺栓连接时，应对连接面进行处理，使其连接面的抗滑移系数能达到设计规定的数值。连接面的技术处理方法有：喷砂或喷丸、酸洗、砂轮打磨、综合处理等。

③ 工艺性试验。对构造复杂的构件，必要时应在正式投产前进行工艺性试验。

工艺性试验可以是单工序，也可以是几个工序或全部工序；可以是个别零件，也可以是整个构件，甚至是一个安装单元或全部安装构件。

2) 编制工艺规程

钢结构工程施工前，制作单位应按施工图纸和技术文件的要求编制出完整、正确的施工工艺规程，用于指导、控制施工过程。

(1) 编制工艺规程的依据

① 工程设计图纸及施工详图。

② 图纸设计总说明和相关技术文件。

③ 图纸和合同中规定的国家标准、技术规范等。

④ 制作单位实际能力情况等。

(2) 制定工艺规程的原则

在一定的生产条件下，操作时能以最快的速度、最少的劳动量和最低的费用，可靠地加工出符合图纸设计要求的产品，主要体现出技术上的先进、经济上的合理及劳动条件的良好性与安全性。

(3) 工艺规程的内容

① 根据执行的标准编写成品技术要求。

② 为保证成品达到规定的标准而制定的措施，包括关键零件的精度要求，检查方法和检查工具，主要构件的工艺流程、工序质量标准、工艺措施，采用的加工设备和工艺装备。

③ 工艺规程是钢结构制造中主要和根本性的指导性文件，也是生产制作中最可靠的质量保证措施。工艺规程必须经过审批，一经制订就必须严格执行，不得随意更改。

3. 其他工艺准备

(1) 工号划分

根据产品特点、工程量的大小和安装施工速度将整个工程划分成若干个生产工号(生产单元)，以便分批投料、配套加工、配套出成品。

生产工号(生产单元)的划分应注意以下几点：

① 条件允许情况下，同一张图纸上的构件宜安排在同一生产工号中加工；

② 相同构件或相同加工方法的构件宜放在同一生产工号中加工；

③ 工程量较大工程划分生产工号时要考虑施工顺序，先安装的构件要优先安排加工；

④ 同一生产工号中的构件数量不要过多。

(2) 编制工艺流程表

从施工详图中摘出零件，编制出工艺流程表(或工艺过程卡)。加工工艺过程由若干个工序所组成，工序内容根据零件加工性质确定，工艺流程表就是反映这个过程的文件。工艺流程表的内容包括零件名称、件号、材料编号、规格、工序顺序号、工序名称和内容、所用设备和工艺装备名称及编号、工时定额等。关键零件还需标注加工尺寸和公差，重要工序还需画出工序图等。

(3) 零件流水卡

根据工程设计图纸和技术文件提出的成品要求，确定各工序的精度要求和质量要求，结合制作单位的设备和实际加工能力，确定各个零件下料、加工的流水程序，即编制出零件流水卡。零件流水卡是编制工艺卡和配料的依据。

(4) 配料与材料拼接位置

根据来料尺寸和用料要求，统筹安排合理配料。当零件尺寸过长或过大，无法整体运输而需进行现场拼接时，要确定材料拼接位置。材料拼接应注意以下几点：

① 拼接位置应避开安装孔和复杂部位；

② 双角钢断面的构件，两角钢应在同一处拼接；

③ 一般接头属于等强度连接应尽量布置在受力较小的部位；

④ 焊接 H 型钢的翼缘、腹板拼接缝应尽量避免在同一断面处。上下翼缘板拼接位置应与腹板错开 200 mm 以上。

(5) 确定焊接收缩量和加工余量

焊接收缩量由于受焊缝大小、气候条件、施焊工艺和结构断面等因素影响，其值变化较大。

由于铣刨加工时常常成叠进行操作，尤其长度较大时，材料不易对齐，在编制加工工艺时要对加工边预留加工余量，一般以 5 mm 为宜。

（6）工艺装备

钢结构制作过程中的工艺装备一般分为两类，即原材料加工过程中所需的工艺装备和拼装焊接所需的工艺装备。前者主要能保证构件符合图纸的尺寸要求，如定位靠山、模具等。后者主要保证构件的整体几何尺寸和减少变形量，如夹紧器、拼装胎等。因为工艺装备的生产周期较长，要根据工艺要求提前准备，争取先行安排加工。

4.1.3 加工机械和工具的准备

根据产品加工需要来确定加工设备和操作工具，有时还需要调拨或添置必要的设备和工具，这些都应提前做好准备工作。

1. 测量、划线工具

（1）钢卷尺

常用的有长度为 1 m、2 m 的小钢卷尺，长度为 5 m、10 m、15 m、20 m、30 m 的大钢卷尺，用钢尺能量到的精确度为 0.5 mm。

（2）直角尺

直角尺用于测量两个平面是否垂直或划较短的垂直线。

（3）卡钳

卡钳有内卡钳、外卡钳两种（图 4-1）。内卡钳用于量孔内径或槽道大小。外卡钳用于量零件的厚度和圆柱形零件的外径等。内、外卡钳均属间接量具，需用尺确定数值，因此在使用卡钳时应注意紧固铆钉，不能松动，以免造成测量错误。

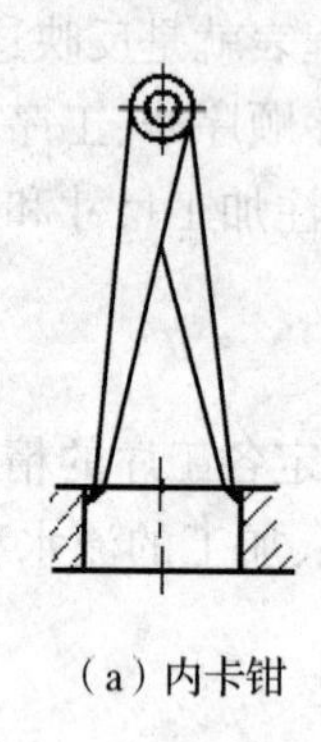

（a）内卡钳

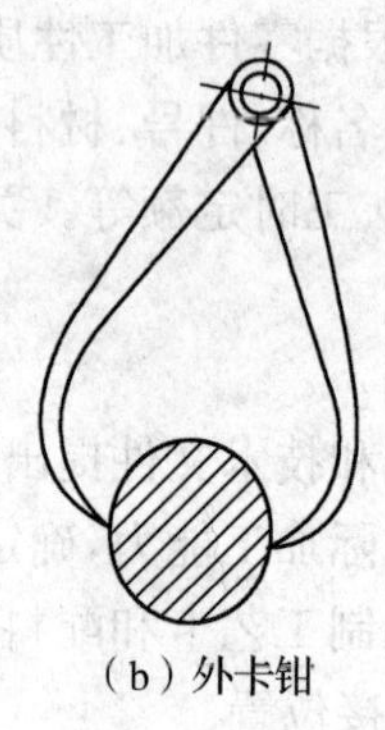

（b）外卡钳

图 4-1 卡钳

（4）划针

划针一般由小碳钢锻制而成，用于较精确零件划线（图 4-2）。

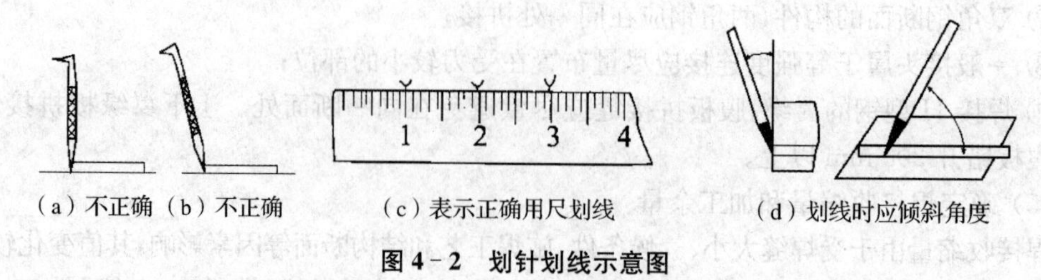

（a）不正确 （b）不正确 （c）表示正确用尺划线 （d）划线时应倾斜角度

图 4-2 划针划线示意图

(5) 划规及地规

划规是画圆弧和圆的工具[图 4－3(a)]。制造划规时为保证规尖的硬度,应将规尖进行淬火处理。地规由两个地规体和一条规杆组成,用于画较大圆弧[图 4－3(b)]。

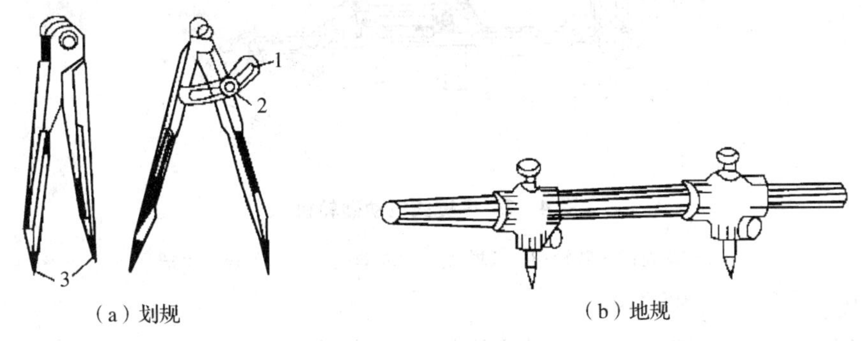

图 4－3　划规及地规

1—弧片;2—制动螺栓;3—淬火处

(6) 样冲

样冲多用高碳钢制成,其尖端磨成 60°锐角,并需淬火。样冲是用来在零件上冲打标记的工具(图 4－4)。

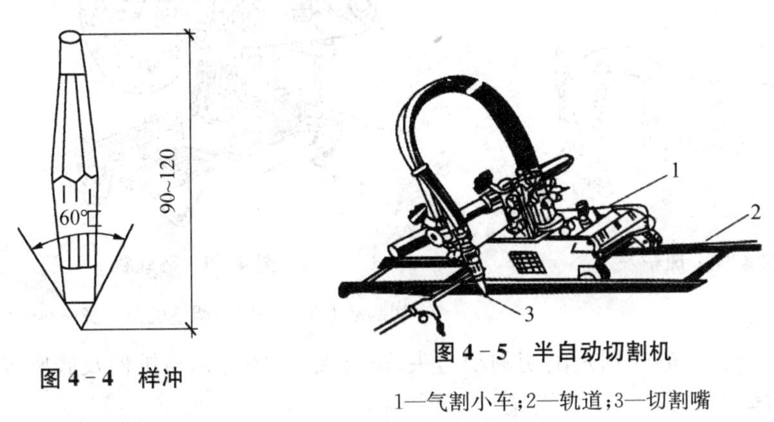

图 4－4　样冲

图 4－5　半自动切割机

1—气割小车;2—轨道;3—切割嘴

2. 切割、切削机具

(1) 半自动切割机

图 4－5 为半自动切割机的一种。它由可调速的电动机拖动,沿着轨道可直线运行,也可做圆周运动,这样切割嘴就可以割出直线或圆弧。

(2) 风动砂轮机

风动砂轮机以压缩空气为动力,携带方便,使用安全可靠,因而得到广泛的应用。风动砂轮机的外形如图 4－6 所示。

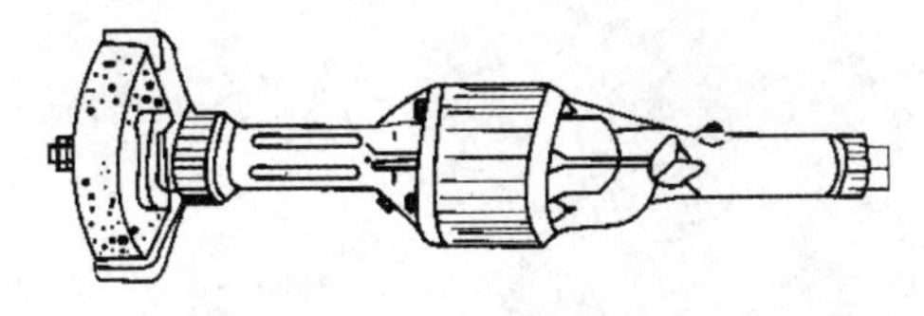

图 4－6　风动砂轮机

(3) 电动砂轮机

电动砂轮机由罩壳、砂轮、长端盖、电动机、开关和手把组成(图 4-7)。

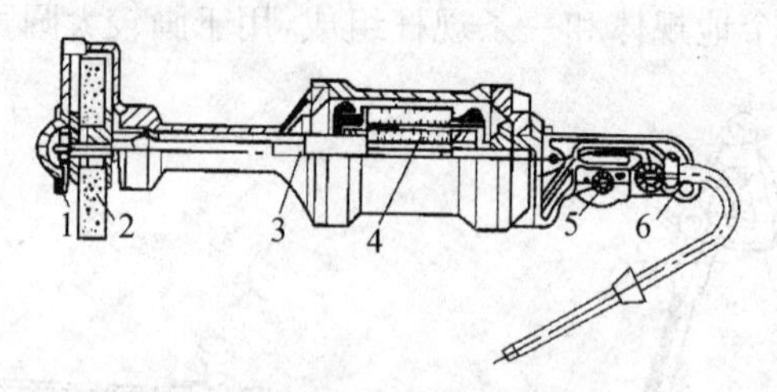

图 4-7　手提式电动砂轮机

1—罩壳;2—砂轮;3—长端盖;4—电动机;5—开关;6—手把

(4) 风铲

风铲属于风动冲击工具,其具有结构简单、效率高、体积小、重量轻等特点(图 4-8)。

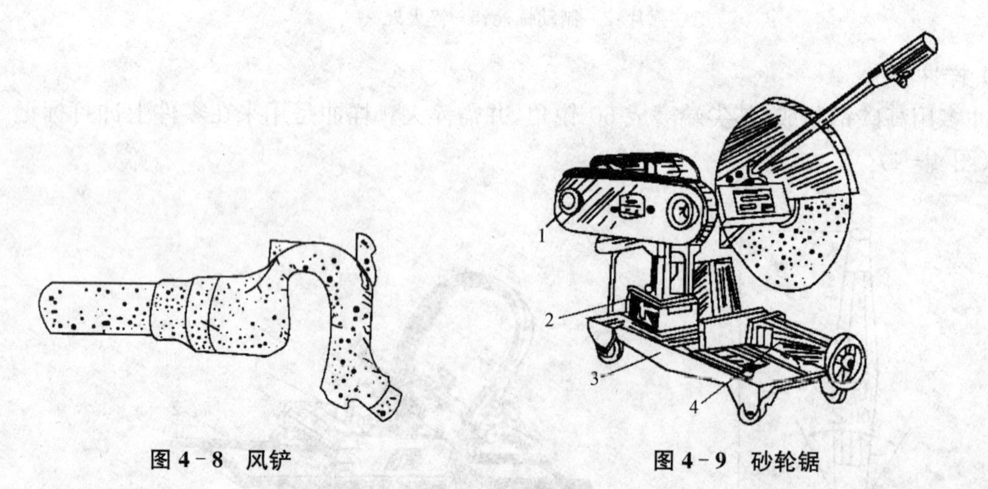

图 4-8　风铲

图 4-9　砂轮锯

1—切割动力头;2—中心调整机;3—底座;4—可转夹钳

(5) 砂轮锯

如图 4-9 所示,砂轮锯是由切割动力头、可转夹钳、中心调整机构及底座等部分组成。

(6) 龙门剪板机

龙门剪板机是在板材剪切中应用较广的剪板机,其具有剪切速度快、精度高、使用方便等特点。为防止剪切时钢板移动,床面有压料及栅料装置;为控制剪料的尺寸,前后设有可调节的定位挡板等装置(图 4-10)。

(7) 联合冲剪机

联合冲剪机集冲压、剪切、剪断等功能于一体,图 4-11 为 QA34-25 型联合冲剪机的外形示意图。型钢剪切头配合相应模具,可以剪断各种型钢;冲头部位配合相应模具,可以完成冲孔、落料等冲压工序;剪切部位可直接剪断扁钢和条状板材料。

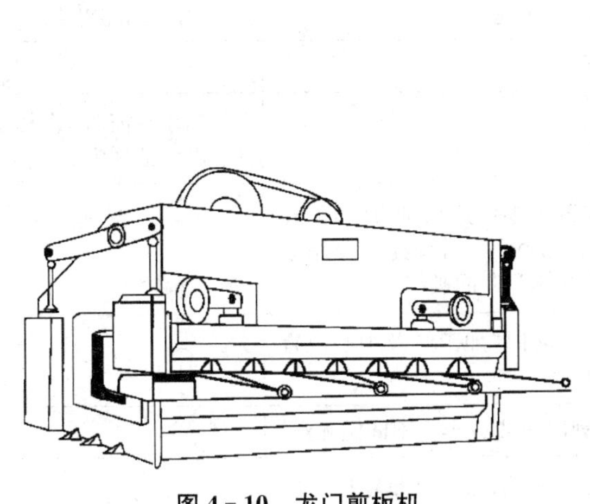

图 4-10　龙门剪板机

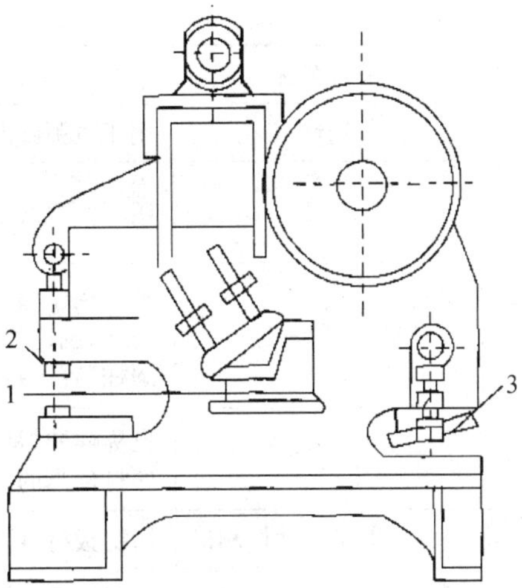

图 4-11　QA34-25 型联合冲剪机

1—型钢剪切头；2—冲头；3—剪切刀

(8) 锉刀

锉刀规格是按锉刀齿纹的齿距大小来表示的，见表 4-1。

表 4-1　锉刀规格

锉纹号	习惯称呼	规格(长度、不连柄)/mm								
		100	125	150	200	250	300	350	400	452
		每 10 mm 轴向长度内主锉纹条数								
1	粗	14	12	11	10	9	8	7	6	5.5
2	中	20	18	16	14	12	11	10	9	8
3	细	28	25	22	20	18	16	14	12	11
4	双细	40	36	32	28	25	22	20	—	—
5	油光	56	50	45	40	36	32	—	—	—

3. 常用量具与工具

常用量具与工具见表 4-2。

表 4-2　常用量具与工具

分类	工具名称	用途	使用注意事项
量具	直角尺	用于画较短的垂直线及校量垂直角度	在使用前应校验其准确度
	卡钳	分内外卡两种。内卡用于测量孔径或槽道的大小，外卡则用于测量零件的厚度和圆柱形的外径等	

续表

分类	工具名称		用途	使用注意事项
量具	划针		用于画弧线及圆	
	划规		用于画弧线及圆	规尖用前需经淬火处理,以保证规尖的硬度
	勒子、划线盘		勒子用于型钢和钢板零件边缘画直线,如孔心线、刨边线和铲边线等;划线盘主要用于圆柱、容器封头、球体等曲面画线	
	中心冲		也称样冲,是用于零件划加工线及中心位置冲打标志的工具	
机具	切割、消磨机具	半自动切割机	切割板材,可割划出直线或半径不同圆弧线	
		砂轮机	清理金属表面的铁锈、旧漆。以布轮代替砂轮后,可抛光	
		龙门剪板机	沿直线轮廓剪切各种形状的板材毛坯件	
		联合冲剪机	可实现冲压、板材剪切、型材剪断等功能,属多功能机具	
	矫正冲压工具	型钢矫正机	可矫正圆钢、方钢、六角钢内切圆、扁钢、角钢、槽钢、工字钢等	
		冲床	用于构件冲孔,分为偏心冲床和曲轴冲床	
	切削、锯切工具	风铲	风动冲击工具	
		手锯	切割尺寸较小,厚度较薄的构件	
		机械锯	可切割尺寸及厚度较大的构件	
		锉刀	可对工件表面进行切削加工	
		凿子	凿削毛坯件表面多余的金属、毛刺、分割材料、锡焊缝、切破口等	

4.2 钢结构加工制作的工序

根据专业化程度和生产规模,钢结构有三种生产组织方式:专业分工的大流水作业生产、一包到底的混合组织方式、扩大放样室的业务范围。

钢结构制作的工序较多,对加工顺序要紧密安排,避免或减少工作倒流,以减少往返运输和周转时间。图 4-12 为大流水作业生产的工艺流程。

扫码查看
电子资源

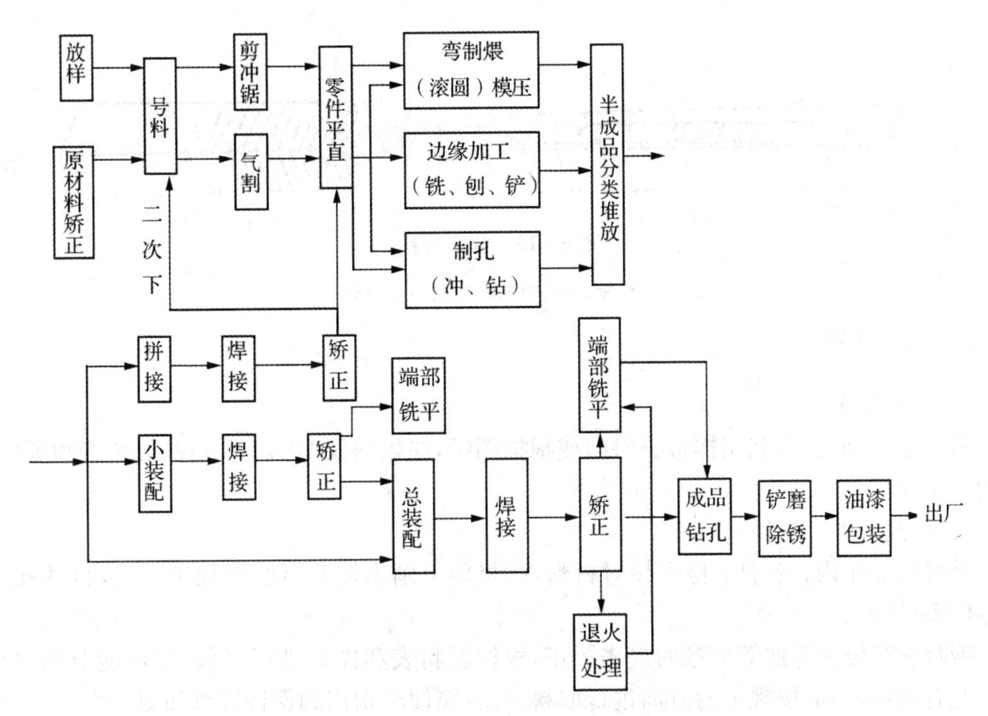

图 4－12　大流水作业生产工艺流程

4. 2. 1　放样

放样是指按 1∶1 的比例在放样台上利用几何作图方法弹出的大样图。放样是钢结构制作工艺中第一道工序。只有放样尺寸准确，才能避免各道工序的积累误差，从而保证工程质量。

1. 放样的内容

放样工作包括如下内容：核对图纸的安装尺寸和孔距；以 1∶1 大样放出节点；核对各部分的尺寸；制作样板和样杆，作为下料、弯制、铣、刨、制孔等加工的依据。

放样号料用的工具及设备有：划针、样冲、手锤、粉线、弯尺、立尺、钢卷尺、大钢卷尺、剪子、小型剪板机、折弯机。钢卷尺必须经过计量部门的校验复核，合格的方能使用。

放样时以 1∶1 的比例在样板台上弹出大样。当大样尺寸过大时，可分段弹出。对一些一字型的构件，如果只对其节点有要求，则可以缩小比例弹出样子，但应注意其精度。放样弹出的十字基准线的两线必须垂直。然后据此十字线逐一划出其他各个点及线，并在节点旁注上尺寸，以备复查及检验。

2. 样板和样杆

放样制成的大样是制作钢结构各部件的依据。放样经检查无误后，用铁皮或塑料板制作样板，用木杆、钢皮或扁铁制作样杆。样板、样杆上应注明工号、图号、零件号、数量及加工边、坡口部位、弯折线和弯折方向、孔径和滚圆半径等，然后用样板、样杆进行号料，如图 4－13所示。样板、样杆应妥善保存，直至工程结束。

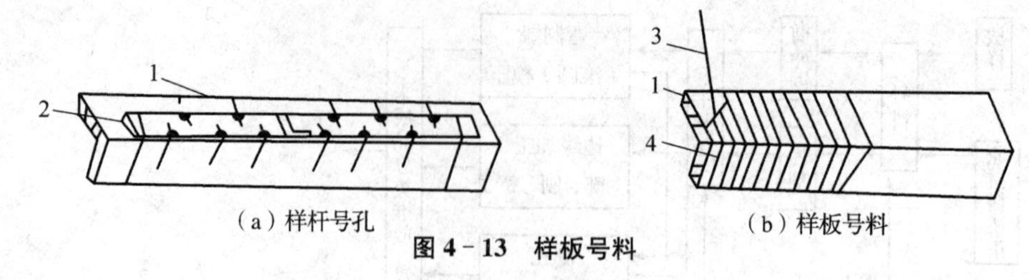

（a）样杆号孔　　（b）样板号料

图 4-13　样板号料

1—角钢；2—样杆；3—划针；4—样板

4.2.2　号料

1. 号料的含义

号料也称画线，即利用样板、样杆，或根据图纸，在板料及型钢上画出孔的位置和零件形状的加工界线。

2. 号料工作的内容

号料的工作内容包括：检查核对材料，在材料上画出切割、铣、刨加工位置，打冲孔，标出零件编号等。

钢材如有较大弯曲等问题时应先矫正，根据配料表和样板进行套裁，尽可能节约材料。当工艺有规定时，应按规定的方向进行取料，号料应便于切割和保证零件质量。

3. 放样号料用工具

放样号料用工具及设备有：划针、样冲、手锤、粉线、弯尺、直尺、钢卷尺、大钢卷尺、剪子、小型剪机、折弯机。

用作计量长度的钢盘尺必须用经授权的计量单位计量，且附有偏差卡片，使用时按偏差卡片的记录数值核对其误差数。

钢结构制作、安装、验收及土建施工用的量具必须用同一标准进行鉴定，且应具有相同的精度等级。

4. 放样号料应注意的问题

(1) 放样时，铣、刨的工作要考虑加工余量，焊接构件要按工艺要求放出焊接收缩量，高层钢结构的框架柱尚应预留弹性压缩量。

(2) 号料时要根据切割方法留出适当的切割余量。

(3) 如果图纸要求桁架起拱，放样时上、下弦应同时起拱。起拱后垂直杆的方向仍然垂直水平线，而不与下弧杆垂直。

(4) 样板的允许偏差见表 4-3，号料的允许偏差见表 4-4。

表 4-3　放样及样板的允许偏差

项目	允许偏差	项目	允许偏差
平行线距离与分段尺寸/mm	±0.5	孔距/mm	±0.5
对角线差/mm	1.0	加工样板的角度/(°)	+20′
宽度、长度/mm	±0.5		

表 4－4　号料的允许偏差

项目	允许偏差/mm
零件外形尺寸	±1.0
孔距	±0.5

4.2.3　切割

钢结构
加工-切割

钢材下料切割方法有剪切、冲切、锯切、气割等。施工中采用哪种方法应该根据具体要求和实际条件选用。切割后钢材不得有分层，断面上不得有裂纹，应清除切口处的毛刺、熔渣和飞溅物。气割和机械剪切的允许偏差应符合表 4－5 和表 4－6 的规定。

表 4－5　气割的允许偏差

项目	允许偏差/mm
零件的宽度、长度	±3.0
切割面平面度	0.05 t，且不大于 2.0
割纹深度	0.3
局部缺口深度	1.0

注：t 为切割面厚度

表 4－6　机械切割的允许偏差

项目	允许偏差/mm
零件的宽度、长度	±3.0
边缘缺棱	1.0
型钢端部垂直	2.0

1. 气割

氧割或气割是以氧气与燃料燃烧时产生的高温来熔化钢材，并借喷射压力将熔渣吹去，形成割缝，达到切割金属的目的。但熔点高于火焰温度或难以氧化的材料，则不宜采用气割。氧与各种燃料燃烧时的火焰温度大约为 2 000℃～3 200℃。

气割能切割各种厚度的钢材，设备灵活，费用经济，切割精度也高，是目前广泛使用的切割方法。气割按切割设备分类可分为手工气割、半自动气割、仿型气割、多头气割、数控气割和光电跟踪气割。

手工气割操作要点如下：

(1) 首先点燃割炬，随即调整火焰。

(2) 开始切割时，打开切割氧阀门，观察切割氧流线的形状，若为笔直而清晰的圆柱体，且有适当的长度，即可正常切割。

(3) 发现嘴头产生呜爆并发生回火现象，可能是嘴头过热或被堵住，或乙炔供应不及时，此时需马上处理。

(4) 临近终点时，喉头应向前进的反方向倾斜，以利于钢板的下部提前割透，使收尾时割缝整齐。

(5) 当切割结束时应迅速关闭切割氧气阀门，并将割炬抬起，再关闭乙炔阀门，最后关闭预热氧阀门。

2. 机械切割

(1) 带锯机床：适用于切断型钢及型钢构件，其效率高，切割精度高。

(2) 砂轮锯：通用于切割薄壁型钢及小型钢管，其切口光滑、生刺较薄易清除，但噪声大、粉尘多。

(3) 无齿锯：依靠高速摩擦而使工件熔化，形成切口，适用于精度要求低的构件，其切割速度快、噪声大。

(4) 剪板机、型钢冲剪机：适用于薄钢板、压型钢板等，具有切割速度快、切口整齐、效率高等特点。其剪刀必须锋利，剪切时应调整刀片间隙。

3. 等离子切割

等离子切割适用于不锈钢、铝、铜及其合金等。在一些尖端技术上应用广泛。其具有切割温度高、冲刷力大、切割边质量好、变形小、可以切割任何高熔点金属等特点。

4.2.4 矫正

钢结构
加工-矫正

在钢结构制作过程中，由于原材料变形、切割变形、焊接变形、运输变形等经常影响构件的制作及安装，所以就需要对钢构件进行矫正。矫正就是造成新的变形去抵消已经发生的变形。型钢的矫正分机械矫正、手工矫止和火焰矫正等。

型钢机械矫正是在矫正机上进行，在使用时要根据矫正机的技术性能和实际使用情况进行选样。手工矫正多数用在小规格的各种型钢上，依靠锤击力进行矫正。火焰矫正是在构件局部用火焰加热，利用金属热胀冷缩的物理性能，冷却时产生很大的冷缩应力来矫正变形。

型钢在矫正前首先要确定弯曲点的位置，这是矫正工作不可缺少的步骤。目测法是现在常用的找弯方法，确定型钢的弯曲点时应注意型钢自重下沉产生的弯曲会影响准确性，对于较长的型钢要放在水平面上，用拉线法测量。型钢矫正后的允许偏差见表 4-7。

表 4-7　钢材矫正后的允许偏差

项目		允许偏差/mm	图例
钢板的局部平面度	$t \leqslant 14$ mm	1.5	1 000
	$t > 14$ mm	1.0	
型钢弯曲矢高		l/1 000 且不应大于 5.0	

续表

项目	允许偏差/mm	图例
角钢肢的垂直度	$b/100$ 双肢栓接角钢的角度不得大于 90°	
槽钢翼缘对腹板的垂直度	$b/80$	
工字钢、H 型钢翼缘对腹板的垂直度	$b/100$ 且不大于 2.0	

4.2.5　弯形

钢结构制造中的弯形主要是指弯曲和滚圆。弯形和矫正相反，是使平直的材料按图纸的要求弯曲成一定形状。弯形的加工手段也是加热和施加机械力，或者二者混合使用，其使用的设备也多类似。现对滚圆机和折板机加以简介。

1. 滚圆机

滚圆机的原理是经过辊子的压力使材料弯曲，而辊子的转动使材料逐步滚成圆筒形（图 4－14）。老式的三辊式滚圆机在滚圆过程中，构件的两个端头需要预弯，预弯是比较费料和费工的（图 4－15）。

新式的滚圆机则有四辊或上辊可以上下移动，因而免除了预弯工序，图 4－16 为滚圆机预弯的工作示意图。

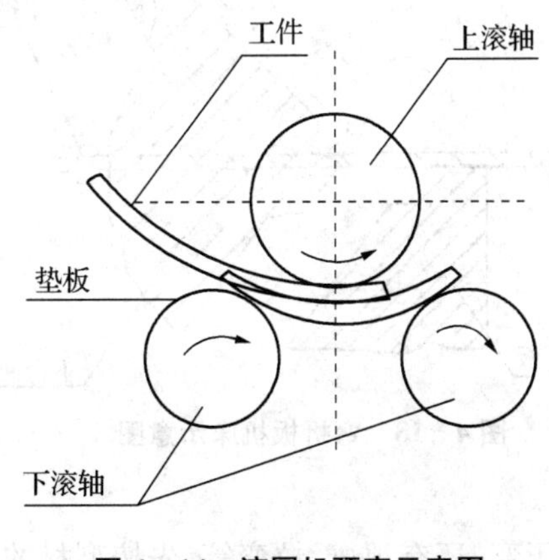

图 4－14　滚圆机预弯示意图

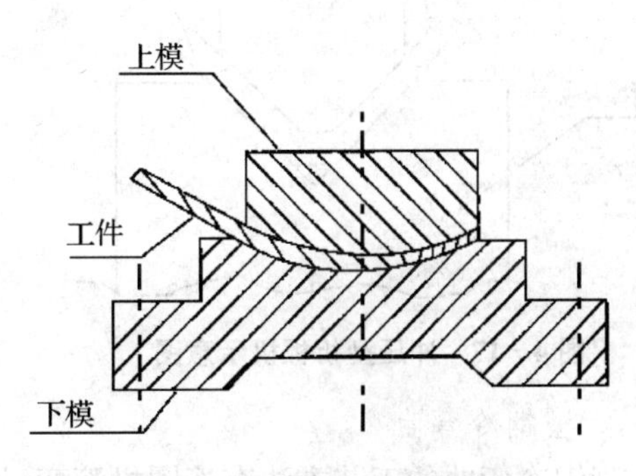

图 4－15　压力机预弯示意图

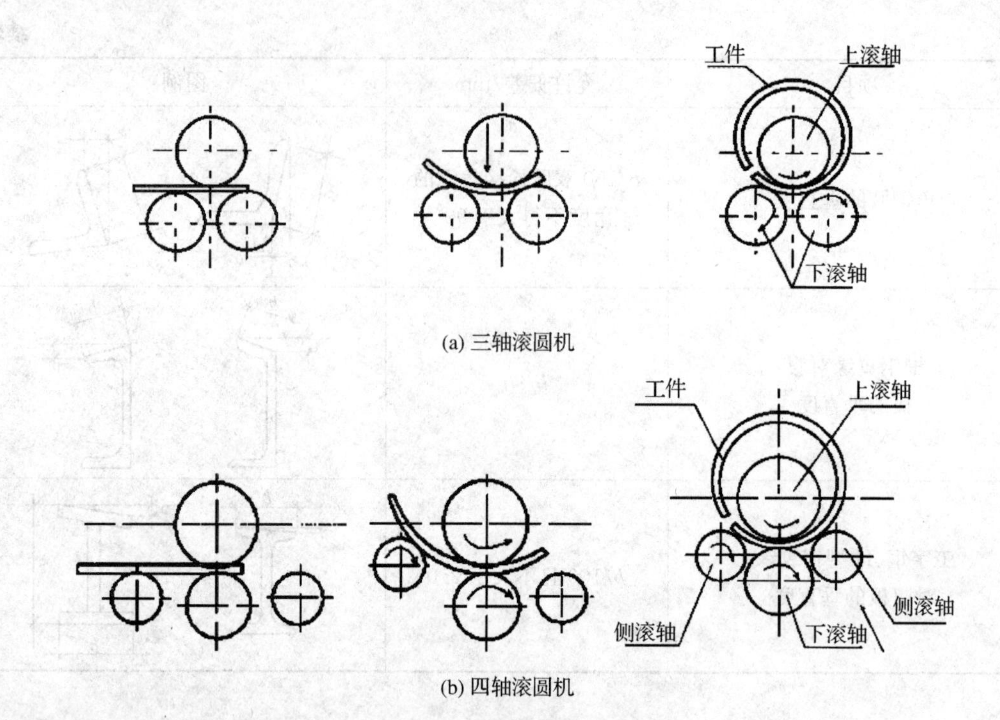

(a) 三轴滚圆机

(b) 四轴滚圆机

图 4-16 滚圆机工作示意图

随着生产需要和技术发展，滚圆机的加工能力(辊板厚度和长度)都已大大提高。现已具有在不加热情况下滚压厚达 120 mm 钢板的设备。

对型钢的滚圆，一般采取立式辊，辊子应做成与型钢断面相符的辊压面。

2. 折板机

折板机有冲压型和弯折型两种，主要用作弯折薄而宽的板料。冲压型是利用冲床原理，采用上下模具把板材压弯(图 4-17)。而弯折型设备则是把板材固定在翻折板上，以翻折板的翻转使板材弯折(图 4-18)。

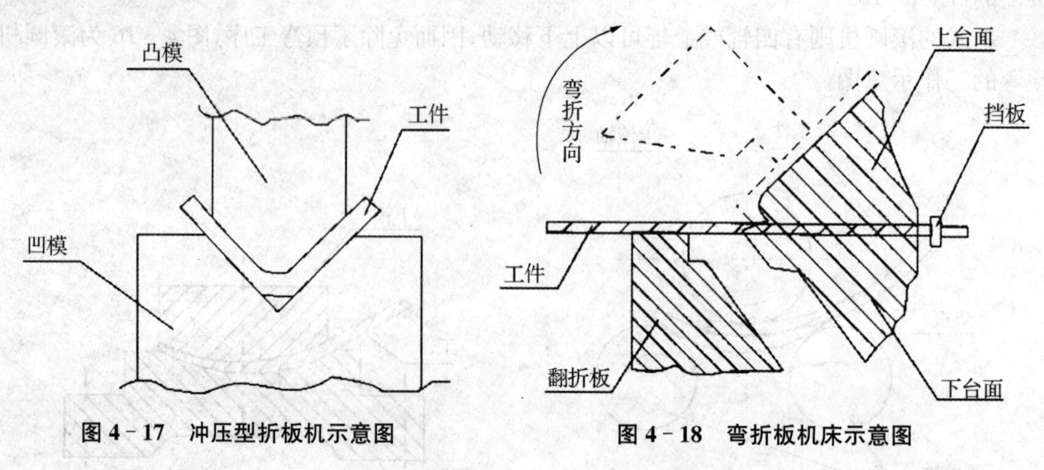

图 4-17 冲压型折板机示意图　　**图 4-18 弯折板机床示意图**

3. 型钢冷弯曲

型钢冷弯曲的工艺方法有滚圆机滚弯、压力机压弯，还有顶弯、拉弯等，先按型材的截面形状、材质规格及弯曲半径制作相应的胎膜，试弯符合要求后，方准加工。

(1) 钢结构零件、部件在冷矫正和冷弯曲时，根据验收规范要求，最小弯曲率半径和最大弯曲矢高应符合表4-8的规定。

表4-8　最小弯曲率半径和最大弯曲矢高　　单位：mm

项次	钢材类型	示意图	对于轴线	矫正		弯曲	
				r	f	r	f
1	钢板、扁钢	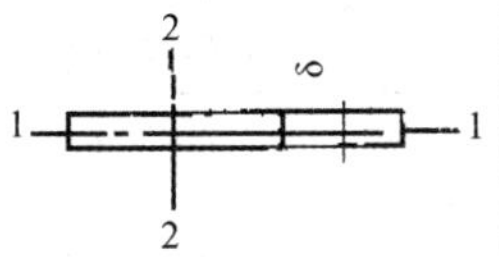	1-1	50δ	$\frac{L^2}{400\delta}$	25δ	$\frac{L^2}{200\delta}$
			2-2 (仅对扁钢轴线)	$100b$	$\frac{L^2}{800b}$	$50b$	$\frac{L^2}{400b}$
2	角钢	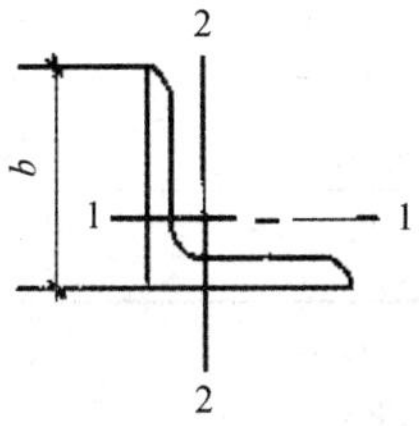	1-1	$90b$	$\frac{L^2}{720b}$	$45b$	$\frac{L^2}{360b}$
3	槽钢	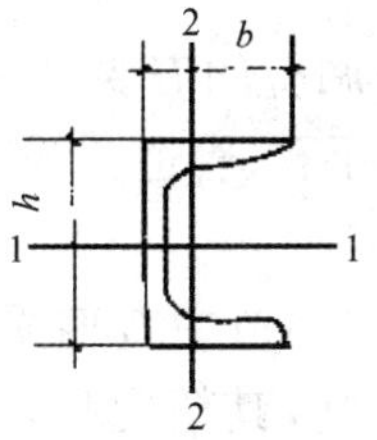	1-1	$50h$	$\frac{L^2}{400h}$	$25h$	$\frac{L^2}{200h}$
			2-2	$90b$	$\frac{L^2}{720b}$	$45b$	$\frac{L^2}{360b}$
4	工字钢	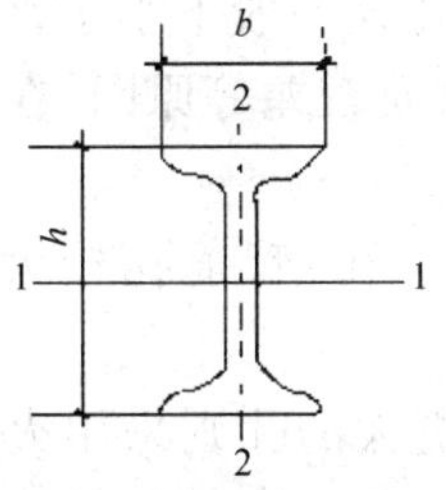	1-1	$50h$	$\frac{L^2}{400h}$	$25h$	$\frac{L^2}{200h}$
			2-2	$50b$	$\frac{L^2}{400b}$	$25b$	$\frac{L^2}{200b}$

注：1. 图中：r为曲率半径；f为弯曲矢高；L为弯曲弦长；δ为钢板厚度。

2. 超过以上数据时，必须先加热再进行加工。

3. 当温度低于－20℃(低合金钢低于－15℃)时，不得对钢材进行锤击、剪切和冲孔。

4.2.6　边缘加工

钢吊车梁翼缘板的边缘、钢柱脚、肩梁承压支承面、其他图纸要求的加工面，焊接对接口、坡口的边缘，尺寸要求严格的加劲肋、隔板、腹板和有孔眼的节点板，以及由于切割方法产生硬化等缺陷的边缘，一般需要边缘加工。

1. 边缘加工方法

常用的边缘加工方法有：铲边、刨边、铣边、切割等。对加工质量要求不高并且工作量不大的采用铲边，有手工铲边和机械铲边两种。刨边使用的是刨边机，由刨刀来切削板材的边缘。铣边比刨边机工效高、能耗少、质量优。切割有碳弧气刨、半自动和自动气割机、坡口机等方法，采用精密切割可代替刨铣加工。

2. 边缘加工质量

边缘加工允许偏差见表 4－9。

表 4－9 边缘加工的允许偏差

项目	允许偏差/mm
零件宽度、长度	±1
加工边直线度	l/3 000，且不大于 2.0
相邻两边夹脚	±6
加工面垂直度	0.025t，且不大于 0.5
加工面表面粗糙度	50/▽

4.2.7 制孔

钢结构上的孔洞基本多为螺栓孔，大都呈圆形(为调整的需要也有长圆孔)。在采用销轴连接时使用销孔，此外还可能有气孔、灌浆孔、人孔、手孔、管道孔等，部分孔洞还可能需要加工出螺纹。

制孔通常有钻孔和冲孔两种方法。钻孔是钢结构制造中普遍采用的方法，能用于几乎任何规格的钢板、型钢的孔加工。钻孔的原理是切削，其精度高，对孔壁损伤较小。冲孔一般只用于较薄钢板和非圆孔的加工，而且要求孔径一般不小于钢材的厚度。冲孔生产效率虽高，但由于孔的周围产生冷作硬化、孔壁材质较差等原因，在钢结构制造中已较少采用。

钢结构上用的螺栓孔径一般为 12～30 mm，手孔、管道孔较大，而人孔可达直径 400 mm以上。

对于直径 80 mm 以下的圆孔，一般采用钻孔，更大的孔则采用火焰切割方法。销孔及螺栓孔则在钻孔、割孔后再进行机加工。

如果长孔的长度超过直径两倍以上，可采用先钻两个孔后割通、磨光的方法。如果长度小于两倍直径时，则采用冲孔或钻孔后铣成长孔。

螺栓孔一般不采用冲孔，因冲孔边缘有冷作硬化现象，但如采用精密冲孔则可极大程度减少硬化现象，且可大大提高生产效率。一般情况下，采用冲孔时的板厚不能超过孔直径。2 mm 以下的薄板通常是采用冲孔。

制孔设备有冲床、钻床。钻床已从立式钻床发展为摇臂钻床(图 4－19)、多轴钻床、万向钻床和数控三向多轴钻床。数控三向多轴钻床的生产效率比摇臂钻床提高几十倍，它与钻床形成连动生产线，是目前钢结构加工机床的发展趋势。

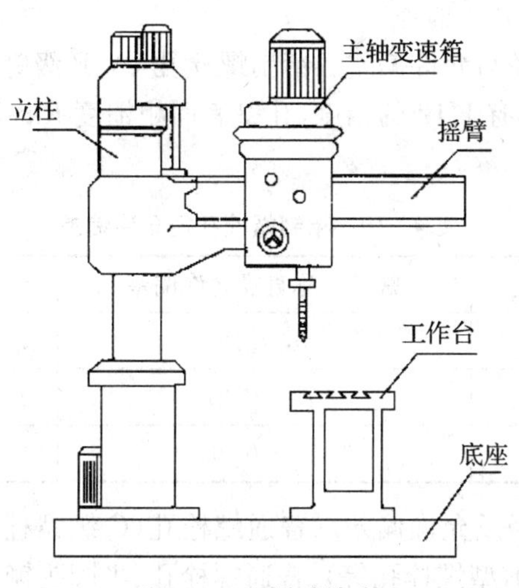

图 4 - 19　摇臂钻床

在使用单轴钻孔加工时，采用钻模制孔可以大大提高钻孔的精度，其每一组孔群内的孔间距离精度可控制在 0.3 mm 以内，甚至还可更小，且可一次进行多块钢板的钻孔，提高工效。图 4 - 20 和图 4 - 21 分别为钢板钻模和角钢钻模。

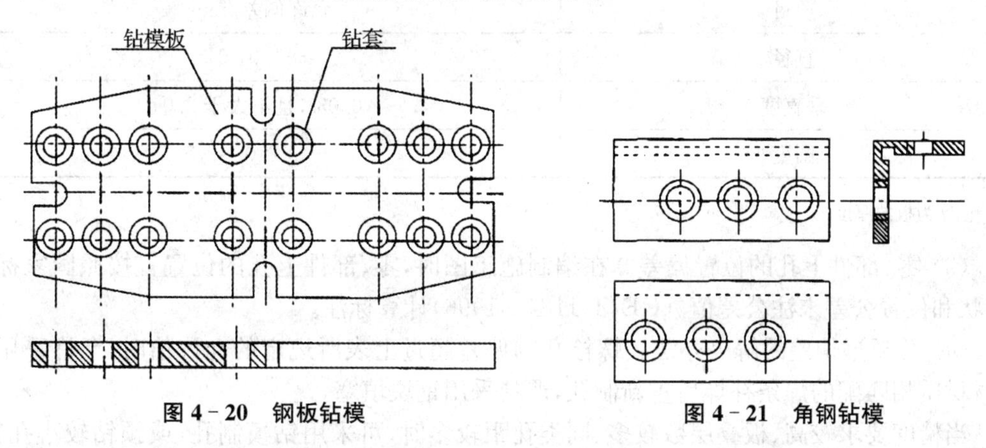

图 4 - 20　钢板钻模　　　　**图 4 - 21　角钢钻模**

孔加工在钢结构制造中占有一定的比重，尤其是高强螺栓的采用使孔加工不仅在数量上，而且在精度要求上都有了很大的提高。

1. 钻孔的加工方法

(1) 划线钻孔。先在构件上画出孔的中心和直径，在孔的圆周上(90°位置)打 4 只冲眼，可作钻孔后检查用。孔中心的冲眼应大而深，在钻孔时作为钻头定心用。划线工具一般用划针和钢尺。

(2) 钻模钻孔。当批量大，孔距精度要求较高时，采用钻模钻孔。钻模有通用型、组合式和专用钻模。

(3) 数控钻孔。近年来数控钻孔的发展更新了传统的钻孔方法。此法无须在工件上划线、打样冲眼，整个工程都是自动进行。高速数控定位，钻头行程数字控制，钻孔效率高、精度高。特别是数控三向多轴钻床的开发和应用，让其生产效率比传统的摇臂钻床提高几十倍，它与钻床形成连动生产线，是目前钢结构加工的发展趋势。

2. 制孔的质量标准及允许偏差

(1) 精制螺栓孔的直径与允许偏差。精制螺栓孔(A、B级螺栓孔-Ⅰ类孔)的直径应与螺栓公称直径相等,孔应具有H12的精度,孔壁表面粗糙度 $Ru \leqslant 125\ \mu$m。其允许偏差应符合表4-10的规定。

表4-10 精制螺栓孔径允许偏差 单位:mm

螺栓公称直径、螺孔直径	螺栓公称直径允许偏差	螺栓孔径允许偏差
10~18	0, 0.18	−0.18, 0
18~30	0, −0.21	+0.21, 0
30~50	0, −0.25	+0.25, 0

(2) 普通螺栓孔的直径及允许偏差。普通螺栓孔(C级螺栓孔-Ⅱ类孔)包括高强度螺栓孔(大六角头螺栓孔、扭剪型螺栓孔等)、普通螺栓孔、半圆头铆钉孔等,其孔直径应比螺栓杆、钉杆公称直径大1.0~3.0 mm。螺栓孔孔壁粗糙度 $\leqslant 125\ \mu$m。

孔的允许偏差应符合表4-11的规定。

表4-11 普通螺栓孔允许偏差

项目	允许偏差/mm
直径	+1.0, 0
垂直度	0.03t,且不大于2.0
圆度	2.0

注:t 为板的厚度

(3) 零、部件上孔的位置偏差。在编制施工图时,零、部件上孔的位置宜按照国家标准《形状和位置公差未注公差值》(GE/T 1184—1996)计算标注。

(4) 孔超过偏差的解决办法。螺栓孔的偏差超过上表所规定的允许值时,允许采用与母材材质相匹配的焊条补焊后重新制孔,严禁采用钢块填塞。

当精度要求较高、板叠层数较多、同类孔距较多时,可采用钻模制孔,或预钻较小孔径,在组装时扩孔。预钻小孔的直径取决于板叠的多少:当板叠少于5层时,预钻小孔的直径小于公称直径一级(−3.0 mm);当板叠层数大于5层时,预钻小孔的直径小于公称直径二级(−6.0 mm)。

4.2.8 组装

组装,亦可称拼装、装配、组立。组装工序是把制备完成的半成品和零件按图规定的运输单元,装配成构件或者部件,然后将其连接成为整体的独立成品的过程。

1. 组装工序的一般规定

产品图纸和工艺规程是整个装配准备工作的主要依据,因此,首先要了解以下问题:

(1) 了解产品的用途结构特点,以便提出装配的支承与夹紧等措施。

(2) 了解各零件的相互配合关系,使用材料及其特性,以便确定装配方法。

(3) 了解装配工艺规程和技术要求,以便确定控制程序、控制基准及主要控制数值。

2. 钢结构构件组装的方法

(1) 地样法。用 1∶1 的比例在装配平台上放出构件实样，然后根据零件在实样上的位置，分别组装起来成为构件。此装配方法适用于桁架、构架等小批量结构的组装。

(2) 仿形复制装配法。先用地样法组装成单面(单片)的结构，然后定位点焊牢固，将其翻身，作为复制胎模，在其上面装配另一单面的结构，往返两次组装。此种装配方法适用于横断面互为对称的桁架结构。

(3) 立装。立装是根据构件的特点及其零件的稳定位置，选择自上而下或自下而上地装配。此法用于放置平稳、高度不大的结构或者大直径的圆筒。

(4) 卧装。卧装是将构件卧位放置进行的装配。卧装适用于断面不大，但长度较大的细长的构件。

(5) 胎模装配法。胎模装配法是将构件的零件用胎模定位于装配位置上的组装方法。此种装配法适用于制造构件批量大、精度高的产品。

在布置拼装胎模时，必须注意预留各种加工余量。

3. 装配胎和工作平台的准备

装配胎主要用于表面形状比较复杂又不便于定位和夹紧的，或大批量生产的焊接结构的装配与焊接。装配胎可以简化零件的定位工作，改善焊接操作位置，从而可以提高装配与焊接的生产效率和质量。

装配胎从结构上分有固定式和活动式两种，活动式装配胎可调节高矮、长短、回转角度等。装配胎按适用范围又可分为专用胎和通用胎两种。

装配常用的工作台是平台，平台的上表面要求必须达到一定的平直度和水平度。平台通常有以下几种：铸铁平台、钢结构平台、导轨平台、水泥平台和电磁平台。

4. 组装的基本要求

(1) 组装应按工艺方法的组装次序进行。当有隐蔽焊缝时，必须先施焊，经验收合格后方可覆盖。当复杂部位不易施焊时，也需按工艺次序进行组装。

(2) 组装前，连接表面及焊缝每边 30～50 mm 范围内的铁锈、毛刺、污垢、冰雪必须清除干净。

(3) 布置拼装胎模时，其定位必须考虑预放出焊接收缩量及加上余量。

(4) 为减少大件组装焊接的变形，一般应先采取小件组焊，经矫正后，再组装大部件。胎模及组装的构件必须经过检验方可大批进行组装。

(5) 板材、型材的拼接应在组装前进行，构件的组装应在部件组装、焊接、矫正后进行。

(6) 组装时要求磨光顶紧的部位。其顶紧接触面应有 75%以上的面积紧贴。

(7) 组装好的构件应立即用油漆在明显部位编号，写明图号、构件号、件数等，以便查找。

5. 组装工程质量验收

(1) 主控项目。钢构件组装工程质量验收的主控项目应符合表 4-12 的规定。

表 4－12　主控项目内容及要求

项目	规范编号	验收要求	检验方法	检查数量
组装	第 8.3.1 条	吊车梁和吊车桁架不应下挠	构件直立，在两端支撑后，用水准仪和钢尺检查	全数检查
端部铣平及安装焊缝坡口	第 8.4.1 条	端部铣平的允许偏差应符合相关规定	用钢尺、角尺、塞尺等检查	按铣平面数量抽查 10%，且不应少于 3 个
钢构件外形尺寸	第 8.5.1 条	钢构件外形尺寸主控项目的允许偏差应符合相关规定	用钢尺检查	全数检查

注：表中“规范编号”指《钢结构施工质量验收规范》(GB 50205—2001)。

(2) 一般项目：钢构件组装工程质量验收的一般项目应符合表 4－13 的规定。

表 4－13　一般项目内容及要求

项目	项次	项目内容	规范编号	验收要求	检验方法	检查数量
焊接 H 型钢	1	焊接 H 型钢接缝	第 8.2.1 条	焊接 H 型钢的翼缘板拼接缝和腹板拼接缝的间距不应小于 200 mm，翼缘板拼接长度不应小于 2 倍的板宽；腹板拼接宽度不应小于 300 mm，长度不应小于 600 mm	观察和用钢尺检查	全数检查
	2	焊接 H 型钢接精度	第 8.2.2 条	焊接 H 型钢的充分偏差应符合相关的规定	用钢尺、角尺、塞尺等检查	按钢构件数抽查 10%，且不应小于 3 件
组装	1	焊接组装精度	第 8.3.2 条	焊接连接组装允许的偏差应符合相关的规定	用钢尺检验	按构件数抽查 10%，且不应小于 3 件
	2	顶紧接触面	第 8.3.3 条	顶紧接触面应有 75% 以上的面积紧贴	用 0.3 mm 塞尺检查，其塞入面积应小于 23%，边缘间隙不应大于 0.8 mm	按接触面的数量抽查 10%，且不应小于 10 个
	3	轴线交点错位	第 8.3.4 条	桁架结构杆件轴线交点错位的允许偏差不得大于 3.0 mm，允许偏差不得大于 4.0 mm	尺量检查	按构件数抽查 10%，且不应少于 3 个，每个抽查构件按节点数抽查 10%，且不应少于 3 个节点

续表

项目	项次	项目内容	规范编号	验收要求	检验方法	检查数量
端部铣平及安装焊缝坡口	1	焊缝坡口精度	第 8.4.2 条	安装焊缝坡口的允许偏差应符合规定	用焊缝量规检查	按坡口数量抽查 10%，且不应少于 3 条
	2	铣平面保护	第 8.4.3 条	外露铣平面应防锈保护	观察检查	全数检查
钢构件外形尺寸	1	外形尺寸	第 8.5.2 条	钢构件外形尺寸一般项目的允许偏差应符合相关规定	—	按构件数量抽查 10%，且不应少于 3 件

注：表中"规范编号"指《钢结构施工质量验收规范》(GB 50205—2001)。

4.2.9　钢构件预拼装

为了保证安装的顺利进行，应根据构件或结构的复杂程度、设计要求或合同协议规定，在构件出厂前进行预拼装。另外，由于受运输条件、现场安装条件等因素的限制，大型钢结构构件不能整件出厂，必须分成两段或若干段出厂时，也要进行预拼装。预拼装一般分为立体预拼装和平面预拼装两种形式，除管结构为立体顶拼装外，其他结构一般均为平面预拼装。预拼装的构件应处于自由状态，不得强行固定。预拼装应满足以下要求：

(1) 预拼装时，构件与构件的连接形式为螺栓连接，其连接部位的所有节点连接板均应装上。除检查各部分尺寸外，还应用试孔器检查板叠孔的通过率，并应符合下列规定：

① 当采用比螺栓公称应径大 0.3 mm 的试孔器检查时，通过率应为 100%。

② 为了保证拼装时的穿孔率，零件钻孔时可将孔径缩小一级(3 mm)，在拼装定位后进行扩孔，扩到设计孔径尺寸。对于精制螺栓的安装孔，在扩孔时应留 0.1 mm 左右的加工余量，以便进行校孔。

③ 施工中错孔在 3 mm 以内时，一般都用铣刀铣孔或锉刀锉孔，其孔径扩大不得超过原孔径的 1.2 倍；错孔超过 3 mm 时，可采用与母材材质相匹配的焊条补焊堵孔，修磨平整后重新打孔。

表 4-14　钢构件预拼装的允许偏差

构件类型	项目	允许偏差/mm	检验方法
多节柱	预拼装单元总长	±5.0	用钢尺检查
	预拼装单元弯曲矢高	l/1 500，且不应大于 10.0	用拉线和钢尺检查
	接口错边	2.0	用焊缝量规检查
	预拼装单元柱身扭曲	h/200，且不应大于 5.0	用拉线、吊线和钢尺检查
	顶紧面至任一牛腿距离	±2.0	用钢尺检查

续表

构件类型	项目		允许偏差/mm	检验方法
梁、桁架	跨度最外面两端安装孔或两端支撑面最外侧距离		−5.0 −10.0	用钢尺检查 用焊缝量规检查
	接口截面错位		2.0	用拉线、吊线和钢尺检查
	拱度	设计要求起拱	正负 $l/5\,000$	
		设计未要求起拱	$l/20\,000$	划线后用钢尺检查
	节点处杆件轴线错位		4.0	
管构件	预拼装单元总长		±5.0	用钢尺检查
	预拼装单元弯曲矢高		$l/1\,500$，且不应大于 10.0	用拉线和钢尺检查
	对口错边		$l/10$，且不应大于 3.0	用焊缝量规检查
	坡口间隙		+2.0，−1.0	
构件平面总体预拼装	各楼层柱距		±4.0	用钢尺检查
	相邻楼层梁与梁之间距离		±3.0	
	各层框架两对角线之差		$H/2\,000$，且不应大于 5.0	
	任意两对角线之差		$\sum H/2\,000$，且不应大于 8.0	

(2) 对号入座：节点的各部件在拆开之前必须予以编号，做出必要的标记。预拼装检验合格后，应在构件上标注上下定位中心线、标高基准线、交线中心点等必要标记；必要时焊上临时撑件和定位器等，以便于按预拼装的结果进行安装。

(3) 预拼装的允许偏差见表 4－14。

钢构件拼装

4.2.10 钢构件拼装

1. 构件拼装方法

(1) 平装法

平装法操作方便，不带稳定加固措施；不需搭设脚手架；焊缝焊接大多数为平焊缝，焊接操作简易，不需技术很高的焊接工人。焊缝质量易于保证，校正及起拱方便、准确。

适于拼装跨度较小，构件相对刚度较大的钢结构。如长 18 m 以下的钢柱、跨度 6 m 以内的天窗架及跨度 21 m 以内的钢屋架的拼装。

(2) 立装法

立装法可一次拼装多榀；块体占地面积小；不用铺设或搭设专用拼装操作平台或枕木墩，节省材料和工时；省去翻身工序，质量易于保证，不用增设专供块体翻身、倒运、就位、堆放的起重设备，缩短工期；块体拼装连接件或节点的拼接焊缝可两边对称施焊，可防止预制构件连接件或钢构件因节点焊接变形而使整个块体产生侧弯。但需搭设一定数量稳定支架；块体校正、起拱较难；钢构件的连接节点及预制构件的连接件的焊接立缝较多，增加焊接操作的难度。

适于跨度较大、侧向刚度较差的钢结构，如 18 m 以上的钢柱、跨度 9 m 及 12 m 的窗架、

24 m以上的钢屋架以及屋架上的天窗架。

(3) 利用模具拼装法

模具是指符合工件几何形状或轮廓的模型(内模或外模)。用模具来拼装组焊钢结构，具有产品质量好、生产效率高等许多优点。对成批的板材结构、型钢结构，应当考虑采用模具拼组装。

桁架结构的装配模往往是以两点连直线的方法制成的，其结构简单，使用效果好。图 4 - 22 为桁架装配模示意图。

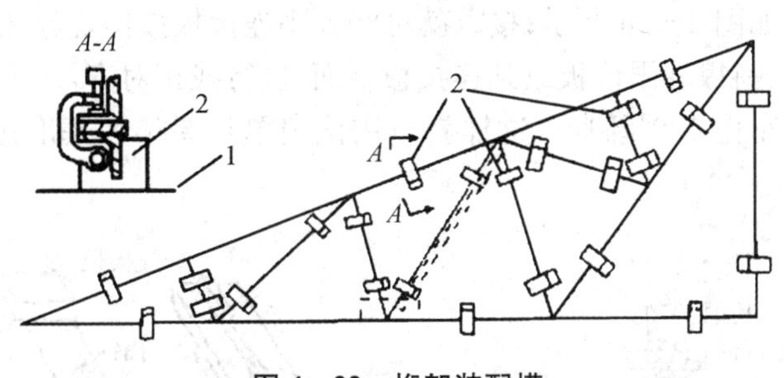

图 4 - 22　桁架装配模

1—工作台；2—模板

2. 典型梁柱、钢屋架等构件拼装

根据设计要求的梁柱、钢屋架等构件的结构形式，有的用型钢与型钢连接，有的用型钢与钢板混合连接，所以梁和柱的结构拼装操作方法也就不同。

(1) 钢屋架的拼装

钢屋架多数用底样采用仿效复制拼装法进行拼装，其过程如下：

按设计尺寸，并按长、高尺寸，以其 1/1 000 预留焊接的收缩量在拼验平台上放出拼装底样，如图 4 - 23、图 4 - 24 所示。因为屋架在设计图纸的上、下弦处不标注起拱量，所以才放底样，按跨度比例画出起拱。

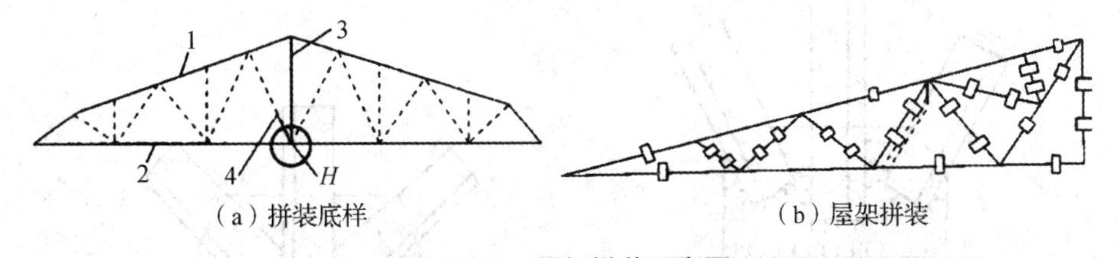

图 4 - 23　屋架拼装示意图

H 起拱的位置；1—上弦；2—下弦；3—立撑；4—水平垫底

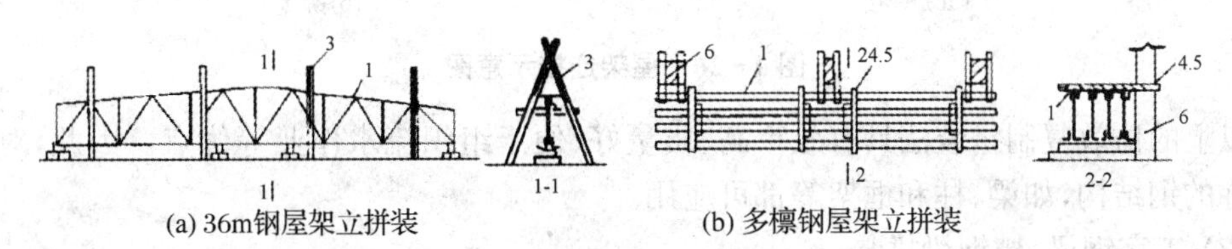

图 4 - 24　屋架的立拼图

1—36 m 钢屋架块体；2—枕木或砖墩；3—木人字架；4—8 号钢丝固定上弦；5—木方；6—柱

在底样上按图画好角钢面厚度、立面厚度，作为拼装时的依据。如果在拼装时，角钢的位置和方向能记牢，其立面的厚度可省略不画，只画出角钢面的宽度即可。

拼装时，应给下一步运输和安装工序创造有利条件。除按设计规定的技术说明外，还应结合屋架的跨度（长度），整体或按节点分段进行拼装。

屋架拼装一定要注意平台的水平度，如果平台不平，可在拼装前用仪器或拉粉线调整垫平，否则拼装成的屋架会在上、下弦及中间位置产生侧向弯曲。

放好底样后，将底样上各位置的连接板用电焊点牢，并用挡铁定位，作为第一次单片屋架拼装基准的底模，如图 4－25 所示；接着就可将大小连接板按位置放在底模上。将屋架的上、下弦及所有的立、斜撑和限位板放到连接板上面，进行找正对齐，用卡具夹紧点焊。待全部点焊牢固，可用吊车作 180°翻身。这样就可用该扇单片屋架为基准仿效组合拼装，如图 4－25(a)、(b)所示。

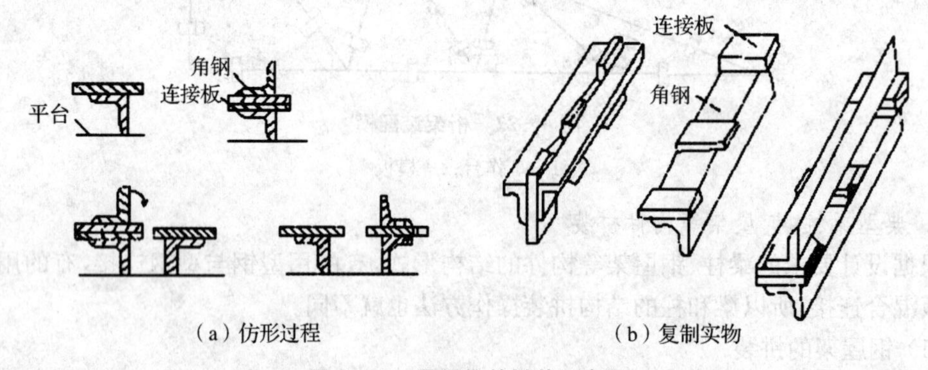

（a）仿形过程　　（b）复制实物

图 4－25　屋架仿效拼装示意图

对特殊动力厂房屋架，为适应生产性质的要求强度，一般不采用焊接而用铆接，如图 4－26(b)所示。

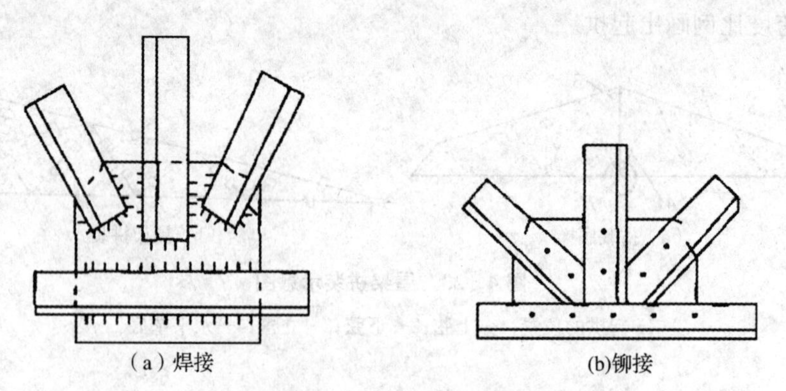
（a）焊接　　(b)铆接

图 4－26　屋架连接示意图

以上的仿效复制拼装法具有效率高、质量好、便于组织流水作业等优点。因此，对于截面对称的钢结构，如梁、柱和框架等都可应用。

(2) 工字钢梁、槽钢梁拼装

工字钢梁和槽钢梁分别是由钢板组合的工程结构梁。它们的组合连接形式基本相同，仅是型钢的种类和组合成型的形状不同，如图 4－27 所示。

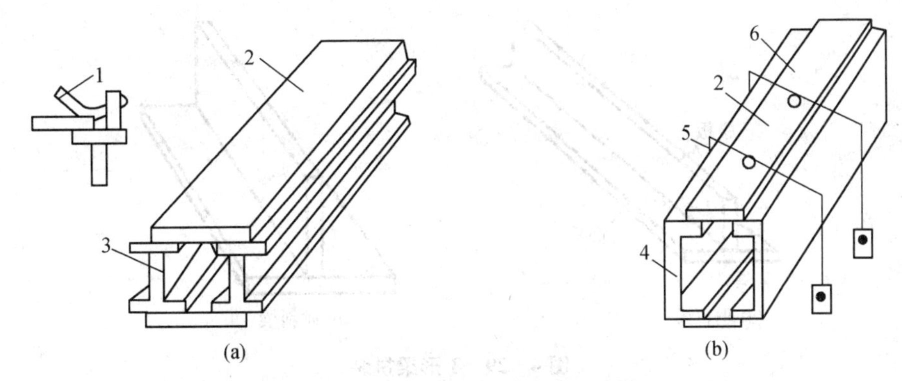

图 4－27　工字形钢梁、槽钢梁组合拼接

1—撬杆；2—面板；3—工字钢；4—槽钢；5—龙门架；6—压紧工具

在拼装组合时，首先按图纸标注的尺寸、位置在面板和型钢连接位置处进行画线定位，用直角尺或水平尺检验侧面与平面垂直、几何尺寸正确后方可按一定距离进行点焊。拼装上面板以下底面板为基准。

(3) 箱形梁拼装

箱形梁是由上下面板、中间隔板及左右侧板组成，如图 4－28(d)所示。

箱形梁的拼装过程是先在底面板画线定位，如图 4－28(a)所示；按位置拼装中间定向隔板，如图 4－28(b)所示。为防止移动和倾斜，应将两端和中间隔板与面板用型钢条临时固定，然后以各隔板的上平面和两侧面为基准，同时拼装箱形梁左右立板。两侧立板的长度，要以底面板的长度为准靠齐并点焊。如两侧板与隔板侧面接触间隙过大时，可用活动型卡具夹紧，再进行点焊，如图 4－28(c)所示。最后拼装梁的上面板，如果上面板与隔板上平面接触间隙大、误差多时，可用手砂轮将隔板上端找平，并用]型卡具压紧进行点焊和焊接，如图 4－28(d)所示。

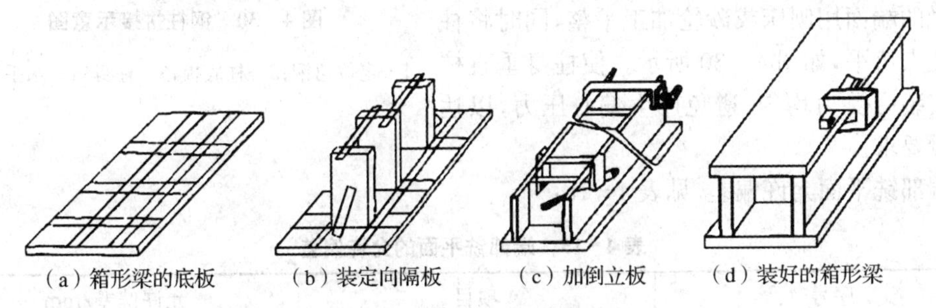

图 4－28　箱形梁拼接

(4) T 形梁拼装

T 形梁的结构多是用相同厚度的钢板，以设计图纸标注的尺寸而制成的 T 形梁，如图 4－29所示。拼装时，先定出面板中心线，再按腹板厚度画线定位，该位置就是腹板和面板结构接触的连接点(基准线)。如果是垂直的 T 形梁，可用直角尺找正，并在腹板两侧按 200～300 mm 距离交错点焊；如果属于倾斜一定角的 T 形梁，就用同样角度样板进行定位，按设计规定进行点焊。

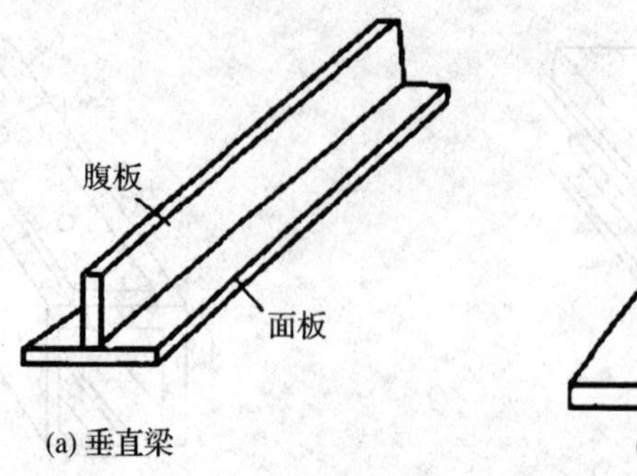

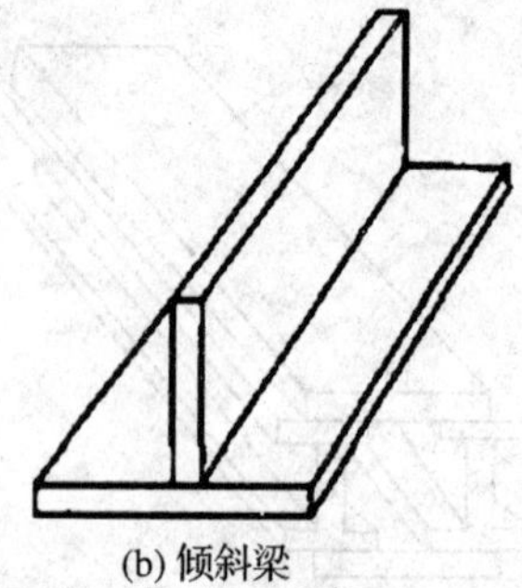

图 4-29　T 形梁拼装

T 形梁两侧经点焊完成后，为了防止焊接变形，可在腹板两侧临时用增强板将腹板和面板点焊固定，以增加刚性，减小变形。在焊接时，采用对称分段退步焊接方法焊接角焊缝，这是防止焊接变形的一种有效措施。

(5) 柱底座板和柱身组合拼装

钢柱的底座板和柱身组合拼装工作一般分为两步进行：

① 先将柱身按设计尺寸规定先拼装焊接，使柱身达到横平竖直，符合设计和验收标准的要求。如果不符合质量要求，可进行矫正以达到质量要求。

② 将事先准备好的柱底板按设计规定尺寸，分清内外方向画出结构线并焊挡铁定位，以防在拼装时位移。

柱底板与柱身拼装之前，必须将柱身与柱底板接触的端面用刨床或砂轮加工平整，同时将柱身分几点垫平，如图 4-30 所示。使柱身垂直柱底板安装后受力均匀，避免产生偏心压力，以达到质量要求。

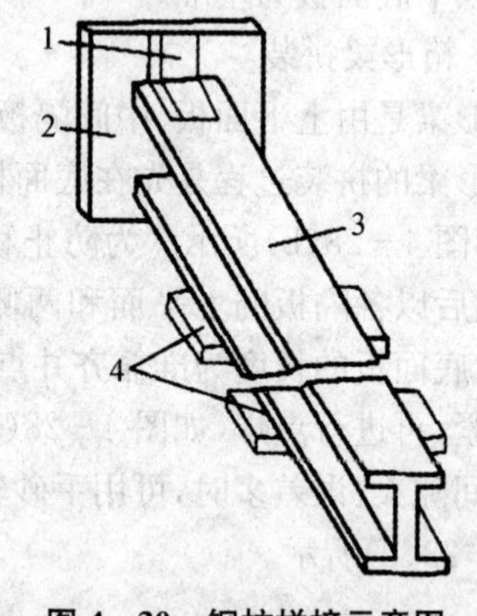

图 4-30　钢柱拼接示意图

1—定位角钢；2—柱底板；3—柱身；4—水平垫基

端部铣平面允许偏差，见表 4-15：

表 4-15　端部铣平面的允许偏差

序号	项目	允许偏差/mm
1	两端铣平时构件长度	±2.0
2	铣平面的不平直度	0.3
3	铣平面的倾斜度(正切值)	不大于 l/1 500
4	表面粗糙度	0.03

拼装时，将柱底座板用角钢头或平面型钢按位置点出，作为定位，倒吊挂在柱身平面，并用直角尺检查垂直度及间隙大小，待合格后进行四周全面点固。为防止焊接受形，应采用对

角或对称方法进行焊接。

如果柱底板左右有梯形板时，可先将底板与柱端接触焊缝焊完后，再组对梯形板，并同时焊接，这样可避免梯形板妨碍底板缝的焊接。

(6) 钢柱拼装

① 平拼拼装。先在柱的适当位置用枕木搭设 3～4 个支点，如图 4－31(a)所示，应拉通线，使柱轴线中心线成一水平线，先吊下节柱找平，再吊上节柱，使两端头对准，然后找中心线，并把安装螺栓上紧，最后进行接头焊接，采取对称施焊，焊完一面再翻身焊另一面。

② 立拼拼装。在下节柱适当位置设 2～3 个支点，上节柱设 1～2 个支点，如图 4－31(b)所示，用水平仪测平垫平。拼装时先吊小节，使牛腿向下，并找平中心，再吊上节，使两节的节头端相对准，然后找正中心线，并将安装螺栓拧紧，最后进行接头焊接。

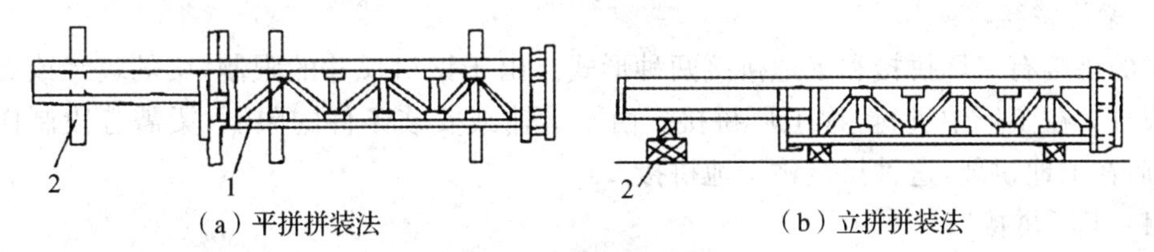

(a) 平拼拼装法　　(b) 立拼拼装法

图 4－31　钢柱的拼装

1—拼接点；2—枕木

(7) 托架拼装

① 平装。设简易钢平台或枕木支墩平台，如图 4－32 所示。在托架四周设定位角钢或钢挡板，将两半榀托架吊到平台上。拼缝处装上安装螺栓，检查并找正托架的跨距和起拱值，安上拼接处连接角钢。用卡具将托架和定位钢板卡紧，拧紧螺栓并对拼装连接焊缝施焊。施焊要求对称进行，焊完一面，检查并纠正变形，用木杆两道加固，而后将托架吊起翻身，再同法焊另一面焊缝。经检查符合设计和规范要求后方可加固、扶正和起吊就位。

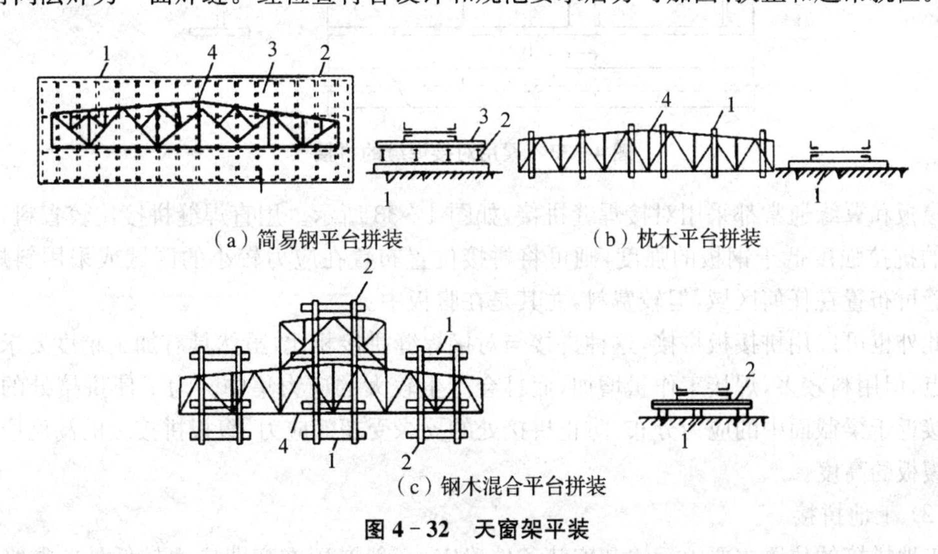

(a) 简易钢平台拼装　　(b) 枕木平台拼装

(c) 钢木混合平台拼装

图 4－32　天窗架平装

1—枕木；2—工字钢；3—钢板；4—拼接点

② 立装。采用人字架稳住托架进行合缝，校正调整好跨距、垂直度、侧向弯曲和拱度

后，安装节点拼接角钢，并用卡具和钢楔使其与上下弦角钢卡紧，复查后，用电焊进行定位焊，并按先后顺序进行对称焊接，至达到要求为止。当托架平行并紧靠柱列排放时，以 3～4 榀为一组进行立拼装，用方木将托架与柱子连接稳定。

工地上焊接梁时，对接缝拼接处及上、下翼缘的拼接边缘均可做成向上的 V 形坡口，以便熔焊。为了使焊缝收缩比较自由，减小焊接残余应力，应留一段（长度 500 mm 左右）翼缘焊缝在工地焊接，并采用合适的施焊程序。

对于较重要的或受动力荷载作用的大型组合梁，考虑到现场施焊条件较差，焊缝质量难以保证，故工地拼接宜用高强度螺栓摩擦型连接。

4.2.11 梁的拼接

1. 梁的拼接

梁的拼接有工厂拼接和工地拼接两种形式。出于钢材尺寸的限制，梁的翼缘或腹板的接长或拼大在工厂中进行，称工厂拼接。由于运输或安装条件的限制，梁需分段制作和运输，然后在工地拼装，这种拼接称工地拼接。

(1) 工厂拼接

工厂拼接多为焊接拼接，由钢材尺寸确定其拼接位置。拼接时，翼缘拼接与腹板拼接最好不要在一个剖面上，以防止焊缝密集与交叉，如图 4-33 所示。拼接焊缝可用立缝或斜缝，腹板的拼接焊缝与平行于它的加劲肋间至少应相距 10 t。

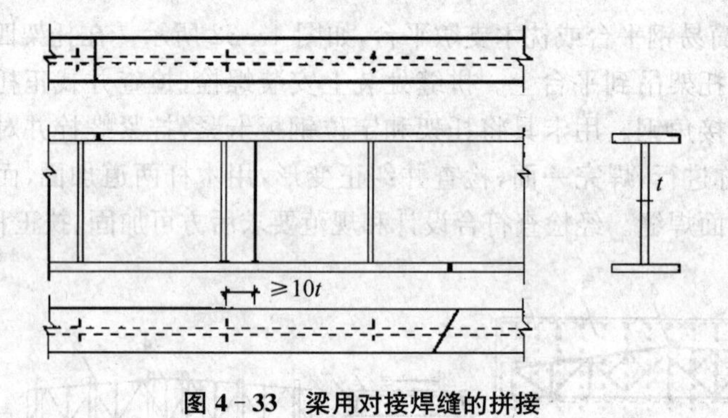

图 4-33 梁用对接焊缝的拼接

腹板和翼缘通常都采用对接焊缝拼接，如图 4-33 所示。用直焊缝拼接比较省料，但如焊缝的抗拉强度低于钢板的强度，则可将拼接位置布置在应力较小的区域或采用斜焊缝。斜焊缝可布置在任何区域，但较费料，尤其是在腹板中。

此外也可以用拼接板拼接，这种拼接与对接焊缝拼接相比，虽然具有加工精度要求较低的优点，但用料较多，焊接工作量增加，而且会产生较大的应力集中。为了使拼接处的应力分布接近于梁截面中的应力分布，防止拼接处的翼缘受超额应力，腹板拼接板的高度应尽量接近腹板的高度。

(2) 工地拼接

工地拼接的位置主要由运输和安装条件确定，一般布置在弯曲应力较低处。翼缘和腹板应基本上在同一截面处断开，以便于分段运输。拼接构造端部平齐，防止运输时碰损，但其缺点是上、下翼缘及腹板在同一截面时拼接会形成薄弱部位。

2. 梁柱的拼接

框架横梁与柱直接连接可采用柱到顶与梁连接、梁延伸与柱连接和梁柱在角中线连接，如图4-34所示。这三种工地安装连接方案各有优缺点。所有工地焊缝均采用角焊缝，以便于拼装，另加拼接盖板可加强节点刚度。但在有檩条或墙架的框架中会使横梁顶面或柱外立面不平，产生构造上的麻烦。对此，可将柱或梁的翼缘伸长与对方柱或梁的腹板连接。

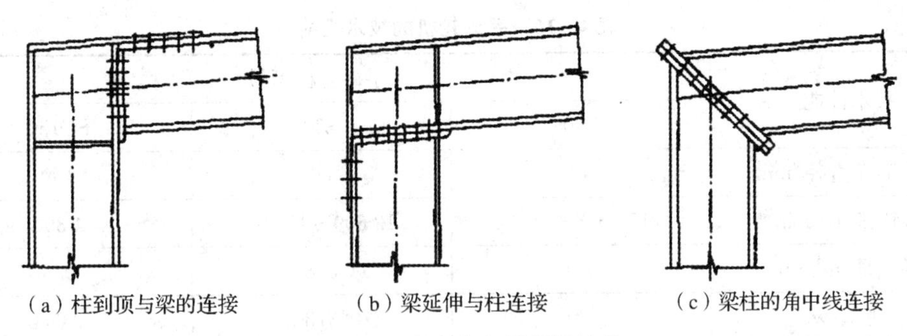

图4-34 框架角部的螺栓连接

对于跨度较大的实腹式框架，由于构件运输单元的长度限制，常需在屋脊处做一个工地拼接，可用工地焊缝或螺栓连接。工地焊缝需用内外加强板，横梁之间的连接用突缘结合。螺栓连接则宜在节点处变截面，以加强节点刚度。拼接板放在受拉的内角翼缘处，变截面处的腹板设有加劲肋，如图4-35所示。

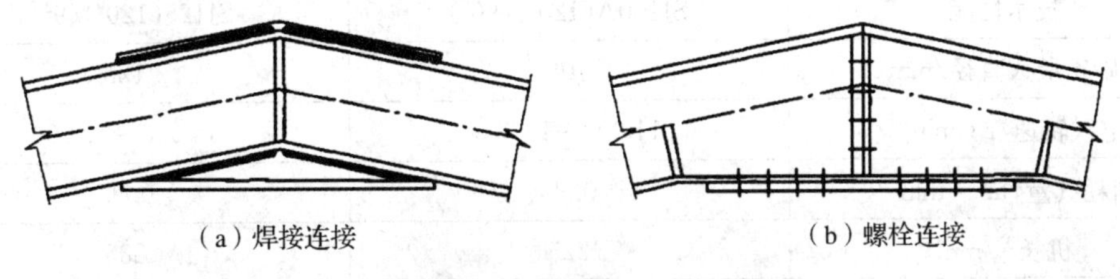

图4-35 框架梁顶的工地连接

4.3 成品检验、管理和包装

4.3.1 钢构件成品检验

1. 允许偏差

钢结构制造的允许偏差见有关规定。

2. 成品检查

钢结构成品的检查项目各不相同，要依据各工程具体情况而定。若工程无特殊要求，一般检查项目可按该产品的标准、技术图纸规定、设计文件要求和使用情况而确定。成品检查工作应在材料质量保证书、工艺措施、各道工序的自检和专检等前期工作无误后进行。钢构件因其位置、受力等的不同，其检查的侧重点也有所区别。

3. 修整

构件的各项技术数据经检验合格后，对加工过程中造成的焊疤、凹坑应予补焊并铲磨平整。对临时支撑、夹具，应予割除。

铲磨后零件表面的缺陷深度不得大于材料厚度负偏差值的1/2，对于吊车梁的受拉翼缘尤其应注意其光滑过渡。

在较大平面上磨平焊疤或磨光长条焊缝边缘，常用高速直柄风动手砂轮，其技术性能见表4-16，角型风动砂轮机的技术性能见表4-17。

表4-16 手砂轮机的技术性能

技术性能	手砂轮机型号		
	S40	S60	SD150
最大砂轮直径/mm	40	60	150
空转转速/r·min^{-1}	17 000～2 000	12 600～15 400	4 300
孔转耗气量/m^3·min^{-1}	0.4	0.8	0.9
功率/w	224	373	1 044
自重/kg	0.7	1.7	7.5
全长/mm	170	340	—
主要用途	小孔及胎模具修理	工件磨光及胎模具修理	消除毛刺，修磨焊缝

表4-17 角型砂轮机的技术性能

技术性能	SJ100A(120°)(90°)	SJ125(120°)(90°)
砂轮最大直径/mm	100	125
空载转速/r·min^{-1}	11 000～13 000	10 000～12 000
消耗气量/m^3·min^{-1}	0.85	0.95
机长①/mm	225	235
机重①/kg	1.9	2.0

注：① 不包括砂轮片

4. 验收资料

产品经过检验部门签收后进行涂底，并对涂底的质量进行验收。

钢结构制造单位在成品出厂时应提供钢结构出厂合格证书及技术文件，其中应包括：

(1) 施工图和设计变更文件，设计变更的内容应在施工图中相应部位注明；

(2) 制作中对技术问题处理的协议文件；

(3) 钢材、连接材料和涂装材料的质量证明书和试验报告；

(4) 焊接工艺评定报告；

(5) 高强度螺栓摩擦面抗滑移系数试验报告、焊缝无损检验报告及涂层检测资料；

(6) 主要构件验收记录；

(7) 构件发运和包装清单；

(8) 需要进行预拼装时的预拼装记录。

此类证书、文件作为建设单位的工程技术档案的一部分。上述内容并非所有工程都具备，而是根据工程的实际情况提供。

4.3.2　钢构件成品管理和包装

1. 标注

(1) 构件重心和吊点的标注

① 构件重心的标注。重量在 5 t 以上的复杂构件一般要标出重心。重心的标注用鲜红色油漆标出，再加上一个箭头向下，如图 4－36 所示：

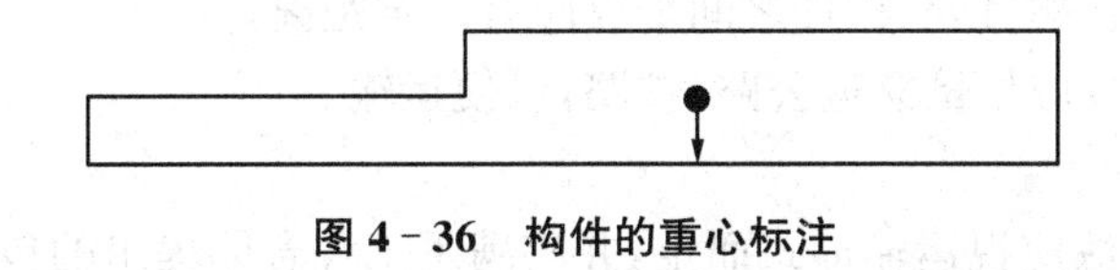

图 4－36　构件的重心标注

② 吊点的标注。在通常情况下，吊点的标注是由吊耳来实现的。吊耳也称眼板（图 4－37、图 4－38），在制作厂内加工并安装好。眼板及其连接焊缝要做无损探伤，以保证吊运构件时的安全性。

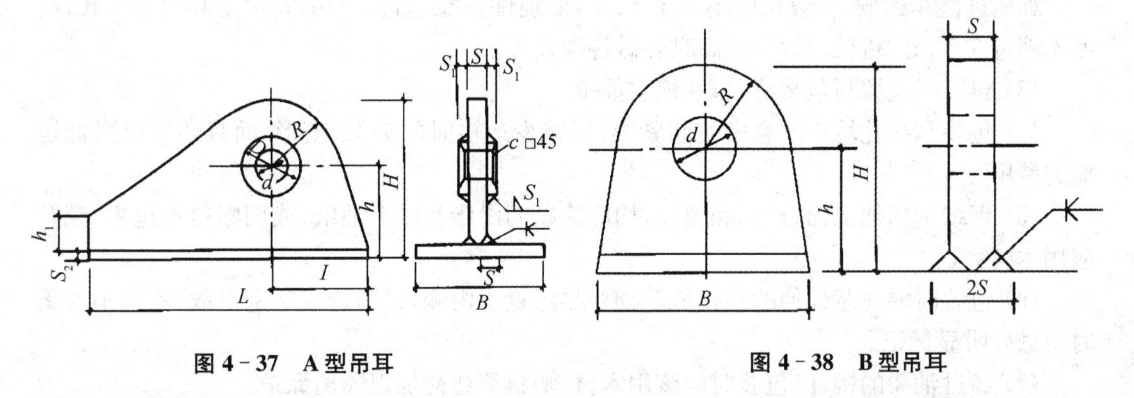

图 4－37　A 型吊耳　　　**图 4－38　B 型吊耳**

(2) 钢结构构件标记

钢结构构件包装完毕后要对其进行标记。标记一般由承包商在制作厂成品库装运时标明。

对于国内的钢结构用户，其标记可用标签方式附带在构件上，也可用油漆直接写在钢结构产品或包装箱上。对于出口的钢结构产品，必须按海运要求和国际通用标准标明标记。

标记通常包括下列内容：工程名称、构件编号、外廓尺寸（长、宽、高，以米为单位）、净重、毛重、始发地点、到达港口、收货单位、制造厂商、发运日期等，必要时要标明重心和吊点位置。

2. 堆放

成品验收后，在装运或包装以前堆放在成品仓库。目前，国内钢结构产品的主件大部分露天堆放，部分小件一般可用捆扎或装箱的方式放置于室内。出于成品堆放的条件一般较差，所以堆放时更应注意防止失散和变形。

成品堆放时应注意下述事项：

(1) 堆放场地的地基要坚实，地面平整干燥，排水良好，不得有积水。

(2) 堆放场地内备有足够的垫木或垫块，使构件得以放平稳，以防构件因堆放方法不正确而产生变形。

(3) 钢结构产品不得直接置于地上,要垫高 200 mm 以上。

(4) 侧向刚度较大的构件可水平堆放;当多层叠放时,必须使各层垫木在同一垂线上,堆放高度应根据构件来决定。

(5) 大型构件的小零件应放在构件的空当内,用螺栓或钢丝固定在构件上。

(6) 不同类型的钢构件一般不堆放在一起,同一工程的构件应分类堆放在同一地区内,以便于装车发运。

(7) 构件编号要在醒目处,构件之间堆放应有一定距离。

(8) 钢构件的堆放应尽量靠近公路、铁路,以便运输。

3. 包装

钢结构的包装方法应视运输形式而定,并应满足工程合同提出的包装要求:

(1) 包装工作应在涂层干燥后进行,并应注意保护构件涂层不受损伤。包装方式应符合运输的有关规定。

(2) 每个包装的重量一般不超过 3～5 t,包装的外形尺寸则根据货运能力而定。

如通过汽车运输,一般长度不大于 12 m,个别件不能超过 18 m,宽度不超过 2.5 m,高度不超过 3.5 m。超长、超宽、超高时要做特殊处理。

(3) 包装时应填写包装清单,并核实数量。

(4) 包装和捆扎均应注意密实和紧凑,以减少运输时的失散、变形,而且还可以降低运输的费用。

(5) 钢结构的加工面、轴孔和螺纹,均应涂以润滑脂和贴上油纸,或用塑料布包裹,螺孔应用木楔塞紧。

(6) 包装时要注意外伸的连接板等物要尽量置于内侧,以防造成钩刮事故,不得不外露时要做好明显标记。

(7) 经过油漆的构件,包装时应该用木材、塑料等垫衬加以隔离保护。

(8) 单件超过 1.5 t 的构件单独运输时,应用垫木做外部包裹。

(9) 细长构件可打捆发运,一般用小槽钢在外侧用长螺丝夹紧,其空隙处填以木条。

(10) 有孔的板形零件,可穿长螺栓,或用铁丝打捆。

(11) 较小零件应装箱,已涂底又无特殊要求者不另做防水包装,否则应考虑防水措施。包装用木箱,其箱体要牢固、防雨。下方要留有铲车孔以及能承受箱体总重的枕木,枕木两端要切成斜面,以便捆吊成捆运输。铁箱的箱体外壳要焊上吊耳,以便运输过程中吊运。

(12) 一些不装箱的小件和零配件可直接捆扎或用螺栓扎在钢构件主体的需要部位上,但要捆扎、固定牢固,且不影响运输和安装。

(13) 片状构件,如屋架、托架等,平运时易造成变形,单件竖运又不稳定,一般可将几片构件装夹成近似一个框架,其整体性能好,各单件之间互相制约而稳定。用活络拖斗车运输时,装夹包装的宽度要控制在 1.6～2.2 m 之间,太窄容易失稳。装夹件一般是同一规格的构件。装夹时要考虑整体性能,防止在装卸和运输过程中产生变形和失稳。

(14) 需海运的构件,除大型构件外,均需打捆或装箱。螺栓、螺纹杆以及连接板要用防水材料外套封装。每个包装箱、裸装件及捆装件的两边都要有标明船运的所需标志,标明包装件的重量、数量、中心和起吊点。

4. 发运

多构件运输时应根据钢构件的长度、重量来选用车辆。钢构件在运输车辆上的支点、两端伸出的长度及绑扎方法均应保证钢构件不产生变形、不损伤涂层。

钢结构产品一般是陆路车辆运输或者铁路包车皮运输。陆路车辆运输现场拼装散件时，使用一般货运车即可。散件运输一般不需装夹，但要能满足在运输过程中不产生过大的变形。对于成型大件的运输，可根据产品不同而选用不同车型的运输货车。由于制作厂对大构件的运输能力有限，有些大构件的运输则由专业化大件运输公司承担。对于特大件钢结构产品的运输，则应在加工制造以前就与运输有关的各个方面取得联系，并得到批准后方可运输；如果不允许，就采用分段制造分段运输方式。在一般情况下，框架钢结构产品的运输多用活络拖斗车，实腹类构件或容器类产品多用大平板车运输。

公路运输装运的高度极限为 4.5 m；如需通过隧道时，则高度极限为 4 m，构件长出车身不得超过 2 m。

习题与思考题

一、思考讨论题

1. 钢结构加工制作前需要做哪些准备工作？
2. 什么叫钢结构构件放样、号料？
3. 钢材下料切割有哪些方法？
4. 制孔的常用方法有哪两种？他们各自的特点是什么？
5. 钢构件组装有哪些方法？
6. 梁的拼装有哪两种方法？
7. 钢构件成品的堆放有哪些注意事项？
8. 简要阐述 H 形截面轴心受压柱、H 形截面受弯梁的整个制作工艺流程。

第5章　钢结构安装

5.1　钢结构安装前的准备工作

在建筑钢结构的施工中，钢结构安装是一项很重要的分部工程，由于其规模大、结构复杂、工期长、专业性强，因此操作时应严格执行国家现行钢结构设计规范和《钢结构工程施工质量验收规范》(GB 50205—2001)。同时钢结构安装应组织图纸会审，在会审前施工单位应熟悉并掌握设计文件内容，发现设计中影响构件安装的问题，并查看与其他专业工程配合不适宜的方面。

1. 图纸会审

在钢结构安装前，为了解决施工单位在熟悉图纸过程中发现的问题，将图纸中发现的技术难题和质量隐患消灭在萌芽之中，参与各方要进行图纸会审。

图纸会审的内容一般包括：

(1) 设计单位的资质是否满足、图纸是否经设计单位正式签署；

(2) 设计单位做设计意图说明和提出工艺要求，制作单位介绍钢结构主要制作工艺；

(3) 各专业图纸之间有无矛盾；

(4) 各图纸之间的平面位置、标高等是否一致，标注有无遗漏；

(5) 各专业工程施工程序和施工配合有无问题；

(6) 安装单位的施工方法能否满足设计要求。

2. 设计变更

施工图纸在使用前、使用后均会出现由于建设单位要求、现场施工条件的变化或国家政策法规的改变等原因而引起的设计变更，设计变更不论何原因、由谁提出，都必须征得建设单位同意并办理书面变更手续。设计变更的出现会对工期和费用产生影响，在实施时应严格按规定办事以明确责任，避免出现索赔事件，不利于施工。

5.1.1　常用吊装机具和设备的准备

在多层与高层钢结构安装施工中，常用吊装机具和设备以塔式起重机、履带式起重机、汽车式起重机为主。

1. 塔式超重机

塔式起重机，又称塔吊，有行走式、固定义、附着式与内爬式几种类型。塔式起重机由提升、行走、变幅、回转等机构及金属结构两大部分组成，其中金属结构部分的重量占起重机总重量的很大比例。塔式起重机具有提升高度高、工作半径大、动作平稳、工作效率高等优点。随着建筑机械技术的发展，大吨位塔式起重机的出现，弥补了塔式起重机起重量不大的缺点。

2. 起重机械的选择

起重机械的合理选用是保证安装工作安全、快速、顺利进行的基本条件。在安装工作中，根据安装件的种类、重量、安装高度、现场的自然条件等情况，合理选择起重机械。

如果现场吊装作业面积能满足吊车行走和起重臂旋转半径距离要求，可采用履带式起重机或轮胎式起重机进行吊装。

如果安装工地在山区，道路崎岖不平，各种起重机械很难进入现场，一般可利用起重桅杆进行吊装。高、长结构或大质量结构构件无法使用起重机械时，可利用起重桅杆进行吊装。

对于吊装件重量很轻，吊装的高度低(高度一般在5 m以下)的情况，可利用简单的起重机械，如链式起重机(手拉葫芦)等吊装。

如果安装工地设有塔式起重机(塔吊)，可根据吊装地点位置、安装件的高度及吊件重量等条件且符合塔吊吊装性能时，可以利用现有塔吊进行吊装。

选择应用起重机械，除了考虑安装件的技术条件和现场自然条件外，更重要的是要考虑起重机的起重能力，即起重量(t)、起重高度(m)和回转半径(m)三个基本条件。

起重量(t)、起重高度(m)和回转半径(m)三个基本条件之间是密切相连的。起重机的起重臂长度一定(起重臂角度以75°为起重机的起重正常角度)，起重机的起重量是随着起重半径的增加而逐渐减少；同时，随着起重臂的起重高度增加，相应的起重量也减少。

为了保证吊装安全，起重机的起重量必须大于吊装件的重量，其中包括绑扎索具的重量和临时加固材料的重量。

起重机的起重高度，必须满足所需安装件的最高构件的吊装高度要求。在施工现场，实际安装是以安装件的标高为依据，吊车起重杆吊装构件的总高度必须大于安装件的最高标高的高度。

起重半径，也称吊装回转半径，是以起重机起重臂上的吊钩向下垂直于地面一点至吊车中心间的距离。起重机的起重臂仰角(起重臂与水平面的夹角)越大，起重半径越小，而起重的重量越大。相反起重臂向下降，仰角减小，起重半径增大，起重量就相对减少。

一般起重机的起重量是根据起重臂的仰角、起重半径和起重臂高度确定。所以在实际吊装时，要根据吊装的重量，确定起重半径和起重臂仰角及起重臂长度。在安装现场吊装高度较高、截面较宽的构件时，应注意起重臂从吊起、途中到安装就位，构件不能与起重臂相碰。构件和起重臂间至少要保持0.9～1 m的距离。

3. 其他施工机具

在多层与高层钢结构施工中，除了塔式起重机、汽车式起重机、履带式起重机外，还会用到以下一些机具，如千斤顶、倒链、卷扬机滑车及滑车组、钢丝绳、电焊机、全站仪、经纬仪等。

5.1.2 技术的准备

施工方应加强与设计单位的密切合作，认真审查图纸，了解设计意图和技术要求，了解现场情况，掌握气候条件，编制施工组织设计、现场基础的验收。

1. 编制施工组织设计

由相关专业人员完成。

2. 基础准备

(1) 根据测量控制网对基础轴线、标高进行技术复核。如果地脚螺栓预埋在钢结构施工前是由土建单位完成的，还需复核每个螺栓的轴线、标高；对超出规范要求的，必须采取相应的补救措施，如加大柱底板尺寸，在柱底板上按实际螺栓位置重新钻孔(或设计认可的其他措施)。

(2) 检查地脚螺栓的轴线、标高和地脚螺栓的外露情况，若有螺栓发生弯曲、螺纹损坏的，必须进行修正。

(3) 将柱子就位轴线弹在柱子基础的表面，对柱子基础标高进行找平。

混凝土柱基础标高浇筑一般预留 50～60 mm(与钢柱底设计标高相比)，在安装时用钢垫板或提前采用坐浆承板找平。

当采用钢垫板做支承板时，钢垫板的面积应根据基础混凝土的抗压强度、柱脚底板下二次灌浆前柱底承受的荷载和地脚螺栓的紧固拉力计算确定。垫板与基础面和柱底面的接触应平整、紧密。

采用坐浆承板时应采用无收缩砂浆，柱子吊装前砂浆垫块的强度应高于基础混凝土强度一个等级，且砂浆垫块应有足够的面积以满足承载的要求。

5.1.3 材料的准备

对于材料的准备，施工方应加强与钢构件加工单位的联系，明确工程预拼装的部位和范围及供应日期；进行安装中所需各种附件的加工订货工作和材料、设备采购等工作；按施工平面布置图的要求，组织构件及机械进场。

材料准备包括：钢构件的准备、普通螺栓和高强度螺栓的准备、焊接材料的准备等。

1. 钢构件的准备

钢构件的准备包括：钢构件堆放场的准备，钢构件的检验。

(1) 钢构件堆放场的准备：钢构件通常在专门的钢结构加工厂制作，然后运至现场直接吊装或经过组(拼)装后进行吊装。钢构件在吊装现场力求就近堆放，并遵循“重近轻远”(即重构件摆放的位置离吊机近一些，反之可远一些)的原则。对规模较大的工程需另设立钢构件堆放场，以满足钢构件进场堆放、检验、组装和配套供应的要求。

钢构件在吊装现场堆放时一般沿吊车开行路线两侧按轴线就近堆放。其中钢柱和钢屋架等大件放置，应依据吊装工艺做平面布置设计，避免现场二次倒运困难。钢梁、支撑等可按吊装顺序配套供应堆放，为保证安全，堆垛高度一般不超 2 m 和三层。钢构件堆放应以不产生超出规范要求的变形为原则。

(2) 钢构件验收：安装前应按构件明细表核对构件的材质、规格，按施工图的要求，查验零部件的技术文件、合格证、试验测试报告以及设计文件(包括设计要求，结构试验结果的文件)；对照构件明细表按数量和质量进行全面检查。对设计要求构件的数量、尺寸、水平度、垂直度及安装接头处的尺寸等进行逐一检查。对钢结构构件进行检查，其项目包含钢结构构件的变形、标记、制作精度和孔眼位置等。对于制作中遗留的缺陷及运输中产生的变形，超出允许偏差时应进行处理，并应根据预拼装记录进行安装。

所有构件必须经过质量和数量检查，全部符合设计要求，并经办理验收、签认手续后，方可进行安装。

钢结构构件在吊装前应将表面的油污、冰雪、泥沙和灰尘等清除干净。

2. 高强度螺栓的准备

钢结构设计用高强度螺栓连接时，应根据图纸要求分规格统计所需高强度螺栓的数量并配套供应至现场。应检查其出厂合格证、扭矩系数或紧固轴力(预拉力)的检验报告是否齐全，并按照规定进行紧固轴力或扭矩系数复验。

对钢结构连接件摩擦面的抗滑移系数进行复验。

3. 焊接材料的准备

钢结构焊接施工之前应对焊接材料的品种、规格、性能进行检查，各项指标应符合现行国家标准和设计要求。检查焊接材料的质量合格证明文件、检验报告及中文标志等，对重要钢结构采用的焊接材料应进行抽样复验。

4. 拼装平台

拼装平台应具有适当的承重刚度和水平度，水平度误差不应超过2～3 mm。

5.2　单层钢结构的安装

一般单层工业厂房钢结构工程，分两阶段进行安装。第一阶段“分件流水法”：安装钢柱→柱间支撑→吊车梁或连系梁等。第二阶段用“节间综合法”安装屋盖系统。

单层钢结构安装主要有钢柱安装、吊车梁安装、钢屋架安装等。安装工艺流程如图5-1所示。

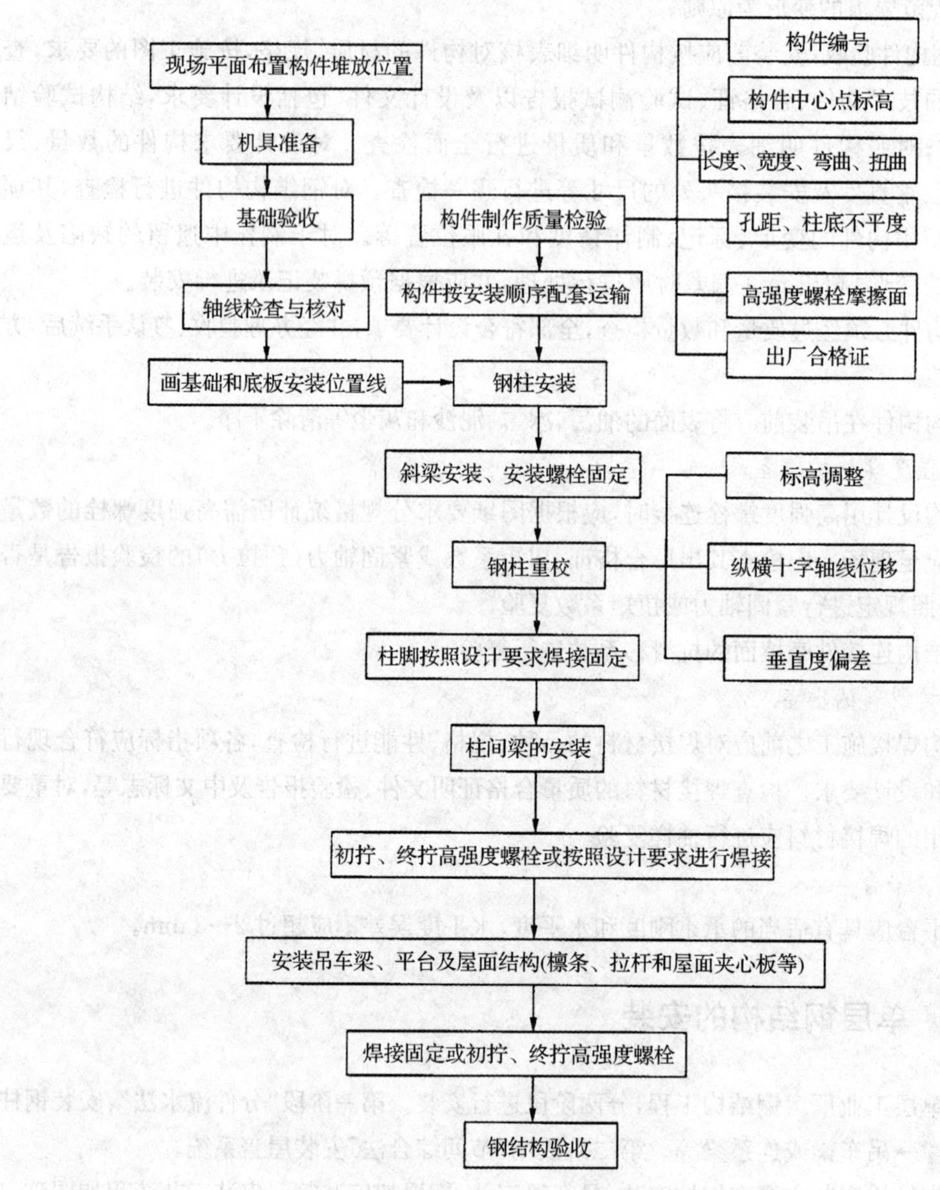

图 5-1　安装工艺流程

单层钢结构安装常常采用单件流水法吊装柱子、柱间支撑和吊车梁，一次性将柱子安装并校正后，再安装柱间支撑、吊车梁等构件。安装时，先安装竖向的构件，后安装平面构件，以减少建筑物的纵向长度的安装累计误差。竖向构件的吊装顺序为柱(混凝土、钢)、连续梁、柱间钢支撑、吊车梁、制动桁架、托架等，单种构件吊装流水施工，既能保证体系纵列形成刚排架，稳定性好，又能提高生产效率。

5.2.1　基础和支承面的检查放线

根据土建的基础测量资料和钢柱安装资料，对所有的柱子的基础以及对已到现场的钢柱进行复查，基础的质量要求必须符合《钢结构工程施工质量验收规范》(GB 50205—2001)

的规定。

按基础表面的实际标高和柱的设计标高至柱底实际尺寸相差的高度配置垫板，并用水平仪测量。

基础平面的纵横中心线根据厂房的定位轴线测出，并与柱的安装中心线相对应，作为柱的安装、对位和校正的依据。

5.2.2　主体结构的安装校正

主体结构的安装校正

1. 钢柱

1）钢柱安装前在钢柱上按照下列要求设置标高观测点和中心线标志

（1）设置标高观测点

① 点的设置以牛腿（肩梁）支承面为基准，设在柱的便于观测处。

② 腿（肩梁）柱，应以柱顶端与屋面梁连接的最上一个安装孔中心为基准。

（2）设置中心线标志

① 在柱底板上表面上行线方向设一个中心标志，列线方向两侧各设一个中心标志。

② 在柱身表面上行线和列线方向各设一个中心线，每条中心线在柱底部、中部（牛脚或部）和顶部各设一处中心标志。

③ 双牛腿（肩梁）柱在上行线方向两个柱身表面分别设中心标志。

在柱身上的三个面弹出安装中心线，在柱顶还要弹出屋架及纵、横水平梁的安装中心线。

2）钢柱的吊装

钢柱起吊前，在离柱板底向上 500～1 000 mm 处画一水平线，安装固定前后作复查平面标高基准用。以该线测量各柱肩尺寸，依据测量的结果按规范给定的偏差要求对该线进行修正后作为标高基准点线。

吊装机械常常采用移动较为方便的履带式起重机、轮胎式起重机及轨道式起重机吊装柱子，履带式起重机应用最多。采用汽车式起重机进行吊装时，考虑到移动不方便，可以以 2～3 个轴线为一个单元进行节间构件安装。大型钢柱可根据起重机配备和现场条件确定，可采用单机、二机、三机抬吊的方法进行安装。如果场地狭窄，不能采用上述机械吊装，可采用桅杆或架设走线滑轮进行吊装。常用的钢柱吊装方法有旋转法和滑行法。

3）钢柱的校正

钢柱校正的工作内容：柱基础标高调整，平面位置校正，柱身垂直度校正，主要内容为垂直度校正和柱基标高调整。

柱校正时，先校正偏差大的一面，后校正偏差较小的一面；柱子的垂直度在两个方向校好后，再复查一次平面轴线和标高，符合要求后，打紧柱子四周的八个楔子，八个楔子的松紧要一致，以防止柱子在风力的作用下向楔子松的一侧倾斜。

（1）柱基础标高调整

根据钢柱实际长度、柱底平整度、钢牛腿顶部距柱底部的距离，控制基础找平标高，如图 5－2 所示。重点要保证钢牛腿顶部标高值，须满足设计要求。

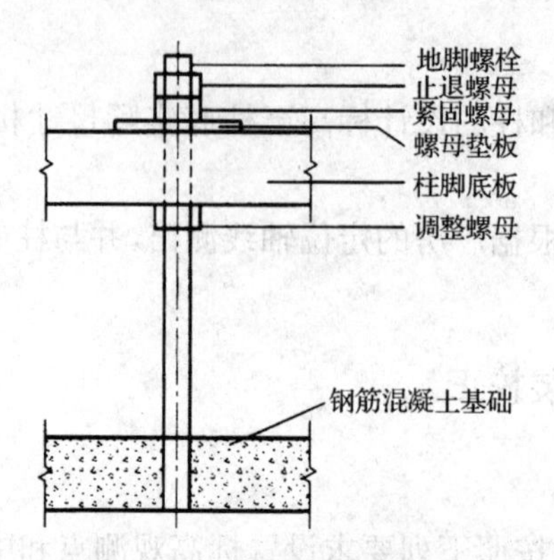

图 5－2　柱基标高调整示意图

调整方法：柱安装时，在柱底板下的地脚螺栓上加一个调整螺母，把螺母上表面的标高调整到与柱底板标高齐平，放上柱子后，利用柱底板下的螺母控制柱子的标高，精度可达±1 mm 以内。柱底板下面预留的空隙用无收缩砂浆以捻浆法填实。

(2) 平面位置校正

钢柱底部制作时，在柱底板侧面，用钢冲打出互相垂直的十字线上的四个点，作为柱底定位线。在起重机不脱钩的情况下，将柱底定位线与基础定位轴线对准缓慢落至标高位置，就位后，若有微小的偏差，用钢楔子或千斤顶侧向顶移动校正。

预埋螺杆与柱底板螺孔有偏差时，适当将螺孔加大，上压盖板后焊接。

(3) 柱身垂直度校正

柱身的垂直度校正可采用两台经纬仪测量，也可采用线坠测量。柱身校正的方法有用千斤顶校正法、撑杆校正法、缆风绳校正法等。

4) 钢柱的固定

在校正过程中不断调整柱底下螺母，直至校正完毕，将柱底上面的 2 个螺母拧上，柱身呈自由状态，再用经纬仪复核，如有小偏差，调整下螺母，无误后将上螺母拧紧。

钢柱的固定

地脚螺栓的紧固力一般由设计规定，地脚螺栓紧固轴力见表 5－1。

地脚螺栓螺母一般用双螺母。

有垫板安装的柱子，用赶浆法或压浆法进行二次灌浆。

表 5－1　钢柱地脚螺栓紧固轴力

地脚螺栓直径/mm	螺纹部分计算面积/mm^2	紧固轴力/kN
M16	157	20
M20	245	30
M24	353	40
M30	561	60
M36	818	90
M42	1 120	150
M48	1 470	160
M56	2 030	240
M64	2 680	300

2. 钢梁

1) 钢吊车梁的安装

(1) 测量准备

用水准仪测出每根钢柱上标高观测点在柱子校正后的标高实际变化值，做好实际测量标记。根据各钢柱上搁置吊车梁的牛腿面的实际标高值，定出全部钢柱上搁置吊车梁的牛腿面的统一标高值，以统一标高值为基准，得出各钢柱上搁置吊车梁的牛腿面的实际标高差，根据各个标高差值和吊车梁的实际高差来加工不同厚度的钢垫板，同一牛腿面上的钢垫板应分成两块加工。吊装吊车梁前，将垫板点焊在牛腿面上。

在进行安装以前，应将吊车梁的分中标记引至吊车梁的端头，以利于吊装时按柱牛腿的定位轴线临时定位。

(2) 吊装

钢条吊装

钢吊车梁吊装在柱子最后固定、柱间支撑安装完毕后进行。吊装时，一般利用梁上的工具式吊耳作为吊点或采用捆绑法进行吊装。

在屋盖吊装前安装吊车梁，可采用单机吊、双机抬吊等各种吊装方法。

在屋盖吊装后安装吊车梁，最佳的吊装方法是利用屋架端头或柱顶拴滑轮组来抬吊，或用短臂起重机或独脚桅杆吊装。

(3) 吊车梁的校正

钢吊车梁的校正包括标高调整、纵横轴线和垂直度的调整。钢吊车梁的校正必须在结构形成刚度单元以后才能进行。

纵横轴线校正：柱子安装后，及时将柱间支撑安装好形成刚排架。用经纬仪在柱子纵列端部把柱基正确轴线引到牛腿顶部水平位置，定出正确轴线距吊车梁中心线距离，在吊车梁顶面中心线拉一通长钢丝(或用经纬仪均可)，逐根将梁端部调整到位。为方便调整位移，吊车梁下翼一端为正圆孔，另一端为椭圆孔，用千斤顶和手拉葫芦进行轴线位移，将铁楔再次调整、垫实。

当两排吊车梁纵横轴线无误时复查吊车梁跨距。

吊车梁的标高和垂直度的校正可通过对钢垫板的调整来实现。吊车梁的垂直度的校正应和吊车梁轴线的校正同时进行。

2) 轻型钢结构斜梁的安装

门式刚架斜梁跨度大，侧向刚度小，为了降低劳动强度，提高生产效率，安装时，根据起重设备的吊装能力和现场实际，尽可能在地面进行拼装，拼装后用单机二点(图5－3)或三点、四点法吊装，或用铁扁担吊装，或用双机抬吊，减少索具对斜梁的压力，防止斜梁侧向失稳。为了防止构件在吊点部位产生局部变形或损坏，钢丝绳绑扎时可放强肋板或用木方进行填充。

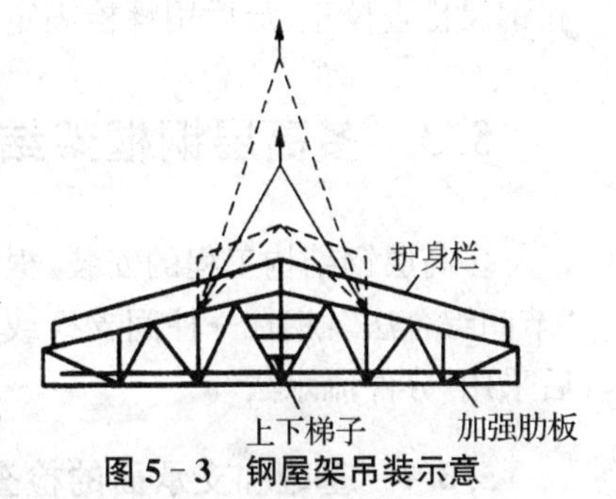

图5－3　钢屋架吊装示意

选择安装顺序时，要保证结构能形成稳定的空间体系，防止结构产生永久变形。

3. 钢屋架

钢屋架吊装前,必须对柱子横向进行复测和复校,钢屋架的侧向刚度较差,安装前需要加固。单机吊(一点或二、三、四点加铁扁担办法)要加固下弦,双机起吊要加固上弦。吊装时,保证屋架下弦处于受拉状态,试吊至离地面 50 cm 检查无误后再继续起吊。

屋架的绑扎点,必须设在屋架节点上,以防构件在吊点处产生弯曲变形。其吊装流程如下:

第一榀钢屋架起吊时,在松开吊钩前,做初步校正,对准屋架基座中心线和定位轴线就位。就位后,在屋架两侧设缆风绳固定。如果端部有抗风柱,校正后可与抗风柱固定,调整屋架的垂直度,检查屋架的侧向弯曲情况。第二榀钢梁起吊就位后,不要松钩,用绳索临时与第一榀钢屋架固定,安装支撑系统及部分檩条,每坡用一个屋架间调整器,进行屋架垂直度校正,固定两端支座处(螺栓固定或焊接),安装垂直支撑、水平支撑、检查无误后,作为样板间,以此类推。

为减少高空作业,提高生产效率,在地面上将天窗架预先拼装在屋架上,并将吊索两面绑扎,把天窗架夹在中间,以保证整体安装的稳定。钢屋架垂直度校正法如下:在屋架下弦一侧拉一根通长钢丝,同时在屋架上弦中心线反出一个同等距离的标尺,用线坠校正,也可用经纬仪进行校正,如图 5-4 所示。也可用一台经纬仪放在柱顶一侧,与轴线平移距离 a,在对面柱子上同样有一距离为 a 的点,从屋架中线处用标尺挑出 a 距离,三点在一条线上,即可使屋架垂直,在图 5-4中将线坠和通长钢丝换成钢丝绳即可。

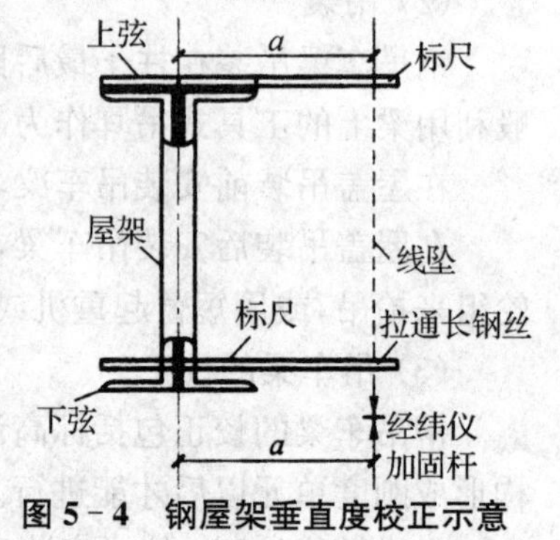

图 5-4　钢屋架垂直度校正示意

平面钢桁架结构形式多样,跨度大,自重超过一般范围。常用的安装方法有单榀吊装法、组合吊装法、整体吊装法、顶升法等。常常根据现场条件、起重设备能力、结构的刚性及支撑结构的承载能力等综合选择安装方法。

4. 钢檩条

檩条安装:檩条截面较小,重量较轻,采用一钩多吊或成片吊装的方法吊装。檩条的校正主要是间距尺寸及自身平直度。间距检查用样杆顺着檩条杆件之间来回移动,如有误差,放松或拧紧螺栓进行校正。平直度用拉线和钢尺检查校正,最后用螺栓固定。

钢屋架和钢檩条的安装

5.3　多高层钢框架结构的安装

多高层钢结构工程的安装,根据结构平面选择适当位置先做样板间构成稳定结构,采用"节间综合法":钢柱→柱间支撑或剪力墙→钢梁(主、次梁、隅撑)。由样板间向四周发展,然后采用"分件流水法"。

5.3.1　基础和支承面的检查放线

柱脚螺栓的施工:复核土建基础施工的柱脚定位轴线,埋设地脚螺栓。为保证地脚螺栓的定位准确,将地脚螺栓用钢模板孔套进行定位固定,并进行反复校核无误后方能进行固定。地脚螺栓露出地面的部分用塑料布进行包裹保护。

5.3.2　主体结构的安装校正

1. 钢柱

柱基标高调整：根据钢柱实际长度、柱底平整度、钢牛腿顶部距柱底部距离，重点要保证钢牛腿顶部标高值，以此来控制基础找平标高。

平面位置校正：在起重机不脱钩的情况下，将柱底定位线与基础定位轴线对准缓慢落至标高位置。

钢柱校正：优先采用缆风绳校正（同时柱脚底板与基础间间隙垫上垫铁），对于不便采用缆风绳校正的钢柱可采用可调撑杆校正。

起吊时钢柱必须垂直，尽量做到回转扶直。起吊回转过程中，应避免同其他已安装的构件相碰撞，吊索应预留有效高度。钢柱起吊扶直前将登高爬梯和挂篮等挂设在钢柱预定位置，并绑扎牢固。就位后，临时固定地脚螺栓，校正垂直度。柱接长时，上节钢柱对准下节钢柱的顶中心，然后用螺栓固定钢柱两侧的临时固定用连接板，钢柱安装到位，对准轴线，临时固定牢固才能松钩。

钢柱校正主要是控制钢柱的水平标高、十字轴线位置和垂直度。测量是关键，在整个施工过程中，以测量为主。校正工作比普通单层钢柱的校正更复杂，施工过程中，对每根下节柱都要进行多次重复校正和观测垂直度偏差。

钢柱垂直度校正的重点是对钢柱有关尺寸预检，对影响钢柱垂直的因素进行控制。如下层钢柱的柱顶垂直度偏差就是上节钢柱的底部轴线、位移量、焊接变形、日照影响、垂直度校正及弹性变形等的综合影响。可采取预留垂直度偏差值消除部分误差。预留值大于下节柱积累偏差值时，只预留累计偏差值；反之则预留可预留值，其方向与偏差方向相反。

多层、高层房屋钢结构的垂直度校正不能完全靠最下一节柱柱脚下垫钢板来调整，施工时还应考虑安装现场焊接的收缩量和荷载使柱产生的压缩变形值等诸多因素，对每根下节柱进行垂直偏移值测量和多次校正。

2. 钢梁

多高层钢梁的安装方法：

(1) 主梁采用专用卡具，为防止高空因风或碰撞物体落下，卡具放在钢梁端部500 mm的两侧。

(2) 一节柱有2、3、4层梁，原则上按竖向构件由下向上逐件安装，由于上下和周边都处于自由状态，易于安装测量从而保证质量。习惯上，同一列柱的钢梁从中间跨开始对称地向两端扩展；同一跨钢梁，先按上层梁再按中下层梁。

(3) 在安装和校正柱与柱之间的主梁时，先把柱子撑开。测量必须跟踪校正，预留偏差值，留出接头焊接收缩量，这时柱子产生的内力在焊接完毕焊缝收缩后消失。

(4) 柱与柱接头和梁与柱接头的焊接以互相协调为好。一般可以先焊一节柱的顶层梁，再从下向上焊各层梁与柱的接头，柱与柱的接头可以先焊，也可以最后焊。

(5) 次梁三层串吊。

(6) 同一根梁两端的水平度允许偏差(L/1 000)±3，最大不超过10 mm。如果钢梁水平度超标，主要原因是连接板的位置或螺孔位置有误差，可采取换连接板或塞焊孔重新制孔处理。

3. 测量监控工艺

多高层钢结构安装阶段的测量放线工作包括平面轴线控制点的竖向投递，柱顶平面放线，传递标高，平面形状复杂钢结构坐标测量，钢结构安装变形的监控等。施工时要根据场地情况及设计与施工的要求，合理布置钢结构平面控制网和标高控制网。为达到符合精度要求的测量成果，全站仪、经纬仪、水平仪、铅直仪、钢尺等必须经计量部门检定。除按规定周期进行检定外，在检定周期内的全站仪、经纬仪、铅直仪等主要有关仪器，还应每 2～3 个月定期校验。为减少不必要的测量误差，从钢结构制作、基础放线到构件安装，应该使用统一型号、经过统一校核的钢尺。

(1) 测量控制网的建立与传递

根据业主提供的测量网基准控制体系，使用全站仪将其引入施工现场，设置现场控制基准点。坐标点设置可用长度 2 m 的 DN50 钢管或 L50×5 的角钢打桩，顶部焊一块 200 mm×200 mm×10 mm 的钢板，周边浇筑 600 mm×600 mm×800 mm 以上的混凝土与钢板平齐，做成永久性的控制点；在钢板上用划针画出十字线，其交点即为基准点，用红色标注，坐标点应设置 2～3 个。标高点设置方法与坐标点设置基本相同，需在钢板上加焊一个半圆头栓钉，混凝土浇筑半圆头平面，其圆头顶部即为标高控制点，标高点只需设置一组。

测量基准点设置方法有外控法和内控法，外控法将测量基准点设在建筑物外部，根据建筑物平面形状，在轴线延长线上设立控制点，控制点一般距建筑物 $0.8H$～$1.5H$(H 为建筑物高度)处。每点引出两条交汇的线组成控制网，并设立半永久性控制桩，建筑物垂直度的传递都从该控制桩引向高空，此法适用于场地开阔的工地。内控法是将测量控制基准点设在建筑物内部，它适用于场地狭窄、无法在场外建立基准点的工地。控制点的多少根据建筑物平面形状决定。当从地面或底层把基准线点引至高空楼面时，遇到楼板要留孔洞，最后修补该孔洞。

采取一定的措施(如砌筑砖井)对测量基准点进行围护，并记录所设置的测量基准点数值。

各基准控制点、轴线、标高等都要进行不少于 3 次的复测，以误差最小为准。控制网的测距相对误差应小于 1/25 000，测角中误差应小于 2″。

(2) 平面轴线控制点的竖向传递

地下部分可采用外控法，建立井字形控制点，组成一个平面控制格网，并测量设出纵横轴线。

地上部分控制点的竖向传递采用内控法，投递仪器采用激光铅直仪。在地下部分钢结构工程施工完成后，利用全站仪，将地下部分的外控点引测到±0.000 m 层楼面，在±0.000 m 层楼面形成井字形内控点。在设置内控点时，为保证控制点间相互通视和向上传递，应避开柱、梁位置。在把外控点向内控点的引测过程中，其引测必须符合工程测量规范中的相关规定。地上部分控制点的向上传递过程是：在控制点架设激光铅直仪，精密对中整平；在控制点的正上方，在传递控制点的楼层预留孔(300 mm×300 mm)上放置一块用有机玻璃做成的激光接收靶，通过移动激光接收靶将控制点传递到施工作业楼层上；然后，在传递好的控制点上架设仪器，复测传递好的控制点须符合工程测量规范中的相关规定。

(3) 柱顶轴线(坐标)测量

利用传递上来的控制点,通过全站仪或经纬仪进行平面控制网放线,把轴线(坐标)放到柱顶上。

(4) 悬吊钢尺传递标高

① 利用标高控制点,采用水准仪和钢尺测量的方法引测。

② 多层与高层钢结构工程一般用相对标高法进行测量控制。

③ 根据外围原始控制点的标高,用水准仪引测水准点至外围框架钢柱处,在建筑物首层外围钢柱处确定±0.000 m标高控制点,并做好标记。

④ 从做好标记并经过复测合格的标高点处,用50 m标准钢尺垂直向上量至各施工层,在同一层的标高点应检测相互闭合,闭合后的标高点则作为该施工层标高测量的后视点并做好标记。

⑤ 当楼高度超过钢尺长度时,另布设标高起始点,作为向上传递的依据。

5.4　钢网架结构的安装

网架结构常用形式有:

(1) 由平面桁架系组成的两向正交正放网架、两向正交斜放网架、两向斜交斜放网架、三向网架、单向折线形网架。

(2) 由四角锥体组成的正放四角锥网架、正放抽空四角锥网架、棋盘形四角锥网架、斜放四角锥网架、星形四角锥网架。

(3) 由三角锥体组成的三角锥网架、抽空三角锥网架、蜂窝形三角锥网架。

网架结构的节点和杆件,在工厂内制作完成并检验合格后,运至现场,拼装成整体。大型网架的安装方法有高空散装法、分条或分块安装法、高空滑移法、整体吊装法、整体提升法、整体顶升法;安装方法根据网架受力情况、结构选型、网架刚度、外形特点、支撑形式、支座构造等,在保证质量、安全、进度和经济效益的要求下,结合施工现场实际条件、技术和装备水平综合选择。

5.4.1　基础和支承面的检查放线

1. 预埋件检查

网架安装前应根据土建提供的定位轴线和标高基准点,复核和验收网架支座预埋件或预埋螺栓的平面位置和标高,按设计图纸要求放出各支座的十字中心线、标高位置,并做出明显标记。

2. 网架地面拼装

先铺设临时安装平台,根据网架拼装单元的刚度及独立性,分成若干片进行拼装。在网架专用的拼装模架上按照钢球及杆件的编号、方位,先进行小拼单元部件的拼装、矫正,再拼装成中拼单元;拼装时不得采用较大外力强制组对,以减少构件的内应力。拼装过程为:

(1) 以第一片中拼单元的角部支承球为拼装起点(把该支承座设为原点),先装配网架下水平面行(x、y轴线方向)的下弦球及腹杆,至拼装单元的另两角部支承球,下弦球用枕木或型钢支垫平整,并保持水平,收紧上述的下弦杆件,螺栓不宜拧紧,但应使其与下弦连接端稍微受一点力;装配上弦,开始不要将螺栓拧紧,待安装好三行上弦球后,调整中轴线。

(2) 调整临时支承标高,保证支承座外下弦球的临时支承标高低于设计标高 10～20 mm 左右,并达到设计要求的起拱值,核实坐标无误后进行紧固。

(3) 测量中拼单元水平面内单元的长度和跨度,若与设计值相比较偏差大于 10 mm 时,应调整已固定的支承座,使其长度与跨度的偏差值均匀地分布在轴线两侧。

(4) 从原点位置的支承球开始,沿着纵横十字线(x、y轴)两边逐次拼装小拼单元,把该单元的所有球、杆件装配完毕才能收紧杆件,并检测其装配尺寸。在收紧过程中若发现小拼单元球与杆件的间隙过大或杆件弯曲等,应进行调整或更换配件,绝不允许强行装配。

(5) 中拼单元完成后,由专职质量检查员对其进行认真检查,合格后方能以中拼单元跨度及支承球座为基础,拼出另一中拼单元;并依次完成整个网架的拼装。

3. 总拼装

(1) 网架结构在总拼前应精确放线,总拼所用的支承点应防止下沉,总拼时应选择合理的焊接工艺顺序,以减少焊接变形和焊接应力;拼装与焊接顺序为从中间向两端或四周发展。总拼完成后应检查网架曲面形状的安装偏差,其允许偏差不应大于跨度的 1/1 500 或 40 mm;网架的任何部位与支承件的净距不应小于 100 mm。

(2) 焊接球节点网架所有焊接均须进行外观检查,并做记录;拉杆与球的对接焊缝应作无损探伤检验,其抽样数不少于焊口总数的 20%,取样部位由设计单位与施工单位协商解决,但应先检验应力最大以及支座附近的杆件。

(3) 网架用高强度螺栓连接时,按有关规定拧紧螺栓后,为防止接头与大气相通,造成高强螺栓及钢管、锥头等内壁锈蚀,应用油腻子将所有接缝处填嵌严密,并按钢结构防腐蚀要求进行处理。

5.4.2 主体结构的安装校正

1. 高空散装法

高空散装法是指把运输到现场的小拼单元体(平面桁架或锥体)或散件(单根杆件及单个节点)直接用起重机械吊升到高空设计位置,对位拼装成整体结构的方法,适用于螺栓球或高强螺栓连接节点的网架结构。高空散装法在开始安置时,在刚开始安装的几个网格处搭满堂脚手架。脚手架高度随网架圆弧而变化,网架安装先从地面两条轴线网间开始安装,待网架的两个柱距安装完后,网架自然成为一个稳定体系,拆除脚手架,由该稳定体系按照一定的顺序向外扩展。

在拼装过程中始终有一部分网架悬挑着,当网架悬挑拼接成稳定体系后,不需要设置任何支架来承受其自重和施工荷载。当跨度较大,拼接到一定悬挑长度后,设置单肢柱或支架,支承悬挑部分,以减少或避免因自重和施工荷载而产生的挠度。

高空散装法脚手架用量大,高空作业多,工期较长,需占建筑物场内用地,且技术上有一定难度。

2. 分条或分块安装法

分条或分块安装法，是指把网架分成条状或块状单元，分别用起重机吊装至高空设计位置就位搁置，然后再拼装成整体的安装方法。分条或分块法是高空散装的组合扩大。

条状单元，是指网架沿长跨方向分割为若干区段，而每个区段的宽度可以是一个网格至三个网格，其长度则为短跨的1/2～1，适用于分割后刚度和受力状况改变较小的网架。

块状单元，是指网架沿纵横方向分割后的单元形状为矩形或正方形。

每个单元的重量以保证现有起重机的吊装能力为限。

用分条或分块安装法安装网架，大部分焊接、拼装工作量在地面进行，减少了高空作业，有利于保证焊接和组装质量，省去大部分拼装支架；所需起重设备较简单，不需大型起重设备；可利用现有起重设备吊装网架，可与室内其他工种平行作业，缩短总工期，用工省，劳动强度低，施工速度快，有利于降低成本。

分条或分块安装法安装网架需搭设一定数量的拼装平台。拼装容易造成轴线的积累偏差，一般要采取试拼装、套拼、散件拼装等措施来控制。为保证网架顺利拼装，在条与条或块与块合拢处，可采用安装螺栓等措施；设置独立的支承点或拼装支架时，支架上支承点的位置应设在节点处；支架应验算其承载能力，必要时可进行试压，以确保安全可靠。支架支座下应采取措施，防止支座下沉。合拢时可用千斤顶将网架单元顶到设计标高，然后进行总拼连接。

分条或分块安装法适于分割后刚度和受力状况改变较小的各种中、小型网架，如双向正交正放、正放四角锥、正放抽空四角锥等网架和场地狭小或跨越其他结构、起重机无法进入网架安装区域的场合。分条或分块安装法经常与其他安装法相配合使用，如高空散装法、高空滑移法等。

3. 高空滑移法

高空滑移法是指把分条的网架单元在事先设置的滑轨上单条滑移到设计位置，拼接成整体的安装方法。安装时，在网架端部或中部设置局部拼装架(或利用已建结构物作为高空拼装平台)；在地面或支架上扩大拼装条状单元，将网架条状单元用起重机提升到预定高度后，利用安装在支架或圈梁上的专用滑行轨道，用牵引设备将网架滑移到设计位置，拼装成整体网架。

起重设备吊装能力不足或其他情况下，可用小拼单元甚至散件在高空拼装平台上拼成条状单元。高空支架一般设在建筑物的一端；滑移时网架的条状单元由一端滑向另一端。

4. 整体吊装法

网架整体吊装法，是指网架在地面总拼后，采用单根或多根桅杆、一台或多台起重机进行吊装就位的施工方法。整体吊装法适用于各种类型的网架结构，吊装时可在高空平移或旋转就位。

根据网架结构形式、起重机或桅杆起重能力，在建筑物内或建筑物外侧进行总拼，总拼时可以就地与柱错位或在场外进行。当就地与柱错位总拼时，网架起升后需要在空中平移或转动1.0～2.0 m左右再下降就位，由于柱穿在网架的网格中，凡与柱相连接的梁均应断开，即在网架吊装完成后再施工框架梁。建筑物在地面以上的有些结构必须待网架安装完成后才能进行施工，不能平行施工。

总拼及焊接顺序：从中间向四周或从中间向两端进行。

当场地条件许可时，可在场外地面总拼网架，然后用起重机抬吊至建筑物上就位，这时虽解决了室内结构拖延工期的问题，但起重机必须负重行驶较长的距离。

网架整体吊装法，不需要搭设高的拼装架，高空作业少，易于保证接头焊接质量，但需要起重能力大的设备，吊装技术也复杂。按照建设部有关规定，重大吊装方案需要专家审定。

吊装前对总拼装的外观及尺寸等应进行全面检查，应符合设计要求和《钢结构工程施工质量验收规范》(GB 50205—2001)的规定。

整体吊装可采用单根或多根桅杆起吊，亦可采用一台或多台起重机起重就位，各吊点提升及下降应同步，提升及下降各点的升差值可取吊点间距离的 1/400，且不宜大于 100 mm，或通过验算确定。

当采用多根桅杆或多台起重机吊装时，将额定负荷能力乘以折减系数 0.75；当采用四台起重机将吊点连通成两组或用两根桅杆吊装时，折减系数可取 0.80～0.90。

在制定网架就位总拼方案时，应符合下列要求：

(1) 网架的任何部位与支承柱或桅杆的净距离不应小于 100 mm；

(2) 如支承柱上有凸出构造(如牛腿等)，应防止在吊装过程中被凸出物卡住；

(3) 由于网架错位的需要，对个别杆件暂不拼装时，应征得设计单位同意。

5. 整体提升法

整体提升法是指在结构柱上安装提升设备提升网架。本方法近年来在国内比较有影响，如北京西客站钢门楼 1 800 t 钢结构整体吊装、广州新白云机场等工程中得到采用，取得了非常好的效果。

整体提升法有两个特点：一是网架必须按高空安装位置在地面就位拼装，即高空安装位置和地面拼装位置必须要在同一投影面上；二是周边与柱子(或连系梁)相碰的杆件必须预留，待网架提升到位后再进行补装(补空)。

大跨度网架整体提升有三种基本方法：即在桅杆上悬挂千斤顶提升网架；在结构上安装千斤顶，提升网架；在结构上安装升板机提升网架。

采用安装千斤顶提升时，根据网架形式、重量，选用不同起重能力的液压穿心式千斤顶、钢绞线(螺杆)、泵站等进行网架提升，又可分为：

(1) 单提网架法：网架在设计位置就地总拼后，利用安装在柱子上的小型设备(穿心式液压千斤顶)将网架整体提升到设计标高上然后下降就位、固定。

(2) 网架提升法：网架在设计位置就地总拼后，利用安装在网架上的小型设备(穿心式液压千斤顶)；提升锚点固定在柱上或桅杆上，将网架整体提升到设计标高，就位、固定。

(3) 升梁抬网法：网架在设计位置就地总拼，同时安装好支承网架的装配式圈梁(提升前圈梁与柱断开，提升网架完成后再与柱连成整体)，把网架支座搁置于此圈梁中部，在每个柱顶上安装好提升设备，这些提升设备在升梁的同时，抬着网架升至设计标高。

(4) 滑模提升法：网架在设计位置就地总拼，柱是用滑模施工。网架提升是利用安装在柱内钢筋上的滑模用液压千斤顶，一面提升网架一面滑升模板浇筑混凝土。

6. 整体顶升法

网架整体顶升法是把网架在设计位置的地面拼装成整体，然后用支承结构和千斤顶将网架整体顶升到设计标高。

网架整体顶升法可利用原有结构柱作为顶升支架，也可另设专门的支架或枕木垛垫高。需要的设备简单，不用大型吊装设备，顶升支承结构可利用结构永久性支承柱，拼装网架不需搭设拼装支架，可节省大量机具和脚手架、支墩费用，降低施工成本；操作简便、安全，但顶升速度较慢；对结构顶升的误差控制要求严格，以防失稳。适于安装多支点支承的各种四角锥网架屋盖安装。

5.5　围护结构的安装

5.5.1　围护结构的材料

工业与民用建筑的围护结构（屋面、墙面）与组合楼板等工程的钢结构围护结构，主要采用压型金属板，用各种紧固件和各种泛水配件组装而成。

1. 压型金属板

压型钢板是以一定厚度的金属板（表面涂层或不涂层）经过辊弯形成波纹的板材。压型金属板具有成形灵活、施工速度快、外观美观、重量轻、易于工业化和商品化生产等特点，广泛用作建筑屋面及墙面围护材料。

压型金属板根据其波形截面可分为：

(1) 高波板　波高大于 75 mm，适用于作为屋面板。

(2) 中波板　波高 50～75 mm，适用于作为楼面板及中小跨度的屋面板。

(3) 低波板　波高小于 50 mm，适用于作为墙面板。

高波板多用于单坡长度较长的屋面，一般需配专用支架，造价比后两种高。

压型金属板根据金属类别可分为压型钢板和压型铝板；还可以根据使用途径分为：屋面板、墙面板、非保温板、保温板等。

2. 连接件

围护结构的压型金属板间除了板间搭接外，还需要使用连接件。连接件的选择应尽量满足单面施工要求，连接质量必须可靠。

连接件分为两类：一类为结构连接件，即将板与承重构件相连的连接件；另一类为构造连接件，即将板与板、板与配件、配件与配件等相连的连接件。

(1) 结构连接件

结构连接件是将建筑物的围护板材与承重结构连接成整体的重要部件，用以抵抗风的吸力、下滑力、地震力等。一般需要进行承载力验算设计。

结构连接件有几种：自攻螺钉，用自攻螺钉直接将板与钢檩条连在一起；挂钩板或扣压板，通过连接支座上的挂钩板或扣压板与板材相连，支座通过自攻螺钉固定在钢檩条上；单向连接螺栓。

(2) 构造连接件

构造连接件将各种用途（如防水、密封、装饰等）的压型金属板连接成整体，构造连接件有铝合金拉铆钉、自攻螺钉和单向连接螺栓等，常用的连接件见表 5－2。

表 5-2　常用的连接件

名　称	规格及图例	性能	用途
单向固定螺栓	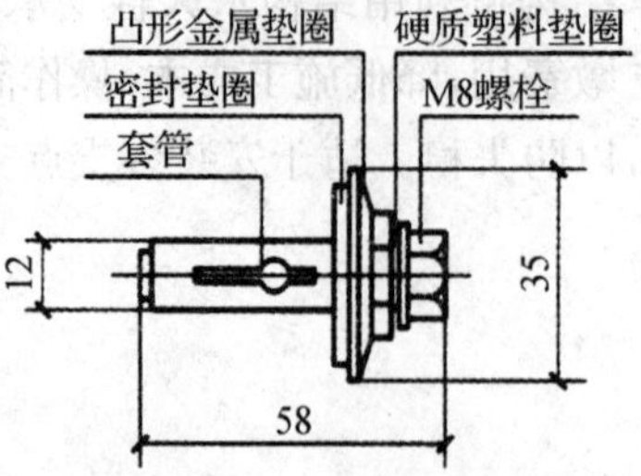 凸形金属垫圈；硬质塑料垫圈；密封垫圈；M8螺栓；套管；12；35；58	抗剪力 27 kN 抗拉力 15 kN	屋面高波压型金属板与固定支架的连接
单向连接螺栓	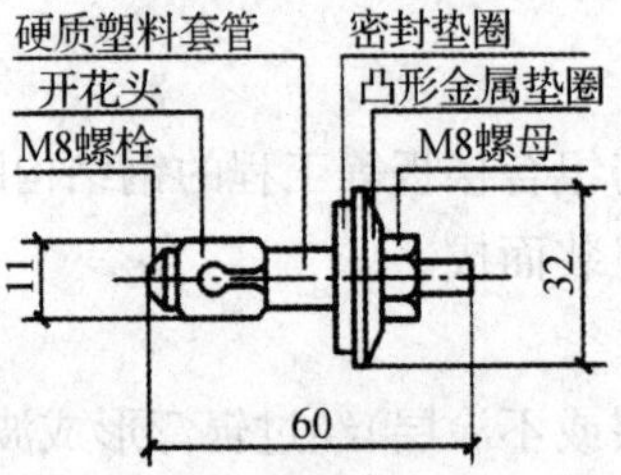 硬质塑料套管；密封垫圈；开花头；凸形金属垫圈；M8螺栓；M8螺母；11；32；60	抗剪力 13.4 kN 抗拉力 8 kN	屋面高波压型金属板侧向搭接部位的连接
连接螺栓	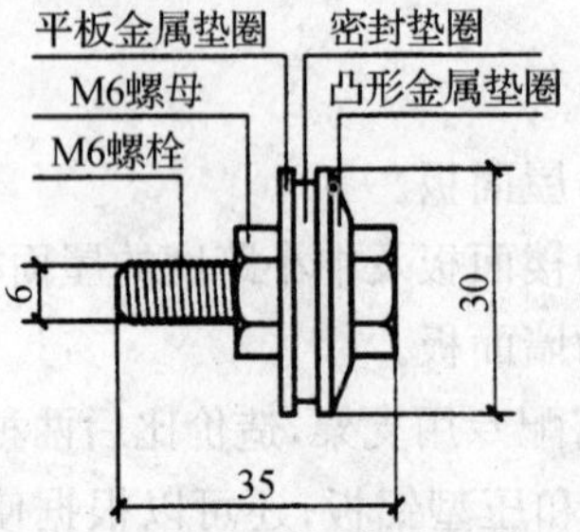 平板金属垫圈；密封垫圈；M6螺母；凸形金属垫圈；M6螺栓；6；30；35		屋面高波压型金属板与屋面檐口挡水板、封檐板的连接
自攻螺栓 (二次攻)	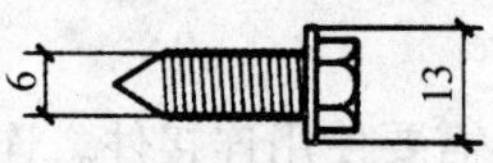 6；13	表面硬度： HRC50～80	墙面压型金属板与墙梁的连接
钩螺栓	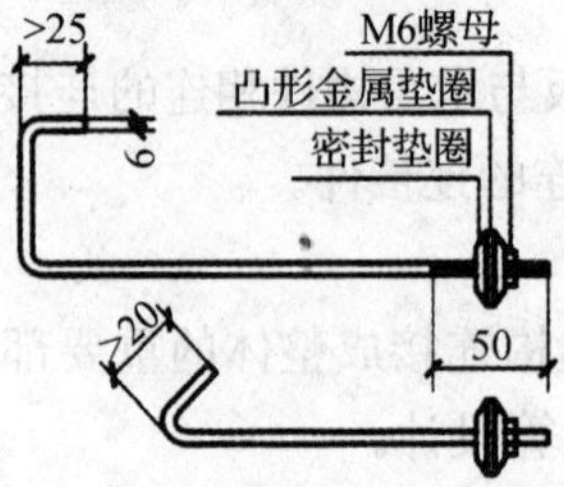 >25；M6螺母；凸形金属垫圈；6；密封垫圈；≥20；50		屋面低波压型金属板与檩条的连接，墙面压型金属板与墙梁的连接
铝合金拉铆钉	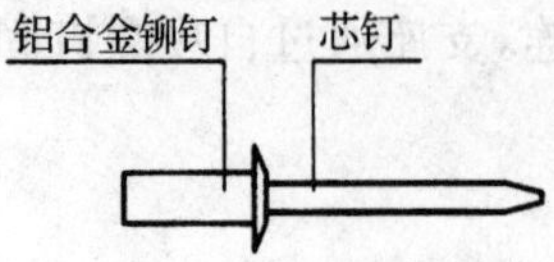 铝合金铆钉；芯钉	抗剪力 2 kN 抗拉力 3 kN	屋面低波压型金属板、墙面压型金属板侧向搭接部位的连接，泛水板之间、包角板之间或泛水板、包角板与压型金属板之间搭接部位的连接

3. 围护结构配件

压型金属板配件分为屋面配件、墙面配件和水落管等。屋面配件有屋脊件、封搪件、山墙封边件、高低跨泛水件、天窗泛水件、屋面洞口泛水件等。墙面配件有转角件、板底泛水件、板顶封边件、门窗洞口包边件等。这些配件一般采用与压型金属板相同的材料,用弯板机进行加工。配件因所在位置、用途、外观要求不同而被设计成各种形状,很难定形。有些屋面或墙面板的专用泛水件已成为定型产品,与板材配套供应。

4. 密封材料

压型金属板围护结构配套使用的密封材料分为防水密封材和保温隔热密封材两种。

(1) 防水密封材

防水密封材料有建筑密封膏、泡沫塑料堵头、三烷乙丙橡胶垫圈、密封胶和密封胶条等,应具有良好的耐老化性能、密封性能、黏结性能和施工性能。

密封胶为中性硅酮胶,包装多为筒装,并用推进器挤出;也有软包装,用专用推进器,价格比筒装的低。

密封胶条是一种双面有胶粘剂的带状材料,多用于彩板与彩板之间的纵向缝搭接。

(2) 保温隔热密封材

主要为软泡沫材料、玻璃棉、聚苯乙烯泡沫板、岩棉材料及聚氨酯现场发泡封堵材料。这些材料主要用于封堵保温房屋的保温板材或卷材不能达到的位置。

5. 采光板

在大跨和多跨建筑中,由于侧墙采光不能满足建筑的自然采光要求,在屋面上需设置屋面采光板。

采光板按材料不同分为玻璃纤维增强聚酯采光板、聚碳酸酯制成的蜂窝状或实心板、钢化玻璃、夹胶玻璃等。

5.5.2 围护结构的构造

1. 连接构造

压型金属板之间、压型金属板与龙骨(屋面檩条、墙模、平台梁等)之间,均需要使用连接件进行连接,常用的连接方式见表5-3。

1) 压型板板间连接

压型板是装配式围护结构,板间的拼接缝成为渗漏雨水的直接原因。板间连接有压型金属板侧向连接(沿着压型槽长度方向,又称横向连接)、长向连接(垂直于压型槽长度方向,又称纵向连接),压型金属板与采光板的连接等,一般采用搭接,以提高其防水功能。

表5-3　压型金属板间、压型金属板与龙骨间常用的连接方式

名称	连接方式	特点
自攻螺栓连接	采用自带钻头的螺钉直接将压型金属板与龙骨连接	施工方便,速度快,连接刚度较好,龙骨的板厚不能太厚,一般不超过6 mm
拉铆钉连接	在单面使用拉铆枪(手动、电动、气动)把拉铆钉将连接件铆接成一个整体	主要用于压型金属板之间,或压型金属板与泛水板、包角板等搭接连接。施工简单,连接刚度差,防水性能较差

续表

名称	连接方式	特点
扣件连接	在檩条上安装固定扣件,然后通过压型金属板的板型构造,将压型板与扣件扣接在一起,靠压型板的弹性及与扣件间的摩擦连接	压型板长度无限制,可以避免纵向搭接,表面不出现螺钉,可以最大限度地防止漏雨。连接可靠性较差,压型板质量不稳定及在台风地区,尤为突出
咬合连接	在扣接的基础上,再在压型板之间的搭接部位,采用180°或360°机械咬合	该连接一般和扣件连接一起使用,既保留了扣接的优点,又在一定程度上克服了扣接的缺点,基本可以避免漏雨等现象,是目前应用越来越多的连接方法
栓钉连接	通过栓钉将压型钢板穿透焊在支承梁上表面,起到将压型板与钢梁连接的作用	多用于组合楼板中的压型钢板连接

(1) 侧向连接。搭接方向应与主导风向一致,搭接形式有四种:自然扣合式、防水空腔式、扣盖式、咬口卷边式,如图5-5所示。

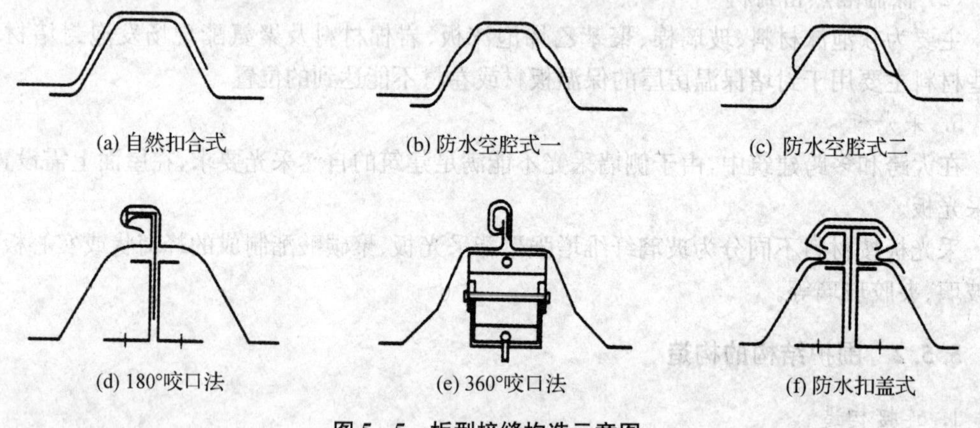

图5-5 板型接缝构造示意图

搭接处的密封宜采用双面粘贴的密封条,密封条应该靠近紧固位置,不能采用密封胶。若采用密封胶,由于两板搭接处空隙很小,连接后的密封胶被挤压后的厚度很小,且其固化时间较长。在这段时间里,由于施工人员的走动造成搭接处的搭接板间开合频繁,使密封胶失效,故在一般情况下搭接处不采用密封胶进行密封。

搭接部位连接件设置分两种情况:高波压型金属板的侧向搭接部位必须设置连接件,其间距一般为700～800 mm;低波压型金属板的侧向搭接部位必要时可设置连接件,其间距一般为300～400 mm。

(2) 长向连接。屋面及墙面压型金属板的长向连接均采用搭接连接,长向搭接部位一般设在支承构件上,搭接区段的板间设置防水密封条。

搭接连接采用两种方法:直接连接法和压板挤紧法。

直接连接法是将上下两块板间设置两道防水密封条,在防水密封条处用自攻螺钉或拉铆钉将其紧固在一起,如图5-6(a)所示。

压板挤紧法是最新的上下板搭接连接方法,是将两块彩板的上面和下面设置两块与压型金属板板型相同的镀锌钢板，其下设防水胶条，用紧固螺栓将其紧密挤压连接在一起，这种方法零配件较多，施工工序多，但是防水可靠，如图 5－6(b)所示。

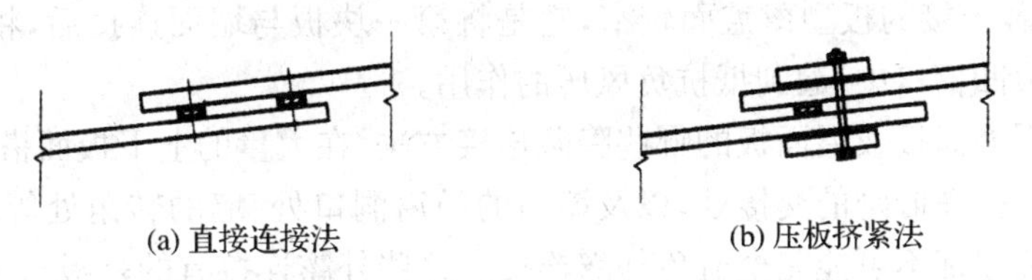

图 5－6　长向搭接连接方法

2）压型钢板与檩条(墙梁)的连接

(1) 金属压型板的屋面连接。板与檩条的连接有外露连接和隐蔽连接两类。

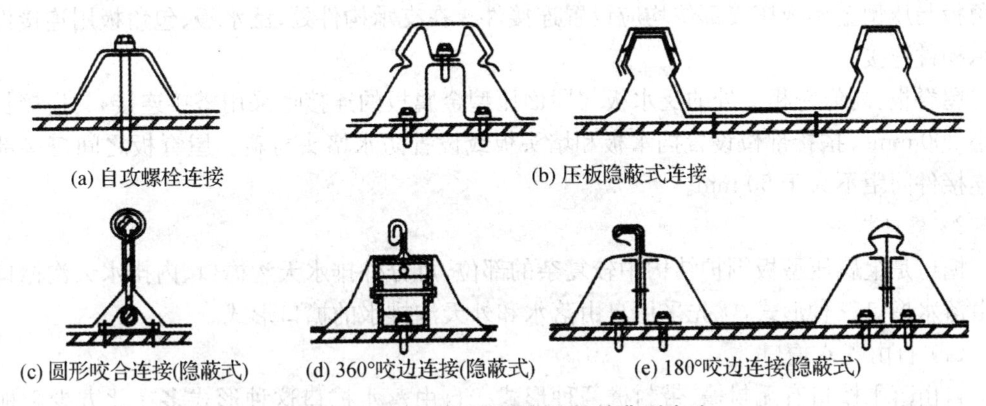

图 5－7　金属压型板屋面连接的典型方法

① 外露连接是在压型板上用自攻自钻的螺钉将板材与屋面轻型钢檩条或墙梁连在一起[图 5－7(a)]。凡是外露连接的紧固件必须配以寿命长、防水可靠的密封垫、金属帽和装饰彩色盖。这种连接为单面施工，操作方便，简单易行，连接可靠，对钢板材质无特殊要求。

② 隐蔽连接是通过特制的连接件与专有板型相配合的一类连接形式，有压板连接和咬边连接两种具体方法[图 5－7(b)，(c)，(d)，(e)]。隐蔽连接方法连接不外露，金属压型板表面不打孔，不受损伤，不因打孔而漏雨，表面美观，但是更换维修某一块板时困难。

屋面高波压型金属板用连接件与固定支架连接，每波设置一个；屋面低波压型金属板及墙面压型金属板均用连接件直接与檩条或墙梁连接，每波或隔一个波设置一个，但搭接波处必须设置连接件。连接件一般设置在波峰上。若设置在波谷上，则应有可靠的防水措施。

(2) 金属压型板的墙面板连接。金属压型板的墙面板连接有外露连接和隐蔽连接两种，如图 5－8 所示。

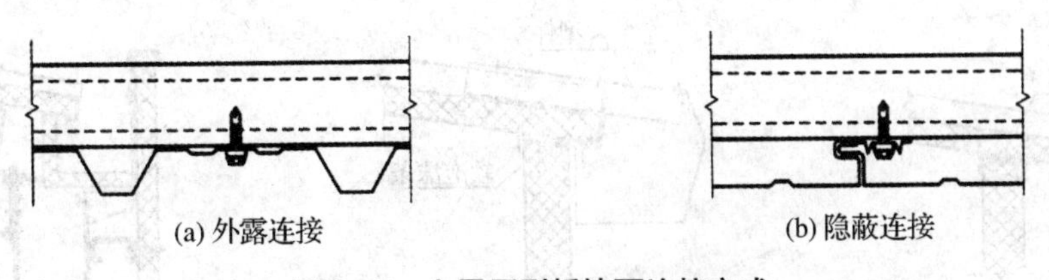

图 5－8　金属压型板墙面连接方式

① 外露连接是将连接紧固件在波谷上将板与墙梁连接在一起，使紧固件的头处在墙面凹下处，比较美观；在一些波距较大的情况下，也可将连接紧固件设在波峰上。

② 墙面隐蔽连接的板型覆盖面较窄，它是将第一块板与墙面连接后，将第二块板插入第一块板的板边凹槽口中，起到抵抗负风压的作用。

无论是采用墙面板或屋面板的哪些隐蔽连接方法，在大量的上下板面搭接处，屋面的屋脊处、山墙泛水处、高低跨的交接处，以及墙面的门窗洞口处、墙的转角处等需要包边、泛水等配件覆盖的位置都不可能完全避免外露连接。这些外露连接有的是板与墙梁或檩条的连接，有的是金属压型板间的连接。

3）其他结构连接

泛水板之间、包角板之间的连接均采用搭接连接，其搭接长度不小于 60 mm。泛水板、包角板与压型金属板搭接部位均应设置连接件。在支承构件处，泛水板、包角板用连接件与支承构件连接。

屋脊板、高低跨相交处的泛水板与屋面压型金属板的连接也采用搭接连接，其搭接长度不小 200 mm。搭接部位设置挡水板和堵头板或设置防水堵头材料。屋脊板之间搭接部位的连接件间距不大于 50 mm。

2. 檐口构造

檐口是金属压型板围护结构中较复杂的部位，可分外排水天沟檐口、内排水天沟檐口和自由落水檐口三种形式，优先采用自由落水和外天沟排水的檐口形式。

(1) 自由落水檐口

自由落水檐口有无封檐、带封檐两种形式。自由落水檐口这种形式多在北方少雨地区且檐口不高的情况下使用。

① 无封檐的自由落水檐口。这种檐口金属压型板自墙面向外挑出，伸出长度不少于 300 mm。墙板与屋面板间产生的锯齿形空隙用专用板型的挡水件封堵。当屋面坡度小于 1/10 时，屋面板的波谷处板边用夹钳向下弯折 5～10 mm 作为滴水。这种结构外观简单，建筑艺术效果不好。

② 带封檐的自由落水檐口。封檐挑出长度可自由选择，封檐板置于屋面板以下，屋面板挑出檐口板不小于 30 mm。封檐板可用压型板长向使用或侧向使用，有特殊要求的可采用其他材料和结构形式。封檐板高出屋面的檐口时，按地方降雨要求拉开足够的排水空间，且不宜采用檐口下封底板。檐口处的屋面板边滴水处理与前述相同。

采用夹芯板时，自由落水的檐口屋面板切口面应封包，封包件与上层板宜做顺水搭接；封包件下端需做滴水处理；墙面与屋面板交接处应做封闭件处理；屋面板与墙面板相重合处宜设软泡沫条找平封墙，如图 5－9 所示。

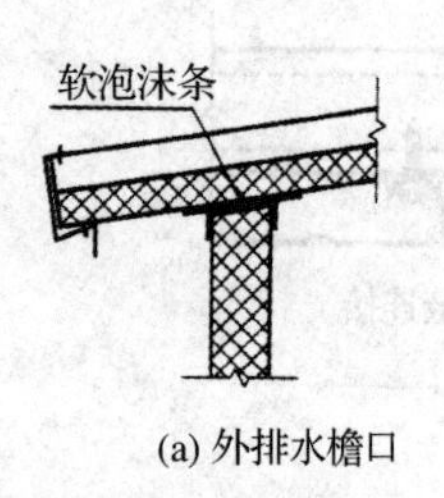

(a) 外排水檐口

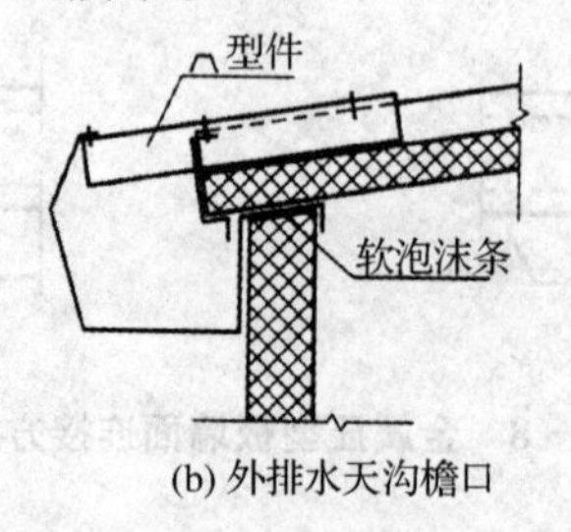

(b) 外排水天沟檐口

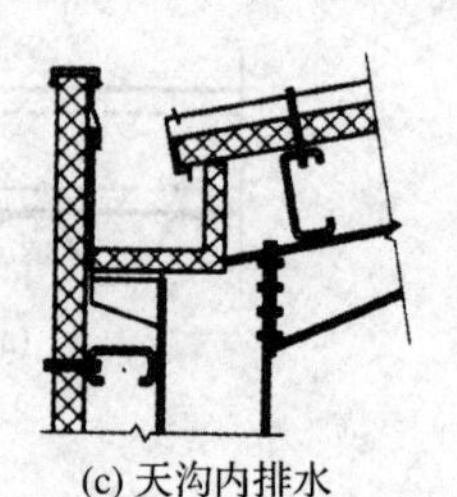
(c) 天沟内排水

图 5－9　夹芯板檐口做法示意图

(2) 外排水天沟檐口

外排水天沟,有不带封檐的和带封檐的两类,如图 5-10 所示。

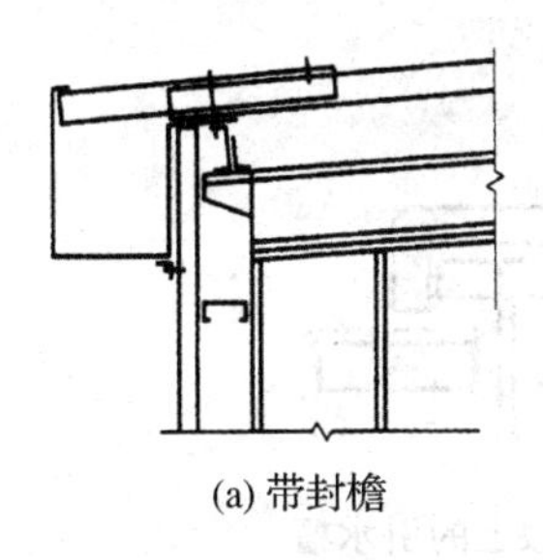

(a) 带封檐

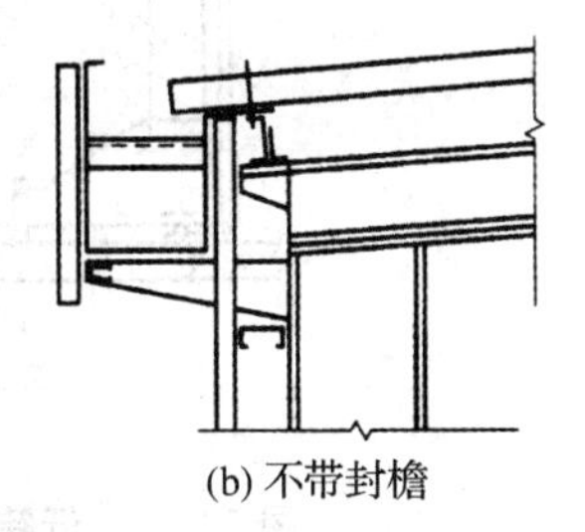

(b) 不带封檐

图 5-10　外排水天沟檐口

① 不带封檐的外排水天沟檐口的天沟可用金属压型板或焊接钢板。

一般情况下,多用金属压型板天沟不需专门的支承结构,沟壁内侧多与外墙板相贴近,在墙板上设支承件,在屋面板上伸出连接件挑在天沟的外壁上,各段天沟相互搭接,采用拉铆钉连接和密封胶密封。天沟设置在室外,如出现缝隙漏雨,影响不大。

采用钢板天沟时,各段天沟用焊接连接。这种天沟需在屋面梁上伸出支承件,并需对天沟做内外防腐和外装饰油漆。檐口防水可靠,施工不如前者方便。

② 带封檐的外排水天沟檐口多采用钢板天沟,为固定封檐,需设置固定支架。封檐的大小各异,需在梁上挑出牛腿,在牛腿上支承天沟和封檐支架。屋面板挑出天沟内壁不小 50 mm,其端头应用压型金属板封包并做出滴水。屋面采用夹芯板时,采用这种形式。

(3) 内排水天沟檐口

内排水天沟檐口分为连跨内天沟和檐口内天沟两种,两种构造形式基本一致。尽量选用外天沟排水,由于建筑造型的需要不得不采用檐口内排水时,应注意以下问题:

① 天沟上应设置溢水口,以避免下水口堵塞时雨水倒灌。

② 天沟应采用钢板天沟,密焊连接,并应做好防腐处理,有条件的选用不锈钢天沟。

③ 天沟外壁宜高过屋面板在檐口处的高度,避免雨水冲击而引起漏水。

④ 天沟与屋面板之间的锯齿形空隙应封闭。

⑤ 屋面板挑出檐口不少于 50 mm,并应用工具将金属压型板边沿的波谷部分弯成滴水,避免爬水现象。

⑥ 应做好外墙板与外天沟壁之间的封闭,避免墙内壁漏雨。

⑦ 天沟找坡宜采用天沟自身找坡的方法。

屋面采用夹芯板时,天沟用厚 3 mm 以上的钢板制作,天沟外壁高出屋面板端头高度,并在墙板内壁做泛水。天沟的两个端头做出溢水口,天沟底部用夹芯板做保温(外保温)。天沟内保温的方法较复杂,防水层不易做好,一旦渗漏,不易发现,将可能腐蚀钢板。

建筑物高跨雨水不能直接排放到低跨屋面压型金属板上,可在低跨屋面压型金属板上设置引水槽,沿着引水槽将雨水引至低跨屋面排水天沟(图 5-11),或设置内水落管将雨水排放到建筑物的内地沟。天窗屋面的雨水直接排放到屋面时,在屋面压型金属板上设置散水板。

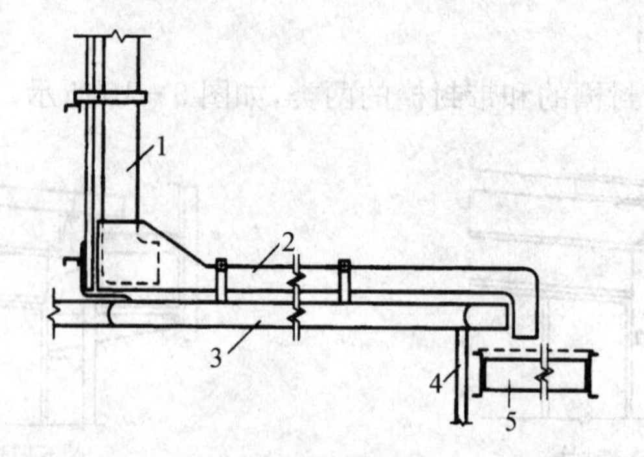

图 5-11　低跨屋面压型金属板上的引水槽

1—墙面雨水管；2—引水槽；3—屋面压型金属板；4—墙面压型金属板；5—天沟

3. 屋脊构造

屋脊有两种作法：一种是在屋脊处的压型钢板不断开，屋面板从一个檐口直接铺到另一檐口，在屋脊处自然压弯。这种方法多用在跨度不大，屋面坡度小于 1/20 时。其优点是构造简单，防水可靠，节省材料，如图 5-12 所示。另一种是屋面板只铺到屋脊处，这是一种常用的方法。这种做法必须设置上屋脊、下屋脊、挡水板、泛水翻边（高波时应有泛水板）等多种配件，以形成严密的防水构造。由于各种屋面板的板型不同，其构造各不相同，但是订货时供应商应配套供应。采用临时措施解决是不可取的。

屋脊板与屋面板的搭接长度不宜小于 200 mm。

屋面采用夹芯板时，构造无变化，缝间的孔隙用保温材料封填。

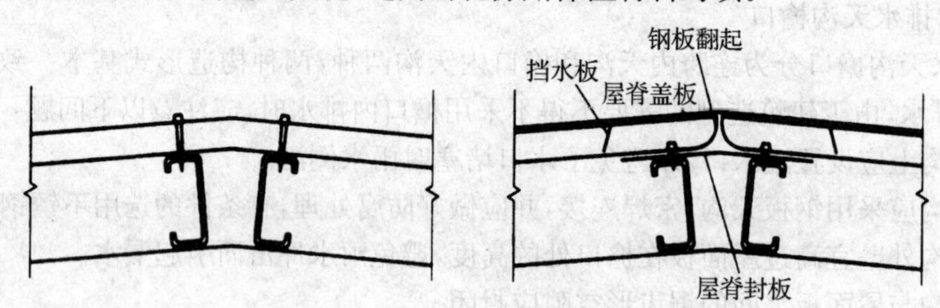

图 5-12　屋脊做法示意图

4. 山墙与屋面构造

山墙与屋面交接处的结构可分为三类：山墙处屋面板出槽、山墙随屋面坡度设置和山墙高出屋面且墙面上沿线成水平线，如图 5-13 所示。

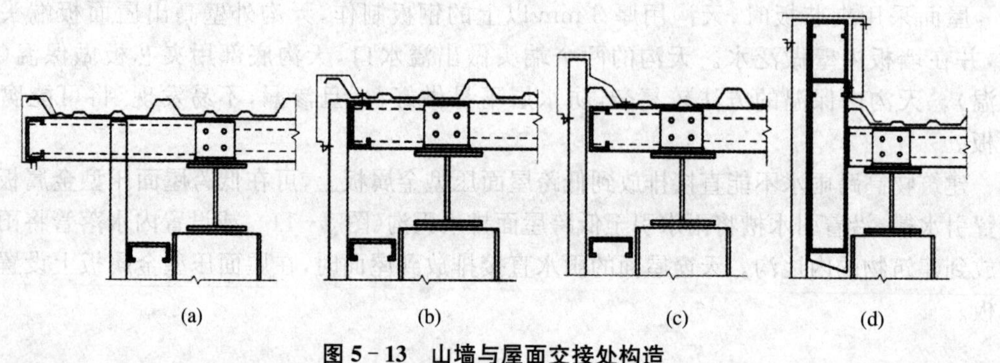

图 5-13　山墙与屋面交接处构造

① 山墙处屋面板出槽，多用于侧墙处屋面板外挑时，这种方法构造简单，防水可靠，施工方便。

② 山墙随屋面坡度设置，又分为山墙面高出屋面和与屋面等高两种。山墙与屋面等高的做法构造简单。山墙高出屋面时，高出不宜太多，封闭构造可简单一些。

③ 山墙高出屋面且墙面上沿线成水平布置的方法是压型金属板围护结构中较复杂的构造，需要处理好山墙出屋面后的支承系统和山墙内外面的封闭问题，一般以不设为好。

5. 高低跨处的构造

高低跨处理不好会出现漏雨水的现象，一般情况下要避免设置高低跨。当不可避免需要设置高低跨时，对于双跨平行的高低跨，将低跨设计成单坡，从高跨处向外坡下，这时的高低跨处理最简单，高低跨之间用泛水连接，低跨处的构造要求与屋脊构造处理相似。

高跨处的泛水高度应≥300 mm，如图5-14所示。屋面采用夹芯板时，构造也无变化，缝间的孔隙用保温材料封填。

当低跨屋面需要坡向高跨时，应设置钢天沟，其构造要求与内天沟的相似。当高低跨成T字形平面布置时，其泛水做法与双跨平行的高低跨的做法相似。

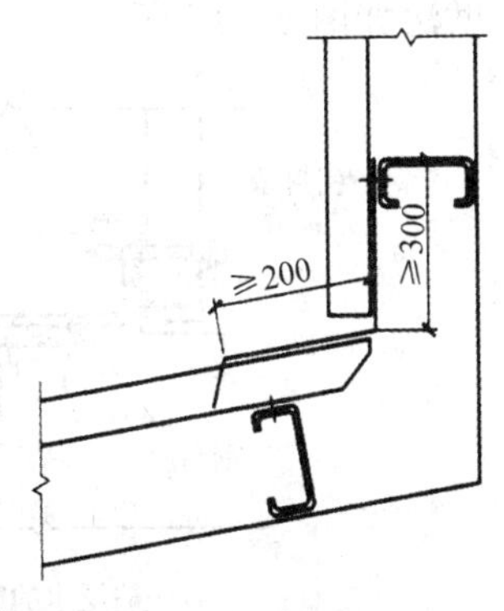

图5-14 高低跨处的构造

6. 外墙底部做法

彩钢外墙底部在与地坪或矮墙交接处会形成装配构造缝，为防止墙面自上面流下的雨水从该缝渗流到室内，交接处的地坪或矮墙应高出压型金属板墙的底端60～120 mm(图5-15)。采用图5-15(a)，(b)两种做法时，压型金属板底端与砖混围护墙两种材料间应留出20 mm以上的净空，避免底部浸入雨水中，造成对压型金属板根部的腐蚀环境；外墙安装在底表面抹灰找平后进行，防止雨水被封入两种材料的缝隙内，导致雨水向室内渗入。

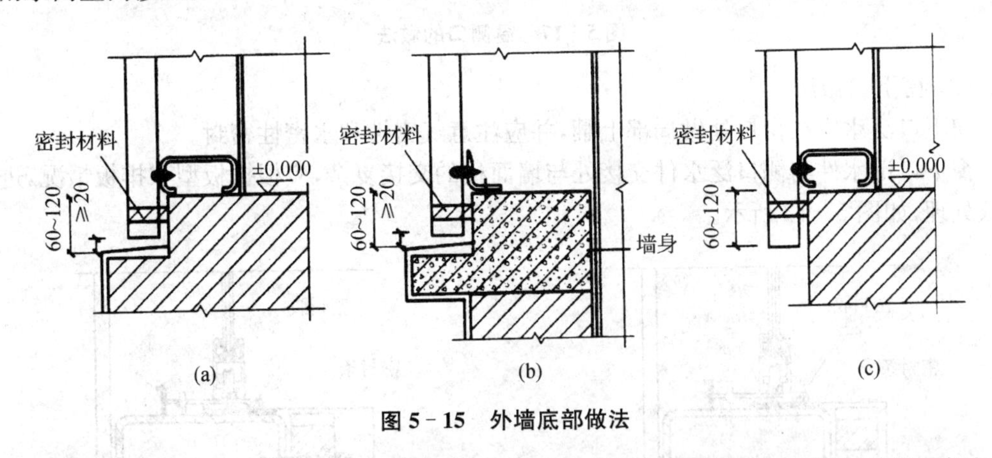

图5-15 外墙底部做法

压型金属板墙面底部与砖混围护结构相贴近处，它们之间的锯齿形空隙用密封条密封。

7. 外墙门窗洞口做法

压型金属板建筑的门窗多布置在墙面檩条上，窗口的封闭构造比较复杂。需要特别处理好窗(门)口四面泛水的交接，注意四侧泛水件的规格协调，把雨水导出到墙外侧。

(1) 窗上口与侧口做法

窗上口的做法种类较多,图 5-16 中的(a)、(b)两种是常用的。做法(a)方法简单,容易制作和安装,窗口四面泛水易协调,在外观要求不高时使用。做法(b)外观好,构造较复杂,窗侧口与窗上下口的交接处泛水处理应细致设计,必要时要做出转角处的泛水件交接示意图。可预做专门的转角件,以做到配合精确,外观漂亮。这种做法往往因为施工安装偏差造成板位安装偏差积累,使泛水件不能正确就位,因此应精确控制安装偏差,并在墙面安装完毕后,测量实际窗口尺寸,并修改泛水形状和尺寸后制作安装。窗侧口做法如图 5-17 所示。

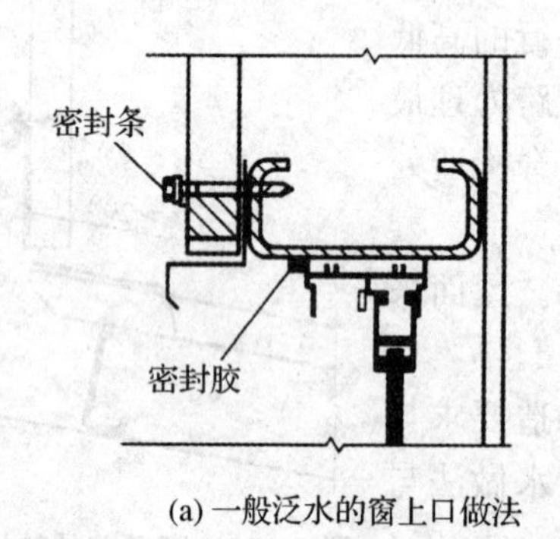

(a) 一般泛水的窗上口做法

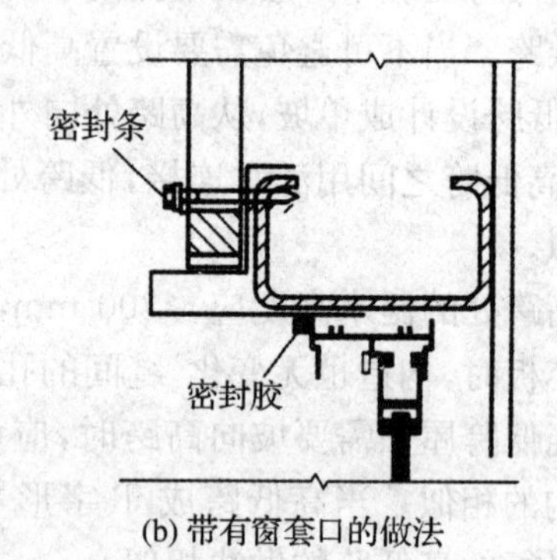

(b) 带有窗套口的做法

图 5-16　窗上口做法

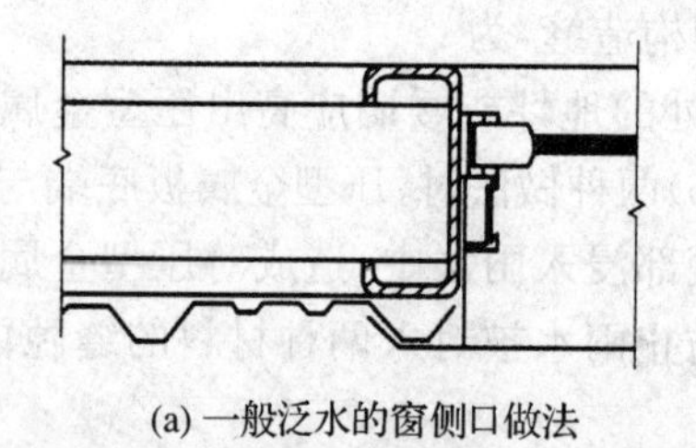
(a) 一般泛水的窗侧口做法

(b) 带有窗套口的做法

图 5-17　窗侧口的做法

(2) 窗下口做法

窗下口泛水应在窗口处做局部上翻,并应注意气密性和水密性密封。

窗下口泛水件与侧口泛水件交接处与墙面板的交接复杂,应根据板型和排板情况,进行细致处理,如图 5-18 所示。

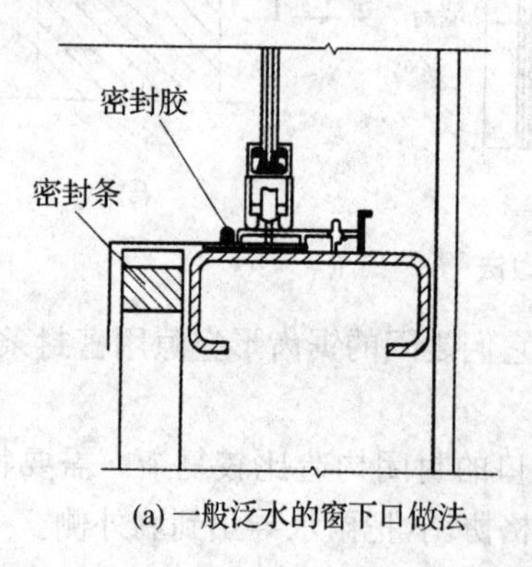

(a) 一般泛水的窗下口做法

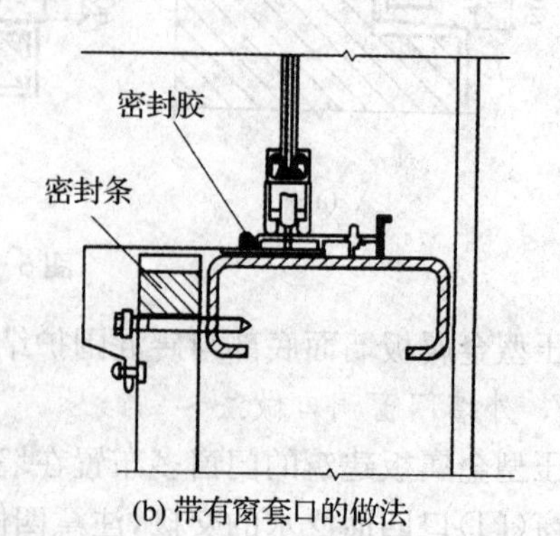

(b) 带有窗套口的做法

图 5-18　窗下口做法

平面夹芯板墙板的门窗洞口构造处理较波形板简单，封包配件可按设计要求预加工。门窗可以放在夹芯板的洞口处，也可以放在内部的墙面檩条上，全部安装完成后，门窗洞口周围用密封胶封闭，如图 5－19 所示。

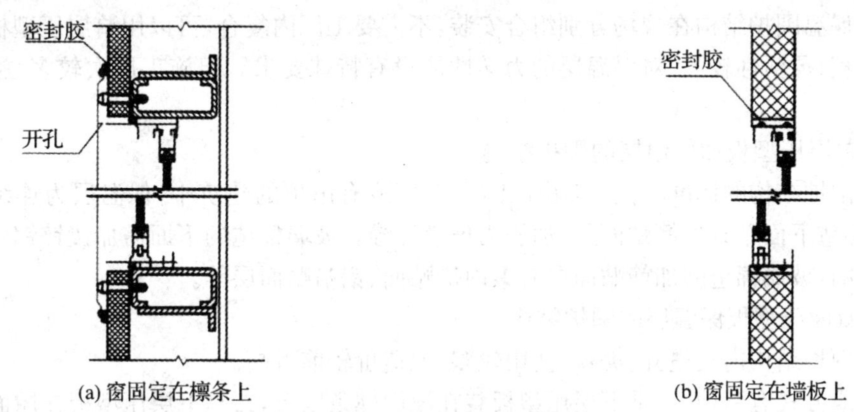

(a) 窗固定在檩条上　　(b) 窗固定在墙板上

图 5－19　平面夹芯板墙板的门窗洞口构造

8. 外墙转角做法

压型金属板建筑的外墙内外转角的内外面应用专用包件封包，封包泛水件尺寸宜在安装完毕后按实际尺寸制作，如图 5－20 所示。

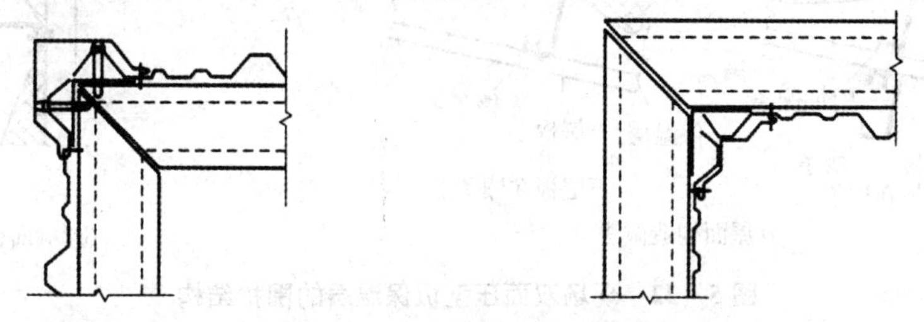

图 5－20　外墙转角做法示意

9. 管道出屋面构造

管道、通风机出屋面接口和平板上做洞口是压型金属板建筑较难处理的部位，防水解决方法有多种，较可靠的有以下两种：

(1) 在波形屋面板上做焊接水簸箕的方法，使水簸箕搭于上板之下，下板之上，两侧板之上，并在洞口处留出泛水口，这种水簸箕可用铝合金或不锈钢等材料焊接成，如图 5－21(a)所示。

(2) 使用盖片和成套防水件防水，可以随波就型，密封可靠，如图 5－21(b)所示。

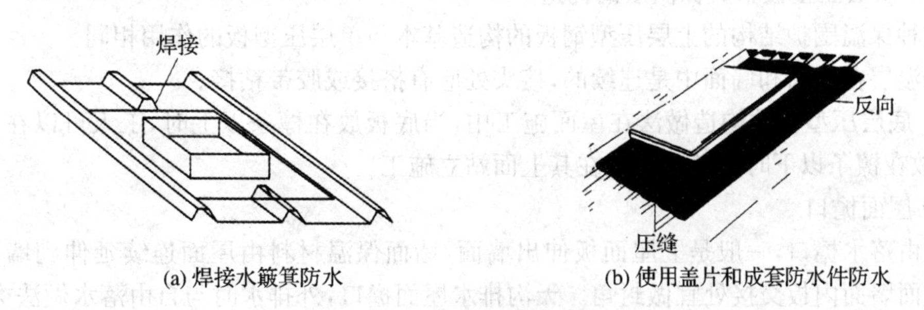

(a) 焊接水簸箕防水　　(b) 使用盖片和成套防水件防水

图 5－21　管道出屋面构造

10. 现场组装保温围护结构的构造

现场组装的保温围护结构是指将单层压型钢板、保温的卷材(或板材)分层安装在屋面上,保温层不起任何承力作用。有单层压型板加保温层和双层压型板中间放置保温层两类。

这种保温围护结构在现场分别组合安装,不需要工厂内复合,可以用单层压型板亦可用双层压型板;灵活性较大,对保温层的力学性能没有特殊要求。但施工层次较多,施工费用较高。

(1) 单层压型板加保温层的围护结构

这种围护结构的标准较低,多用于工厂、仓库或有吊顶的建筑中,保温层为连续的保温棉(毡),棉毡下面贴有加筋贴面层,加筋为玻璃纤维。玻璃棉毡的下面需加镀锌钢丝或不锈钢丝承托网,玻璃棉毡的加筋贴面层有聚丙烯贴面、铝箔贴面层等。

(2) 双面压型板保温层的围护结构

这种围护结构内观整齐、美观,使用较多,但造价较前者高。

其构成方式有两种,一是下层压型板装在屋面檩条以上,二是下层压型板在屋面檩条以下。对墙面而言为双层压型板分别在墙面檩条两侧,如图 5-22 所示。

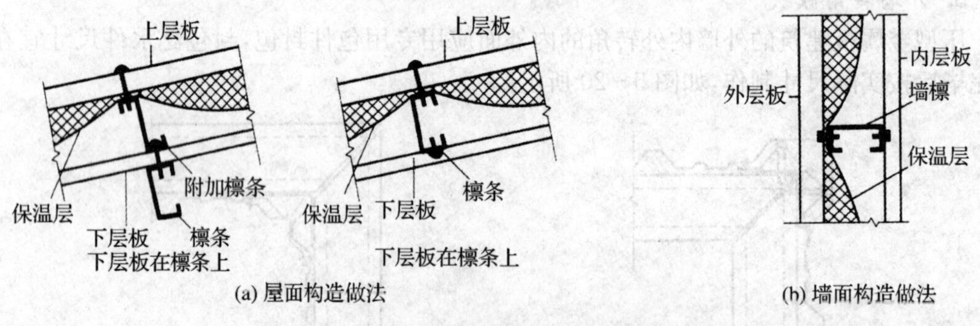

图 5-22　现场双面压型板保温层的围护结构

① 底层板放在檩条上的做法,优点是可以单面施工,施工时不要脚手架,底板可以上人操作,但是需要增加附加檩条或附加支承上层板的支承连接件,材料费相应增加,内表面看见檩条,不如后一种整齐美观。

② 底层板放在檩条下的做法,优点是省材料,内表面不露钢檩条,美观整齐,但构造较麻烦,需在钢架和檩条间留出底层板厚度尺寸以上的空隙,施工时需对底层板切口,且需在底板面以下操作,需设置必要的操作措施,因而施工费用相应提高。这是一种目前较流行的构造方法。

(3) 双层压型板中置保温层的构造

这种保温围护结构的上层压型钢板的构造基本与单层压型板的作用相同。

保温层在屋面和墙面中是连续的,接头处应有搭接或胶带粘接。

① 底层压型板的构造做法在屋面施工中,当底板放在檩条以上时,工人可以在屋面上施工,放在檩条以下时应禁止工人在其上面站立施工。

② 屋面檐口

自由落水檐口,一般是上屋面板伸出墙面,墙面保温材料由屋面连续延伸到墙面保温层。屋面墙面内板交接处宜做封角。天沟排水屋面檐口,外排水时与自由落水做法类似,内排水时宜将天沟底的保温层与屋面和墙面的保温层连接起来，并做装饰压型金属板将保温层置于其内，如图 5－23 所示。

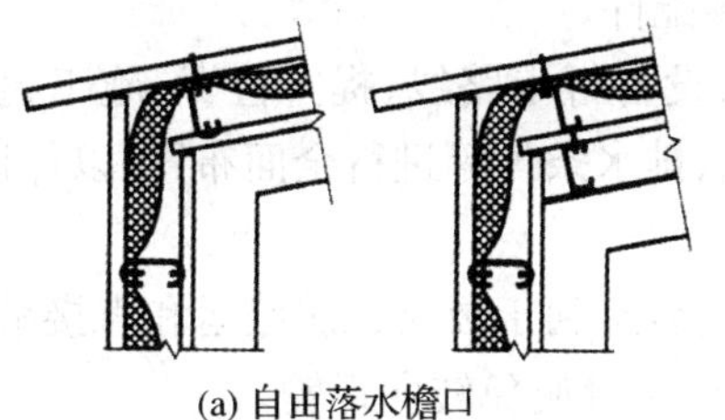

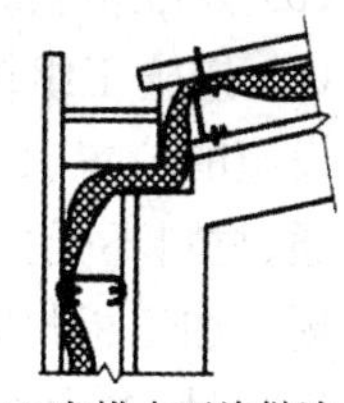

(a) 自由落水檐口　　(b) 外排水天沟做法　　(c) 内排水天沟做法

图 5－23　屋面檐口做法

③ 山墙檐口

山墙檐口的做法基本与纵向檐口做法原则相同，即把墙面保温层与屋面保温层连接起来，以保证保温层的全面积覆盖。

④ 屋面底层板的搭接

横向板间搭接应选择板厚度面向上的板型，以使内观整齐，如图 5－24 所示。纵向搭接应在檩条处，搭接长度不大于檩条的断面宽度且不小于 50 mm。

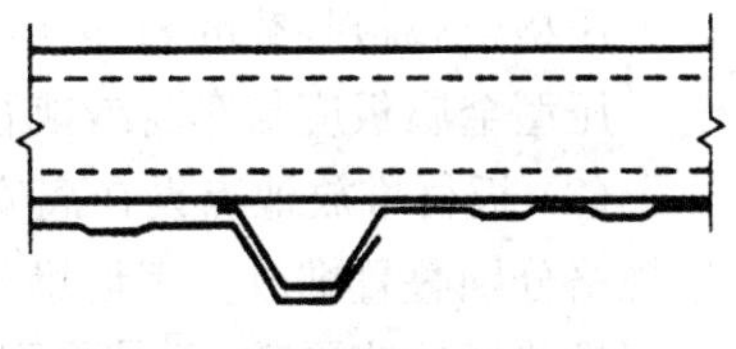

图 5－24　屋面板搭接示意图

⑤ 墙面板的内板，其长度一般不宜再搭接，在窗洞处应做装饰包边件。在各转角处应做转角件，以保证内观效果和保温层不外露。

5.5.3　围护结构的安装

1. 安装前的准备

(1) 压型金属板围护结构施工安装之前必须进行排板，并有施工排板图纸，根据设计文件编制施工组织设计，对施工人员进行技术培训和安全生产交底。

(2) 根据设计文件详细核对各类材料的规格和数量。对损坏了的压型金属板、泛水板、包角板及时修复或更换。

对大型工程，材料需按施工组织计划分步进货，并向供应商提出分步供应清单。清单中需注明每批板材的规格、型号、数量、连接件、配件的规格及数量等，并应规定好到货时间和指定堆放位置。材料到货后应立即清点数量、规格，并核对送货清单与实际数量是否相符合。

复核与压型金属板施工安装有关的钢构件的安装精度。如果影响压型金属板的安装质量，则应与有关方面协商解决。

(3) 机具按施工组织计划的要求准备齐全，并能正常运转。主要机具为：

① 提升设备：汽车式起重机、卷扬机、滑轮、桅杆、吊盘等，按工程实际选用不同的方法和机具。

② 手提工具：按安装队伍分组数量配套，电钻、自攻枪、拉铆枪、手提圆盘锯、钳、螺丝刀、铁剪、手提工具袋等。

③ 电源连接器具：总用电量配电柜，按班组数量的配线、分线插座、电线等，各种配电器

具必须考虑防雨条件。

(4) 脚手架准备：按施工组织计划要求准备脚手架、跳板、安全防护网。

(5) 要准备临时机具库房，放置小型施工机具和零配件。

(6) 按施工组织设计要求，对堆放场地装卸条件、设备行走路线、提升位置、施工道路、临时设施的位置、长车通道及车辆回转条件、堆放场地、排水条件等进行全面布置，以保证运输畅通、材料不受损坏和施工安全。

现场加工板材时应将加工设备放置在平整的场地上，有利于板材二次搬运和直接吊装；现场生产时，多为长尺板，一般大于 12 m，生产出的板材尽量避免转向运输。

2. 压型钢板的运输和堆放

(1) 装卸无外包装的压型金属板时，应采用吊具起吊，严禁直接使用钢丝绳起吊。

压型金属板的长途运输宜采用集装箱装载。

用车辆运输无外包装的压型金属板时，应在车上设置衬有橡胶衬垫的枕木，其间距不宜大于 3 m。长尺压型金属板应在车上设置刚性支承台架。

压型金属板装载的悬伸长度不应大于 1.5 m。

压型金属板应与车身或刚性台架捆扎牢固。

(2) 板材堆放地点设在离安装较近的位置，避免长距离运输。压型金属板应按材质、板型规格分别叠置堆放。工地堆放时，板型规格的堆放顺序应与施工安装顺序相配合。

堆放场地应平整，不易受到工程运输施工过程中的外物冲击、污染以及雨水的浸泡。不得在压型金属板上堆放重物。严禁在压型铝板上堆放铁件。

压型金属板在室内采用组装式货架堆放，并堆放在无污染的地带。

压型金属板在工地可采用衬有橡胶衬垫的架空枕木(架空枕木要保持约 5%的倾斜度)堆放。堆放应采取遮雨措施。

3. 压型钢板的安装

(1) 放线

安装放线前应对安装面上已有建筑成品进行测量复核，对达不到安装要求的部分进行记录提出相应的修改意见。

根据下列原则确定压型金属板或固定支架的安装基准线：

① 屋面高波压型金属板固定支架的安装基准线一般设在屋脊线的中垂线上[图 5-25(a)]，并以此基准线为参照线，在每根檩条的横向标出每个固定支架长度的定位线(余数对称放在山墙处的檩条端部)和在每根檩条的纵向标出固定支架的焊接线[图 5-25(b)]。

② 屋面低波压型金属板的安装基准线一般设在山墙端屋脊线的垂线上[图 5-25(c)]，并根据此基准线在檩条的横向标出每块或若干块压型金属板的截面有效覆盖宽度定位线。

③ 墙面压型金属板的安装基准线一般设在距离山墙阳角线(纵墙和山墙墙梁外表面的相交线)某一尺寸(例如压型金属板波距宽度的四分之一，但应保证墙体两端的对称性)的垂线上[图 5-25(d)]，并根据此基准线，在墙梁上标出每块或若干块压型金属板的截面有效覆盖宽度定位线。

檩条上的固定支架在纵横两个方向均应成行成列，各在一条直线上。在安装墙板和屋面板时，墙梁和檩条应保持平直。每个固定支架与檩条的连接均应施满焊，并应清除焊渣和补刷涂料。

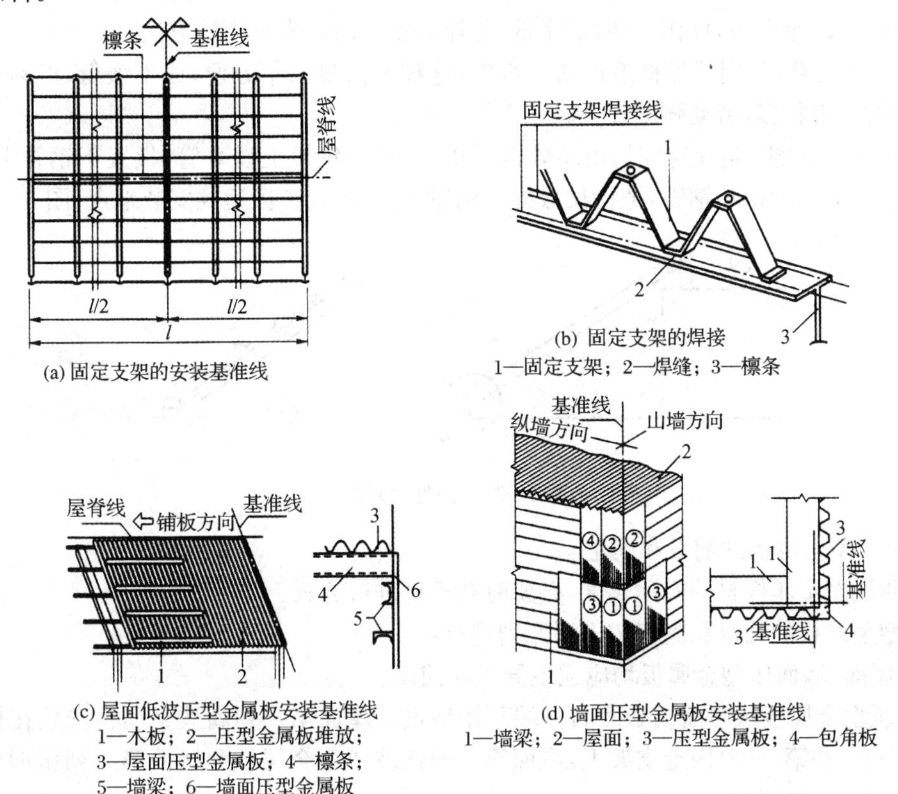

图5-25　安装基准线

屋面板及墙面板安装完毕后应对配件的安装做二次放线，以保证檐口线、屋脊线、窗口门口和转角线等处的水平直度和垂直度。

(2) 板材吊装

金属压型板和夹芯板的吊装可采用汽车吊、塔吊、卷扬机和人工提升等多种方法。

① 塔吊提升时，采用多吊点吊装钢梁

此为一次提升多块板(图5-26)的方法，提升方便，被提升的板材不易损坏。

在大面积屋面工程施工时，一次提升的板材不易送到安装点，屋面的人工长距离搬运多，人在屋面上行走困难，易破坏已安装好的金属压型板。这种方法不能充分发挥吊车的提升能力，机械使用率低，费用高。

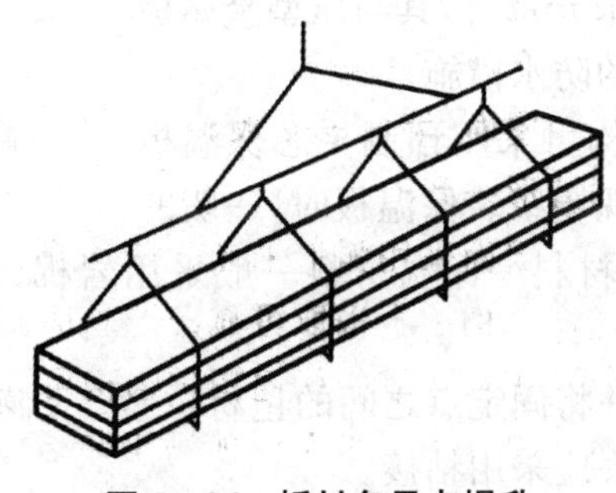

图5-26　板材多吊点提升

② 卷扬机提升,不用大型机械,卷扬机设备可灵活移动到需要安装的地点,每次提升数量少,屋面移动距离短,操作方便,成本低,是屋面安装时经常采用的方法。

③ 人工提升,常用于板材不长的工程中,这种方法最简单方便,成本最低,但易损伤板材,使用的人力较多,劳动强度较大。

④ 钢丝滑升法,是在建筑的山墙处设若干道钢丝,钢丝上设套管,板置于钢管上,屋面上工人用绳沿钢丝拉动钢管,把特长板提升到屋面上,由人工搬运到安装地点(图 5-27)。

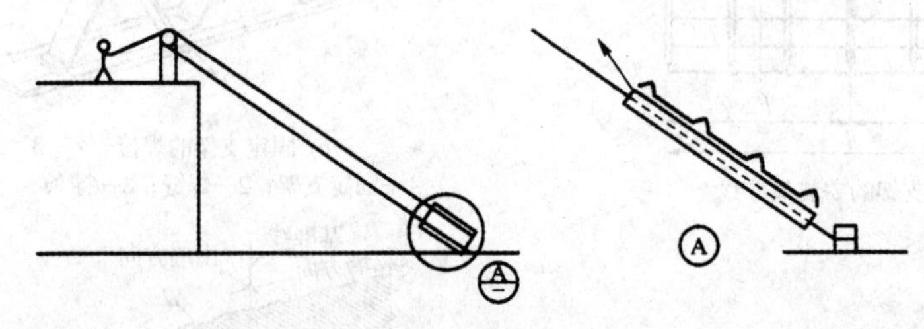

图 5-27　钢丝滑升法

(3) 压型金属板的铺设和固定

实测压型金属板材的实际长度,必要时对板材进行剪裁。

压型金属板的铺设和固定按下列原则进行:

① 屋面、墙面压型金属板均应逆主导风向铺设。

② 压型金属板从屋面或墙面的一端开始铺设。屋面第一列高波金属板安放在檩条一端的第一个(和第二个)固定支架上,屋面第一列低波压型金属板和墙面第一列压型金属板分别对准各自的安装基准线铺设。

③ 屋面、墙面压型金属板安装时,应边铺设,边调整其位置,边固定。对于屋面,在铺设压型金属板的同时,还应根据设计图纸的要求,敷设防水密封材料。

④ 在屋面、墙面上开洞,可先安装压型金属板,然后再切割洞口;也可先在压型金属板上切割洞口,然后再安装。切割时,必须核实洞口的尺寸和位置。

⑤ 铺设屋面压型金属板时,在压型金属板上设置临时人行木板(图 5-25)。

屋面低波压型金属板的屋脊端应弯折截水,其高度不应小于 5 mm(图 5-28)。

屋面、墙面采光板的波形应分别与屋面、墙面压型金属板的波形一致。

屋面采用弧形采光带或采光罩时,其与压型金属板相接处应在构造上采取可靠的防水措施。

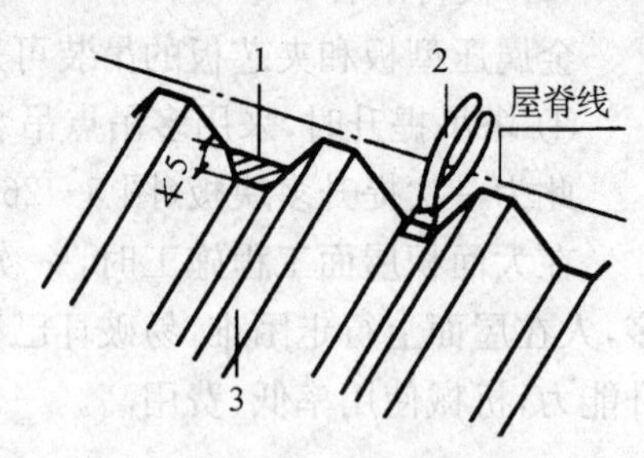

图 5-28　弯折截水

1—截水;2—白铁钎;3—压型金属板

压型金属板保温围护结构可采用预制夹芯保温板或现场组装保温板。当采用现场组装保温板时,一般的做法为两层压型金属板保温材料。保温材料一般采用岩棉、矿棉、珍珠岩制品等不可燃材料。

保温材料的两端应固定并将固定点之间的毡材拉紧。防潮层应置于建筑物的内侧,其面上不得有孔。防潮层的接头应采用粘接。

尽量避免在屋面压型金属板上开洞，若不能避免，则应尽量在靠近屋脊部位处开洞。

屋面、墙面压型金属板上开洞的洞口周边应采取可靠的防水措施。

屋面压型金属板的伸缩缝应与承重结构的伸缩缝一致。屋脊板的伸缩缝间距不宜大于50 m。

紧固自攻螺钉时应控制紧固的程度，不可过紧。过紧会使密封垫圈上翻，甚至将板面压得下凹而积水；紧固不够也会使密封不到位而出现漏雨。

屋面板搭接处均应设置胶条。纵横方向搭接边设置的胶条应连续。胶条本身应拼接。

4. 采光板的安装

采光板的厚度一般为1～2 mm。一般采用在屋面板安装时留出洞口后安装的方法。安装时，在板的四块板搭接处用切角方法进行处理，以防止漏雨。

安装时，在固定采光板的紧固件下面使用面积较大的钢垫，避免在长时间的风荷载作用下，玻璃钢的连接孔洞扩大而失去连接和密封作用。

保温屋面需设双层采光板时，必须对双层采光板的四个侧面密封，防止保温效果减弱而出现结露和滴水现象。

5. 连接件的安装

连接件的安装应符合下列要求：

(1) 安装屋面、墙面的连接件时，应尽量使连接件成一直线。

(2) 连接件为钩螺栓时，压型金属板上的钻孔直径为：

屋面——钩螺栓直径+1 mm；

墙面——钩螺栓直径+1.5 mm。

钩螺栓的螺杆应紧贴檩条或墙梁(图5-29)。钩螺栓的紧固程度以密封垫圈稍被挤出为宜。

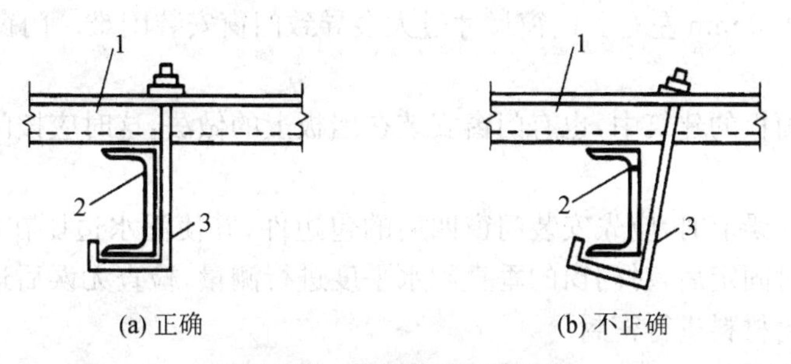

(a) 正确　　(b) 不正确

图5-29　钩螺栓的固定位置

1—压型金属板；2—檩条；3—钩螺栓

安装屋面压型金属板时，施工人员必须穿软底鞋，且不得聚集在一起。在压型金属板上行走频繁的地方应设置临时木板。

吊放在屋面上的压型金属板、泛水板包角板应于当日安装完毕。未安装完的，必须用绳具将其与屋面骨架捆绑牢固。

在安装屋面压型金属板过程中，应经常将屋面清扫干净。竣工后，屋面上不得留有铁屑等施工杂物。

6. 配件的安装

屋脊板、高低跨相交处的泛水板均应逆主导风向铺设。

泛水板之间、包角板之间以及泛水板、包角板与压型金属板之间的搭接部位必须按设计文件的要求设置防水密封材料。

屋脊板之间、高低跨相交处的泛水板之间搭接部位的连接件应避免设在压型金属板的波峰上。

山墙檐口包角板与屋脊板的搭接应先安装山墙檐口包角板，后安装屋脊板。

高波压型金属板屋脊端部的封头板的周边必须满涂建筑密封膏。高波压型金属板屋脊端部的挡水板必须与屋脊板压坑咬合。

檐口的搭接边除了胶条外尚应设置与压型钢板剖面相配合的堵头。

7. 泛水件的安装

(1) 在压型金属板泛水件安装前，应在泛水件的安装处放出准线，如屋脊线、檐口线、窗上下口线等。

(2) 安装前检查泛水件的端头尺寸，挑选合适的搭接口处的搭接头。

(3) 安装泛水件的搭接口时，应在被搭接处涂上密封胶或设置双面胶条，搭接后立即紧固。

(4) 安装泛水件至拐角处时，按交接位置的泛水件断面形状加工拐折处的接头，以保证拐点处有良好的防水效果和外观效果。

(5) 特别注意门窗洞的泛水件转角处搭接防水口的相互构造方法，以保证建筑的立面外观效果。

8. 门窗的安装

在压型金属板围护结构中，门窗的外轮廓与洞口为紧密配合，施工时必须把门窗尺寸控制在比洞口尺寸小 5 mm 左右。门窗尺寸过大会导致门窗安装困难。门窗一般安装在钢墙梁上。

在夹芯板墙面板的建筑中，也有门窗安装在墙板上的做法，这时应按门窗外廓的尺寸在墙板上开洞。

门窗安装在墙梁上时，应先安装门窗四周的包边件，并使泛水边压在门窗的外边沿处。门窗就位并做临时固定后，对门窗的垂直和水平度进行测量，检查无误后进行固定。固定后对门窗周边用密封材料进行密封。

9. 防水和密封

压型金属板的安装除了保证安全可靠外，防水和密封问题事关建筑物的使用功能和寿命，在进行压型金属板的安装施工中应注意以下几点：

(1) 自攻螺钉、拉铆钉一般要求设在波峰上(墙板可设在波谷上)，自攻螺钉所配密封橡胶盖、垫必须齐全，且外露部分使用防水垫圈和防锈螺盖。外露拉铆钉必须采用防水型，外露钉头必须涂密封膏。

(2) 屋脊板、封檐板、包角板及泛水板等配件之间的搭接宜逆主导风向，搭接部位接触面宜采用密封胶密封，连接拉铆钉尽可能避开屋面板波谷。

(3) 夹芯板保温板之间的搭接(或插接) 部位应设置密封条，密封条应通长，一般采用软质泡沫聚氨酯密封胶条。

(4) 在压型金属板的两端,应设置与板型一致的泡沫堵头进行端部密封,一般采用软质泡沫聚氨酯制品,用不干胶粘贴。

习题与思考题

一、名词解释

1. 分件吊装法
2. 综合吊装法
3. 基础找平

二、填空题

1. 履带式起重机的主要技术参数包括________、________、________。
2. 钢柱校正工作一般包括________、________和________这三项内容。
3. 吊车梁的校正包括________、________和________的调整。钢吊车梁的校正必须在结构形成刚度单元以后才能进行。

三、思考讨论题

1. 常用的吊装机械有哪些?分别说明各自的应用范围。
2. 钢结构安装前应作哪几个方面的准备工作?
3. 简述一般单层钢结构的安装流程。
4. 围护结构(墙面、屋面)的安装过程中,常见的构配件有哪些?

第6章　钢结构的涂装工程

扫码获取
电子资源

钢结构涂装防护工程包括防腐涂装工程和防火涂装工程两部分内容及其安全技术等。

6.1　钢结构防腐涂料的涂装

钢结构具有强度高、韧性好、制作方便、施工速度快、建设周期短等一系列优点，在建筑工程应用日益增多。但是钢结构也存在容易腐蚀的缺点，钢结构的腐蚀不仅造成经济损失，还直接影响到结构安全，因此做好钢结构的防腐工作具有重要经济和社会意义。

钢材表面与外界介质相互作用而引起的破坏称为腐蚀(锈蚀)。腐蚀不仅使钢材有效截面减小，承载力下降，而且严重影响钢结构的耐久性。

根据钢材与环境介质的作用原理，腐蚀分为化学腐蚀和电化学腐蚀。

化学腐蚀是指钢材直接与大气或工业废气中的氧气、碳酸气、硫酸气等发生化学反应而产生的腐蚀。

电化学腐蚀是由于钢材内部有其他金属杂质，它们具有不同的电极电位与电解质溶液接触产生原电池作用使钢材腐蚀。

钢材在大气中腐蚀是电化学腐蚀和化学腐蚀同时作用的结果。

为了减轻或防止钢结构的腐蚀，目前国内外主要采用涂装方法进行防腐。涂装防腐是利用涂料的涂层使钢结构与环境隔离，从而达到防腐的目的，延长钢结构的使用寿命。

6.1.1　钢结构防腐涂料的种类

1. 防腐涂料的组成和作用

防腐涂料一般由不挥发组分和挥发组分(稀释剂)两部分组成。防腐涂料刷在钢材表面后，挥发组分逐渐挥发逸出，留下不挥发组分干结成膜。不挥发组分的成膜物质分为主要、次要和辅助成膜物质三种：主要成膜物质可以单独成膜，也可以黏结颜料等物质共同成膜，它是涂料的基础，也常称基料、添料或漆基，它包括油料和树脂；次要成膜物质包含颜料和体质颜料。涂料组成中没有颜料和体质颜料的透明体称为清漆，具有颜料和体质颜料的不透明体称为色漆，加有大量体质颜料的稠状原浆状料称为腻子。

涂料经涂敷施工形成漆膜后，具有保护作用、装饰作用、标志作用和其他特殊作用。涂料在建筑防腐蚀工程中的功能则以保护作用为主，兼考虑其他作用。

2. 常用防腐涂料类型

涂料产品是以涂料基料中主要成膜物质为基础。常用的防腐涂料有以下两类。

(1) 防腐蚀材料，有底漆、中间漆、面漆、稀释剂和固化剂等。

(2) 防腐涂料，有油性酚醛涂料、醇酸涂料、高氯化聚乙烯涂料、氯化橡胶涂料、氯磺化聚乙烯涂料、环氧树脂涂料、聚氨酯涂料、无机富锌涂料、有机硅涂料、过氯乙烯涂料等。

建筑常用涂料的基本名称和代号见表 6－1：

表 6－1　建筑常用涂料的基本名称和代号

序号	基本名称	序号	基本名称
00	清油	40	防污漆
01	清漆	41	水线漆
02	厚漆(浸渍)	50	耐酸漆
03	调和漆	51	耐碱漆
04	磁漆	52	防腐漆
06	底漆	53	防锈漆
07	腻子	54	耐油漆
08	水溶漆，乳胶漆	55	耐水漆
09	大漆	60	耐火漆
12	乳胶漆	61	耐热漆
13	其他水溶性漆	80	地板漆
14	透明漆	83	烟囱漆

涂料名称由三部分组成，即颜色或颜料名称、成膜物质名称、基本名称，如红醇酸磁漆、锌黄酚醛防锈漆等。

为了区别同一类型的名称涂料，在名称之前必须有型号，涂料型号以一个汉语拼音字母和几个阿拉伯数字组成。字母表示涂料类别，位于型号最前面；第一、二位数字表示涂料产品基本名称代号；第三位或第三位以后的数字表示同类涂料产品的品种序号(表 6－1)，涂料产品序号用来区分同一类别的不同品种，表示油在树脂中所占的比例。在第二位数字和第三位数字之间加有半字线(读成“之”)，把基本名称代号与序号分开。例如 C04－2：C 代表涂料类别(醇酸树脂漆类)，04 代表基本名称(磁漆)，2 代表序号。

3. 质量要求

各种防腐蚀材料应符合国家有关技术指标的规定，应具有产品出厂合格证。防腐蚀涂料的品种、规格及颜色选用应符合设计要求。

6.1.2　钢结构防腐涂料的工艺流程

1. 主要工具

钢结构防腐涂装工程的主要机具见表 6－2。

表 6-2 钢结构防腐涂装工程主要机具

序号	机具名称	型号	单位	数量	备注
1	喷砂机	—	台	使用数员根据具体工程量确定	喷砂除锈
2	回收装置	—	套		喷砂除锈
3	气泵	—	台		喷砂除锈
4	喷漆气泵	—	台		涂漆
5	喷漆枪	—	把		涂漆
7	铲刀		把		人工除锈
8	手动砂轮		台		机械除锈
9	砂布	—	张		人工除锈
10	电动钢丝刷	—	台		机械除锈
11	小压缩机		台		涂漆
12	油漆小桶		个		涂漆
13	刷子		把		涂漆

2. 涂装前钢材表面处理

发挥涂料的防腐效果重要的是漆膜与钢材表面的严密贴敷，若在基底与漆膜之间夹有锈、油脂、污垢及其他异物，不仅会妨害防锈效果，还会起反作用而加速锈蚀。因而在涂料涂装前对钢材表面进行处理，并控制钢材表面的粗糙度，在涂料涂装前是必不可少的。

1) 钢材表面处理方法

钢材表面除锈方法有：手工除锈、动力工具除锈、喷射或抛射除锈、酸洗除锈和火焰除锈等。

(1) 手工除锈。金属表面的铁锈可用钢丝刷、钢丝布或粗砂布擦拭，直到露出金属本色，再用棉纱擦净。此方法施工简单，比较经济，可以在小构件和复杂外形构件上处理。

(2) 动力工具除锈。利用压缩空气或电能为动力，使除锈工具产生圆周式或往复式运动，产生摩擦或冲击来清除铁锈或氧化铁皮等。此方法工作效率和质量均高于手工除锈，是目前常用的除锈方法。常用工具有气动砂磨机、电动砂磨机、风动钢丝刷、风动气铲等。

(3) 喷射除锈。利用经过油、水分离处理过的压缩空气将磨料带入并通过喷嘴以高速喷向钢材表面，靠磨料的冲击和摩擦力将氧化铁皮等除掉，同时使表面获得一定的粗糙度。此方法效率高，除锈效果好，但费用较高。喷射除锈分干喷射法和湿喷射法两种，湿法比干法工作条件好，粉尘少，但易出现返锈现象。

(4) 抛射除锈。利用抛射机叶轮中心吸入磨料和叶尖抛射磨料的作用，以高速的冲击和摩擦除去钢材表面的污物。此方法劳动强度比喷射方法低，对环境污染程度轻，而且费用也比喷射方法低，但扰动性差，磨料选择不当，易使被抛件变形。

(5) 酸洗除锈。酸洗除锈亦称化学除锈，利用酸洗液中的酸与金属氧化物进行反应，使金属氧化物溶解从而除去。此方法除锈质量比手工和动力工具除锈好，与喷射除锈质量相当，但没有喷射除锈的粗糙度，不过在施工过程中酸雾对人和建筑物有害。

各种除锈方法的特点见表 6－3。

表 6－3　各种除锈方法的特点

除锈方法	设备工具	优点	缺点
手工,机械	砂布,钢丝刷,铲刀,尖锤,平面砂轮机,动力钢丝刷等	工具简单,操作方便,费用低	劳动强度大,效率低,质量差,只能满足一般的涂装要求
喷射	空气压缩机,喷射机,油水分离器等	工作效率高,除锈彻底,能控制质量,可获得不同要求的表面粗糙度	设备复杂,需要一定操作技术,劳动强度较高,费用高,污染环境
酸洗	酸洗槽,化学药品,厂房等	效率高,使用大批件,质量较高,费用较低	污染环境,废液不易处理,工艺要求较严

2）涂装前钢材表面锈蚀等级和除锈等级

（1）锈蚀等级

钢材表面分四个锈蚀等级：

① 全面覆盖着氧化皮而几乎没有铁锈。

② 浮锈：已发生锈蚀,并且部分氧化皮剥落。

③ 陈锈：氧化皮因锈蚀而剥落,或者可以剥除,并有少量点蚀。

④ 老锈：氧化皮因锈蚀而全面剥落,并普遍发生点蚀。

（2）喷射或抛射除锈等级

喷射或抛射除锈用 Sa 表示,分四个等级。

Sa1——轻度的喷射或抛射除锈。钢材表面应无可见的油脂或污垢、不牢的氧化皮、铁锈和油漆涂层等附着物。

Sa2——彻底的喷射或抛射除锈。钢材表面无可见的油脂和污垢,铁锈等附着物已基本清除,其残留物应是牢固附着的。

Sa2.5$\left(\text{Sa2}\frac{1}{2}\right)$——非常彻底的喷射或抛射除锈。钢材表面无可见的油脂、污垢、氧化皮、铁锈和油漆涂层等附着物,任何残留的痕迹应仅是点状或条状的轻微色斑。

Sa3——使钢材表现洁净的喷射或抛射除锈。钢材表面无可见的油脂、污垢、氧化皮、铁锈和油漆涂层等附着物,该表面应显示均匀的金属光泽。

（3）手工和动力工具除锈等级

手工和动力工具除锈用 St 表示,分两个等级。

St2——彻底的手工和动力工具除锈。钢材表面应无可见的油脂和污垢,没有附着不牢的氧化皮、铁锈和油漆涂层等附着物。

St3——非常彻底的手工和动力工具除锈。钢材表面应无可见的油脂和污垢,没有附着不牢的氧化皮、铁锈和油漆涂层等附着物。除锈应比 St2 更为彻底,底材显露部分的表面应具有金属光泽。

（4）火焰除锈等级

火焰除锈用 FI 表示,它包括在火焰加热作业后,以动力钢丝刷清除加热后附着在钢材表面的产物,只有一个等级。

FI——火焰除锈。钢材表面应无氧化皮、铁锈和油漆涂层等附着物，任何残留的痕迹应仅为表面变色（不同颜色的暗影）。

3. 涂料涂装方法

合理的施工方法，对保证涂装质量、施工进度、节约材料和降低成本有很大的作用。所以正确选择涂装方法是涂装施工管理工作的主要组成部分。

常用涂料的施工方法见表 6-4。

表 6-4　常用涂料的施工方法表

施工方法	适用涂料的特性			被涂物	使用工具或设备	主要优缺点
	干燥速度	黏度	品种			
刷涂法	干性较慢	塑性小	油性漆酚醛漆醇酸漆	一般构建及建筑物，各种设备管道等	各种毛刷	投资少，施工方法简单，适于各种形状及大小的涂装；缺点是装饰性较差，施工效率低
手工滚涂法	干性较慢	塑性小	同上	一般大型平面和管道	滚子	投资少，施方法简单，适用大面积的涂装；缺点同刷涂法
浸涂法	干性适当，流平性好，干燥速度适中	触变性好	各种合成树脂涂料	小型零件，设备和机械部件	浸漆槽，离心及真空设备	设备投资较少，施工方法简单，涂料损失少，适用于构造复杂的构件；缺点是有流柱现象，污染现场，溶剂易挥发
空气喷涂法	挥发快和干燥适中	黏度小	各种硝基漆，橡胶漆，建筑乙烯漆，聚氨酯漆等	各种大型构件及设备和管道	喷枪，空气压缩机油水分离器等	设备投资较小，施工方法较复杂，施工效率较涂刷法高；缺点是消耗溶剂量大，污染现场，易引起火灾
雾气喷涂法	只有高沸点溶剂的涂料	高不挥发分，有触变性	原浆型涂料和高不挥发分涂料	各种大型钢结构、桥梁、管道、车辆和船舶等	高压无气喷枪、空气压缩机等	设备投资较大，施工方法较复杂，效率比空气喷涂法高，能获得厚涂层；缺点是也要损失部分涂料，装饰性较差

1）刷涂法操作工艺

（1）油漆刷的选择：刷底漆、调和漆和磁漆时，应选用扁形和歪脖形弹性大的硬毛刷；刷涂油性清漆时，应选用刷毛较薄、弹性较好的猪鬃或羊毛等混合制作的板刷和圆刷；涂刷树脂漆时，应选用弹性好，刷毛前端柔软的软毛板刷或歪脖形刷。

使用油漆刷子，应采用直握方法，用腕力进行操作。涂刷时，应蘸少量涂料，刷毛浸入油漆的部分应为毛长的 1/3～1/2。对干燥较慢的涂料，应按涂敷、抹平和修饰三道工序进行。对于干燥较快的涂料，应从被涂物一边按一定的顺序快速、连续地刷平和修饰，不应反复涂刷。

（2）涂刷顺序：一般应按自上而下、从左向右、先里后外、先斜后直、先难后易的原则，使漆膜均匀、致密、光滑及平整。

（3）刷涂的走向：刷涂垂直面时，最后一道应由上向下进行；涂刷水平面时，最后一道应按光线照射的方向进行。

（4）刷涂完毕后，应将油漆刷妥善保管，若长期不用，需用溶剂清洗干净，晾干后用塑料薄膜包好，存放在干燥的地方，以便再用。

2）滚涂法操作工艺

（1）涂料应倒入装有滚涂板的容器内，将滚子的一半浸入涂料，然后提起在滚涂板上来回滚涂几次，使滚子全部均匀浸透涂料，并把多余的涂料滚压掉。

（2）把滚子按 W 形轻轻滚动，将涂料大致地涂布于被涂物上，然后滚子上下密集滚动，将涂料均匀地分布开，最后使滚子按一定的方向滚平表面并修饰。

（3）滚动时，初始用力要轻，以防流淌，随后逐渐用力，使涂层均匀。

（4）滚子用后，应尽量挤压掉残存的油漆涂料或使用涂料的稀释剂清洗干净，晾干后保存好，以备后用。

3）浸涂法操作工艺

浸涂法就是将被涂物放入油漆槽中浸渍，经一定时间后取出吊起，让多余的涂料尽量滴净，再晾干或烘干的涂漆方法。这种方法适用于形状复杂的骨架状被涂物，也适用于烘烤型涂料。建筑钢结构工程中应用较少，在此不做过多叙述。

4）空气喷涂法操作工艺

（1）空气喷除法是利用压缩空气的气流将涂料带入喷枪，经喷嘴吹散成雾状，并喷涂到被涂物表面上的一种涂装方法。

（2）进行喷涂时，必须将空气压力、喷出量和喷雾幅度等参数调整到适当程度，以保证喷涂质量。

（3）喷涂距离控制：喷涂距离过大，油漆易落散，造成漆膜过薄而无光；喷涂距离过近，漆膜易产生流淌和橘皮现象。喷涂距离应根据喷涂压力和喷嘴大小来确定，一般使用大口径喷枪的喷涂距离为 200～300 mm，使用小口径喷枪的喷涂距离为 150～250 mm。

（4）喷涂时，喷枪的运行速度应控制在 30～60 cm/s 范围内，并应运行稳定。

（5）喷枪应垂直于被涂物表面。如喷枪角度倾斜，漆膜易产生条纹和斑痕。

（6）喷涂时，喷幅搭接的宽度一般为有效喷雾幅度的 1/4～1/3，并保持一致。

（7）暂停喷涂工作时，应将喷枪端部浸泡在溶剂中，以防涂料固结堵塞喷嘴。

（8）喷枪使用后，应立即用溶剂清洗干净；枪体、喷嘴和空气帽应用毛刷清洗；气孔和喷漆孔遇有堵塞，应用木钎疏通，不准用金属丝或铁钉疏通，以防损伤喷嘴孔。

5）雾气喷涂法操作工艺

（1）雾气喷涂法是利用特殊形式的气动或其他动力驱动的液压泵，将涂料增至高压，当涂料经由管路通过喷枪的喷嘴喷出后，使喷出的涂料体积骤然膨胀而雾化，高速地分散在被涂物表面上，形成漆膜。

（2）喷枪嘴与被涂物表面的距离，一般应控制在 300～380 mm。

（3）喷幅宽度，较大的物件以 300～500 mm 为宜，较小物件以 100～300 mm 为宜，一般为 300 mm。

（4）喷嘴与物件表面的喷射角度为 30°～80°。

（5）喷枪运行速度为 10～100 cm/min。

（6）喷幅的搭接宽度应为喷幅的 1/6～1/4。

(7) 雾气喷涂法施工时,涂料应经过滤后才能使用。

(8) 喷涂过程中,吸入管不得移出涂料液面,应经常注意补充涂料。

(9) 发生喷嘴堵塞时,应关枪,取下喷嘴,先用刀片在喷嘴口切割数下(不得用刀尖凿),用毛刷在溶剂中清洗,然后再用压缩空气吹通或用木钎捅通。

(10) 暂停喷涂施工时,应将喷枪端部置于溶剂中。

(11) 喷涂结束后,将吸入管从涂料桶中提起,使泵空载运行,将泵内、过滤器、高压软管和喷枪内剩余涂料排出,然后利用溶剂空载循环,将上述各器件清洗干净。

(12) 高压软管弯曲半径不得小于 50 mm,且不允许重物压在上面。

(13) 高压喷枪严禁对准操作人员或他人。

6) 涂装施工工艺及要求

(1) 涂装施工对环境条件的要求:

① 环境温度。应按照涂料产品说明书的规定执行。

② 环境湿度。一般应在相对湿度小于 80%的条件下进行。具体应按照涂料产品说明书的规定执行。

③ 控制钢材表面温度与露点温度。当钢材表面的温度高于空气露点温度 3℃以上时,方可进行喷涂施工。露点温度可根据空气温度和相对湿度从表 6-5 中查得。

表 6-5 露点值查对表

环境温度/℃	相对湿度/%								
	55	60	65	70	75	80	85	90	95
0	−7.9	−6.8	5.8	−4.8	−4.0	−3.0	−2.2	1.4	−0.7
5	−3.3	−2.1	−1.0	0.0	0.9	1.8	2.7	3.4	4.3
10	1.4	2.6	3.7	4.8	5.8	6.7	7.6	8.4	9.3
15	6.1	7.4	8.6	9.7	10.7	11.5	12.5	13.4	14.2
20	10.7	12.0	13.2	14.4	15.4	16.4	17.3	18.4	19.2
25	15.6	16.9	18.2	19.3	20.4	21.3	22.3	23.3	24.1
30	19.9	21.4	22.7	23.9	25.1	26.2	27.2	28.2	29.1
35	24.8	26.3	27.5	28.7	29.9	31.1	32.1	33.1	34.1
40	29.1	30.7	32.2	33.5	34.7	35.9	37.0	38.0	38.9

在雨、雾、雪和较大灰尘的环境下,必须采取适当的防护措施,方可进行涂装施工。

(2) 设计要求或钢结构施工工艺要求。禁止涂装的部位,为防止误涂,在涂装前必须进行遮蔽保护,如地脚螺栓和底板、高强度螺栓结合面、与混凝土紧贴或埋入的部位等。

(3) 涂料开桶前,应充分摇匀。开桶后,原漆应不存在结皮、结块、凝胶等现象,有沉淀应能搅起,有漆皮应除掉。

(4) 涂装施工过程中,要控制油漆的黏度、稠度、稀度,兑制时应充分搅拌,使油漆色泽、黏度均匀一致。调整黏度必须使用专用稀释剂,如需代用,必须经过试验。

(5) 涂刷遍数及涂层厚度应执行设计要求规定。

(6) 涂装间隔时间根据各种涂料产品说明书确定。

(7) 涂刷第一层底漆时,涂刷方向应该一致,接搓整齐。

(8) 钢结构安装后,进行防腐涂料二次涂装。涂装前,首先利用砂布、电动钢丝刷、空气压缩机等工具将钢构件表面处理干净,然后对涂层损坏部位和未涂部位进行补涂,最后按照设计要求进行二次涂装施工。

(9) 涂装完成后,经自检和专业检查并记录。涂层有缺陷时,应分析并确定缺陷原因,并及时修补。修补的方法和要求与正式涂层部分相同。

6.1.3　质量标准

1. 主控项目

(1) 钢结构防腐涂料、稀释剂和固化剂等材料的品种、规格、性能和质量等,应符合现行国家产品标准和设计要求。

① 检查数量。全数检查。

② 检查方法。检查产品质量合格证明文件、中文标志及检验报告等。

(2) 涂装的钢构件表面除锈应符合设计要求和国家现行有关标准的规定。处理后的钢材表面不应有焊渣、焊疤、灰尘、油污、水和毛刺等。当设计无要求时钢结构件表面除锈等级应符合表6-6的规定。

① 检查数量。按构件数抽查10%,且同类构件不应少于3件。

② 检查方法。用铲刀检查和用现行国家标准《涂装前钢材表面锈蚀等级和除锈等级》(GB/T 8923-1988)规定的图片对照观察检查。

表6-6　各种底漆或防锈漆要求最低的除锈等级

涂料品种	除锈等级
油性酚醛、醇酸等底漆或防锈漆	St2
高氯化聚乙烯,氯化橡胶,氯磺化聚乙烯,环氧树脂、聚氯酯等底漆或防锈漆	Sa2
无机富锌,有机硅,过氯乙烯等底漆	Sa2.5(Sa2 1/2)

(3) 涂料、涂装遍数、涂层厚度均应符合设计要求。当设计对涂层厚度无要求时,涂层干漆膜总厚度应为:室外应为150 μm,室内应为125 μm,其允许偏差为−25 μm。每遍涂层干漆膜厚度的允许偏差为−5 μm。

① 检查数量。按构件数抽查10%,且同类构件不应少于3件。

② 检查方法。采用干漆膜测厚仪检查。每个构件检测5处,每处的数值为3个相距50 mm测点涂层干漆膜厚度的平均值。

(4) 不得误涂、漏涂,涂层应无脱皮和返锈。

① 检查数量。全数检查。

② 检查方法。目视,观察检查。

2. 一般项目

(1) 钢结构防腐涂料的型号名称、颜色及有效期应与其产品质量证明文件相符。

① 检查数量。按桶数抽查5%,且不应少于3桶。

② 检查方法。观察检查。

(2) 防腐涂料开启包装后,不应存在结皮、结块、凝胶等现象。

① 检查数量。按桶数抽查5%,且不应少于3桶。

② 检查方法。观察检查。

(3) 涂层应均匀,无明显皱皮、流坠、针眼和气泡等缺陷。

① 检查数量。全数检查。

② 检查方法。观察检查。

(4) 当钢结构处于有腐蚀介质环境或外露且设计有要求时,应进行涂层附着力测试。在检测处范围内,当涂层完整程度达到70%以上时,涂层附着力达到合格质量标准的要求。

① 检查数量。按照构件数抽查1%,且不应少于3件,每件测3处。

② 检查方法。按照现行国家标准《漆膜附着力测定法》(GB/T 1720—1979)或《色漆和清漆 漆膜的划格试验》(GB/T 9286—1998)执行。

(5) 构件补刷涂层质量应符合规定要求,补刷涂层漆膜应完整。

① 检查数量。全数检查。

② 检查方法。观察检查。

(6) 涂装完成后,钢构件的标识、标记和编号应清晰完整。

① 检查数量。全数检查。

② 检查方法。观察检查。

6.1.4 成品保护

1. 钢构件在涂装后应做好成品保护工作,可以采取以下措施:

(1) 钢构件涂装后,应加以临时围护隔离,防止踏踩,损伤涂层。

(2) 钢构件涂装后,在4 h内如遇大风或下雨时,应加以覆盖,防止沾染灰尘或水汽,避免影响涂层的附着力。

(3) 涂装后的钢构件需要运输时,应注意防止磕碰,防止在地面拖拉,防止涂层损坏。

(4) 涂装后的钢构件勿接触酸类液体,防止咬伤涂层。

2. 安全环保措施

防腐涂装施工所用的材料大多数为易燃物品,大部分溶剂有不同程度的毒性。因此,防腐涂装施工中防火、防爆、防毒是至关重要的,应予以相当的关注和重视。

(1) 防火措施

① 防腐涂料施工现场或车间,不允许堆放易燃物品,并应远离易燃物品仓库。

② 防腐涂料施工现场或车间,严禁烟火,并有明显的禁止烟火的宣传标志。

③ 防腐涂料施厂现场或车间,必须备有消防水源或消防器材。

④ 防腐涂料施工中使用擦过溶剂和涂料的棉纱、棉布等物品应存放在带盖的铁桶内,并作定期处理。

⑤ 严禁向下水道倾倒涂料和溶剂。

(2) 防爆措施

① 防腐涂料使用前需要加热时,采用热载体、电感加热等方法,并远离涂装施工现场。

② 防腐涂料涂装施工时,严禁使用铁棒等金属物品敲击金属物体和漆桶,如需敲击应

使用木制工具，防止因此产生摩擦或撞击火花。

③ 在涂料仓库和涂装施工现场使用的照明灯应有防爆装置。临时电气设备应使用防爆型的，并定期检查电路及设备的绝缘情况。在使用溶剂的场所，应禁止使用闸刀开关，要使用三相插头，防止产生电气火花。

④ 所有使用的设备和电气导线应良好接地，防止静电聚集。

⑤ 所有进入防腐涂料涂装施工现场的施工人员，应穿安全鞋、安全服装。

(3) 防毒措施

① 施工人员应戴防毒口罩或防毒面具。

② 对于接触性侵害，施工人员应穿工作服、戴手套和防护眼镜等，尽量不与溶剂接触。

③ 施工现场应做好通风排气装置，减少有毒气体的浓度。

(4) 高空作业

应系好安全带，并应对使用的脚手架或吊架等临时设施进行检查，确认安全后，方可施工。

(5) 施工用工具

施工用工具，不使用时应放入工具袋内，不得随意乱扔乱放。

6.2　钢结构防火涂料的涂装

6.2.1　概述

火灾是由可燃材料的燃烧引起的，是一种失去控制的燃烧过程。建筑物火灾的损失大，尤其是钢结构，一旦发生火灾容易破坏而倒塌。钢是不燃烧体，但却易导热，试验表明：不加保护的钢构件耐火极限仅为10～20 min。温度在200℃以下时，钢材性能基本不变；当温度超过300℃时，钢材力学性能迅速下降；达到600℃时钢材失去承载能力，造成结构变形，最终导致垮塌。

国家规范对各类建筑构件的燃烧性能和耐火极限都有要求，当采用钢材时，钢构件的耐火极限不应低于表6-7的规定。

表6-7　钢构件的耐火极限要求

构件名称	高层民用建筑			一般工业与民用建筑				
耐火极限/h	柱	梁	楼板屋顶承重构件	支撑多层的柱	支撑平层的柱	梁	楼板	屋顶称重构件
耐火等级一级	3.00	2.00	1.50	3.00	2.50	2.00	1.50	1.50
耐火等级二级	2.00	1.50	1.00	2.50	2.00	1.50	1.00	0.50
耐火等级三级				2.50	2.00	1.00	0.50	

钢结构防火保护的基本原理是采用绝热或吸热的材料，阻隔火焰和热量，推迟钢结构的升温速度，如用混凝土来包裹钢构件(劲性钢筋混凝土结构)。随着高层建筑越来越多，纯钢结构建筑也越来越多，防火涂料也在工程中得到广泛应用。

6.2.2 防火涂料的阻燃机理

防火涂料的阻燃机理如下：

(1) 防火涂料本身具有难燃烧性或不燃性，使被保护的基材不直接与空气接触而延迟基材着火燃烧。

(2) 防火涂料具有较低导热系数，可以延迟火焰温度向基材的传递。

(3) 防火涂料遇火受热分解出不燃的惰性气体，可冲淡被保护基材受热分解出的可燃性气体，抑制燃烧。

(4) 燃烧被认为是游离基引起的连锁反应，而含氮的防火涂料受热分解出 NO、NH_3 等基团，与有机游离基化合，中断连锁反应，降低燃烧速度。

(5) 膨胀型防火涂料遇火膨胀发泡，形成泡沫隔热层，封闭被保护的基材，阻止基材燃烧。

6.2.3 防火涂料的类型及选用

1. 防火涂料的类型

钢结构防火涂料按不同厚度分超薄型、薄涂型和厚涂型三类；按施工环境不同分为室内和露天两类；按所用胶粘剂的不同分为有机类和无机类；按涂层受热后的状态分为膨胀型和非膨胀型(图 6-1)。

- 钢结构防火涂料
  - 膨胀型(B 型)
    - 薄涂型(涂层厚 7 mm 以下，耐火时间 1.5 h 以上)(B 型)
    - 超薄型(涂层厚 3 mm 以下，耐火时间 0.5 h 以上)(CB 型)
  - 非膨胀型(H 类)
    - 无机型(不燃型)
    - 有机型(难燃型)

图 6-1 防火涂料的类型

2. 防火涂料的选用

(1) 室内裸露钢结构、轻型屋盖钢结构及有装饰要求的钢结构，当规定其耐火极限在 1.5 h 以下时，常选用薄涂型钢结构防火涂料。

(2) 室内隐蔽钢结构、高层全钢结构及多层厂房钢结构，当规定其耐火极限在 2.0 h 以上时，应选用厚涂型钢结构防火涂料。

(3) 半露天或某些潮湿环境的钢结构，露天钢结构应选用室外钢结构防火涂料。

3. 隔热型钢结构防火涂料

(1) 基本组成和性能

隔热型钢结构防火涂料通常为厚涂型钢结构防火涂料，是采用一定的胶凝材料，配以无机轻质材料、增强材料等组成，涂层厚度为 7～45 mm。这类钢结构防火涂料的耐火极限为 1～3 h，施工多采用喷涂或批刮工艺，一般是应用在耐火极限要求在 2 h 以上的钢结构建筑上，如在石油、化工等行业中。这类涂料在火灾中涂层基本不膨胀，依靠材料的不燃性、低导热性和涂层中材料的吸热性等来延缓钢材的温升，从而达到保护钢构件的目的。这种涂料的涂层外观装饰性一般不理想。

隔热型钢结构防火涂料又称为无机轻体喷涂涂料或耐火喷涂涂料，目前有蛭石水泥系、矿纤维水泥系、氢氧化镁水泥系和其他无机轻体系等系列，其基本组成见表 6-8。

表 6-8　隔热型钢结构防火涂料的基本组成

组分	主要代表物质	质量分数/%
基料	硅酸盐水泥,氢氧化镁,水玻璃等	15～40
骨料	膨胀蛭石,膨胀珍珠岩,矿棉	30～50
助剂	硬化剂,防水剂,膨松剂等	5～10
水		10～30

隔热型钢结构防火涂料按使用环境来分,有室内和室外两种类型。根据《钢结构防火涂料》(GB 14907—2002),其应满足表 6-9 的技术要求。

表 6-9　隔热型钢结构防火涂料的技术要求

检测项目	技术指标	
	室内型	室外型
在容器中状态	经搅拌后呈均匀稠厚流体状态,无结块	经搅拌后呈均匀稠厚流体状态,无结块
干燥时间(表干)/h	≤24	≤24
初期干燥抗裂性	允许出现 1～3 条裂纹,其宽度不应大于 1 mm	允许出现 1～3 条裂纹,其宽度不应大于 1 mm
黏结强度/MPa	0.04	0.04
抗压强度/MPa	≥0.3	≥0.5
干密度/(kg/m³)	≤500	≤650
耐水性/h	≥24 涂层应无起层,发泡,脱落等现象	—
冷热循环性/次	≥15 涂层应无开裂,剥落,起泡现象	≥15 涂层应无开裂,剥落,起泡现象
耐曝热性/h	—	≥720 应无起层,空鼓,开裂现象
耐湿热性/h	—	≥304 涂层应无起层,脱落现象
耐酸性/h	—	≥360 涂层应无起层,脱落,开裂现象
耐碱性/h	—	≥360 涂层应无起层,脱落,开裂现象
耐盐雾腐蚀性/次	—	≥30 涂层应无起泡,明显变质,软化现象
涂层厚度(不大于)/mm	25±2	25±2
耐火极限(不低于)/mm	2.0	2.0

(2) 室内隔热型钢结构防火涂料

室内隔热型钢结构防火涂料主要由无机胶粘剂、无机轻质材料、增强填料和助剂等配制而成。除了具有一般水性防火涂料的优点外,由于其原材料都是无机物,因此成本低廉,但装饰效果较差。一般用于耐火极限要求在 2 h 以上的室内钢结构上，如高层民用建筑的柱子、一般工业和民用建筑的支承多层柱子、室内隐蔽钢构件等。施工多采用喷涂工艺。

室内隔热型钢结构防火涂料的性能主要由基料决定。在进行涂料配方设计时，基料的确定原则应主要考虑下面几方面：

① 选用的基料在高温下 800～1 000℃应与钢材有较强的黏合强度，并且有利于或至少是不影响防火涂料体系的防火隔热效果。

② 选用的基料除了使涂料具有良好的理化性能外，还应对金属没有腐蚀性。

③ 选用的基料应考虑经济性。

目前可用作室内隔热型钢结构防火涂料基料的无机胶粘剂主要有碱金属硅酸盐类、磷酸盐类等。

在硅酸钠盐中由于存在游离的碱金属离子，空气中的酸性物质如 CO_2 等能与其发生不良反应，解决的方法是采用氟硅酸盐、硼酸盐、有机高分子聚合物对其进行改性，通过形成一种体型的网状结构将碱金属离子固定下来。当这一过程完成后，碱金属离子就不再与 CO_2 反应，从而可改善涂层的理化性能。

磷酸盐类胶粘剂也是常用的无机胶粘剂，用它作为防火涂料的基料，可以避免碱性氧化物与空气中的酸性气体反应。从而提高涂料的耐候性、耐水性等理化性能。碳酸钙大量用于防火涂料中，作填料和增强材料、起骨架、阻燃剂和体质颜料。碳酸钙用于防火涂料中，增加了涂层的冲击强度，提高了防火涂料的韧性及弹性，降低收缩，具有优良的色牢度，可改进防火涂料表面质量，改进稳定性和抗老化性。

此外，硅灰石粉、灰钙粉、沉淀硫酸钡、重质碳酸钙、滑石粉、粉煤灰空心微珠等也是隔热型防火涂料中常用的填料。

隔热型钢结构防火涂料中另一个重要组分为轻质隔热骨料，最常用的有膨胀蛭石、膨胀珍珠岩、硅藻土、粉煤灰空心微珠等。这些材料的应用不仅提高涂料的隔热性能，也可大大降低涂料的干密度，防止涂层的收缩开裂等。

(3) 室外隔热型钢结构防火涂料

室外隔热型钢结构防火涂料是指适合于室外环境使用的隔热型钢结构防火涂料，其性能要求高于室内隔热型钢结构防火涂料，因此价格通常也比室内隔热型钢结构防火涂料高一些。这类涂料主要用于建筑物室外和石化企业露天钢结构等。

室外隔热型钢结构防火涂料的基料一般是由耐候性较好的合成树脂或高分子乳液与无机基料复合而成，再配以阻燃剂、轻质材料、增强材料等。表 6 - 10 为室外隔热型钢结构防火涂料的配方示例。

硅溶胶是一种理想的无机成膜物质，它是由水玻璃经过酸处理、电渗析及离子交换等方法去掉钠离子后得到的超微粒子聚硅酸分散体，具有一旦成膜就不再溶解的特性。但由于它的涂层硬而脆，在成膜过程中体积收缩大，因此容易引起涂层开裂。将它与有机高分子材料复合使用，可克服上述缺点，力学性能大大提高。室外隔热型钢结构防火涂料生产中常用的高分子材料有水溶性合成树脂和高分子乳液，前者如水性氨基树脂、水性酚醛树脂等，后者如丙烯酸酯及其共聚树脂等。

表 6-10　室外隔热型钢结构防火涂料配方示例

原料名称	用量/%	原料名称	用量/%
有机高分子乳液	15～20	无机轻质材料	25～30
硅溶胶	10～15	添加剂	2～5
颜填料	5～10	水	25～30

室外隔热型钢结构防火涂料生产中所用的轻质材料、颜填料和助剂与室内型的基本相同，但对耐水、耐候、耐化学腐蚀等性能的要求更高，选择时应更慎重。与室内隔热型钢结构防火涂料相比，目前我国室外隔热型钢结构防火涂料的品种尚较少。

4. 薄涂型钢结构防火涂料

(1) 基本组成和性能

① 涂层使用厚度在 3～7 mm 的钢结构防火涂料称为薄涂型钢结构防火涂料。该类涂料一般分为底涂(隔热层)和面涂(装饰发泡层)两层。底层实际上是一层隔热型防火涂料，受火不会膨胀，依靠自身的低热传导率特性起到隔热作用。面层具有较好的装饰作用，同时受火时发泡膨胀，以膨胀发泡所形成的耐火隔热层来延缓钢材的温升，保护钢构件，但发泡率一般不高。薄涂型钢结构防火涂料的装饰性比厚涂隔热型防火涂料好，施工多采用喷涂。一般使用在耐火极限要求不超过 2 h 的建筑钢结构上。

② 薄涂型钢结构防火涂料一般是以水性聚合物乳液为基料(也有少量以溶剂型树脂为基料)，配以有机、无机复合阻燃剂和颜填料组成底涂，并以水性乳液为基料，加入 P-C-N 防火体系、硅酸铝纤维等耐火材料、颜填料、助剂等组成面涂。

③ 在薄涂型防火涂料的生产中，基料的选择是影响涂料性能的关键因素之一。基料选择的好坏不仅对防火涂料的理化性能有决定作用，还直接影响防火涂料的防火隔热效果。这就决定了基料选择的原则是要充分考虑并合理兼顾这两个方面，同时从产品竞争力方面着眼，还应考虑其价格。

④ 从对防火涂料的理化性能和防火性能两方面要求看，所选用的聚合物乳液必须对钢铁基材有良好的附着力，涂层有良好的耐久性和耐水性。常用作这类防火涂料基料的聚合物乳液有苯乙烯改性的丙烯酸乳液、聚醋酸乙烯乳液、偏氯乙烯乳液等。

⑤ 薄涂型钢结构防火涂料按使用环境来分，有室内和室外两种类型。根据《钢结构防火涂料》(GB 14907—2002)，其应满足表 6-11 中的技术要求。

表 6-11　薄涂型钢结构防火涂料的技术要求

检验项目	技术指标	
	室内型	室外型
在容器中状态	经搅拌后呈均匀稠厚流体状态，无结块	经搅拌后呈均匀稠厚流体状态，无结块
干燥时间(表干)/h	≤12	≤12
外观与颜色	涂层干燥后，外观与颜色同样品相比应无差别	涂层干燥后，外观与颜色同样品相比应无差别

续表

检验项目	技术指标	
	室内型	室外型
初期干燥抗裂性	允许出现 1～3 条裂纹，其宽度不应大于 0.5 mm	允许出现 1～3 条裂纹，其宽度不应大于 0.5 mm
黏结强度/MPa	≥0.15	≥0.15
耐水性/h	≥24 涂层应无起层,发泡,脱落等现象	
冷热循环性/次	≥15 次涂层应无开裂,剥落,起泡现象	≥15 次涂层应无开裂,剥落,起泡现象
耐曝热性/h	—	≥720 应无起层,空鼓,开裂现象
耐湿热性/h	—	≥504 涂层应无起层,脱落现象
耐酸性/h	—	≥360 涂层应无起层,脱落,开裂现象
耐碱性/h	—	≥360 涂层应无起层,脱落,开裂现象
耐盐雾腐蚀性/次		≥30 次涂层应无起泡,明显变质,软化现象
涂层厚度(不大于)/mm	0.5	0.5
耐火极限(不低于)/mm	1.0	1.0

⑥ 从涂料的组成方面看,室内型和室外型两类薄涂型钢结构防火涂料并无本质区别。但在性能要求方面,室外型钢结构防火涂料除了防火性能要求外,还应有良好的耐酸碱性、耐盐雾性和耐曝热性等,因此对基料的选择更为严格。

5. 超薄型钢结构防火涂料

所谓超薄型钢结构防火涂料是指涂层使用厚度不超过 3 mm 的钢结构防火涂料。一般用于耐火极限在 2 h 以内的建筑钢结构保护。这类涂料是近几年出现的新品种,发展趋势很好。

(1) 组成与工作原理

① 超薄膨胀型钢结构防火涂料在火焰高温作用下,涂层受热分解出大量的惰性气体,降低了可燃气体和空气中氧气的浓度,使燃烧减缓或被抑制。同时,涂层膨胀发泡形成发泡涂层,这层发泡层与钢铁基材有很强的黏结性,其热导率很低,因此不仅隔绝了氧气,而且具有良好的隔热性,延滞了热量向被保护基材的传递,避免了高温火焰直接攻击钢构件,故防火隔热效果较薄涂型和厚质隔热型钢结构防火涂料显著。

② 超薄膨胀型钢结构防火涂料的涂刷厚度一般为 1～3 mm,耐火极限可达 1～2 h。目前该类钢结构防火涂料大多数是溶剂型的,以合成树脂作基料,用 200 号溶剂汽油、苯类和醋酸酯类等有机溶剂作为溶剂和稀释剂,再配以阻燃剂、防火助剂、增强填料、颜料、各种辅助材料及助剂等原料,经碾磨加工而成。其具有施工方便、室温自干、耐水耐候、附着力强等特点。

③ 发泡层表层中的元素主要为 P、Ti、Si、Zn、Al、Mg 等,而且这几种元素在发泡层表层中所占的比例与其在填料中的比例相似。可知发泡层最后剩余物由所加填料的种类所决定。红外光谱曲线则显示,发泡层表层主要是由 PO_4^{3-}、SIO_4^{2-} 和 Ti、Al、Mg 等阳离子组成的化合物,这些化合物高温下在发泡层表面形成一层无机耐火材料,对发泡层起保护作用。

填料中 Ti 所占比例越多涂层的耐火性能越好。

(2) 超薄膨胀型钢结构防火涂料的性能要求

超薄膨胀型钢结构防火涂料按使用环境来分，也有室内和室外两种类型。根据《钢结构防火涂料》(GB 14907—2002)，应满足表 6-12 中的技术要求。

表 6-12　超薄膨胀型钢结构防火涂料的技术要求

检测项目	技术指标	
	室内型	室外型
黏结强度/MPa	≥0.2	≥0.2
耐水性/h	≥24 涂层应无起层、发泡、脱落等现象	≥720 涂层应无起层、发泡、脱落等现象
耐冷热循环性/次	≥15 次涂层应无开裂、剥落、起泡现象	≥504 次涂层应无开裂、剥落、起泡现象
耐曝热性/h	—	≥720 应无起层、空鼓、开裂现象
耐湿热性/h	—	≥504 涂层应无起层、脱落现象
耐酸性/h	—	≥360 涂层应无起层、脱落、开裂现象
耐碱性/h	—	≥360 涂层应无起层、脱落、开裂现象
耐盐雾腐蚀性/次	—	≥30 次涂层应无起泡、明显变质、软化现象
涂层厚度(不大于)/mm	2.00±0.20	2.00±0.20
耐火极限(不低于)/mm	1.0	1.0

(3) 超薄膨胀型钢结构防火涂料的制备

超薄膨胀型钢结构防火涂料大部分是溶剂型的，基料以醇酸树脂、聚丙烯酸酯树脂、氨基树脂、酚醛树脂、氯化橡胶、高氯化聚乙烯、不饱和聚酯树脂等为主。

近年来也有水性超薄膨胀型钢结构防火涂料问世，基料主要为氯乙烯-偏氯乙烯乳液(氯偏乳液)、聚丙烯酸酯共聚乳液、氟碳乳液等，但总体质量和防火效果尚不能与溶剂型防火涂料相媲美。

6.2.4　防火涂装施工

1. 一般规定

(1) 钢结构防火涂料的生产厂家、检验机构、涂装施工单位均应具有相应的资质，并通过公安消防部门的认证。

(2) 钢结构防火涂料涂装前，构件应安装完毕并验收合格。如若提前施工，应考虑施工后补喷。

(3) 钢结构表面杂物应清理干净，其连接处的缝隙应用防火涂料或其他材料填平，之后方可施工。

(4) 喷涂前，钢结构表面应除锈，并根据使用要求确定防锈处理方式。

(5) 喷涂前应检查防火涂料，防火涂料品名、质量是否满足要求，是否有厂方的合格证，检测机构的耐火性能检测报告和理化性能检测报告。

(6) 防火涂料的底层和面层应相互配套，底层涂料不得腐蚀钢材。

(7) 涂料施工过程中,环境温度宜为5～38℃,相对湿度不应大于85%。涂装时构件表面不应有结露,涂装后4 h内应免受雨淋。

2. 工艺流程

施工准备→调配涂料→涂装施工→检查验收。

3. 厚涂型(隔热型)钢结构防火涂料涂装工艺及要求

(1) 施工方法及机具

一般采用喷涂方法涂装,机具为压送式喷涂机,配备能够自动调压的空压机,喷枪口径为6～12 mm,空气压力为0.4 MPa～0.6 MPa。局部修补和小面积构件采用手工抹涂方法施工,工具是抹灰刀等。

(2) 涂料配制

单组分湿涂料,现场采用便携式搅拌器搅拌均匀;单组分干粉涂料,现场加水或其他稀释剂调配,应按照产品说明书规定的配比混合搅拌;双组分涂料,按照产品说明书规定的配比混合搅拌。

防火涂料配制搅拌,应边配边用,当天配制的涂料必须在说明书规定时间内使用完。搅拌和调配涂料,应使其均匀一致,且稠度适宜,既能在输送管道中流动畅通,又在喷涂后不会产生流淌或下坠现象。

(3) 涂装施工工艺及要求

喷涂应分若干层完成,第一层喷涂以基本盖住钢材表面即可,以后每层喷涂厚度为5～10 mm,一般以7 mm左右为宜。在每层涂层基本干燥或固化后方可继续喷涂下一层涂料,通常每天喷涂一层。

喷涂保护方式、喷涂层数和涂层厚度应根据防火设计要求确定。

喷涂时,喷枪要垂立于被喷涂钢构件表面,喷距为6～10 mm,喷涂气压保持在0.4 MPa～0.6 MPa。喷枪运行速度要保持稳定,不能在同一位置久留,避免造成涂料堆积流淌。喷涂过程中,配料及往喷涂机内加料均要连续进行,不得停顿。

施工过程中,操作者应采用测厚针检测涂层厚度,直到符合设计规定的厚度,方可停止喷涂。喷涂后,对于明显凹凸不平处,采用抹灰刀等工具进行剔除和补涂处理,以确保涂层表面均匀。

厚涂型(隔热型)钢结构防火涂料的施工主要有以下几道工序:

① 第一道工序是除去钢结构表面的油污、铁锈及机械污物等,这样可增强防火涂料对钢结构的附着力。

② 隔热型钢结构防火涂料常为水性涂料,直接涂刷于钢材表面易生锈。为了防止钢结构生锈,以延长使用寿命,提高整个涂层的保护性,钢结构经过表面处理以后,施工的第二道工序是涂刷防锈底漆,这是该类防火涂料施工过程中最基础的工作,两工序之间的间隔时间应尽可能地缩短。

③ 隔热型钢结构防火涂料固体含量较大,较易沉淀,使用前应充分搅匀。双组分包装的防火涂料,要根据产品说明书上规定的比例在现场进行调配,并充分搅匀,单组分包装的涂料也应充分搅拌。喷涂后,不应发生流淌和下坠。隔热型钢结构防火涂料宜采用压送式喷涂机喷涂,空气压力为0.4 MPa～0.6 MPa,喷枪口直径宜为6～10 mm。局部修补和小面积施工时可用手工抹涂。喷涂施工应分次喷涂。每遍喷涂厚度宜为5～10 mm,喷涂时

应确保涂层均匀平整，必须在前一遍基本干燥或固化后，再喷涂后一组。喷涂保护方式、喷涂遍数与涂层厚度应根据施工设计要求确定。施工过程中应对最后一遍涂层做抹平处理，以保证外表面均匀平整。

④ 施工过程中，应采用涂层测厚仪检测涂层厚度，直到符合设计规定的厚度。

(4) 质量要求

涂层应在规定时间内干燥固化，各层间黏结牢固，不出现粉化、空鼓、脱落和明显裂纹。钢结构接头、转角处的涂层应均匀一致，无漏涂出现。涂层厚度应达到设计要求；否则，应进行补涂处理，使其符合规定的厚度。

4. 薄涂型(隔热型)钢结构防火涂料涂装工艺及要求

(1) 施工方法及机具

一般采用喷涂方法涂装。面层装饰涂料可以采用刷涂、喷涂或滚涂等方法；局部修补或小面积构件涂装，不具备喷涂条件时，可采用抹灰刀等工具进行手工抹涂方法。

机具为重力式喷枪，配备能够自动调压的空压机。喷涂底层及中间层时，枪口径为4～6 mm，空气压力为0.4 MPa～0.6 MPa，喷涂面层时，喷枪口径为1～2 mm，空气压力为0.4 MPa左右。

(2) 涂料配制

单组分涂料，现场采用便携式搅拌器搅拌均匀；双组分涂料，按照产品说书规定的配比混合搅拌。

防火涂料配制搅拌，应边配边用。当天配制的涂料必须在说明书规定时间内使用完。

搅拌和调配涂料，应使之均匀一致，且调度适宜，既能在输送管道中流动畅通又在喷涂后不会产生流淌和下坠现象。

薄涂型钢结构防火涂料配方实例见表6-13。

表6-13 薄涂型钢结构防火涂料配方实例

面涂层/份(质量)		底涂层/份(质量)	
原料名称	用量	原料名称	用量
聚丙烯酸酯乳液	14	聚丙烯酸酯乳液	10
钛白粉	8	聚乙烯醇	6
磷酸氢二铵	11	硅溶胶	5
季戊四醇	17	粉煤灰空心微珠	16
三氯氰胺	16	膨胀蛭石	13
助剂	4	硅酸铝纤维	6
水	20	助剂	3
		水	16

(3) 底层涂装施工工艺及要求

底涂层一般应喷涂2～3遍，待前一遍涂层基本干燥后再喷涂后一遍。第一遍喷涂以盖住钢材基面70%即可,第二、三遍喷涂每层厚度不超过2.5 mm。

喷涂保护方式、喷涂层数和涂层厚度应根据防火设计要求确定。

喷涂时,操作工手握喷枪要平稳,运行速度保持稳定。喷枪要垂直于被喷涂钢构件表面,喷距为6～10 mm。

施工过程中,操作者应随时采用测厚针检测涂层厚度,确保各部位涂层达设计规定的厚度要求。喷涂后形成的涂层是粒状表面,当设计要求涂层表面平整光滑时,待喷涂完最后一遍应采用抹灰刀等工具进行抹平处理,以确保涂层表面均匀平整。

薄涂型钢结构防火涂料的施工主要有以下几道工序:

① 第一道工序是除去钢结构表面的油污、铁锈及机械污物等,以增强防火涂料对钢结构的附着力。

② 薄涂型钢结构防火涂料大部分为水性乳液型涂料,直接涂刷于钢材表面易生锈。为了防止钢结构生锈,以延长使用寿命,提高整个涂层的保护性,施工的第二道工序是涂刷防锈底漆,这是薄涂型钢结构防火涂料施工过程中最基础的工作。

为了保证防锈底漆的施工质量,第一道工序和第二道工序之间的间隔时间应尽可能地缩短。

③ 除了防止钢结构生锈以延长其使用寿命的目的外,涂防锈底漆的另一目的是提高钢结构表面与防火涂料涂层之间的结合力。因此正确地选择防锈底漆品种及其涂装工艺,对提高防火涂料涂层性能、延长涂层寿命有重要作用。选择防锈底漆时,应考虑其与钢结构基材有很好的附着力;本身有较好的机械强度;对底材具有良好的防腐蚀保护性能并不产生其他副作用;不能含有能渗入上层涂层引起弊病的组分;应具有良好的涂装性能等。

④ 薄涂型钢结构防火涂料的底涂层一般宜采用重力式喷枪喷涂。局部修补和小面积施工时可用手工抹涂。底层一般喷2～3遍,每遍喷涂厚度为2～4 mm,必须在前一遍干燥后,再喷涂后一遍。喷涂时应确保涂层均匀平整,并用涂层测厚仪检测涂层厚度,确保喷涂达到设计规定的厚度。当设计要求涂层表面平整光滑时,应对最后一遍涂层做抹平处理,以保证外表面平整。

⑤ 薄涂型钢结构防火涂料的面层装饰涂料可采用刷涂、喷涂或滚涂的方法。面层喷涂1～2次,并应全部覆盖底层。面层应做到颜色均匀,涂层平整。

(4) 面层涂装工艺及要求

当底涂层厚度符合设计要求并基本干燥后,方可进行面层涂料涂装。

面层涂料一般涂刷1～2遍。如第一遍是从左至右涂刷,第二遍则应从右至左涂刷,以确保全部覆盖住底涂层。

面层涂装施工应保证各部分颜色均匀一致,接槎平整。

5. 超薄膨胀型钢结构防火涂料的施工工序

超薄膨胀型钢结构防火涂料的施工主要有以下几道工序:

(1) 第一道工序是除去钢结构表面的油污、铁锈及机械污物等,以增强防火涂料对钢结构的附着力。

常采用机械打磨除锈、喷砂除锈或化学洗液除锈等方法对钢材表面进行处理。实践表明,前两种方法对提高超薄膨胀型钢结构防火涂料的附着力更为有效。

(2) 超薄膨胀型钢结构防火涂料虽为溶剂型防火涂料，具有一定的防腐蚀性能，但总的来说防腐蚀性能不强，因此钢材表面仍容易生锈。为了防止钢结构生锈，以延长使用寿命，提高整个涂层的保护性，施工的第二道工序是涂刷防锈底漆，这是超薄膨胀型钢结构防火涂料施工过程中最基础、最重要的工作。为了保证防锈底漆的施工质量，第一道工序和第二道工序之间的间隔时间应尽可能地缩短。选择防锈底漆时，应考虑其与钢结构基材有很好的附着力，本身有较好的机械强度，对底材具有良好的防腐蚀保护性能并不产生其他副作用，不能含有能渗入上层涂层引起弊病的组分，应具有良好的涂装性能等。

(3) 第三道工序为涂刷超薄膨胀型钢结构防火涂料。超薄膨胀型钢结构防火涂料的施工一般采用刷涂工艺，有些品种也可采用喷涂或滚涂工艺。局部修补和小面积施工时主要采用刷涂。

超薄膨胀型钢结构防火涂料的施工应遵循少量多次的原则，即每次涂刷的涂层应尽可能薄。每遍喷涂厚度为0.1～0.2 mm，必须在前一遍干燥后，再喷涂后一遍。喷涂时应确保涂层均匀平整，并用涂层测厚仪检测涂层厚度，确保喷涂达到设计规定的厚度。因此一般2 mm左右的涂层，需十几道涂刷才能达到规定的厚度。实践表明，同样厚度的涂层，分多次涂刷完成和一次涂刷完成，其耐火极限是完全不一样的。

6. 涂料性能与检测

涂料的性能包括干燥时间、初期干燥抗裂性、黏结强度、抗压强度、热导率、抗震性、抗弯性、耐水性、耐冻融循环、耐火性能、耐酸性、耐碱性等。

耐火试验时，试件平放在卧式燃烧炉上，三面受火。试验结果以钢结构涂层厚度(mm)和耐火极限(h)表示。

7. 防火涂料涂装工程验收

(1) 防火涂料涂装前钢材表面除锈及防锈底漆涂装应符合规定，并按构件数抽查10%，且同类构件不应少于3件。表面除锈用铲刀检查和用图片对照观察检查；底漆涂装用干漆膜测厚仪检查，每个构件检测5处。

(2) 防火涂料不应有误涂、漏涂，涂层应闭合无脱层、空鼓、明显凹陷、粉化松散和浮浆等外观缺陷，应剔除乳突。

(3) 薄涂型防火涂料涂层表面裂纹宽度不应大于0.5 mm，厚涂型防火涂料涂层表面裂纹宽度不应大于1 mm。按同类构件数抽查10%，且均不应少于3件。

(4) 薄涂型防火涂料涂层厚度应符合设计要求。厚涂型防火涂料涂层厚度的80%及以上面积应符合设计要求，且最薄处厚度不应低于设计要求的85%。用涂层厚度测试仪、测针和钢尺检查，应符合下列规定：

① 测点选定。楼板和防火墙的防火涂层厚度测定，可选两相邻纵、横轴线相交中的面积为一单元，在其对角线上每米选一点；全钢框架结构的梁、柱以及桁架结构的上、下弦的防火涂层厚度测定，在构件长度上每隔3 m取一截面，桁架结构其他腹杆，每根取一截面按图6-2所示的位置测试。

② 测量结果。对于楼板和墙面，在所选择面积中至少测5点；对于梁、柱，在所选位置中分别测出6个和8个点，分别计算它们平均值，精确到0.5 mm。

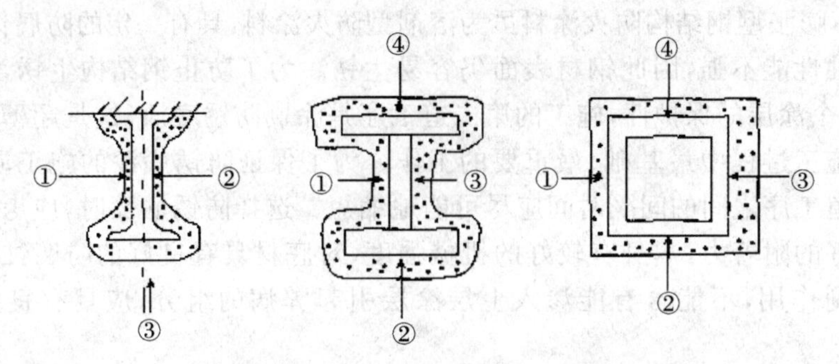

图 6-2　梁、柱、桁架涂层厚度检测位置

6.2.5　钢结构涂装施工的安全技术

1. 防火防爆

涂装施工中所用材料大多数为易燃品，在涂装施工过程中形成漆雾和有机溶剂的蒸气，与空气混合后积聚到一定浓度时一旦接触明火就容易引起火灾或爆炸。

涂装现场必须采取防火防爆措施，具体做到以下几点：

(1) 施工现场不允许堆放易燃易爆物品，并应远离易燃易爆物品仓库。

(2) 施工现场严禁烟火。

(3) 施工现场必须有消防器材和消防水源。

(4) 擦拭过溶剂的棉纱、破布等应存放在带盖铁桶内并定期处理。

(5) 严禁向下水道或随地倾倒涂料和溶剂。

(6) 涂料配制时应注意先后次序，并应加强通风降低积聚浓度。

(7) 涂装过程中避免因静电、摩擦、电气等产生易引起爆炸的火花。

2. 防尘防毒

涂料中大部分溶剂和稀释剂都是有毒物品，再加上粉状填料，工人长时间吸入体内对人体的中枢神经系统、造血器官和呼吸系统会造成损害。

为了防止中毒，应做到以下几点：

(1) 严格限制挥发性有机溶剂蒸气和粉尘在空气中的浓度，其值不得超过表 6-14 的规定。

表 6-14　施工现场有害气体、粉尘的最高允许浓度

物质名称	最高允许浓度/mg・m^{-3}	物质名称	最高允许浓度/mg・m^{-3}
二甲苯	100	甲苯	100
丙酮	400	环乙酮	50
苯	40	苯乙烯	40
煤油	300	溶剂汽油	350
乙醇	1 500	其他各种粉尘	10
含有 10%以上的二氧化硅粉尘(石英，石英石等)	2	含有 10%以下二氧化硅的水泥粉尘	5

（2）施工现场应有良好的通风。

（3）施工人员应戴防毒口罩或防毒面具。

（4）施工人员应避免与溶剂接触，操作时穿工作服、戴手套和防护眼镜等。

（5）因操作不小心，涂料溅到皮肤上应马上擦洗。

（6）操作人员施工时如发现不适，应马上离开施工现场或去医院检查治疗。

3. 其他安全技术

（1）安全生产和劳动保护非常重要，在施工过程中应严格执行有关法律和法规。

（2）施工前要对操作人员进行防火安全教育和安全技术交底。

（3）在施工过程中加强安全监督检查工作，发现问题及时制止，防止事故发生。

（4）高空作业时应系好安全带，并应对使用的脚手架或吊架等进行检查，合格后方可使用。

（5）不允许把盛装涂料、溶剂或用剩的漆罐开口放置。

（6）防火涂料应储存在仓库内，避免露天存放，防止日晒雨淋。

（7）施工现场使用的照明灯、电线、电气设备等应考虑防爆，同时应接地良好。

（8）患有慢性皮肤病或有过敏反应等其他不适应体质的操作者不宜参加施工。

习题与思考题

一、思考讨论题

1. 钢结构的涂装包括哪几类？
2. 简述一般的防腐涂料涂装的工艺流程。
3. 简述一般的防火涂料涂装的工艺流程。
4. 试具体说明涂料型号 C04－2 的含义。
5. 钢材表面除锈有哪些方法？除锈的等级有哪些？
6. 钢结构的成品保护措施有哪些？
7. 防火涂料按厚度、施工环境、胶黏剂的不同和受热后的状态分别可以分哪几类？
8. 钢结构涂装施工的安全技术措施有哪些？

第7章　钢结构施工质量检验

扫码获取
电子资源

7.1　概述

钢结构工程施工质量是指在钢结构工程的整个施工过程中，反映各个工序满足标准规定的要求，包括其可靠性（安全、适用、耐久）、使用功能及其在理化性能、环境保护等方面所有明显和隐含能力的特性总和。设计和使用中的质量问题不属于施工质量的范畴。对钢结构工程施工质量，必须按照现行国家标准《钢结构工程施工质量验收规范》和《建筑工程施工质量验收统一标准》进行验收。

《钢结构工程施工质量验收规范》是在原《钢结构工程施工及验收规范》（GB 50205—2001）和《钢结构工程质量检验评定标准》（GB 50221—95）的基础上，按照"验评分离、强化验收、完善手段、过程控制"的指导思想，分离出施工工艺和评优标准的内容，重新建立的一个技术标准体系，新的验收规范做到了与《建筑工程施工质量验收统一标准》协调一致；与《钢结构设计规范》协调一致；与其他专业施工质量验收规范协调一致；并为施工工艺和评优标准等推荐性标准留有接口。

7.2　钢结构工程施工质量验收程序和组织

钢结构工程施工质量验收程序和组织应根据《中华人民共和国建筑法》和《建设工程质量管理条例》的要求，依法组织和实施钢结构工程施工质量的验收工作。下面是钢结构工程施工质量验收程序和基本组织：

1. 检验批及分项验收人员

检验批及分项工程应由监理工程师（建设单位项目技术负责人）组织施工单位项目专业质量（技术）负责人等进行验收。

2. 分部工程验收人员

分部工程应由总监理工程师（建设单位项目负责人）组织施工单位项目负责人和技术、质量负责人等进行验收；地基和基础、主体结构分部工程的勘察、设计单位工程项目负责人和施工单位技术、质量部门负责人也应参加相关分部工程验收。

3. 工程报验

单位工程完工后，施工单位应自行组织有关人员进行检查评定，并向建设单位提交工程验收报告。

4. 验收

建设单位收到工程验收报告后，应由建设单位（项目）负责人组织施工（含分包单位）、设计、监理等单位（项目）负责人进行单位（子单位）验收。

5. 分包工程验收

单位工程有分包单位施工时，分包单位对所承包的工程项目应按标准规定的程序检查评定，总包单位应派人参加。分包工程完工后，应将工程有关资料交给总包单位。

6. 后期处理

当参加验收各方对工程质量验收意见不一致时，可请当地建设行政主管部门或工程质量监督机构协调处理。

7. 备案

单位工程质量验收合格后，建设单位应在规定时间内将工程竣工验收报告和有关文件报建设行政管理部门备案。

7.3　钢结构工程施工质量验收的划分

钢结构工程施工质量验收划分为分部(子分部)工程、分项工程和检验批。

一般来说，钢结构工程是作为主体结构分部工程中的子分部工程。当所有主体结构均为钢结构时，即子分部工程都是钢结构时，钢结构工程就是分部工程。

钢结构工程的分项工程按主要工种、施工方法及专业系统划分为焊接工程、紧固件连接工程、钢零件及钢部件加工工程、钢构件组装工程、钢构件预拼装工程、单层钢结构安装工程、多层及高层钢结构安装工程、钢网架结构安装工程、压型金属板工程、钢结构涂装工程等 10 个分项工程。

分项工程划分检验批进行验收有助于及时纠正施工中出现的质量问题，体现过程控制，避免“事后算账”；同时也符合工程实际需要。检验批的划分有如下几个原则：① 单层钢结构可按变形缝划分检验批；② 多层及高层钢结构可按楼层或施工段划分检验批；③ 钢结构制作可根据制造厂(车间)的生产能力按工期段划分检验批；④ 钢结构安装可按安装形成的空间刚度单元划分检验批；⑤ 材料进场验收可根据工程规模及进料实际情况合并成一个检验批或分解成若干个检验批；⑥ 压型金属板工程可按屋面、墙面、楼面划分。

从以上的原则可以看出，由于取消了评优的内容，检验批的划分变得比较灵活，可操作性强。检验批的验收是最小的验收单位，同时也是最基本、最重要的验收工作内容，其他分项工程、分部工程及单位工程的验收都是基于检验批验收合格的基础上进行验收。

钢结构工程施工质量验收应在施工单位自检的基础上，按照检验批、分项工程、分部(子分部)工程进行。新的验收规范将检验项目分“主控项目”和“一般项目”，且只规定了合格质量标准。所谓“主控项目”是指对材料、构配件、设备或建筑工程项目的施工质量起决定性作用的检验项目；“一般项目”是指对施工质量不起决定性作用的检验项目。

(1) 检验批合格质量标准应符合下列规定：

① 主控项目必须符合规范规定的合格质量标准。

② 一般项目，其检验结果应有 80%及以上的检查点(值)符合合格质量标准偏差值的要求，且最大值不超过 1.2 倍的偏差限值。

③ 质量证明文件应完整。

(2) 分项工程合格质量标准应符合下列规定：

① 各检验批应符合合格质量标准。

② 各检验批质量验收记录、质量证明文件等应完整。

(3) 分部(子分部)工程合格质量标准应符合下列规定：

① 各分项工程质量均应符合合格质量标准。

② 质量控制资料和文件应符合要求且完整。

③ 有关安全及功能的检验和见证检测结果应符合规定的相应合格质量标准。

④ 有关观感质量应符合规范规定的相应合格质量标准。

(4) 当钢结构工程质量不符合规范规定的合格质量标准时，应按下列规定进行处理：

① 经返工重做或更换材料、构件、成品等的检验批，应重新进行验收。

② 经有资质的检测单位检测鉴定能够达到设计要求或规范规定的合格质量标准的检验批，应予以验收。

③ 经有资质的检测单位检测鉴定达不到设计要求，但经原设计单位核算认可能够满足结构安全和使用功能的检验批，可予以验收。

④ 经返修或加固处理的分项、分部工程，虽然改变外形尺寸但仍能满足安全使用要求，可按处理技术方案和协商文件进行二次验收。

⑤ 通过返修或加固处理仍不能满足安全使用要求的，严禁验收。

7.4 检验批及分项工程的验收

根据《建筑工程质量管理条例》第 37 条规定："……未经监理工程师签字……施工单位不得进行下一道工序的施工"，钢结构工程检验批及分项工程的验收应由钢结构专业监理工程师或建设单位(项目)专业技术人员与施工单位的质检员或项目专业技术负责人等一起进行验收。

检验批质量验收记录至少有下列人员亲笔签字，并负担相应的责任：① 监理工程师或建设单位(项目)专业技术人员，对验收结果负责；② 施工单位的质检员或项目专业技术负责人，对自检结果及验收检查结果和记录负责；③ 专业施工工长(班组长)，对施工质量负责，同一检验批所涉及的人员都应签字归档。

所有分项工程施工，施工单位应在自检合格后，填写分项工程报验申请单，属隐蔽工程还应填写隐检单一并报监理单位(建设单位)，监理工程师或建设单位(项目)专业技术人员应组织施工单位的相关人员按工序进行检验批的检查验收。所有检验批验收合格后，由监理工程师或建设单位(项目)专业技术人员签发分项工程验收单。

1. 分部(子分部)工程的验收

钢结构分部(子分部)工程的验收应由总监理工程师或建设单位项目负责人组织施工单位项目负责人(项目经理)和技术、质检负责人等进行验收，钢结构分部工程的设计单位项目负责人也应参加验收。

钢结构分部(子分部)工程验收记录应由下列人员签字，并负相应的责任：

(1) 施工单位项目负责人(或项目经理)，对施工质量负责。

(2) 设计单位项目负责人，对设计及其变更等负责。

(3) 总监理工程师或建设单位项目负责人，对验收结果负责。

2. 单位工程验收

分部工程验收完成后，对单位工程的验收标准作出了更加严格的规定，并且列为强制性条文。这样的规定旨在体现“谁施工，谁负责”的原则。施工单位是施工质量的首要责任主体，故在单位工程完工后，施工单位首先要依据质量标准、设计图纸等组织有关人员进行自检，并对检查结果进行评定，符合要求后向建设单位提交工程竣工验收报告和完整的质量资料，请建设单位组织验收。

根据国务院《建设工程质量管理条例》和建设部有关规定的要求，单位工程质量验收应由建设单位负责人或项目负责人组织。由于设计、施工、监理单位都是责任主体，因此设计、施工单位负责人或项目负责人及施工单位的技术、质量负责人和监理单位的总监理工程师均应参加验收。勘察单位亦是责任主体，按照规定也应参加验收。但由于在地基基础验收时勘察单位已经参加了地基验收，如果勘察单位已经书面确认对地基的验收，且没有发现其他情况时，单位工程验收时，勘察单位可以不参加，但仍必须按照有关规定对单位工程验收加以确认，并负相应的责任。

在一个单位工程中，如果某子单位工程已经完工，且满足生产要求或具备使用条件，施工单位已经预验，监理工程师也已初验通过，则对该子单位工程，建设单位可以组织验收；由几个施工单位负责施工的单位工程，当其中的施工单位所负责的子单位工程已按设计完成，并经自行检验，也可按规定的程序组织正式验收，办理交工手续。在整个单位工程进行全部验收时，已验收的子单位工程验收资料应作为单位工程验收的附件，一并纳入工程数据文件。

3. 分包钢结构工程的验收

由于《建设工程承包合同》的双方主体是建设单位和总承包单位，总承包单位应按照承包合同的权利、义务对建设单位负责。分包单位对总承包单位负责，亦应对建设单位负责。

钢结构工程有分包单位施工时，分包单位对所承包的分部(子分部)工程、分项工程应按上述程序和组织进行相应的验收，总包单位和分包单位同时以施工单位的身份，派出相应人员参加验收。根据“总承包单位对建设单位负责，分包单位对总承包单位负责；总承包单位和分包单位就分包工程对建设单位承担连带责任”的法律规定，在分包工程进行验收检验时，总包单位相应人员参加是必要的，总包参加人员应对验收内容负责；分包单位对施工质量和验收内容负责，同时在检验合格后，有责任将工程的有关资料移交总包单位，待建设单位组织验收时，分包单位负责人应参加验收，体现分包单位除对总包单位负责外，亦应对建设单位负责的精神，尽管双方无合同关系。

4. 验收的协调和备案

当参加验收各方对工程质量验收意见不一致，可以请当地建设行政主管部门或工程质量监督机构及各方认可的咨询单位进行协调处理。

单位工程验收合格后，建设单位应该到备案机关备案。建设单位竣工验收备案制度是加强政府监督管理、防止不合格工程投入使用的一个重要手段。建设单位应依据国家有关规定，在钢结构工程竣工验收合格后的15天内，按有关程序规定要求到县级以上人民政府建设行政主管部门或其他有关部门备案，并按规定提交有关资料；否则，不允许投入使用。

5. 分项工程检验批的验收

分项工程检验批的质量验收记录应参照《建筑工程施工质量验收统一标准》中表D进

行，结合《钢结构工程施工质量验收规范》的内容，对钢结构工程各分项工程检验批的验收记录可按附表内容进行，对检查内容较多的项目还应附单项检查表或检验报告，有附表或报告的项目在备注栏中应注明。

7.5 钢结构焊接工程验收

1. 一般规定

对于钢结构制作和安装中的钢构件焊接和焊钉焊接的工程质量验收，应按以下原则：

钢结构焊接工程可按相应的钢结构制作或安装工程检验批的划分原则划分为一个或若干个检验批；碳素结构钢应在焊缝冷却到环境温度、低合金结构钢应在完成焊接 24 h 以后，进行焊缝探伤检验；焊缝施焊后应在工艺规定的焊缝及部位打上焊工钢印。

2. 钢构件焊接工程

(1) 对焊接材料的检验

焊条、焊丝、焊剂、电渣等焊接材料与母材的匹配应符合设计要求及国家现行行业标准《建筑钢结构焊接技术规程》(JGJ 81—2002)的规定。焊条、焊剂、药芯焊丝、焊嘴等在使用前，应按其产品说明书及焊接工艺文件的规定进行烘焙和存放。

① 检查数量。全数检查。

② 检查方法。检查质量证明书和烘焙记录。

(2) 对操作人员的要求

焊工必须经考试合格后并取得合格证书。持证焊工必须在其考试合格项目及其认可范围内施焊。

① 检查数量。全数检查。

② 检查方法。检查焊工合格证及其认可范围、有效期。

(3) 焊接工艺的评定

施工单位对其首次采用的钢材、焊接材料、焊接方法、焊后热处理等，应进行焊接工艺评定，并应根据评定报告确定焊接工艺。

① 检查数量。全数检查。

② 检验方法。检验焊接工艺评定报告。

(4) 一、二级焊缝的检验

焊缝质量等级及缺陷检验

设计要求全焊透的一、二级焊缝应采用超声波探伤进行内部缺陷的检验，超声波探伤不能对缺陷作出判断时，应采用射线探伤，其内部缺陷分级及探伤方法应符合现行国家标准《钢焊缝手工超声波探伤方法和探伤结果分级法》(GB 11345—89)或《钢熔化焊对接接头射线照相和质量分级》(GB 3323—87)的规定。

检验焊接球节点钢网架焊缝、螺栓球节点钢网架焊缝及圆管 T、K、Y 形节点等相关焊缝时，其内部缺陷分级及探伤方法应分别符合国家现行标准《焊接球节点钢网架焊缝超声波探伤方法及质量分级法》(JGT 3034.1—1996)、《螺栓球节点钢网架焊缝超声波探伤方法及质量分级法》(JGT 3034.2—1996)、《建筑钢结构焊接技术规程》(JGJ 81—2002)的规定。

① 检查数量。按表 7-1 探伤比例检查。

② 检验方法。检查超声波或射线探伤记录。

表 7－1 所列为一、二级焊缝质量等级及缺陷分级。

表 7－1　一、二级焊缝质量等级及缺陷分级

焊缝质量等级		一级	二级
内部缺陷超声波探伤	评定等级	Ⅱ	Ⅲ
	检验等级	B 级	B 级
	探伤比例	100%	20%
内部缺陷射线探伤	评定等级	Ⅱ	Ⅲ
	检验等级	AB 级	AB 级
	探伤比例	100%	20%

注：探伤比例的计数方法应按以下原则确定：① 对工厂制作焊缝，应按每条焊缝计算百分比，且探伤长度应不小于 200 mm，当焊缝长度不足 200 mm 时，应对整条焊缝进行探伤；② 对现场安装焊缝，应按同一类型、同一施焊条件的焊缝条数计算百分比，探伤长度应不小于 200 mm，并应不少于 1 条焊缝。

(5) 凹形焊缝的处理

焊成凹形的角焊缝，焊缝金属与母材间应平缓过渡；加工成凹形的角焊缝，不得在其表面留下切痕。

① 检查数量。每批同类构件抽查 10%，且不应少于 3 件。

② 检查方法。观察检查。

(6) 焊缝观感要求

外形均匀、成形较好，焊道与焊道、焊道与基本金属间过渡较平缓，焊渣和飞溅物基本清除干净。

① 检查数量。每批同类构件抽查 10%，且不应少于 3 件；被抽查构件中，每一类型焊缝按条数抽查 5%，总抽查数不应少于 5 处。

② 检查方法。用焊缝量规检查。

3. 焊钉(栓钉)焊接工程

(1) 焊接工艺评定的要求

施工单位对其采用的焊钉和钢材焊接应进行焊接工艺评定，其结果应符合设计要求和国家现行有关标准的规定。瓷环应按其产品说明书进行烘焙。

① 检查数量。全数检查。

② 检验方法。检查焊接工艺评定报告和烘焙记录。

(2) 弯曲试验

焊钉焊接后应进行弯曲试验检查，其焊缝和热影响区不应有肉眼可见的裂纹。

① 检查数量。每批同类构件抽查 10%，且不应少于 10 件；被抽查构件中，每一类型焊缝按条数抽查 1%，但不应少于 1 个。

② 检验方法。焊钉弯曲 30°后用角尺检查和观察检查。

(3) 感观要求

焊钉根部焊脚应均匀，焊脚立面的局部未熔合或不足 360°的焊脚应进行修补。

① 检查数量。按总焊钉数量抽查1%，且不应少于10个。

② 检验方法。观察检查。

7.6 紧固件连接工程

对钢结构制作和安装中普通螺栓、扭剪型高强度螺栓、高强度大六角头螺栓、钢网架螺栓球节点用高强度螺栓及射钉、自攻钉、拉铆钉等连接工程的质量验收应遵循以下规定(紧固件连接工程可按相应的钢结构制作或安装工程检验批的划分原则划分为一个或若干个检验批)：

1. 普通紧固件连接

(1) 普通螺栓力学性能检测

普通螺栓作为永久性连接螺栓时，当设计有要求或对其质量有疑义时，应进行螺栓实物最小拉力载荷复验，其结果应符合现行国家标准《紧固件力学性能螺栓、螺钉和螺柱》(GB/T 3098.1－2010)的规定。

① 检查数量。每一规格螺栓抽查8个。

② 检验方法。检查螺栓实物复验报告。

(2) 自攻钉、拉铆钉、射钉的规格要求

连接薄钢板采用的自攻钉、拉铆钉、射钉等，其规格尺寸应与被连接钢板相匹配，间距、边距等应符合设计要求。

① 检查数量。被连接节点数抽查1%，且不应少于3个。

② 检验方法。观察和尺量检查。

(3) 普通螺栓感观检查

永久性普通螺栓紧固应牢固；可靠外露丝扣不应少于2扣。

① 检查数量。被连接节点数抽查10%，且不应少于3个。

② 检验方法。观察和用小锤敲击检查。

(4) 自攻螺钉、钢拉铆钉、射钉等感观检查

自攻螺钉、钢拉铆钉、射钉等与连接钢板应紧固密贴，外观排列整齐。

① 检查数量。被连接节点数抽查10%，且不应少于3个。

② 检验方法。观察和用小锤敲击检查。

2. 高强度螺栓连接

(1) 抗滑移系数试验和复验

钢结构制作和安装单位应按规范的规定分别进行高强度螺栓连接摩擦面的抗滑移系数试验和复验，现场处理的构件摩擦面应单独进行摩擦面抗滑移系数试验，其应符合设计要求。

① 检查数量。制造厂和安装单位应分别以制造批为单位进行抗滑移系数试验。制造批可按分部(子分部)工程划分规定的工程量每2 000 t为一批，不足2 000 t可视为一批。

选用两种及两种以上表面处理工艺时，每种处理工艺应单独检验。每批三组试件。

② 检验方法。检查摩擦面抗滑移系数试验报告和复验报告。

(2) 终拧扭矩检查

高强度大六角头螺栓连接副终拧完成1 h后、48 h内应进行终拧扭矩检查。

① 检查数量。按节点数抽查10%，且不应少于10个；每个被抽查节点按螺栓抽查10%，且不应少于2个。

② 检验方法。扭矩法检测和转角法检验，原则检验方法与施工方法相同。

(3) 扭剪型高强度螺栓检验

扭剪型高强度螺栓连接副终拧后，除因构造原因无法使用专用扳手终拧掉梅花头者外，未在终拧中拧掉梅花头的螺栓数不应大于该节点螺栓数的5%，对所有梅花头末拧掉的扭剪型高强度螺栓连接副应采用扭矩法和转角法进行终拧并作标记，且按规定进行终拧扭矩检查。

① 检查数量。按节点数抽查10%，但不应少于10个节点，被抽查节点梅花头未拧掉的扭剪型高强度螺栓连接副全数进行终拧扭矩检查。

② 检验方法。观察检查。

(4) 高强度螺栓连接副的施拧顺序和初拧扭矩

高强度螺栓连接副的施拧顺序和初拧扭矩应符合设计要求和国家现行行业标准《钢结构高强度螺栓连接的设计施工及验收规程》(JGJ 82—91)的规定。

① 检查数量。全数检查资料。

② 检验方法。检查扭矩扳手标定记录和螺栓施工纪录。

(5) 终拧后的感观检查

高强度螺栓连接副终拧后，螺栓丝扣应外露2～3扣，其中允许有10%的螺栓丝扣外露1扣或4扣。

① 检查数量。按节点数抽查5%，且不少于10个。

② 检验方法。观察检查。

(6) 连接摩擦面要求

高强度螺栓连接摩擦面应保持干燥、整洁、不应有废边、毛刺、焊接飞溅物、焊疤、氧化铁皮、污垢等，除设计要求外摩擦面不应涂漆。

① 检查数量。全数检查。

② 检验方法。观察检查。

(7) 螺栓孔检查

高强度螺栓应自内穿入螺栓孔。高强度螺栓孔不应采用气割扩孔，扩孔数量应征得设计同意，扩孔后的孔径不应超过1.2d(d为螺栓直径)。

① 检查数量。被扩螺栓孔全数检查。

② 检验方法。观察检查及用卡尺检查。

(8) 螺栓球节点网架高强度螺栓检查

螺栓球节点网架总拼完成后，高强度螺栓与球节点应紧固连接，高强度螺栓拧入螺栓球内的螺纹长度不应小于1.0d(d为螺栓直径)。连接处不应出现间隙、松动等未拧紧情况。

① 检查数量。按节点数抽查5%，且不少于10个。

② 检查方法。普通扳手及尺量检查。

7.7 钢结构验收资料

1. 工程质量的控制资料

(1) 图纸会审、设计变更、洽商记录

(2) 原材料的出场合格证及进厂检验纪录:材料(包括钢材、焊接材料、防腐材料、连接材料)汇总表、材质单、复试报告

(3) 超声波探伤报告

(4) 隐蔽工程的验收记录(主要指地脚螺栓)

(5) 施工记录(包括装配式、吊装工程检验验收记录,焊接材料的烘焙记录)

2. 钢结构施工验收的统表

(1) 子分部工程质量验收记录

(2) 钢结构分部工程有关安全及功能的检验记录和见证检测项目检查记录

(3) 分项工程质量验收记录

(4) 检验批质量验收记录

习题与思考题

一、思考讨论题

1. 钢结构隐蔽工程验收应注意哪些事项?
2. 分项工程验收的程序和要求有哪些?需要哪些人员参与及签字确认?
3. 分部工程验收的步骤是什么?需要哪些人员参与及签字确认?
4. 单位工程验收的程序和要求有哪些?需要哪些人员参与及签字确认?

第 8 章　钢结构工程量清单编制

扫码获取
电子资源

8.1　工程量清单概述

8.1.1　工程量清单概念

1. 工程量清单的概念

工程量清单是指建设工程的分部分项项目、措施项目、其他项目、规费项目和税金项目的名称和相应数量等的明细清单。工程量清单是由具有编制能力的招标人或受其委托具有相应资质的工程造价咨询人，依据《建设工程工程量清单计价规范》(GB 50500—2013)，国家或省级、行业建设主管部门颁发的计价依据和办法，招标文件的有关要求，设计文件，与建设工程项目有关的标准、规范、技术资料，招标文件及其补充通知、答疑纪要，施工现场情况、工程特点及常规施工方案相关资料进行编制。采用工程量清单方式招标，工程量清单必须作为招标文件的组成部分，其准确性和完整性由招标人负责。

工程量清单应由分部分项工程量清单、措施项目清单、其他项目清单、规费项目清单、税金项目清单组成。

2. 工程量清单的作用

工程量清单是工程量清单计价的基础，其作用主要表现在：

(1) 工程量清单是编制工程预算或招标人编制招标控制价的依据；

(2) 工程量清单是供投标者报价的依据；

(3) 工程量清单是确定和调整合同价款的依据；

(4) 工程量清单是计算工程量以及支付工程款的依据；

(5) 工程量清单是办理工程结算和工程索赔的依据。

3. 相关术语

(1) 项目编码：项目编码应采用十二位阿拉伯数字表示。一至九位应按规范附录的规定设置，十至十二位应根据拟建工程的工程量清单项目的名称设置，同一招标工程的项目编码不得有重码。

项目编码以五级编码用十二位阿拉伯数字表示。一、二、三、四级为全国统一编码；第五级编码由工程量清单编制人区分具体工程的清单项目特征而分别编码。各级编码代表的含义如下：

① 第一级表示工程分类(附录)顺序码(分二位)

② 第二级表示专业工程(章)顺序码(分二位)。

③ 第三级表示分部工程(节)顺序码(分二位)。

④ 第四级表示分项工程名称顺序码(分三位)。

⑤ 第五级表示具体清单项目编码(分三位)。

(2) 项目特征：指对构成工程实体的分部分项工程量清单项目和非实体的措施清单项目，反映其自身价值的特征进行的描述。目的是为了更加准确的规范工程量清单计价中对分部分项工程量清单项目、措施项目的特征描述的要求，便于准确地组建综合单价。

工程量清单项目特征描述的重要意义在于：

① 用于区分计价规范中同一清单条目下各个具体的清单项目；

② 是工程量清单项目综合单价准确确定的前提；

③ 是履行合同义务、减少造价争议的基础。

(3) 综合单价：指完成一个规定计量单位的分部分项工程量清单项目或措施清单项目所需的人工费、材料费、施工机械使用费、企业管理费和利润，以及一定范围内的风险费用。

(4) 措施项目：指为完成工程项目施工，发生于该工程施工准备和施工过程中的技术、生活、安全、环境保护等方面的非工程实体项目。措施项目清单中的安全文明施工费应按照国家或省级、行业建设主管部门的规定计价，不得作为竞争性费用。

(5) 暂列金额：指招标人在工程量清单中暂定并包括在合同价款中的一笔款项。用于施工合同签订时尚未确定或者不可预见的所需材料、设备、服务的采购，施工中可能发生的工程变更、合同约定调整因素出现时的工程价款调整以及发生的索赔、现场签证确认等的费用。暂列金额包括在合同价之内，但并不直接属承包人所有，而是由发包人暂定并掌握使用的一笔款项。

(6) 暂估价：指招标人在工程量清单中提供的用于支付必然发生但暂时不能确定价格的材料单价以及专业工程的金额。

(7) 计日工：指在施工过程中完成发包人提出的施工图纸以外的零星项目或工作，按合同中约定的综合单价计价。它包括两个含义：一是计日工的单价由投标人通过投标报价确定；二是计日工的数量按发包人发出的计日工指令的数量确定。

(8) 现场签证：指发包人现场代表与承包人现场代表就施工过程中涉及的责任事件所作的签认证明。

(9) 招标控制价：指招标人根据国家或省级、行业建设主管部门颁发的有关计价依据和办法，按设计施工图纸计算的，对招标工程限定的最高工程造价。其作用是招标人对招标工程的最高限价。

(10) 总承包服务费：指总承包人为配合协调发包人进行的工程分包，对自行采购的设备、材料等进行管理并提供相关服务以及施工现场管理、竣工资料汇总整理等服务所需的费用。

8.1.2 工程量清单的编制

1. 分部分项工程量清单编制

1) 分部分项清单包括的内容

分部分项工程量清单应包括项目编码、项目名称、项目特征、计量单位和工程量。

(1) 项目编码

2013 计价规范规定同一招标工程的项目编码不得有重码。

(2) 项目名称：分部分项工程量清单的项目名称应按附录项目名称结合拟建工程的实际确定，编制工程量清单出现附录未包括的项目，编制人应作补充，并报省级或行业工程造价管理机构备案，省级或行业工程造价管理机构应汇总报往住房和城乡建设部标准定额研究所。补充项目的编码由附录的顺序码与B和三位阿拉伯数字组成，并应从×B001起顺序编制，同一招标工程的项目不得重码。工程量清单中需附有补充项目的名称、项目特征、计量单位、工程量计算规则、工程内容。

(3) 项目特征：分部分项工程量清单项目特征应按附录中规定的项目特征，结合技术规范、标准图集、施工图纸，按照工程结构、使用材质及规格或安装位置等，予以详细而准确的表述和说明。凡项目特征中未描述到的其他独有特征，由清单编制人视项目具体情况确定，以准确描述清单项目为准。对计量计价没有实质影响的内容可不描述的内容，无法准确描述的内容可不详细描述的内容。

(4) 计量单位：分部分项工程量清单的计量单位应按附录的规定的计量单位确定。

计量单位应采用基本单位，除各专业另有特殊规定外，均按以下单位计算：

① 以重量计算的项目——吨或千克(t或kg)

② 以体积计算的项目——立方米(m^3)

③ 以面积计算的项目——平方米(m^2)

④ 以长度计算的项目——米(m)

⑤ 以自然计量单位计算的项目——个、套、块、樘、组、台……

⑥ 没有具体数量的项目——系统、项……

(5) 工程内容：工程内容是指完成该清单项目可能发生的具体工程，可供招标人确定清单项目和投标人投标报价参考。以建筑工程的砖墙为例，可能发生的具体工程有砂浆制作、材料运输、砖砌、勾缝等。

凡工程内容中未列全的其他具体工程，由投标人按照招标文件或图纸要求编制，以完成清单项目为准，综合考虑到报价中。

(6) 工程数量的计算应按附录中规定的工程量计算规则计算。

2) 分部分项工程量清单的标准格式

分部分项工程量清单是指表明拟建工程的全部分项实体工程名称和相应数量，编制时应避免漏项、错项，分部分项工程量清单与计价表格式如表8-1，在分部分项工程量清单的编制过程中，由招标人负责前六项内容填列，金额部分在招标控制价或投标报价时填列。

表8-1　分部分项工程量清单与计价表

工程名称：　　　　第　页　共　页

序号	项目编码	项目名称	项目特征描述	计量单位	工程量	金额/元		
						综合单价	合价	其中：暂估价
本页小计								
合计								

分部分项工程量清单的编制应注意以下问题：

(1) 分部分项工程量清单的项目名称应按计价规范附录的项目名称结合拟建工程的项目实际确定。分部分项工程量清单编制时，以附录中的分项工程项目名称为基础，考虑该项目的规格、型号、材质等特征要求，结合拟建工程的实际情况，使其工程量清单项目名称具体化、细化，能够反映影响工程造价的主要因素。

(2) 项目编码按照计量规则的规定，编制具体项目编码。即在计量规则九位全国统一编码之后，增加三位具体项目编码。

(3) 项目名称按照计量规则的项目名称，结合项目特征中的描述，根据不同特征组合确定该具体项目名称。项目名称应表达详细、准确。

(4) 计量单位按照计量规则中的相应计量单位确定。

(5) 工程数量按照计量规则中的工程量计算规则计算，其精确度按下列规定：如以“t”为单位，保留小数点后三位，第四位小数四舍五入；以“m^3”“m^2”“m”为单位，应保留两位小数，第三位小数四舍五入；以“个”“项”等为单位的，应取整数。

2. 措施项目清单编制

(1) 措施项目清单的编制规则

措施项目分为“通用措施项目”和“专业工程措施项目”。

有些非实体项目是可以计算工程量的项目，典型的是混凝土浇筑的模板工程，与完成的工程实体具有直接关系，并且是可以精确计量的项目，用分部分项工程清单的方式采用综合单价，更有利于措施费的确定和调整。

不能计算工程量的项目清单，以“项”为计量单位进行编制。若出现清单计价规范中未列的项目，可根据工程实际情况补充。

(2) 措施项目清单编制注意问题

措施项目清单的编制考虑多种因素，除工程本身的因素外，还涉及水文、气象、环境、安全等因素。

① 参考拟建工程的施工组织设计，以确定环境保护、安全文明施工、材料的二次搬运等项目；

② 参阅施工技术方案，以确定夜间施工、大型机械设备进出场及安拆、混凝土模板与支架、脚手架、施工排水、施工降水、垂直运输机械等项目；

③ 参阅相关的工程施工规范和工程验收规范，以确定施工技术方案没有表述，但是为了实现施工规范与工程验收规范要求而必须发生的技术措施；

④ 确定招标文件中提出的某些必须通过一定的技术措施才能实现的要求；

⑤ 确定设计文件中一些不足以写进技术方案，但是要通过一定的技术措施才能实现的内容。

3. 其他项目清单编制

其他项目清单宜按照下列内容列项：暂列金额、暂估价(包括材料暂估价、专业工程暂估价)、计日工、总承包服务费。

(1) 暂列金额是招标人在工程量清单中暂定并包括在合同价款中的一笔款项。用于施工合同签订时尚未确定或者不可预见的所需材料、设备、服务的采购，施工中可能发生的工程变更、合同约定调整因素出现时的工程价款调整以及发生的索赔、现场签证确认等的费用。

(2) 暂估价是招标人在工程量清单中提供的用于支付必然发生但暂时不能确定的材料单价以及专业工程的金额。

(3) 计日工是在施工过程中，完成发包人提出的施工图纸以外的零星项目或工作，按合同中约定的综合单价计价。

(4) 总承包服务费是总承包人为配合协调发包人进行的工程分包自行采购的设备、材料等进行管理、服务以及施工现场管理、竣工资料汇总整理等服务所需的费用。

4. 规费、税金项目清单

规费项目清单应按照下列内容列项：工程排污费、社会保险费(包括养老保险费、失业保险费、医疗保险费、工伤保险费、生育保险费)、住房公积金。出现规范未列的项目，应根据省级政府或省级有关部门的规定列项。

8.2　钢网架的清单编制

《房屋建筑与装饰工程工程量计算规范》(GB 50854—2013)针对钢网架的清单项目及工程量计算规则如下：

表 8-2　钢网架清单项目及工程量计算规则

项目编码	项目名称	项目特征	计量单位	工程量计算规则
	F.1 钢网架			
010601001	钢网架	1. 钢材品种、规格 2. 网架节点形式、连接方式 3. 网架跨度、安装高度 4. 探伤要求 5. 防火要求	t	按设计图示尺寸以质量计算。不扣除孔眼的质量，焊条、铆钉、螺栓等不另增加质量。

【例 8-1】 厚度为 10 mm，边长不等的不规则五边形钢板，如图 8-1 所示，求其清单工程量。

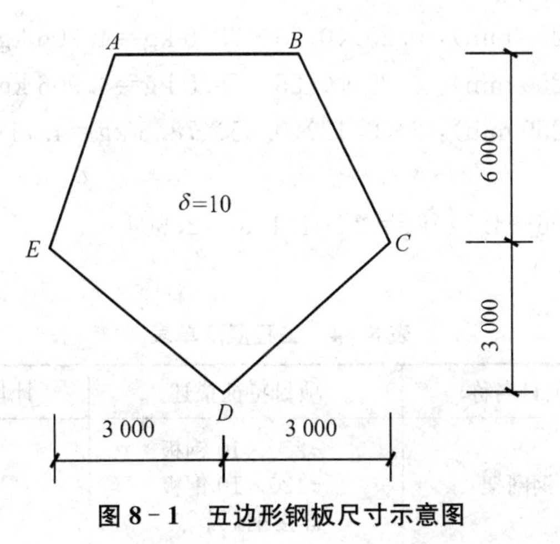

图 8-1　五边形钢板尺寸示意图

【解】 查表得：10 mm 厚钢板的理论质量为 78.5 kg/m^2。

钢板的计算面积按其外接矩形面积计算：

$$S=(3+3)\times(3+6)=54(\text{m}^2)$$

预算工程量为：78.5×54=4 239(kg)≈4.24(t)

工程量清单见表 8-3。

表 8-3 工程量清单表

项目编码	项目名称	项目特征描述	计量单位	工程量
010606012001	零星钢构件	钢板厚度为 10 mm	t	4.24

【例 8-2】 在网架结构中，节点用钢量约占整个网架用钢量的 20%～25%，节点构造的好坏，对结构性能、制造安装、耗钢量和工程造价都有相当大的影响。焊接钢板节点由十字节点板和盖板组成，适用于型钢杆件的连接。已知某网架结构中用到焊接钢板节点 200 个，节点构造尺寸如图 8-2 所示。试计算该网架中焊接钢板节点的制作工程量。

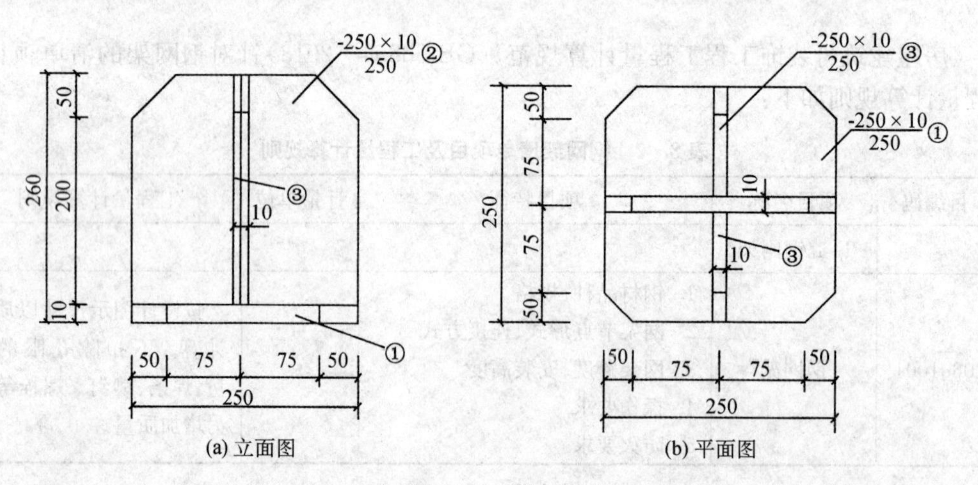

图 8-2 节点

【解】 工程量计算如下：

① −250×10(L=250 mm)：0.25×0.25×78.5 kg=4.906 kg

② −250×10(L=250 mm)：0.25×0.25×78.5 kg=4.906 kg

③ −120×10(L=250 mm)：2×0.12×0.25×78.5 kg=4.71 kg

总制作工程量为：

200×(4.906+4.906+4.71)kg=2 904.4 kg=2.904 t

工程量清单见表 8-4。

表 8-4 工程量清单表

项目编码	项目名称	项目特征描述	计量单位	工程量
010601001001	钢网架	−250×10 钢板 −120×10 钢板 焊接钢板节点	t	2.904

【例8-3】　图8-3为某屋架结构中的一个节点，该节点属于管筒米字型板节点，尺寸如图所示，已知该网架中共用到这种节点350个，试计算该网架结构中这种节点的总制作工程量。

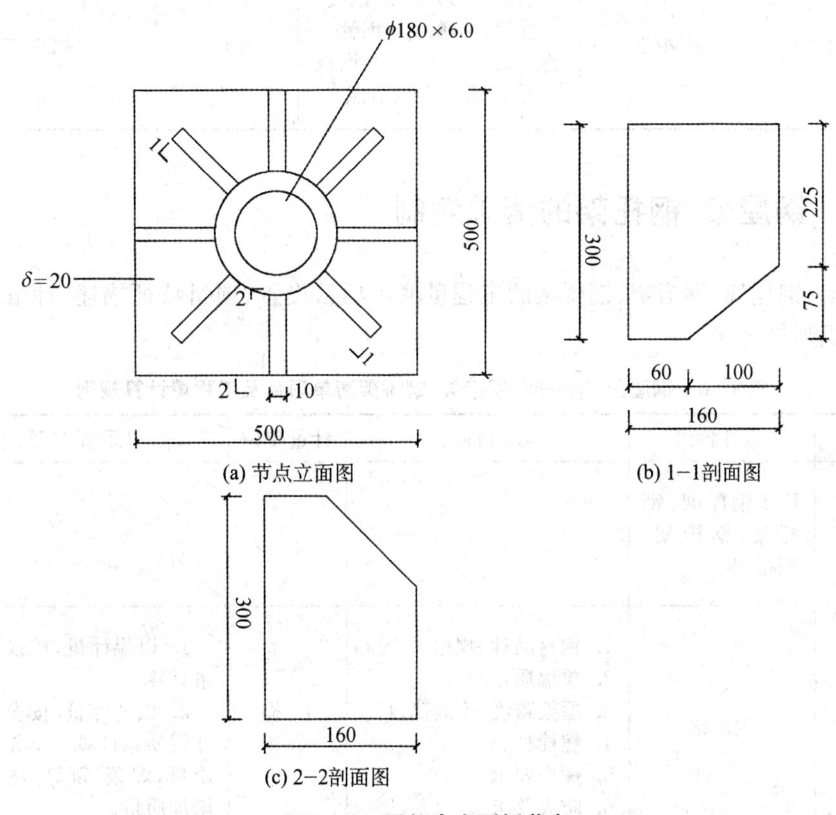

图8-3　网架米字型板节点

【解】　工程量计算如下：

底板工程量计算：

—500×20，长度 L=500 mm

工程量=0.5×0.5×157 kg=39.25 kg=0.039 3 t

管筒工程量计算：

ϕ180×6，L=300 mm；

工程量=23.75×0.3 kg=7.125 kg=0.007 1 t

连接板工程量计算：

—160×10，L=300 mm

工程量=0.16×0.3×78.5×8 kg=30.144 kg=0.030 1 t

则单个节点的工程量为

(0.039 3+0.007 1+0.030 1)t=0.076 5 t

整个网架该种节点的总制作工程量为：

0.076 5×350 t=26.775 t

工程量清单见表8-5。

表 8－5　工程量清单表

项目编码	项目名称	项目特征描述	计量单位	工程量
010601001001	钢网架	底板：－500×20 钢板 管筒：ϕ180×6 钢管 连接板：－160×10 钢板 管筒米字型板节点	t	26.775

8.3　钢屋架、钢托架的清单编制

钢屋架、钢托架、钢桁架、钢桥架的工程量清单项目设置、项目特征描述、计量单位及工程量计算规则见下表。

表 8－6　钢屋架、钢托架、钢桁架、钢桥架清单项目及工程量计算规则

<table>
<tr><th>项目编码</th><th>项目名称</th><th>项目特征</th><th>计量单位</th><th>工程量计算规则</th></tr>
<tr><td></td><td>F.2 钢屋架、钢托架、钢桁架、钢桥架</td><td></td><td></td><td></td></tr>
<tr><td>010602001</td><td>钢屋架</td><td>1. 钢材品种、规格
2. 单榀质量
3. 屋架跨度、安装高度
4. 螺栓种类
5. 探伤要求
6. 防火要求</td><td>1. 榀
2. t</td><td>1. 以榀计量，按设计图示数量计算。
2. 以吨计量，按设计图示尺寸以质量计算。不扣除孔眼的质量，焊条、铆钉、螺栓等不另增加质量。</td></tr>
<tr><td>010602002</td><td>钢托架</td><td rowspan="2">1. 钢材品种、规格
2. 单榀质量
3. 安装高度
4. 螺栓种类
5. 探伤要求
6. 防火要求</td><td rowspan="3">t</td><td rowspan="3">按设计图示尺寸以质量计算。不扣除孔眼的质量，焊条、铆钉、螺栓等不另增加质量。</td></tr>
<tr><td>010602003</td><td>钢桁架</td></tr>
<tr><td>010602004</td><td>钢桥架</td><td>1. 桥架类型
2. 钢材品种、规格
3. 单榀质量
4. 安装高度
5. 螺栓种类
6. 探伤要求</td></tr>
</table>

注：① 螺栓种类指普通或高强　② 以榀计量，按标准图设计的应注明标准图代号，按非标准图设计的项目特征必须描述单榀屋架的质量。

【例 8-4】 某工程钢屋架如图 8-4 所示，计算钢屋架工程量。

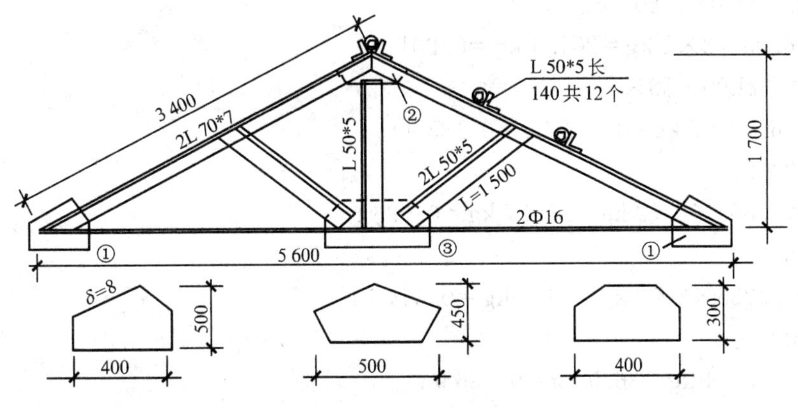

图 8-4　某工程钢屋架

【解】 上弦重量＝3.40×2×2×7.398＝100.61 kg

下弦重量＝5.60×2×1.58＝17.70 kg

立杆重量＝1.70×3.77＝6.41 kg

斜撑重量＝1.50×2×2×3.77＝22.62 kg

①号连接板重量＝0.7×0.5×2×62.80＝43.96 kg

②号连接板重量＝0.5×0.45×62.80＝14.13 kg

③号连接板重量＝0.4×0.3×62.80＝7.54 kg

檩托重量＝0.14×12×3.77＝6.33 kg

屋架工程量＝100.61＋17.70＋6.41＋22.62＋43.96＋14.13＋7.54＋6.33

＝219.30 kg＝0.2193 t

工程量清单见表 8-7

表 8-7　工程量清单表

项目编码	项目名称	项目特征	单位	工程数量
010602001001	钢屋架	上弦 2L70＊7　下弦 Φ16	t	0.2193

【例 8-5】 某榀钢屋架如图 8-5 所示，计算其制作工程量。

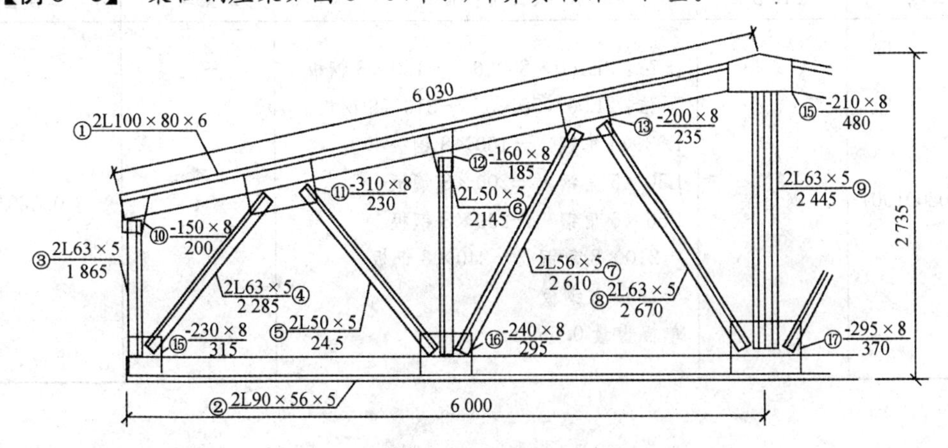

图 8-5　某钢屋架

【解】 由该屋架上弦和下弦所用角钢可知，该屋架属于普通钢屋架。

① 上弦　2L100×80×6：

8.35×6.03×2×2 kg=201.4 kg=0.201 4 t

② 下弦　2L90×56×5：

5.661×6×2×2 kg=135.9 kg=0.135 9 t

③ 2L63×5：

4.822×1.865×2×2 kg=35.97 kg=0.036 t

④ 2L63×5：

4.822×2.285×2×2 kg=44.1 kg=0.044 1 t

⑤ 2L50×5：

3.77×2.45×4 kg=36.9 kg=0.036 9 t

⑥ 2L50×5：

3.77×2.145×4 kg=32.3 kg=0.032 3 t

⑦ 2L56×5：

4.251×2.61×4 kg=44.4 kg=0.044 4 t

⑧ 2L63×5：

4.822×2.67×4 kg=51.5 kg=0.051 5 t

⑨ 2L63×5

4.822×2.445×2 kg=23.6 kg=0.023 6 t

⑭、⑰板：(0.48×0.21+0.37×0.295)×0.008×7.85 t=0.013 2 t

⑩、⑪、⑫、⑬、⑮、⑯板面积为：

2×(0.15×0.2+0.31×0.23+0.16×0.185+0.2×0.235+0.315×0.23+0.295×0.24)=0.642 3 m^2

0.649 3×0.008×7.85 t=0.040 3 t

合计：共 0.660 t

工程量清单见表 8-8

表 8-8　工程量清单表

项目编码	项目名称	项目特征描述	计量单位	工程量
010602001001	钢屋架	上弦：2L100×80×6　—150×8 钢板 下弦：2L90×56×5　—310×8 钢板 L63×5 角钢　—160×8 钢板 L50×5 角钢　—200×8 钢板 L56×5 角钢　—230×8 钢板 —210×8 角钢　—240×8 钢板 —295×8 钢板 单榀重量 0.659 t	t	0.660

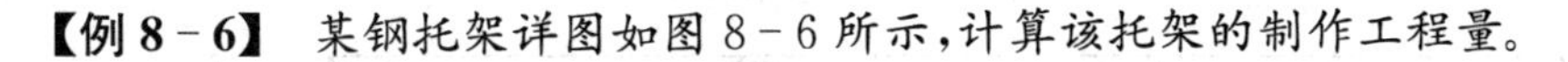

【例8-6】 某钢托架详图如图8-6所示，计算该托架的制作工程量。

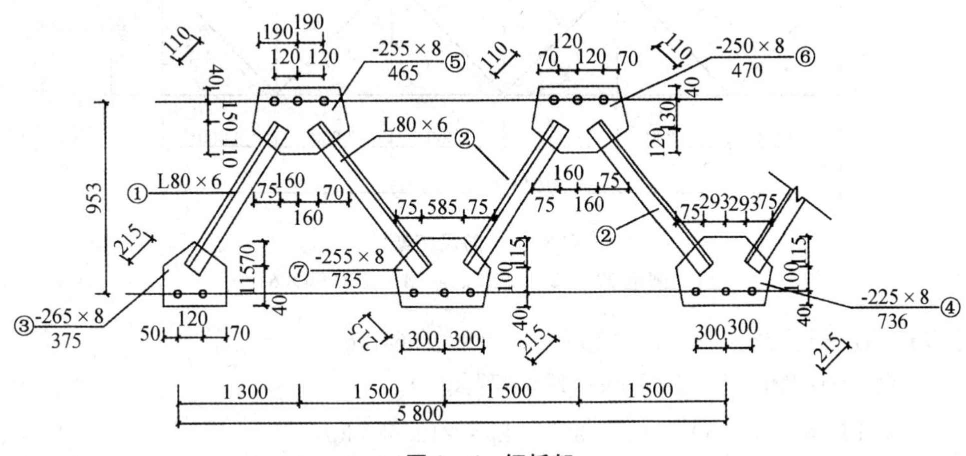

图8-6 钢托架

【解】 工程量计算如下：

① L80×6($L=(\sqrt{1.3^2+0.953^2}-0.11-0.215)$ m＝1.287 m，L80×6 的理论重量为 7.38 kg/m)：

7.38×1.287×2 kg＝19.00 kg

② L80×6($L=(\sqrt{1.5^2+0.953^2}-0.11-0.215)$ m＝1.452 m，L80×6 的理论重量为 7.38 kg/m)：

7.38×1.452×6 kg＝64.295 kg

③ －265×8(L＝375 mm)：62.8×0.265×0.375×2 kg＝12.48 kg

④ －255×8(L＝736 mm)：62.8×0.255×0.736×1 kg＝11.786 kg

⑤ －255×8(L＝465 mm)：62.8×0.255×0.465×2 kg＝14.89 kg

⑥ －255×8(L＝470 mm)：62.8×0.255×0.47×2 kg＝15.05 kg

⑦ －255×8(L＝735 mm)：62.8×0.255×0.735×2 kg＝23.54 kg

该托架总的制作工程量为：

(19.00＋64.295＋12.48＋11.786＋14.89＋15.05＋23.54)kg＝161.041 kg＝0.161 t

工程量清单见表8-9

表8-9 工程量清单表

项目编码	项目名称	项目特征描述	计量单位	工程量
010602002001	钢托架	L80×6 角钢 －265×8 钢板 －255×8 钢板 单榀重 0.161 t	t	0.161

【例8-7】 图8-7所示为一承受风荷载的防风桁架，由型钢制成，具体尺寸如图所示，试计算该桁架的制作工程量。

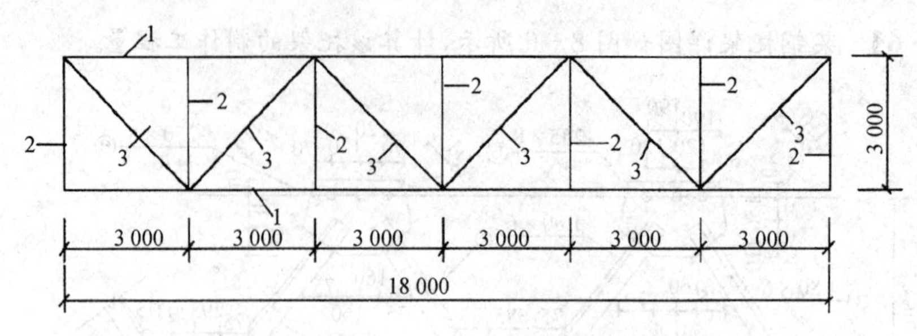

图 8-7　防风桁架

1—槽钢 22a　2—槽钢 20a　3—角钢 90×6

【解】 ① 槽钢[22a：24.999×18×2 kg=899.964 kg

② 槽钢[20a：22.637×3×7 kg=475.377 kg

③ 角钢 L90×6：8.350×$\sqrt{3^2+3^2}$×6 kg=212.556 kg

总工程量为：(899.964+475.377+212.556)kg=1 587.897 kg=1.588 t

工程量清单见表 8-10

表 8-10　工程量清单表

项目编码	项目名称	项目特征描述	计量单位	工程量
010602003001	钢桁架	[20a 槽钢 [22a 槽钢 L90×6 角钢 单榀重量 1.588 t	t	1.588

8.4　钢柱的清单编制

钢柱的工程量清单项目设置、项目特征描述、计量单位及工程量计算规则见下表。

表 8-11　钢柱工程量清单项目及工程量计算规则

项目编码	项目名称	项目特征	计量单位	工程量计算规则
	F.3 钢柱			
010603001	实腹钢柱	1. 柱类型 2. 钢材品种、规格 3. 单根柱质量 4. 螺栓种类 5. 探伤要求 6. 防火要求	t	按设计图示尺寸以质量计算。不扣除孔眼的质量，焊条、铆钉、螺栓等不另增加质量，依附在钢柱上的牛腿及悬臂梁等并入钢柱工程量内
010603002	空腹钢柱			
010603003	钢管柱	1. 钢材品种、规格 2. 单根柱质量 3. 螺栓种类 4. 探伤要求 5. 防火要求		按设计图示尺寸以质量计算。不扣除孔眼的质量，焊条、铆钉、螺栓等不另增加质量，钢管柱上的节点板、加强环、内衬管、牛腿等并入钢管柱工程量内。

注：① 螺栓种类指普通或高强；② 实腹钢柱类型指十字、T、L、H 形等；③ 空腹钢柱类型指箱形、格构等；④ 型钢混凝土柱浇筑钢筋混凝土，其混凝土和钢筋应按计价规范附录 E 混凝土及钢筋混凝土工程中相关项目编码列项。

【例8－8】 试计算如图8－8所示钢柱的工程量。

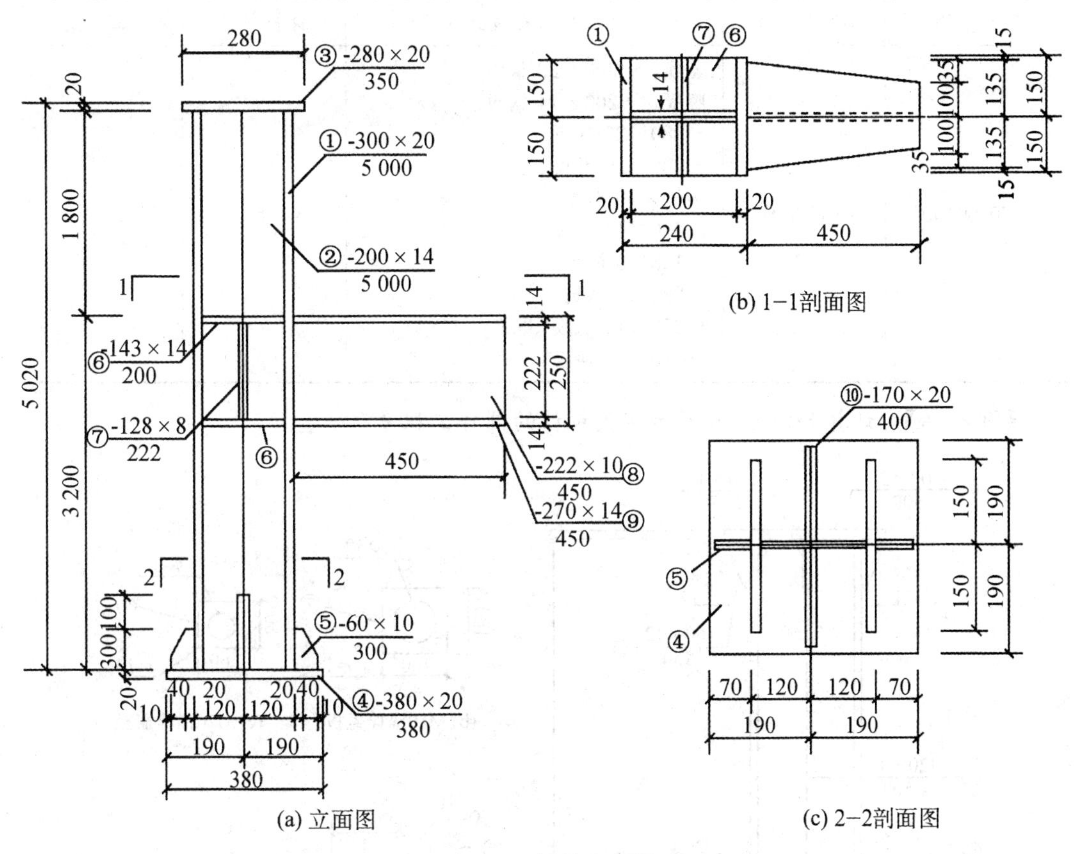

图8－8　钢柱示意图

【解】 ① 翼缘－300×20：0.3×0.02×5.0×2×7.85 t＝0.471 t

② 腹板－200×14：0.2×0.014×5.0×7.85 t＝0.110 t

③ －280×20：0.28×0.35×0.02×7.85 t＝0.015 t

④ －380×20：0.38×0.38×0.02×7.85 t＝0.022 7 t

⑤ －60×10：0.06×0.3×0.01×7.85×2 t＝0.002 83 t

⑥ －143×14：0.2×0.014×0.143×7.85×4 t＝0.012 5 t

⑦ －128×8：0.128×0.222×0.008×7.85×2 t＝0.003 57 t

⑧ －222×10：0.222×0.45×0.01×7.85 t＝0.007 8 t

⑨ －270×14：0.27×0.45×0.014×7.85×2 t＝0.026 7 t

⑩ －170×20：0.17×0.4×0.02×7.85×2 t＝0.021 t

合计：0.694 t

工程量清单见表8－12

表 8-12　工程量清单表

项目编码	项目名称	项目特征描述	计量单位	工程量
010603001001	实腹钢柱	翼缘：－300×20 钢板 腹板：－200×14 钢板 －280×20 钢板 －380×20 钢板 －60×10 钢板 －200×14 钢板 －128×8 钢板 －222×10 钢板 －270×14 钢板 －170×20 钢板	t	0.694

【例 8-9】 计算如图 8-9 所示实腹钢柱的制作工程量。

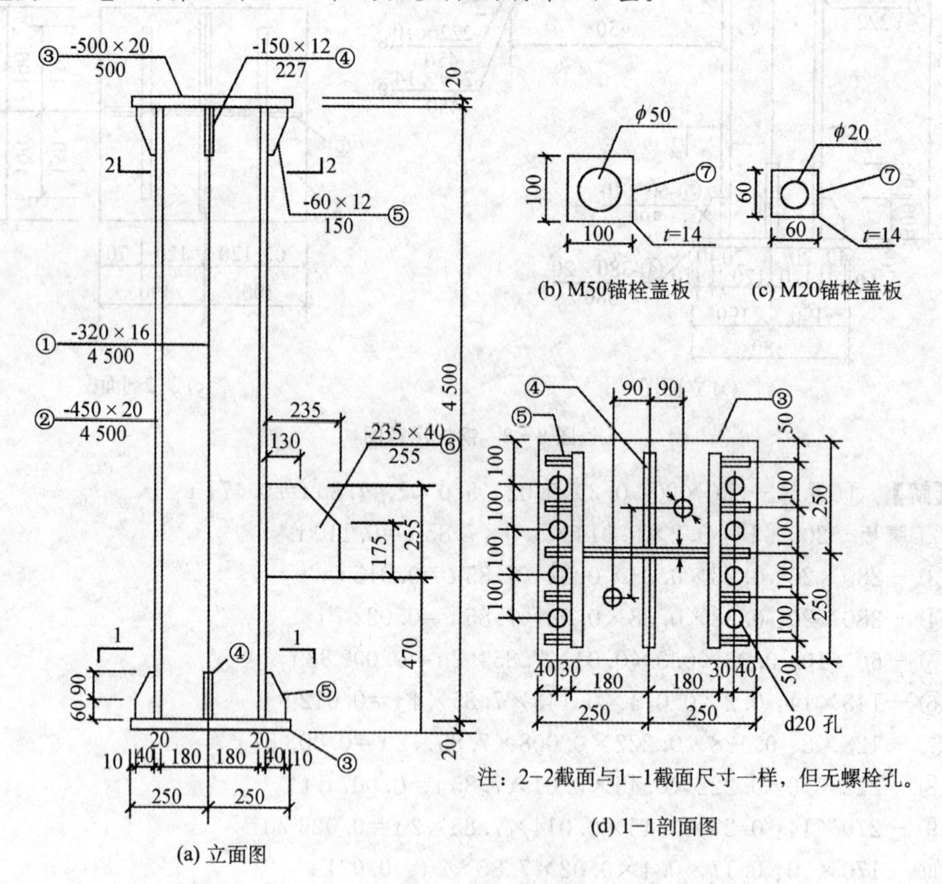

图 8-9　钢柱示意图

【解】 ① 翼缘 －320×16：0.32×0.016×4.5×7.85 t＝0.181 t

② 腹板 －450×20：0.45×0.02×4.5×7.85×2 t＝0.636 t

③ 柱脚板　－500×20：0.5×0.02×0.5×7.85×2 t＝0.078 5 t

④ －150×12：0.012×0.15×0.227×7.85×4 t＝0.012 83 t

⑤ －60×12：0.06×0.012×0.15×7.85×5×2×2 t＝0.016 96 t

⑥ -235×40：$0.235\times0.04\times0.255\times7.85$ t$=0.0188$ t

⑦ 柱脚压板　$\phi50$：$0.1^2\times0.014\times7.85\times2$ t$=0.0022$ t

$\phi20$：$0.06^2\times0.014\times7.85\times8$ t$=0.00317$ t

合计：0.949 t

工程量清单见表 8－13

表 8－13　工程量清单表

项目编码	项目名称	项目特征描述	计量单位	工程量
010603001001	实腹钢柱	腹板：—320×16 钢板 翼缘：—450×20 钢板 柱脚板：—500×20 —227×12 钢板 —60×12 钢板 —235×40 钢板 柱脚压板：—100×100×14 —60×60×14	t	0.949

【例 8－10】 设某厂房钢柱如图 8－10 所示，共 5 根，计算其工程量。

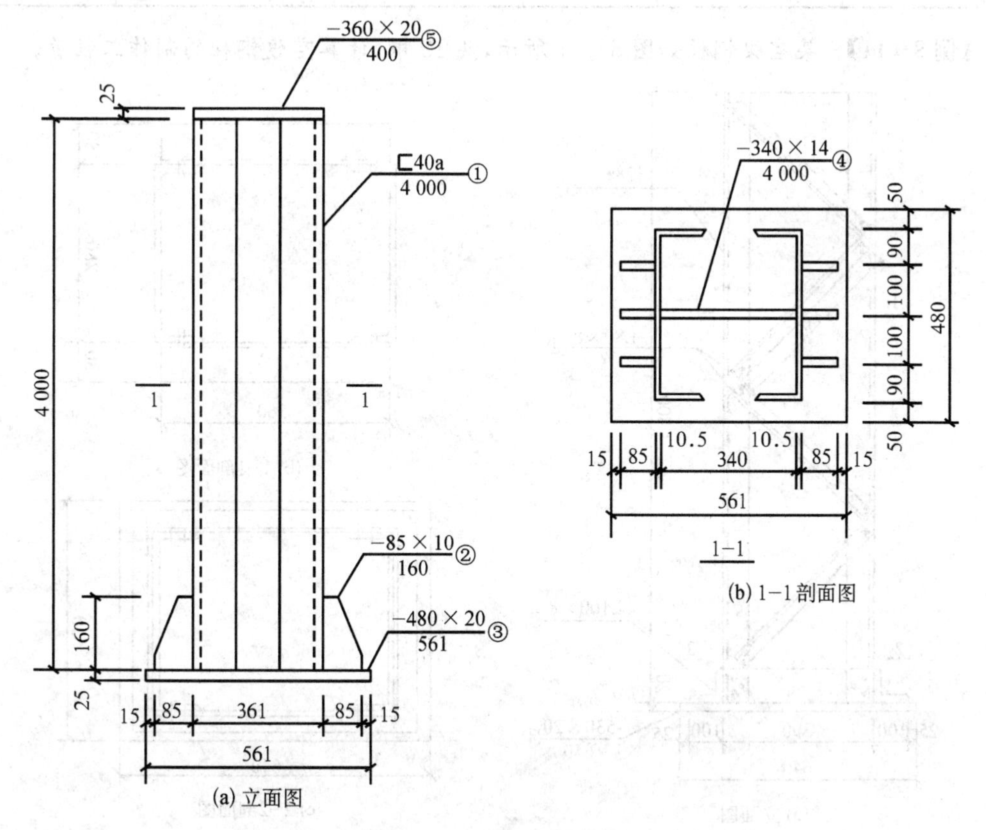

图 8－10　某钢柱示意图

解 (1) [40a 的理论质量为 58.91 kg/m。

58.91×4.0×2=471.28(kg)≈0.471 t

(2) −85×10：0.085×0.01×0.16×7.85×5=0.005 t

(3) −480×20：0.48×0.02×0.561×7.85=0.042 3 t

(4) −340×14：0.34×0.014×4.0×7.85=0.149 5 t

(5) −360×20：

0.36×0.02×0.4×7.85=0.022 6 t

合计：0.471+0.005+0.042 3+0.149 5+0.022 6=0.69 t

则 5 根钢柱的总工程量为：0.69×5=3.45 t

工程量清单见表 8-14

表 8-14 工程量清单表

项目编码	项目名称	项目特征描述	计量单位	工程量
010603002001	空腹柱	[40a 槽钢 −85×10 钢板 −480×20 钢板 −340×14 钢板 −360×20 钢板 单根柱质量 0.69 t	t	3.45

【例 8-11】 某空腹钢柱如图 8-11 所示，共 12 根，计算空腹钢柱的制作工程量。

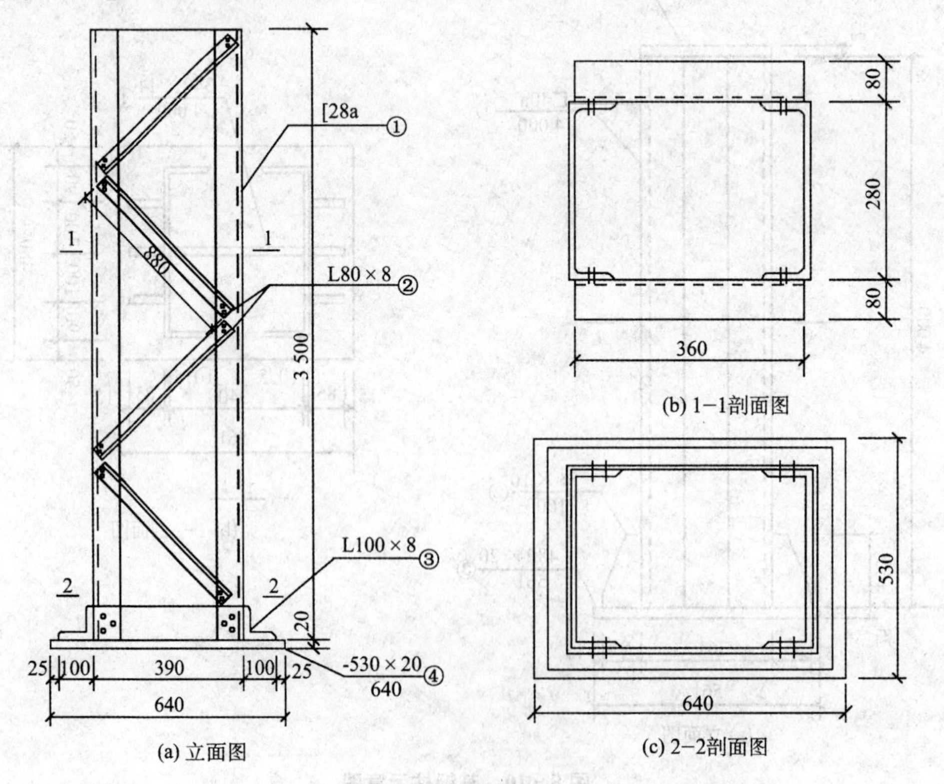

图 8-11 某钢柱示意图

【解】 ① [28a：31.42×3.5×2 kg=219.94 kg=0.220 t

② L80×8 角钢斜撑：9.658×0.88×4×2 kg=67.99 kg=0.068 t

③ L100×8 角钢底座：12.276×(0.39+0.28)×2 kg=16.45 kg=0.016 5 t

④ −530×20　柱脚板：0.53×0.02×0.64×7.85 t=0.053 3 t

合计：(0.22+0.068+0.016 5+0.053 3)t=0.358 t　0.358×12 t=4.296 t

工程量清单见表 8-15

表 8-15　工程量清单表

项目编码	项目名称	项目特征描述	计量单位	工程量
010603002001	空腹钢柱	[28a 槽钢 L80×8 角钢斜撑 L100×8 角钢底座 −530×20 柱脚板 单根柱重量 0.358 t	t	4.296

【例 8-12】 某由两个工字钢构成的格构柱，柱采用缀板连接，并设有横隔，其型号及截面尺寸如图 8-12 所示，计算该柱的制造工程量。

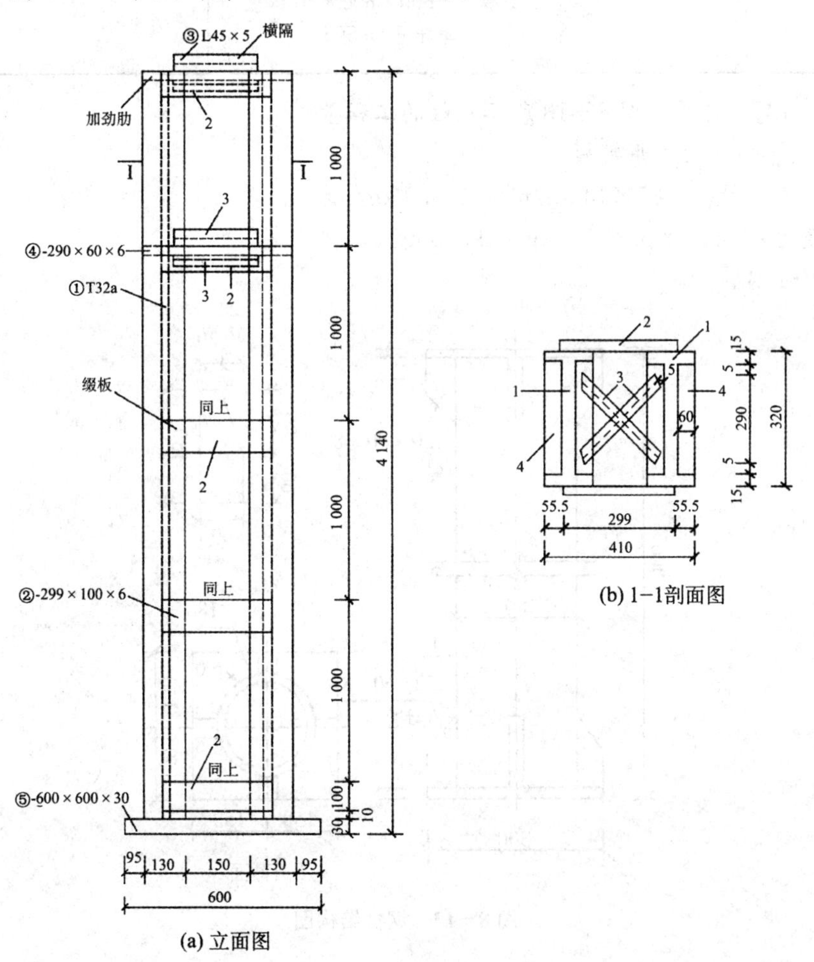

图 8-12　格构柱

【解】

① 肢件　I32a：$52.717\times4.14\times2$ kg$=436.497$ kg

② 缀板　$-299\times100\times6$：$0.299\times0.1\times0.006\times7.85\times10^3\times10$ kg$=14.083$ kg

③ 横隔　L45×5：$3.369\times\sqrt{[0.15+(0.06-0.05)\times2]^2+[0.32-(0.015+0.005)\times2]^2}$ $\times10$ kg$=12.873$ kg

④ 加劲肋　$-290\times60\times6$：$0.29\times0.06\times0.006\times7.85\times10^3\times2\times10$ kg$=16.391$ kg

⑤ 底板　$-600\times600\times30$：$0.6\times0.6\times0.03\times7.85\times10^3$ kg$=84.78$ kg

总工程量为：$(436.499+14.083+12.873+16.391+84.78)kg=564.62$ kg$=0.565$ t

工程量清单见表 8-16

表 8-16　工程量清单表

项目编码	项目名称	项目特征描述	计量单位	工程量
010603002001	空腹钢柱	肢件：I32a 工字钢 缀板：－299×100×6 钢板 横隔：L45×5 角钢 加劲肋：－290×60×6 钢板 底板：－600×600×30 钢板 单根重 0.565 t	t	0.565

【例 8-13】 计算如图 8-13 所示钢柱的工程量。

【解】 ① 14 mm 方形钢板：

每平方米重量$=7.85\times14$ kg/m$^2=109.9$ kg/m^2

工程量为：$109.9\times0.3^2\times2$ kg$=19.78$ kg

② 8 mm 钢板：

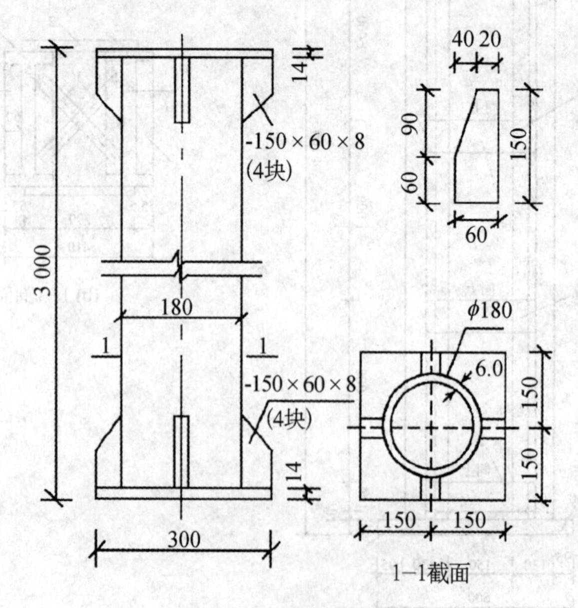

图 8-13　钢柱结构图

每平方米重量＝7.85 * 8 kg/m^2＝62.8 kg/m^2

工程量为：62.8×0.06×0.15×8 kg＝4.52 kg

③ 钢管重量：

查表得：d＝180 mm，t＝6.0 mm，钢管理论重量为 25.75 kg/m

工程量为：25.75×(3－0.014×2)kg＝76.53 kg

④ 合计总工程量＝(19.78＋4.52＋76.53)kg＝100.83 kg＝0.101 t

工程量清单见表 8－17

表 8－17　工程量清单表

项目编码	项目名称	项目特征描述	计量单位	工程量
010603003001	钢管柱	14 mm 方形钢板 8 mm 钢板 d＝180 mm，t＝6.0 mm 钢管 单根柱重量 0.101 t	t	0.101

8.5　钢梁的清单编制

钢梁的工程量清单项目设置、项目特征描述、计量单位及工程量计算规则见下表。

表 8－18　钢梁清单项目及工程量计算规则

<table>
<tr><th>项目编码</th><th>项目名称</th><th>项目特征</th><th>计量单位</th><th>工程量计算规则</th></tr>
<tr><td></td><td>F.4 钢梁</td><td></td><td></td><td></td></tr>
<tr><td>010604001</td><td>钢梁</td><td>1. 梁类型
2. 钢材品种、规格
3. 单根质量
4. 螺栓种类
5. 安装高度
6. 探伤要求
7. 防火要求</td><td>t</td><td rowspan="2">按设计图示尺寸以质量计算。不扣除孔眼的质量，焊条、铆钉、螺栓等不另增加质量，制动梁、制动板、制动桁架、车档并入钢吊车梁工程量内。</td></tr>
<tr><td>010504002</td><td>钢吊车梁</td><td>1. 钢材品种、规格
2. 单根质量
3. 螺栓种类
4. 安装高度
5. 探伤要求
6. 防火要求</td><td>t</td></tr>
</table>

注：① 螺栓种类指普通或高强；② 梁类型指 H、L、T 形、箱形、格构式等；③ 型钢混凝土梁浇筑钢筋混凝土，其混凝土和钢筋应按计价规范附录 E 混凝土及钢筋混凝土工程中相关项目编码列项。

【例 8－14】 计算如图 8－14 所示钢架梁工程量。

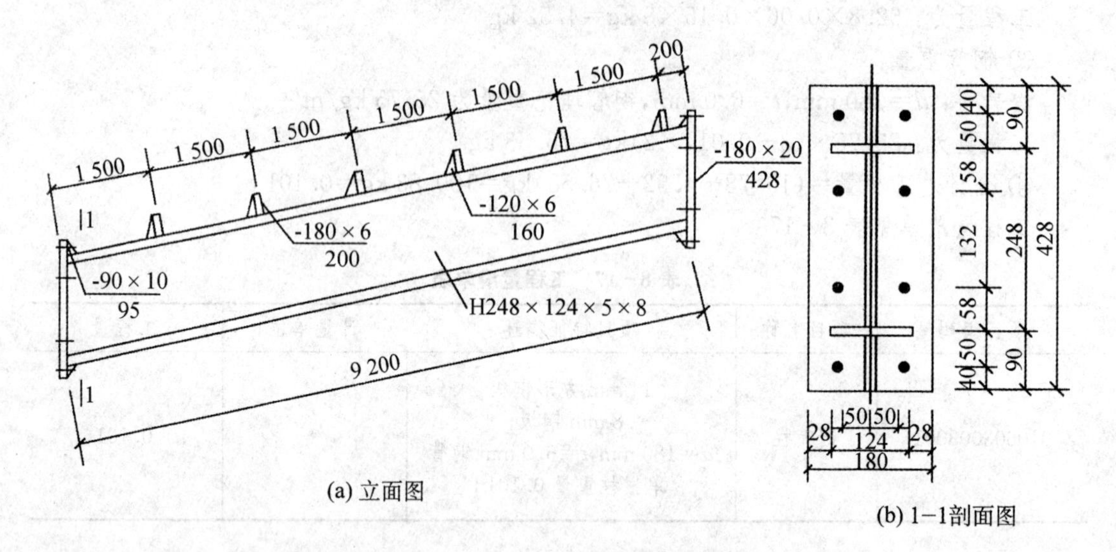

(a) 立面图

(b) 1–1剖面图

图 8－14 钢架梁

【解】 ① 翼缘：$0.124 \times 9.16 \times 0.008 \times 7.85 \times 2$ t＝0.143 t

② 腹板：$0.248 \times 9.16 \times 0.005 \times 7.85$ t＝0.089 t

③ 钢板 －120×6：$\frac{0.12 \times 0.16}{2} \times 0.006 \times 7.85 \times 6$ t＝0.002 7 t

－180×6：$0.18 \times 0.2 \times 0.006 \times 7.85 \times 6$ t＝0.010 2 t

－180×20：0.18_0.428×0.02×7.85×2 t＝0.024 t

－90×10：$\frac{0.09 \times 0.095}{2} \times 0.01 \times 7.85 \times 4$ t＝0.001 3 t

合计：0.270 t

工程量清单见表 8－19

表 8－19 工程量清单

项目编码	项目名称	项目特征描述	计量单位	工程量
010604001001	钢梁	H248×124×5×8 型钢 －120×6 钢板 －180×6 钢板 －180×20 钢板 －90×10 钢板 单根重量 0.270 t	t	0.270

【例8-15】 计算如图8-15所示钢梁工程量。

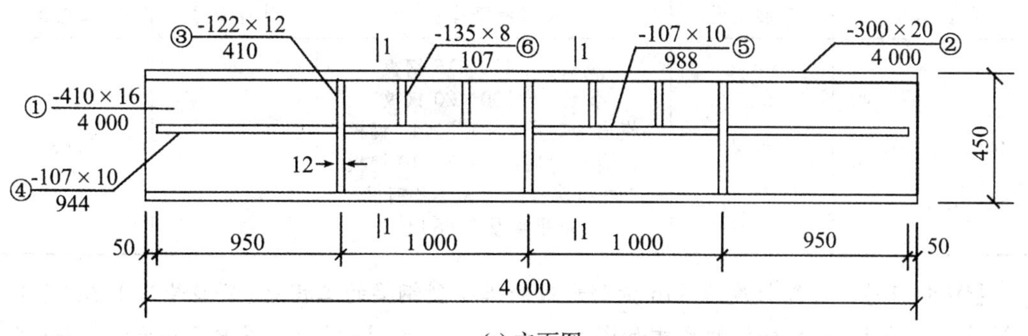

(a) 立面图

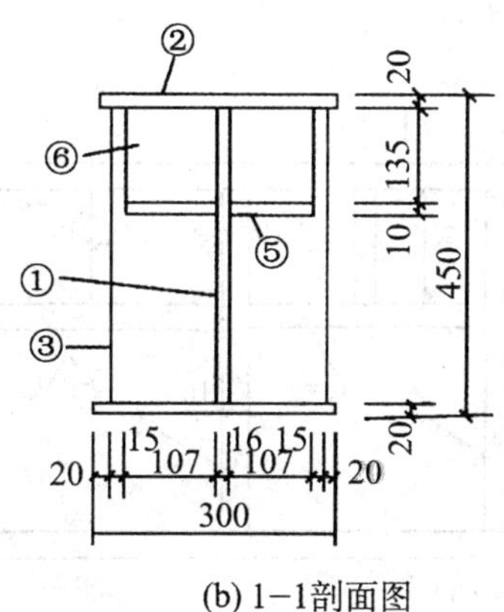

(b) 1-1剖面图

图8-15　某钢梁示意图

【解】 ① 腹板—410×16：

0.41×0.016×4×7.85 t=0.206 t

② 翼缘—300×20：

0.3×0.02×4×7.85×2 t=0.377 t

③ 横向加劲肋—122×12：

0.122×0.012×0.41×6×7.85 t=0.028 3 t

④ 纵向加劲肋—107×10：

0.107×0.01×0.944×7.85×4 t=0.031 7 t

⑤ 纵向加劲肋—107×10：

0.107×0.01×0.988×7.85×4 t=0.033 2 t

⑥ 短加劲肋—135×8：

0.135×0.008×0.107×7.85×8 t=0.007 3 t

合计：0.683 t

工程量清单见表8-20

表 8－20　工程量清单表

项目编码	项目名称	项目特征描述	计量单位	工程量
010604001001	钢梁	腹板：－410×16 钢板 翼缘：－300×20 钢板 横向加劲肋：－122×12 钢板 纵向加劲肋：－107×10 钢板 短加劲肋：－135×8 钢板 单根重量 0.683 t	t	0.683

【例 8－16】 计算长度为 5 m 带肋形板的工字型钢梁的工程量（梁型号为 I32a，其上下翼缘的厚度为 15 mm，肋板的尺寸如图 8－16 所示，梁为对称结构，图中只画梁的一端，另一部分对称省去）。

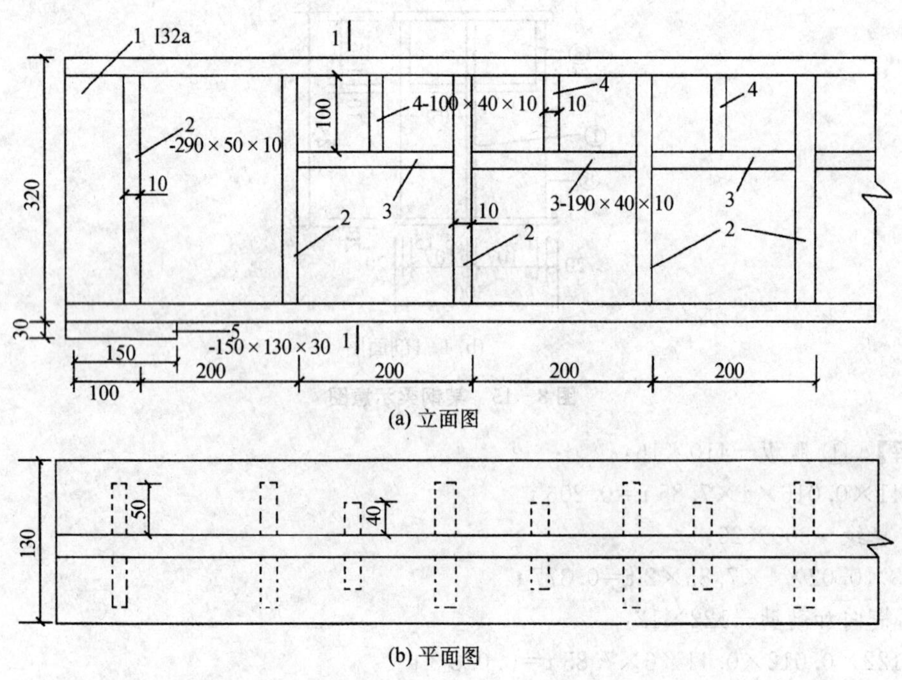

(a) 立面图

(b) 平面图

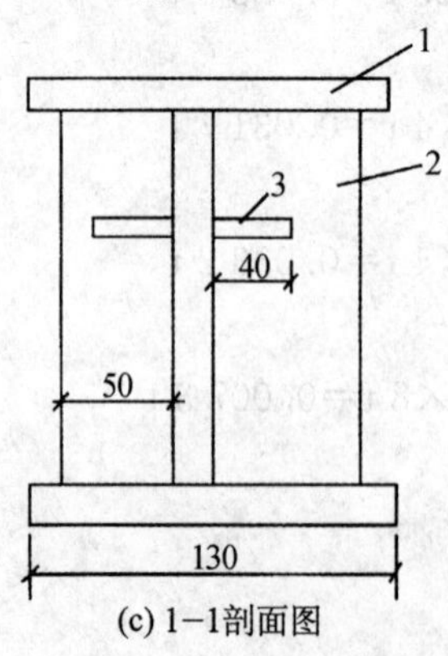

(c) 1-1剖面图

图 8－16　工字型钢梁

【解】 分解此钢梁，分别计算各个分块的工程量，其序号如图 8－16 所示，解答如下：

1 号件(I32a)：52.717×5 kg＝263.585 kg

2 号件(－290×50×10)数量为 50 个，则其工程量为：

$0.29\times0.05\times0.01\times7.85\times10^2\times50$ kg＝56.91 kg

3 号件(－190×40×10)数量为 44 个：

$0.19\times0.04\times0.01\times7.85\times10^3\times44$ kg＝26.25 kg

4 号件(－100×40×10)数量为 44 个：

$0.1\times0.04\times0.01\times7.85\times10^3\times44$ kg＝13.82 kg

5 号件(－150×130× 30)数量为 2 个：

$0.15\times0.13\times0.03\times7.85\times10^3\times2$ kg＝9.184 5 kg

总工程量为：(263.585＋56.91＋26.25＋13.82＋9.184 5)kg＝369.749 5 kg＝0.370 t

工程量清单见表 8－21

表 8－21　工程量清单表

项目编码	项目名称	项目特征描述	计量单位	工程量
010604001001	钢梁	132a 工字钢 －290×50×10 钢板 －190×40×10 钢板 －100×40×10 钢板 －150×130×30 钢板 单根重量 0.370 t	t	0.370

【例 8－17】 计算如图 8－17 所示吊车梁工程量。

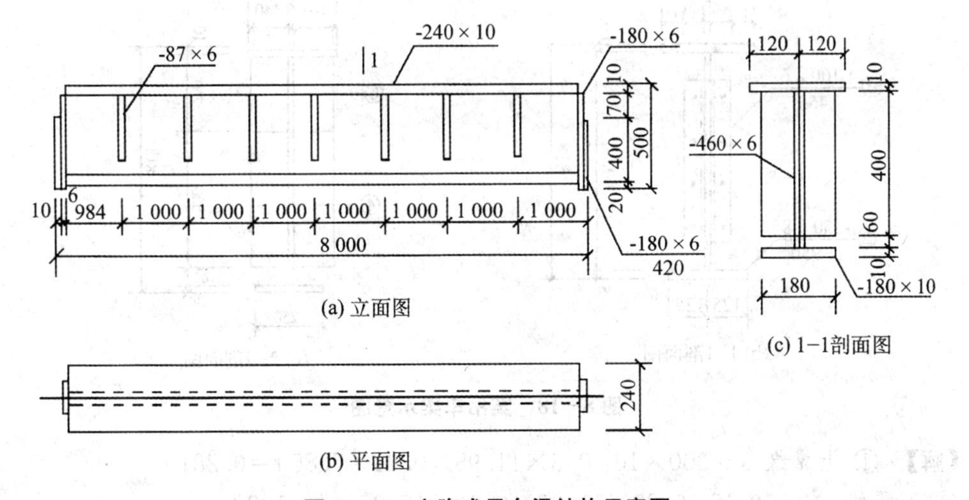

(a) 立面图

(b) 平面图

(c) 1-1剖面图

图 8－17　实腹式吊车梁结构示意图

【解】 ① 翼缘(10)：(0.24＋0.18)×7.968×0.01×7.85 t＝0.263 t

② 腹板(6)：0.46×7.968×0.006×7.85 t＝0.173 t

③ 加劲肋(6)：0.087×0.4×0.006×7.85×7×2 t＝0.023 t

(10)：0.18×0.42×0.01×7.85×2 t＝0.012 t

④ 支承板(6)：0.18×0.49×0.006×7.85×2 t＝0.008 t

合计：0.478 t

工程量清单见表 8－22

表 8－22　工程量清单表

项目编码	项目名称	项目特征描述	计量单位	工程量
010604002001	钢吊车梁	翼缘：10 mm 钢板 腹板：6 mm 钢板 加劲肋：6 mm 钢板 支承板：10 mm 钢板 单根重量 0.478 t	t	0.478

【例 8－18】 某吊车梁如图 8－18 所示，求此吊车梁的工程量。

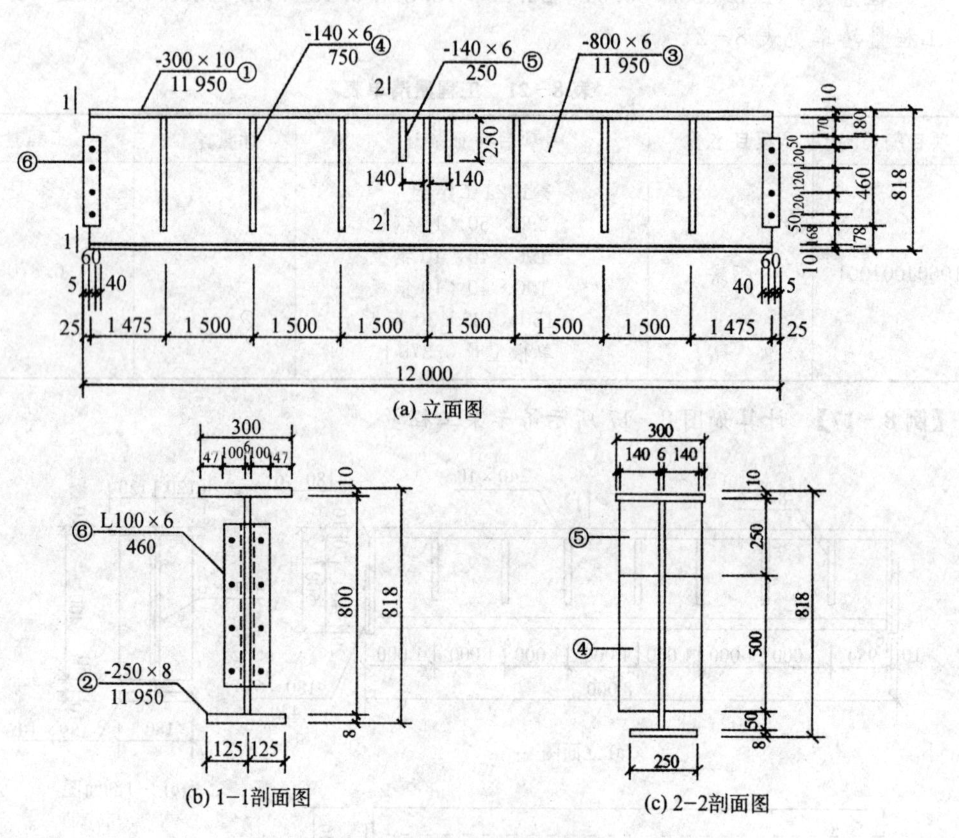

图 8－18　某吊车梁示意图

【解】 ① 上翼缘　－300×10：0.3×11.95×0.01×7.85 t＝0.281 t

② 下翼缘　－250×8：0.25×11.95×0.008×7.85 t＝0.188 t

③ 腹板　－800×6：0.8×11.95×0.006×7.85 t＝0.450 t

④ 长加劲肋－140×6：

0.14×0.006×0.75×7×2×7.85 t＝0.069 2 t

⑤ 短加劲肋－140×6：

0.14×0.006×0.25×4×7.85 t＝0.006 6 t

⑥ L100×6：L100×6 的理论重量为 9.367 kg/m

9.367×0.46×2×2 kg＝17.24 kg＝0.017 2 t

合计：1.012 t

工程量清单见表 8－23

表 8－23　工程量清单表

项目编码	项目名称	项目特征描述	计量单位	工程量
010604002001	钢吊车梁	上翼缘：－300×10 钢板 下翼缘：－250×8 钢板 腹板：－800×6 钢板 长加劲肋：－140×6 钢板 短加劲肋：－140×6 钢板 L100×6 角钢 单根重量 1.012 t	t	1.012(不加宽度)

8.6　楼板、墙板的清单编制

钢板楼板、墙板的工程量清单项目设置、项目特征描述、计量单位及工程量计算规则见下表。

表 8－24　钢板楼板、墙板清单项目及工程量计算规则

项目编码	项目名称	项目特征	计量单位	工程量计算规则
	F.5 钢板楼板、墙板			
010605001	钢板楼板	1. 钢材品种、规格 2. 钢板厚度 3. 螺栓种类 4. 防火要求	m^2	按设计图示尺寸以铺设水平投影面积计算。不扣除单个面积≤0.3 m^2 柱、垛及孔洞所占面积
010605002	钢板墙板	1. 钢材品种、规格 2. 钢板厚度、复合板厚度 3. 螺栓种类 4. 复合板夹芯材料种类、层数、型号、规格 5. 防火要求		按设计图示尺寸以铺挂展开面积计算。不扣除单个面积≤0.3 m^2 的梁、孔洞所占面积，包角、包边、窗台泛水等不另加面积

注：① 螺栓种类指普通或高强；② 钢板楼板上浇筑钢筋混凝土，其混凝土和钢筋应按计价规范附录 E 混凝土及钢筋混凝土工程中相关项目编码列项；③ 压型钢楼板按钢楼板项目编码列项。

【例 8－19】 某钢板楼板厚 1.0 mm，长 2.1 m，宽 0.5 m，截面尺寸如图 8－19 所示，试求其制作工程量。

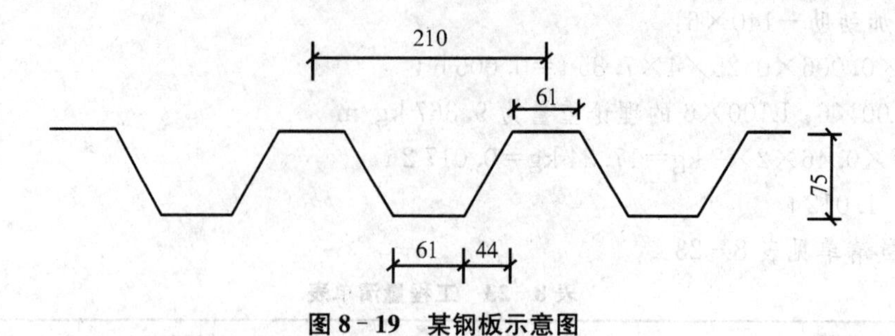

图 8-19　某钢板示意图

【解】 ① 一组槽宽为 210 mm，其展开的宽度为：

$(\sqrt{44^2+75^2}\times 2+61\times 2)$mm＝(173.9＋122)mm＝295.9 mm

② 这块钢板长 2.1 m，即共有 10 组凹槽，则其展开长度为：

295.9×10 mm＝2 959 mm＝2.959 m

则这块钢的面积为：

2.959×0.5 m^2＝1.479 5 m^2

③ 此钢板的制作工程量为：

1.479 5×0.001×7.85 t＝0.012 t

工程量清单见表 8-25

表 8-25　工程量清单表

项目编码	项目名称	项目特征描述	计量单位	工程量
010605001001	钢板楼板	钢板厚 1.0 mm	t	0.012

8.7　钢构件的清单编制

钢构件的工程量清单项目设置、项目特征描述、计量单位及工程量计算规则见下表。

表 8-26　钢构件清单项目及工程量计算规则

项目编码	项目名称	项目特征	计量单位	工程量计算规则
	F.6 钢构件			
010606001	钢支撑、钢拉条	1. 钢材品种、规格 2. 构件类型 3. 安装高度 4. 螺栓种类 5. 探伤要求 6. 防火要求	t	
010606002	钢檩条	1. 钢材品种、规格 2. 构件类型 3. 单根质量 4. 安装高度 5. 螺栓种类 6. 探伤要求 7. 防火要求		

续表

项目编码	项目名称	项目特征	计量单位	工程量计算规则
010606003	钢天窗架	1. 钢材品种、规格 2. 单榀质量 3. 安装高度 4. 螺栓种类 5. 探伤要求 6. 防火要求	t	按设计图示尺寸以质量计算。不扣除孔眼的质量，焊条、铆钉、螺栓等不另增加质量。
010606004	钢挡风架	1. 钢材品种、规格 2. 单榀质量 3. 螺栓种类 4. 探伤要求 5. 防火要求		
010606005	钢墙架			
010606006	钢平台	1. 钢材品种、规格 2. 螺栓种类 3. 防火要求		
010606007	钢走道			
010606008	钢梯	1. 钢材品种、规格 2. 钢梯形式 3. 螺栓种类 4. 防火要求		
010606009	钢护栏	1. 钢材品种、规格 2. 防火要求		
010606010	钢漏斗	1. 钢材品种、规格 2. 漏斗、天沟形式 3. 安装高度 4. 探伤要求	t	按设计图示尺寸以质量计算，不扣除孔眼的质量，焊条、铆钉、螺栓等不另增加质量，依附漏斗或天沟的型钢并入漏斗或天沟工程量内
010606011	钢板天沟			
010606012	钢支架	1. 钢材品种、规格 2. 单付重量 3. 防火要求		按设计图示尺寸以质量计算，不扣除孔眼的质量，焊条、铆钉、螺栓等不另增加质量。
010606013	零星钢构件	1. 构件名称 2. 钢材品种、规格		

注：① 螺栓种类指普通或高强；② 钢墙架项目包括墙架柱、墙架梁和连接杆件；③ 钢支撑、钢拉条类型指单式、复式；钢檩条类型指型钢式、格构式；钢漏斗形式指方形、圆形；天沟形式指矩形沟或半圆形沟；④ 加工铁件等小型构件，应按零星钢构件项目编码列项。

【例 8-20】 如图 8-20 是某钢结构柱间支撑，请完成该柱间支撑的制作工程量。

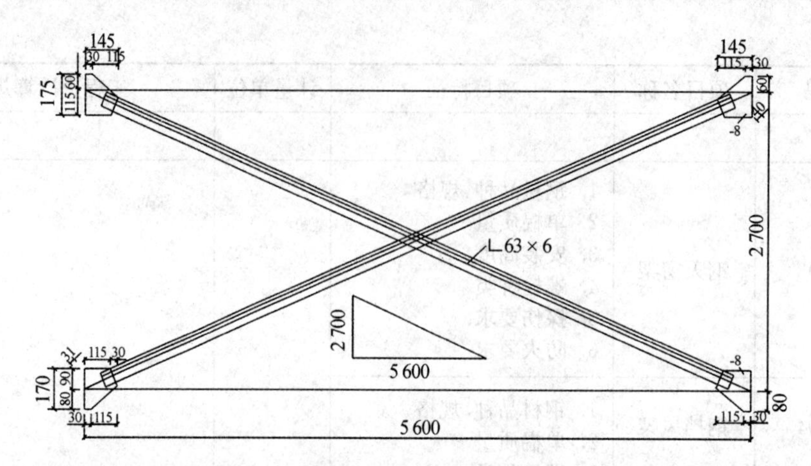

图 8-20　柱间支撑

【解】(1) 求角钢重量

① 角钢长度可以按照图示尺寸用几何知识求出

$L=(2.7^2+5.6^2)$ m=6.22 m(勾股定理)

L 净长=(6.22−0.031−0.04) m=6.15 m

② 查角钢∟63×6 理论重量 5.72 kg/m

③ 角钢重量 6.15×5.72×2 kg=70.36 kg

(2) 求节点重量

① 上节点板面积=0.175×0.145×2 m^2=0.051 m^2

下节点板面积=0.170×0.145×2 m^2=0.049 m^2

② 查 8 mm 扁铁理论重量 62.8 kg/m^2

③ 钢板重量 (0.051+0.049)×62.8 kg=6.28 kg

(3) 该柱间支撑工程量为 (70.36+6.28) kg=76.64 kg=0.077 t

工程量清单见表 8-27

表 8-27　工程量清单表

序号	项目编码	项目名称	项目特征	单位	工程数量
1	010606001001	钢支撑、钢拉条		t	0.077

【例 8-21】 如图 8-21 所示，计算隅撑工程量。

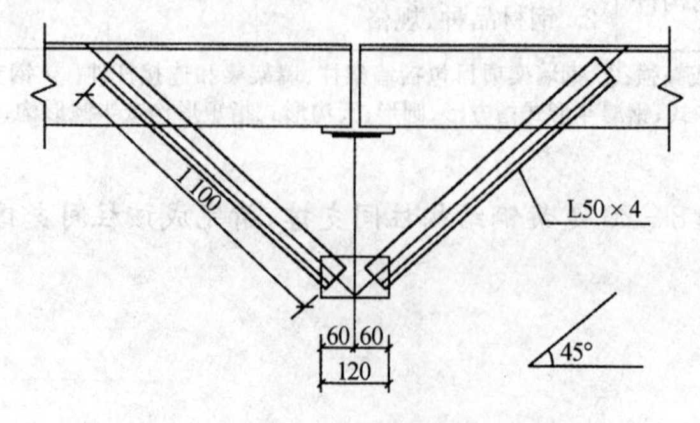

图 8-21　隅撑

【解】 查表得L50×4理论重量为3.06 kg/m

3.06×1.1×2 kg=6.732 kg=0.007 t

工程量清单见表8-28

表8-28　工程量清单表

项目编码	项目名称	项目特征描述	计量单位	工程量
010606001001	钢支撑、钢拉条	L50×4角钢，复式	t	0.007

【例8-22】 某单层钢结构厂房共有12个如图8-22所示的水平支撑，计算其制作工程量。

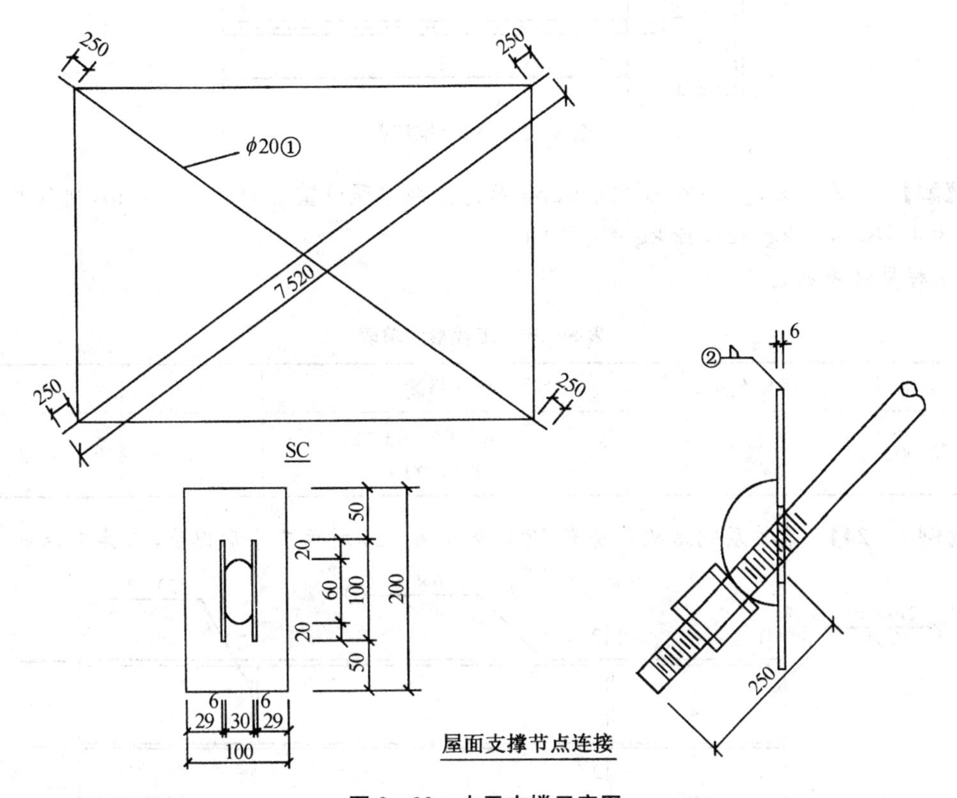

图8-22　水平支撑示意图

【解】 ① ϕ20钢筋的理论重量为2.466 kg/m，ϕ20钢筋的工程量为：

2.466×7.52×2 kg=37.09 kg=0.037 1 t

② —100×6：

0.1×0.2×0.006×7.85×4 t=0.003 77 t

12根水平支撑的工程量为

(0.037 1+0.003 77)×12 t=0.490 t

工程量清单见表8-29

表 8－29　工程量清单表

项目编码	项目名称	项目特征描述	计量单位	工程量
010606001001	钢支撑、钢拉条	φ20 钢筋 —100×6 钢筋	t	0.490

【例 8－23】 计算图 8－23 组合钢檩条制作工程量，檩条采用冷弯薄壁卷边槽钢，截面尺寸为[160×60×20×2.0，材料为 Q235。

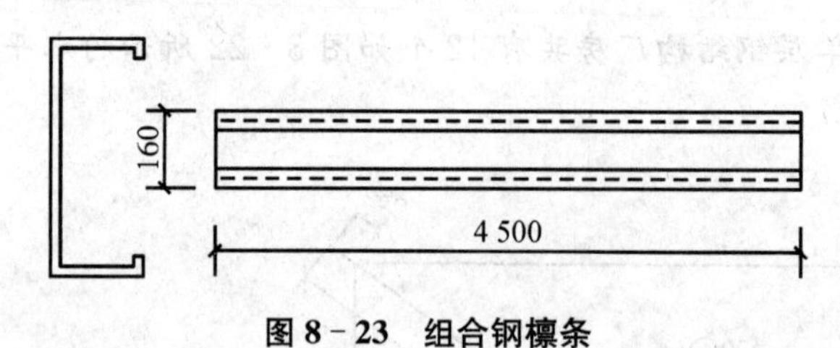

图 8－23　组合钢檩条

【解】 查表可知，[160×60×20×2.0 卷边槽钢的理论重量为 4.76 kg/m，则其制作工程量为 4.76×4.5 kg＝21.42 kg＝0.021 t。

工程量清单见表 8－30

表 8－30　工程量清单表

项目编码	项目名称	项目特征描述	计量单位	工程量
010606002001	钢檩条	冷弯薄壁卷边槽钢[160×60×20×2.0 单根重量 0.021 t	t	0.021

【例 8－24】 某单层钢结构厂房有 12 根如图 8－24 所示工字形檩条，求其工程量。

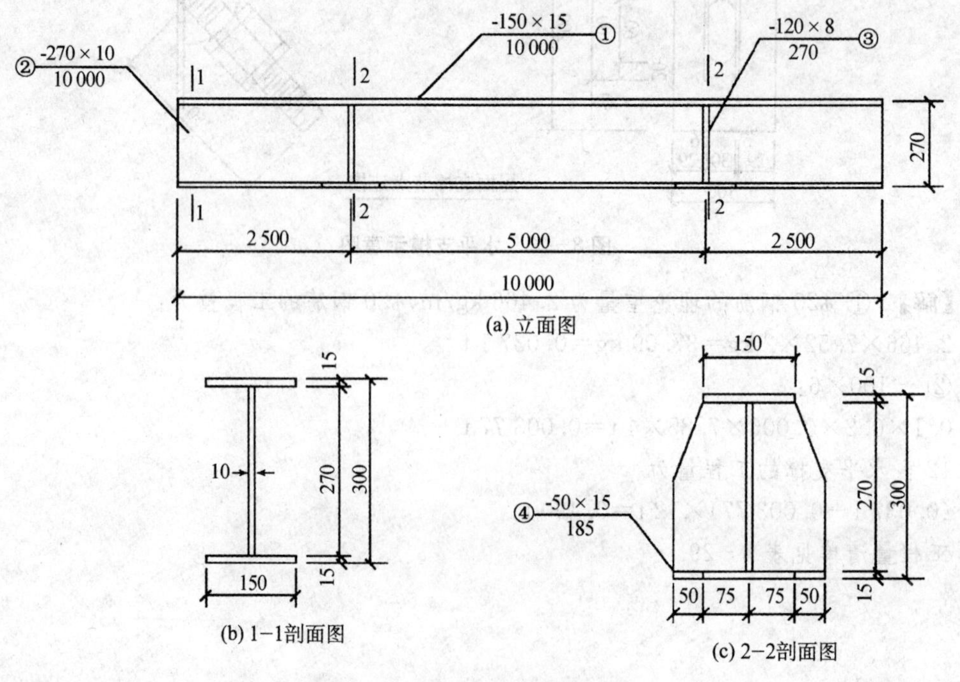

图 8－24　某工字形檩条构件图

【解】 ①翼缘：－150×15　0.15×0.015×10×7.85×2 t=0.353 t

② 腹板：－270×10　0.27×0.01×10×7.85 t=0.212 t

③ 加劲劝：－120×8

0.12×0.008×0.27×7.85×4 t=0.008 1 t

④ －50×15：

0.05×0.015×0.185×7.85×4 t=0.004 4 t

合计：0.578 t,12 根总重：0.578×12 t=6.936 t

工程量清单见表 8－31

表 8－31　工程量清单表

项目编码	项目名称	项目特征描述	计量单位	工程量
010606002001	钢檩条	翼缘：－150×15 钢板 腹板：－270×10 钢板 加劲肋：－120×8 钢板 －50×15 钢板　型钢式 单根重量 0.578 t	t	0.578 0.578×12=6.936

【例 8－25】 某天窗架构造及尺寸如图 8－25 所示,试计算天窗架的制作工程量。

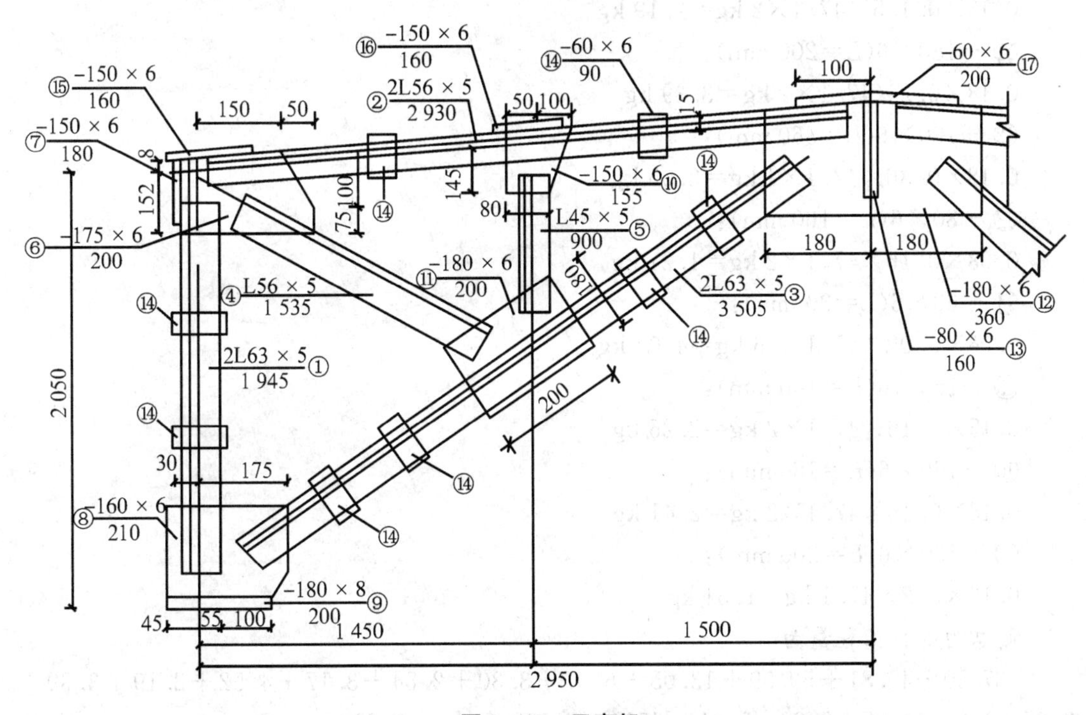

图 8－25　天窗架

【解】 工程量计算如下：

① L63×5(L=1 945 mm,L63× 5 的理论重量为 4.82 kg/m)：

4.82×1.945×4 kg=37.50 kg

② L56×5（L=2 930 mm，L56×5 的理论重量为 4.25 kg/m）：

4.25×2.93×4 kg=49.81 kg

③ L56×5（L=3 505 mm）：

4.25×3.505×4 kg=59.59 kg

④ L56×5（L=1 535 mm）：

4.25×1.535×2 kg=13.05 kg

⑤ L45×5（L=900 mm，L45×5 的理论重量为 3.37 kg/m）：

3.37×0.9×2 kg=6.07 kg

⑥ −175×6（L=200 mm）：

0.175×0.2×47.1×2 kg=3.30 kg

⑦ −150×6（L=180 mm）：

0.15×0.18×47.1×2 kg=2.54 kg

⑧ −160×6（L=210 mm）：

0.16×0.21×47.1×2 kg=3.17 kg

⑨ −180×8（L=200 mm）：

0.18×0.2×62.8×2 kg=4.52 kg

⑩ −150×6（L=155 mm）：

0.15×0.155×47.1×2 kg=2.19 kg

⑪ −180×6（L=200 mm）：

0.18×0.2×47.1×2 kg=3.39 kg

⑫ −180×6（L=360 mm）：

0.18×0.36×47.1×1 kg=3.05 kg

⑬ −80×6（L=160 mm）：

0.08×0.16×47.1×2 kg=1.21 kg

⑭ −60×6（L=90 mm）：

0.06×0.09×47.1×16 kg=4.07 kg

⑮ −150×6（L=160 mm）：

0.15×0.16×47.1×2 kg=2.26 kg

⑯ −160×6（L=160 mm）：

0.16×0.16×47.1×2 kg=2.41 kg

⑰ −160×6（L=200 mm）：

0.16×0.2×47.1 kg=1.51 kg

则总的制作工程量为

(37.50+49.81+59.59+13.05+6.07+3.30+2.54+3.17+4.52+2.19+3.39+3.05+1.21+4.07+2.26+2.41+1.51)kg=199.64 kg=0.200 t

工程量清单见表 8－32

表 8－32　工程量清单表

项目编码	项目名称	项目特征描述	计量单位	工程量
010606003001	钢天窗架	L63×5 角钢 L56×5 角钢 L45×5 角钢 －175×6 角钢 －150×6 钢板 －160×6 钢板 －180×8 钢板 －180×6 钢板 －80×6 钢板 －60×6 钢板 单榀重量 0.2 t	t	0.200

【例 8－26】 某工作平台的布置如图 8－26 所示，平台板为普通钢平板，板下设有加劲肋，主梁截面采用 HM600×300×20×12H 型钢，截面见主梁截面图，次梁采用 I40a，截面见次梁截面图。试计算该平台梁、铺板的制作工程量。

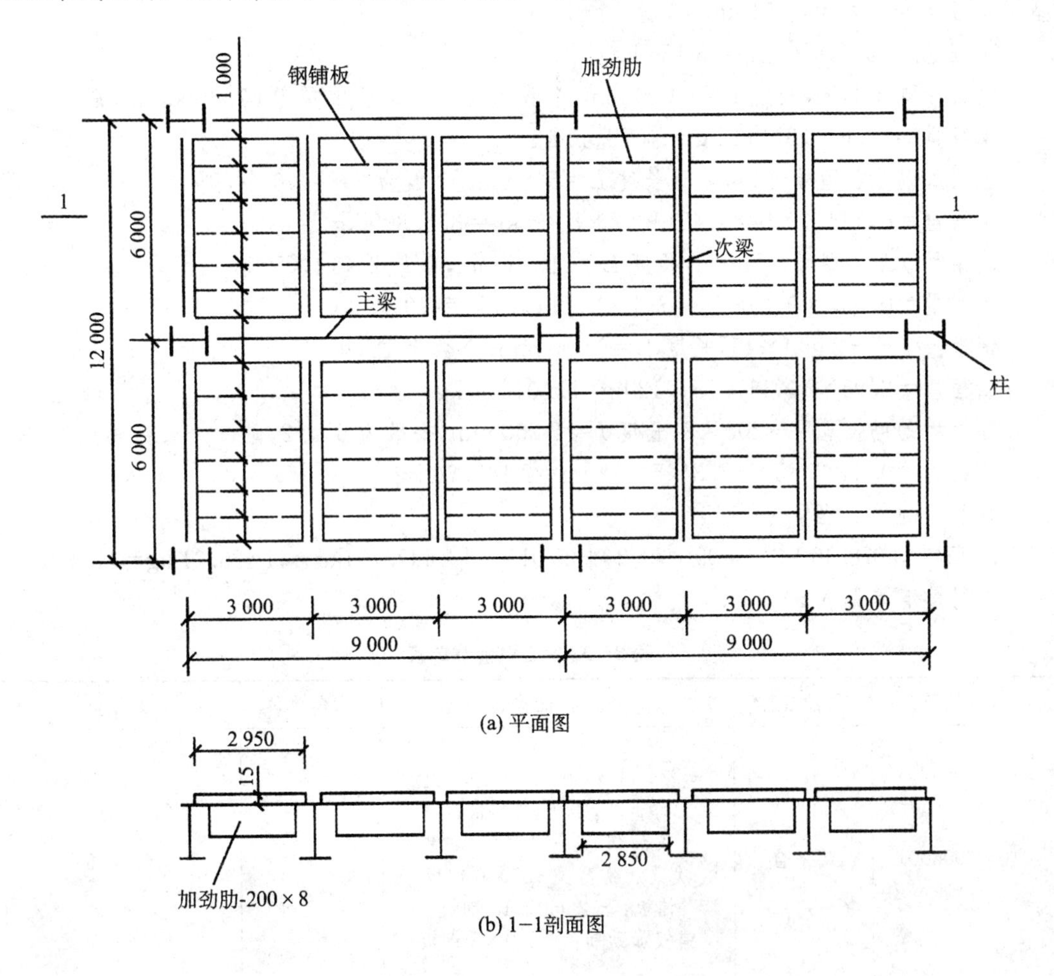

(a) 平面图

(b) 1－1剖面图

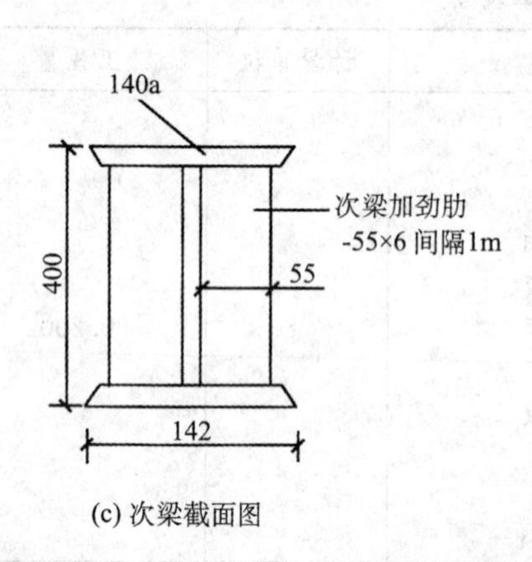

(c) 次梁截面图

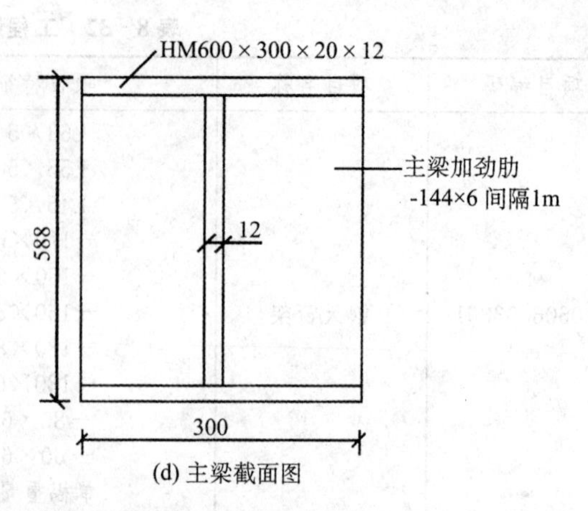

(d) 主梁截面图

图 8-26　平台布置图

【解】 工程量计算如下：

主梁：型号 HM600×300×20×12，长度 L＝9 000 mm，个数为 6 个，查表该型号的 H 型梁单位长度重量为：151 kg/m，则

工程量＝151×9×6 kg＝8 154 kg

次梁：型号 I40a，长度 L＝6 000 mm，个数为 14 个，单位重量为 67.60 kg/m，则

工程量＝67.60×6×14 kg＝5 678.40 kg

主梁加劲肋：型号－144×6，长度 L＝548 mm，个数为 2×8×6 个，则

工程量＝0.144×0.548×47.1×2×8×6 kg＝356.809 kg

次梁加劲肋：型号－55×6，长度 L＝218.5 mm，个数 2×14×5，则

工程量＝0.055×0.218 5×47.1×2×14×5 kg＝79.24 kg

铺板：型号－2 950×15，长度 L＝6 000 mm，个数为 12，则

工程量＝2.95×6×117.75×12 kg＝25 010.1 kg

铺板加劲肋：型号－200×8，长度 L＝2 850 mm，个数为 5×12，则

工程量＝0.2×2.85×62.8×5×12 kg＝2 147.76 kg

则总的制作工程量为

(8 154＋5 678.40＋356.809＋79.24＋25 010.1＋2 147.76)kg＝41 426.31 kg＝41.426 t

工程量清单见表 8-33

表 8-33　工程量清单表

项目编码	项目名称	项目特征描述	计量单位	工程量
010606006001	钢平台	主梁：HM600×300×20×12 主梁：I40a 工字钢 主梁加劲肋：－144×6 钢板 次梁加劲肋：－55×6 钢板 铺板：－2 950×15 钢板 铺板加劲肋：－200×8 钢板	t	41.426

【例8-27】 计算如图8-27所示钢爬梯制作工程量。

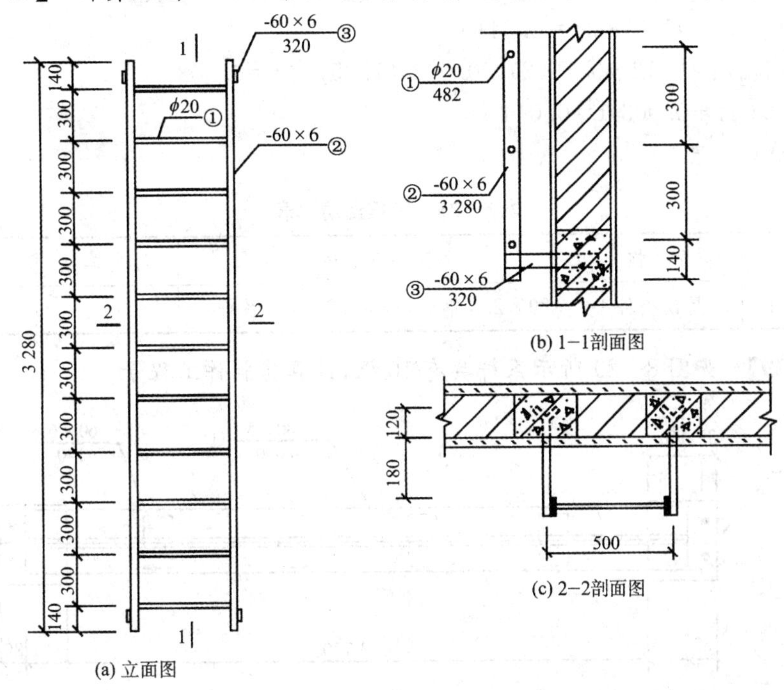

图8-27　钢爬梯示意图

【解】 ① ϕ20：

2.466×0.482×11 kg=13.07 kg=0.013 1 t

② −60×6：

0.06×0.006×3.28×2×7.85 t=0.018 5 t

③ −60×6：

0.06×0.006×0.32×7.85×4 t=0.003 6 t

合计：(0.013 1+0.018 5+0.003 6)t=0.035 t

工程量清单见表8-34

表8-34　工程量清单表

项目编码	项目名称	项目特征描述	计量单位	工程量
010606008001	钢梯	ϕ20钢筋，−60×6钢板，爬式	t	0.035

【例8-28】 某系杆如图8-28所示，计算其工程量。

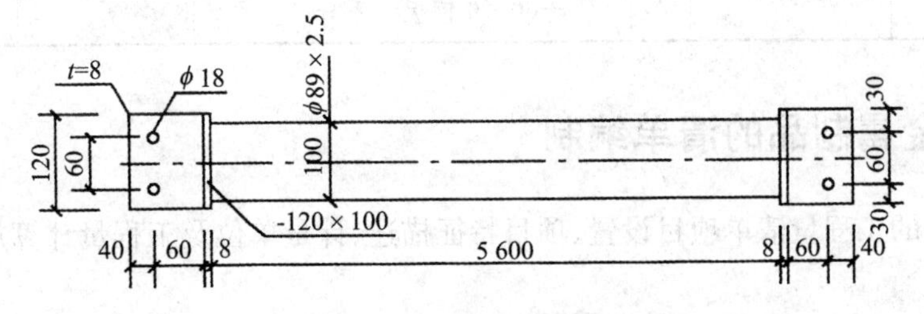

图8-28　某系杆示意图

【解】 钢管 ϕ89×2.5 的理论重量为 7.38 kg/m，则其工程量为：

7.38×5.6 kg=41.328 kg=0.041 t

8 mm 厚钢板：(0.12×0.1×2)×0.008×7.85×2 t=0.003 t

合计：(0.041+0.003)t=0.044 t

工程量清单见表 8-35

表 8-35 工程量清单表

项目编码	项目名称	项目特征描述	计量单位	工程量
010606013001	零星钢构件	ϕ89×2.5 钢管，8 mm 厚钢板，系杆	t	0.044

【例 8-29】 如图 8-29 所示系杆共有 10 根，计算其制作工程量。

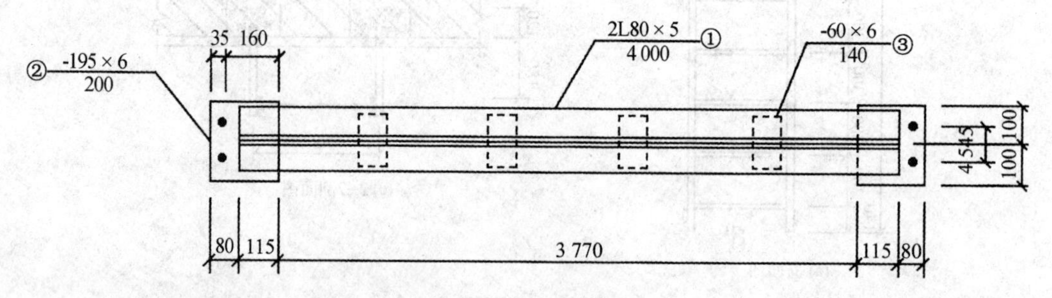

图 8-29 某系杆详图

【解】 L80×5 的理论重量为 6.211 kg/m，首先计算一根系杆的工程量。

① 2L80×5：

6.211×4.0×2 kg=49.7 kg=0.049 7 t

② −195×6：

0.195×0.2×0.006×7.85×2 t=0.003 7 t

③ −60×6：

0.06×0.006×0.14×7.85×4 t=0.001 6 t

合计：(0.049 7+0.003 7+0.001 6)t=0.055 t

10 根系杆的工程量：0.055×10 t=0.550 t

工程量清单见表 8-36

表 8-36 工程量清单表

项目编码	项目名称	项目特征描述	计量单位	工程量
010606013001	零星钢构件	L80×5 角钢　−195×6 钢板 −60×6 钢板　系杆	t	0.550

8.8 金属制品的清单编制

金属制品的工程量清单项目设置、项目特征描述、计量单位及工程量计算规则见下表。

表8-37　金属制品清单项目及工程量计算规则

项目编码	项目名称	项目特征	计量单位	工程量计算规则
	F.7 金属制品			
010607001	成品空调金属百页护栏	1. 材料品种、规格 2. 边框材质	m^2	按设计图示尺寸以框外围展开面积计算
010607002	成品栅栏	1. 材料品种、规格 2. 边框及立柱型钢品种、规格		
010607003	成品雨篷	1. 材料品种、规格 2. 雨篷宽度 3. 晾衣杆品种、规格	1. m 2. m^2	1. 以米计量，按设计图示接触，边以米计算 2. 以平方米计量，按设计图示尺寸以展开面积计算
010607004	金属网栏	1. 材料品种、规格 2. 边框及立柱型钢品种、规格	m^2	按设计图示尺寸以框外围展开面积计算
010607005	砌块墙钢丝网加固	1. 材料品种、规格 2. 加固方式		按设计图示尺寸以面积计算
010607006	后浇带金属网			

习题与思考题

1. 某钢结构工程钢屋架如图8-30所示，计算钢屋架工程量。

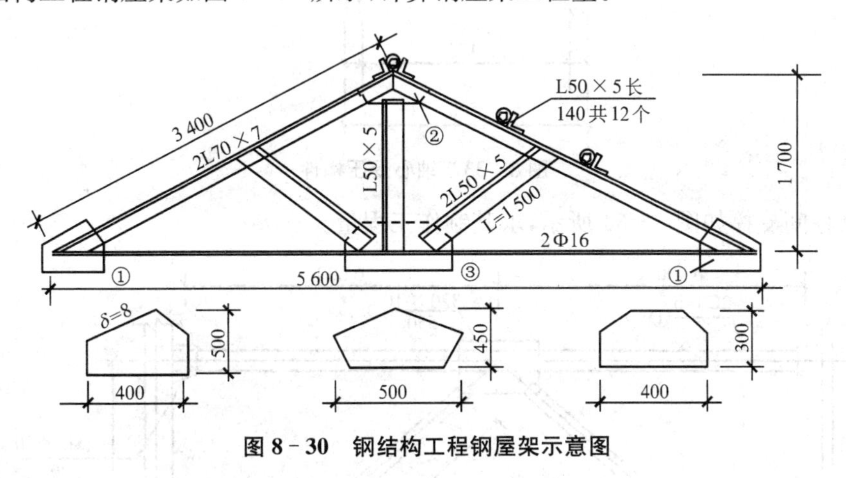

图8-30　钢结构工程钢屋架示意图

2. 如图8-31所示，求钢吊车梁制作工程量。

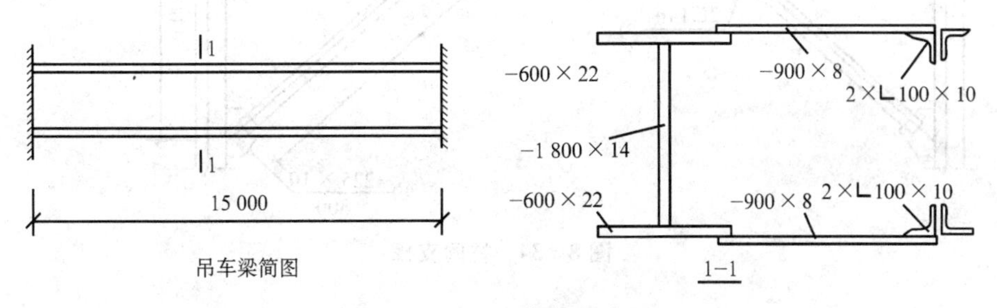

图8-31　钢吊车梁示意图

3. 计算图 8－32 组合钢檩条制作工程量，檩条采用冷弯薄壁卷边槽钢，截面尺寸为 C160×60×20×2.0，材料为 Q235。

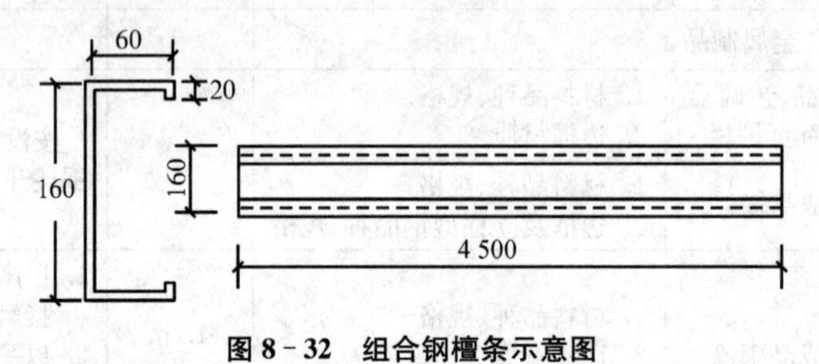

图 8－32　组合钢檩条示意图

4. 一焊接箱形截面轴心受压构件如图 8－33 所示，柱高 10 m，试求其施工图预算工程量为多少？

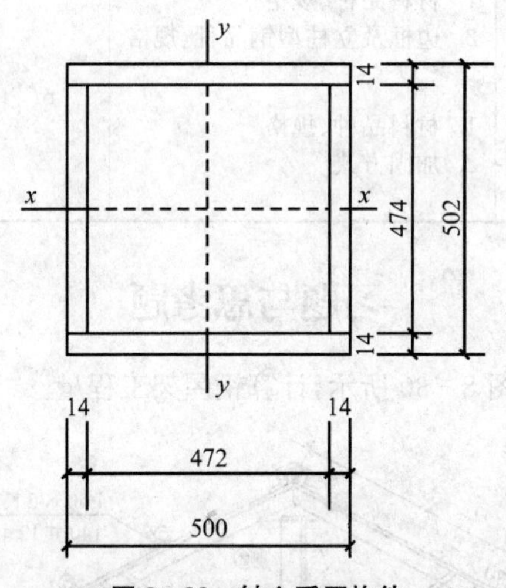

图 8－33　轴心受压构件

5. 某柱间支撑如图 8－34 所示，求其制作工程量。

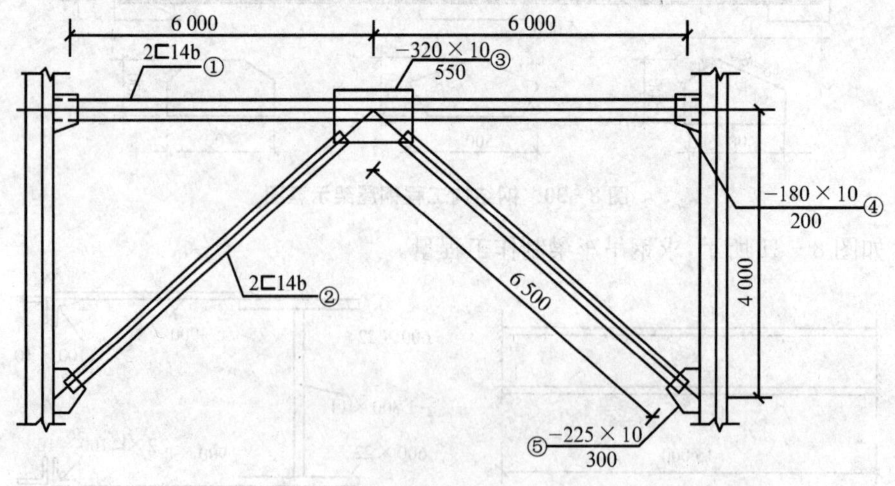

图 8－34　柱间支撑

第9章　钢结构工程量清单计价

扫码获取
电子资源

9.1　工程量清单计价概述

《江苏省建筑与装饰工程计价定额》(2014版)与《建设工程工程量清单计价规范》(2013版)、《房屋建筑与装饰工程工程量计算规范》(GB 50854—2013)配套使用,一般来讲,工程量清单的综合单价是由单个或多个工程内容按照计价定额规定计算出来的价格的汇总。

建设工程发承包及实施阶段的工程造价应由分部分项工程费、措施项目费、其他项目费、规费和税金组成。工程量清单应采用综合单价计价。

9.1.1　招标控制价的相关规定

1. 招标控制价的概念

招标控制价是指招标人根据国家或省级、行业建设主管部门颁发的有关计价依据和办法,按设计施工图纸计算的,对招标工程限定的最高工程造价,其作用是招标人对招标工程的最高限价。

2. 招标控制价的适用原则

2013计价规范规定"国有资金投资的工程建设项目应实行工程量清单招标,并应编制招标控制价。招标控制价超过批准的概算时,招标人应将其报原概算审批部门审核。投标人的投标报价高于招标控制价的,其投标应予以拒绝"。

3. 招标控制价的编制依据

(1) 2013计价规范;

(2) 国家或省级、行业建设主管部门颁发的计价定额和计价办法;

(3) 建设工程设计文件及相关资料;

(4) 招标文件中的工程量清单及有关要求;

(5) 与建设项目相关的标准、规范、技术资料;

(6) 工程造价管理机构发布的工程造价信息;工程造价信息没有发布的参照市场价;

(7) 其他的相关资料。

4. 相关规定

(1) 分部分项工程费应根据拟定的招标文件中的分部分项工程量清单项目的特征描述及有关要求计价,并应符合下列规定:

① 综合单价中应包括拟定的招标文件中要求投标人承担的风险费用。拟定的招标文件没有明确的,应提请招标人明确。

② 拟定的招标文件提供了暂估单价的材料和工程设备,按暂估的单价计入综合单价。

(2) 措施项目中的总价项目金额应根据招标文件及施工组织设计或施工方案按规范第

3.1.4 条和第 3.1.5 条的规定确定。

(3) 其他项目应按下列规定计价：

① 暂列金额应按招标工程量清单中列出的金额填写；

② 暂估价中的材料、工程设备单价应按招标工程量清单中列出的单价计入综合单价；

③ 暂估价中的专业工程金额应按招标工程量清单中列出的金额填写；

④ 计日工应按招标工程量清单中列出的项目根据工程特点和有关计价依据确定综合单价计算；

⑤ 总承包服务费应根据招标工程量清单列出的内容和要求确定。

9.1.2 投标报价的相关规定

投标报价是投标人投标时报出的工程合同价。投标价应由投标人或受其委托具有相应资质的工程造价咨询人编制。

除规范强制性规定外，投标人应依据招标文件及其招标工程量清单自主确定报价成本。

投标报价不得低于工程成本。

投标报价应根据下列依据编制和复核：

(1) 计价规范；

(2) 国家或省级、行业建设主管部门颁发的计价办法；

(3) 企业定额，国家或省级、行业建设主管部门颁发的计价定额；

(4) 招标文件、工程量清单及其补充通知、答疑纪要；

(5) 建设工程设计文件及相关资料；

(6) 施工现场情况、工程特点及拟定的投标施工组织设计或施工方案；

(7) 与建设项目相关的标准、规范等技术资料；

(8) 市场价格信息或工程造价管理机构发布的工程造价信息；

(9) 其他的相关资料。

投标人应按招标工程量清单填报价格。项目编码、项目名称、项目特征、计量单位、工程量必须与招标工程量清单一致。

投标人可根据工程实际情况结合施工组织设计，对招标人所列的措施项目进行增补。

分部分项工程费应依据招标文件及其招标工程量清单中分部分项工程量清单项目的特征描述确定综合单价计算，并应符合下列规定：

(1) 综合单价中应考虑招标文件中要求投标人承担的风险费用。

(2) 招标工程量清单中提供了暂估单价的材料和工程设备，按暂估的单价计入综合单价。

措施项目费应根据招标文件中的措施项目清单及投标时拟定的施工组织设计或施工方案按计价规范第 3.1.2 条的规定自主确定。其中安全文明施工费应按照本规范第 3.1.4 条的规定确定。

其他项目费应按下列规定报价：

(1) 暂列金额应按招标工程量清单中列出的金额填写；

(2) 材料、工程设备暂估价应按招标工程量清单中列出的单价计入综合单价；

(3) 专业工程暂估价应按招标工程量清单中列出的金额填写；

(4) 计日工应按招标工程量清单中列出的项目和数量，自主确定综合单价并计算计日工总额；

(5) 总承包服务费应根据招标工程量清单中列出的内容和提出的要求自主确定。

招标工程量清单与计价表中列明的所有需要填写的单价和合价的项目，投标人均应填写且只允许有一个报价。未填写单价和合价的项目，视为此项费用已包含在已标价工程量清单中其他项目的单价和合价之中。竣工结算时，此项目不得重新组价予以调整。

投标总价应当与分部分项工程费、措施项目费、其他项目费和规费、税金的合计金额一致。

9.2 定额工程量计算要点

9.2.1 《计价定额》第七章金属结构工程项目列项

(1) 钢柱的制作

(2) 钢屋架、钢托架、钢桁架制作

(3) 钢梁、钢吊车梁制作

(4) 钢制动梁、支撑、檩条、墙架、挡风架制作

(5) 钢平台、钢梯子、钢栏杆制作

(6) 钢拉杆制作、钢漏斗制安、型钢制作

(7) 钢屋架、钢桁架、钢托架现场制作平台摊销

(8) 其他(钢盖板制安、铁件制作、U型爬梯、晒衣架制安、端头螺杆螺帽、钢木大门骨架、龙骨钢骨架制作)

9.2.2 《计价定额》第七章说明要点

(1) 金属构件不论在附属企业加工厂或现场制作均执行本定额(现场制作需搭设操作平台，其平台摊销费按本章相应项目执行)。

(2) 本定额中各种钢材数量除定额已注明为钢筋综合、不锈钢管、不锈钢网架球的之外，均以型钢表示。实际不论使用何种型材，估价表中的钢材总数量和其他工料均不变。

(3) 本定额的制作均按焊接编制的，局部制作用螺栓或铆钉连接，亦按本定额执行。轻钢檩条拉杆安装用的螺帽、圆钢剪刀撑用的花篮螺栓，以及螺栓球网架的高强螺栓、紧定钉，已列入本章节相应定额中，执行时按设计用量调整。

(4) 本定额除注明者外，均包括现场内(工厂内)的材料运输、下料、加工、组装及成品堆放等全部工序。加工点至安装点的构件运输，应另按第七章构件运输定额相应项目计算。

(5) 本定额构件制作项目中，均已包括刷一遍防锈漆工料。

(6) 金属结构制作定额中的钢材品种系按普通钢材为准，如用锰钢等低合金钢者，其制作人工乘系数1.1。

(7) 劲性混凝土柱、梁、板内，用钢板、型钢焊接而成的H、T型钢柱、梁等构件，按H型、T型钢构件制作定额执行，截面由单根成品型钢构成的构件按成品型钢构件制作定额执行。

(8) 本定额各子目均未包括焊缝无损探伤(如：X光透视、超声波探伤、磁粉探伤、着色探伤等)，亦未包括探伤固定支架制作和被检工件的退磁。

(9) 轻钢檩条拉杆按檩条钢拉杆定额执行，木屋架、钢筋混凝土组合屋架拉杆按屋架钢拉杆定额执行。

(10) 钢屋架单榀质量在 0.5 t 以下者，按轻型屋架定额执行。

(11) 天窗挡风架、柱侧挡风板、挡雨板支架制作均按挡风架定额执行。

(12) 钢漏斗、晒衣架、钢盖板等制作、安装一体的定额项目中已包括安装费在内，但未包括场外运输。角钢、圆钢焊制的入口截流沟篦盖制作、安装，按设计质量执行钢盖板制、安定额。

(13) 零星钢构件制作是指质量 50 kg 以内的其他零星铁件制作。

(14) 薄壁方钢管、薄壁槽钢、成品 H 型钢檩条及车棚等小间距钢管、角钢槽钢等单根型钢檩条的制作，按 C、Z 型轻钢檩条制作执行。由双 C、双[、双 L 型钢之间断续焊接或通过连接板焊接的檩条，由圆钢或角钢焊接成片形、三角形截面的檩条按型钢檩条制作定额执行。

(15) 弧形构件(不包括螺旋式钢梯、圆形钢漏斗、钢管柱)的制作人工、机械乘以系数 1.2。

(16) 网架中的焊接空心球、螺栓球、锥头等热加工已含在网架制作工作内容中，不锈钢球按成品半球焊接考虑。

(17) 钢结构表面喷砂与抛丸除锈定额按照 Sa2 级考虑。如果设计要求 Sa2.5 级，定额乘以系数 1.2；设计要求 Sa3 级，定额乘以系数 1.4。

9.2.3 工程量计算规则

(1) 金属结构制作按图示钢材尺寸以吨计算，不扣除孔眼、切肢、切角、切边的重量，电焊条重量已包括在定额内，不另计算。在计算不规则或多边形钢板重量时均以矩形面积计算。

(2) 实腹柱、钢梁、吊车梁、H 型钢、T 型钢构件按图示尺寸计算，其中钢梁、吊车梁腹板及翼板宽度按图示尺寸每边增加 8 mm 计算。

(3) 钢柱制作工程量包括依附于柱上的牛腿及悬臂梁重量；制动梁的制作工程量包括制动梁、制动桁架、制动板重量；墙架的制作工程量包括墙架柱、墙架梁及连接柱杆重量。轻钢结构中的门框、雨篷的梁柱按墙架定额执行。

(4) 钢平台、走道应包括楼梯、平台、栏杆合并计算，钢梯子应包括踏步、栏杆合并计算。栏杆是指平台、阳台、走廊和楼梯的单独栏杆。

(5) 钢漏斗制作工程量，矩形按图示分片，圆形按图示展开尺寸，并依钢板宽度分段计算，每段均以其上口长度(圆形以分段展开上口长度)与钢板宽度，按矩形计算，依附漏斗的型钢并入漏斗重量内计算。

(6) 轻钢檩条以设计型号、规格按质量计算，檩条间的 C 型钢、薄壁槽钢、方钢管、角钢撑杆、窗框并入轻钢檩条内计算。

(7) 轻钢檩条的圆钢拉杆按檩条钢拉杆定额执行，套在圆钢拉杆上作为撑杆用的钢管，其质量并入轻钢檩条钢拉杆内计算。

(8) 檩条间圆钢钢拉杆定额中的螺母质量、圆钢剪刀撑定额中的花篮螺栓、螺栓球网架定额中的高强螺栓质量不计入工程量，但应按设计用量对定额含量进行调整。

(9) 金属构件中的剪力栓钉安装，按设计套数执行第八章相应子目。

(10) 网架制作中：螺栓球按设计球径、锥头按设计尺寸计算质量，高强螺栓、紧定钉的质量不计算工程量，设计用量与定额含量不同时应调整；空心焊接球矩形下料余量定额已考虑，按设计质量计算；不锈钢网架球按设计质量计算。

(11) 机械喷砂、抛丸除锈的工程量同相应构件制作的工程量。

9.2.4　钢构件运输及安装相关规定

1. 金属构件运输类别划分表

表9-1　金属构件运输类别划分表

类别	项　　目
Ⅰ类	钢柱、钢梁、屋架、托架梁、防风桁架
Ⅱ类	吊车梁、制动梁、钢网架、型(轻)钢檩条、钢拉杆、盖板、垃圾出灰门、篦子、爬梯、平台、扶梯、烟囱坚固箍
Ⅲ类	墙架、挡风架、天窗架、不锈钢网架、组合檩条、钢支撑、上下挡、轻型屋架、滚动支架、悬挂支架、管道支架、零星金属构件

2. 金属构件安装

(1) 金属构件中轻钢檩条拉杆的安装是按螺栓考虑,其余构件拼装或安装均按电焊考虑,设计用连接螺栓,其连接螺栓按设计用量另行计算(人工不再增加),电焊条、电焊机应相应扣除。

(2) 单层厂房屋盖系统构件如必须在跨外安装,按相应构件安装定额中的人工、吊装机械台班乘以系数1.18。用塔吊安装不乘此系数。

(3) 履带式起重机(汽车式起重机)安装点高度以20 m内为准,超过20 m在30 m内,人工、吊装机械台班(子目中起重机小于25 t者应调整到25 t)乘以系数1.20;超过30 m在40 m内,人工、吊装机械台班(子目中起重机小于50 t者应调整到50 t)乘以系数1.40;超过40 m,按实际情况另行处理。

(4) 钢柱安装在混凝土柱上(或混凝土柱内),其人工、吊装机械乘以系数1.43。混凝土柱安装后,如有钢牛腿或悬臂梁与其焊接时,钢牛腿或悬臂梁执行钢墙架安装定额,钢牛腿执行铁件制作定额。

(5) 钢管柱安装执行钢柱定额,其中人工乘以系数0.5。

(6) 钢屋架单榀质量在0.5 t以下者,按轻钢屋架子目执行。

(7) 构件安装项目中所列垫铁,是为了校正构件偏差用的,凡设计图纸中的连接铁件、拉板等不属于垫铁范围的,应按第七章相应子目执行。

(8) 钢屋架、天窗架拼装是指在构件厂制作、在现场拼装的构件,在现场不发生拼装或现场制作的钢屋架、钢天窗架不得套用本定额。

(9) 小型构件安装包括:沟盖板、通气道、垃圾道、楼梯踏步板、隔断板以及单体体积小于0.1 m^3 的构件安装。

(10) 钢网架安装定额按平面网格结构编制,如设计为球壳、筒壳或其他曲面状,其安装定额人工乘以系数1.2。

9.3　清单工程量与定额工程量的区别

上一章我们介绍了清单工程量的计算,其计算规则是按照计价规范的相关规定。计价工程量的计算则应该按照计价定额的相关规定计算,详见9.2的相关规则。清单工程量与定额工程量的计算规则有的相同,也有的不同。如计价定额规定钢梁、吊车梁腹板及翼板宽度按图示尺寸每边增加 8 mm 计算。而清单工程量计算规则是按照图示尺寸计算。

【例 9－1】 计算【例 8－14】所示钢梁的定额工程量

【解】 ① 翼缘：(0.124＋0.016)×9.16×0.008×7.85×2 t＝0.161 t

② 腹板：(0.248＋0.016)×9.16×0.005×7.85 t＝0.095 t

③ 钢板 －120×6：$\frac{0.12\times0.16}{2}$×0.006×7.85×6 t＝0.002 7 t

－180×6：0.18×0.2×0.006×7.85×6 t＝0.010 2 t

－180×20：0.18×0.428×0.02×7.85×2 t＝0.024 t

－90×10：$\frac{0.09\times0.095}{2}$×0.01×7.85×4 t＝0.001 3 t

合计：0.294 t

【例 9－2】 计算【例 8－15】所示钢梁的定额工程量

【解】 ① 腹板－410×16：

(0.41＋0.016)×0.016×4×7.85 t＝0.214 t

② 翼缘－300×20：

(0.3＋0.016)×0.02×4×7.85×2 t＝0.397 t

③ 横向加劲肋－122×12：

0.122×0.012×0.41×6×7.85 t＝0.028 3 t

④ 纵向加劲肋－107×10：

0.107×0.01×0.944×7.85×4 t＝0.031 7 t

⑤ 纵向加劲肋－107×10：

0.107×0.01×0.988×7.85×4 t＝0.033 2 t

⑥ 短加劲肋－135×8：

0.135×0.008×0.107×7.85×8 t＝0.007 3 t

合计：0.712 t

【例 9－3】 计算【例 8－17】所示吊车梁的定额工程量

【解】 翼缘(10)：(0.24＋0.016＋0.18＋0.016)×7.968×0.01×7.85 t＝0.283 t

腹板(6)：(0.46＋0.016)×7.968×0.006×7.85 t＝0.179 t

③ 加劲肋(6)：0.087×0.4×0.006×7.85×7×2 t＝0.023 t

(10)：0.18×0.42×0.01×7.85×2 t＝0.012 t

④ 支承板(6)：0.18×0.49×0.006×7.85×2 t＝0.008 t

合计：0.505 t

9.4 清单计价组价实例

【例 9－4】 某单层工业厂房屋面钢屋架 12 榀，现场制作，该屋架每榀 2.76 t，刷红丹防锈漆一遍，防火涂料薄型(耐火 1.5 h)，构件安装，场内运输 650 m，履带式起重机安装高度 5.4 m，跨外安装，请按《江苏省建筑与装饰工程计价定额》计算钢屋架的综合单价。(三类工程)

【解】 (1) 招标人编制分部分项工程量清单如下：

表9-2　分部分项工程量清单

工程名称：某工厂

序号	项目编码	项目名称	项目特征	计量单位	工程数量
1	010602001001	钢屋架	1. 钢材品种规格：L50×50×4 2. 单榀屋架重量：2.76 t 3. 屋架跨度9 m、安装高度5.4 m 4. 屋架无探伤要求 5. 刷红丹防锈漆一遍 6. 屋架刷防火漆二遍 7. 防火涂料薄型(耐火1.5 h) 8. 场内运输650 m 9. 经测算本钢屋架表面积含量为38 m^2/t	榀	12

(2) 套用计价定额计算该分部分项工程综合单价：

单榀钢屋架工程量2.76 t

7-11　钢屋架制作2.76 t×6 695.58元/t=18 479.8(元)

钢屋架刷红丹防锈漆一遍，已经包含在钢屋架的制作定额中，不需另计费用。

17-146　钢屋架刷防火涂料　2.76 t×38 m^2/t×61.223元/m^2=6 421.07(元)

8-25　钢屋架运输　2.76 t×52.71元/t =145.48(元)

8-124　换钢屋架安装(跨外)2.76 t×879.11元/t=2 426.34(元)

单价换算过程如下：

人工费214.84×1.18=253.51(元)

材料费42.5元

机械费313.08+244.85×0.18=357.15(元)

管理费(253.51+357.15) ×25%=152.67(元)

利润(253.51+357.15) ×12%=73.28(元)

单价合计：879.11元/t

钢屋架的综合单价：18 479.8+6 421.07+145.48+2 426.34=27 242.62元

(3) 填写分部分项工程量清单计价定额

表9-3　分部分项工程量清单计价表

序号	项目编码	项目名称	计量单位	工程数量	金额/元	
					综合单价	合价
1	010602001001	钢屋架	榀	12	27 472.62	329 671.44

【例9-5】 某工程在构件厂制作钢屋架20榀，每榀重2.95 t，需运到15 km内工地安装，试计算钢屋架运输、跨外安装(包括拼装按电焊考虑，采用汽车式起重机安装)的工程量规定额综合单价。

【解】 (1) 计算安装、拼装工程量：2.95×20=59.00(t)

(2) 计算运输工程量：2.95×20=59.00(t)

(3) 计算钢屋架安装工程定额综合单价：

套 8-124　59.00 t×765.75 元/t=45 179.25 元

(4) 计算屋架拼装工程定额综合单价：

套 8-120　59.00 t×586.35 元/t=34 594.65 元

(5) 计算屋架运输工程定额综合单价：

套 8-28　59.00 t×133.43 元/t=7 872.37 元

(6) 钢屋架、运输、跨外安装(包括拼装)定额综合单价合计：

45 179.25+34 594.65+7 872.37=87 646.27(元)

【例 9-6】 某钢柱工程量清单见下表，请分析其综合单价

表 9-4　某钢柱工程量清单

序号	项目编码	项目名称	项目特征描述	计量单位	工程量	金额/元	
						综合单价	合价
1	010603001001	实腹钢柱	1. 钢材品种、规格　H 型 Q345B 钢柱制作安装，规格按图纸要求 2. 油漆品种、刷漆遍数　喷砂除锈，红丹防锈漆及醇酸磁性漆各二遍，2.5 小时薄型防火涂料 3. 构件运输 20 公里 4. 单根钢柱 2.568 t 5. 经测算本钢柱表面积含量为 25.64 m^2/t	t	33.39		

【解】

表 9-5　工程量清单综合单价分析表

项目编码		项目名称	计量单位	工程数量	综合单价	合价
010603001001		实腹钢柱	t	33.39	10 492.90	350 309.50
清单综合单价组成	定额号	子目名称	单位	数量	单价	合价
	7-2	钢柱制作≤3 t	t	33.39	6 657.82	222 273.98
	17-149	金属面防火涂料 厚型 2.5 小时	10 m^2	85.60	850.77	72 828.97
	17-136	红丹防锈漆第 2 遍　金属面	10 m^2	85.60	51.65	4 421.43
	17-142	醇酸磁漆第 1 遍　金属面	10 m^2	85.60	56.58	4 843.45
	17-143	醇酸磁漆第 2 遍　金属面	10 m^2	85.60	51.80	4 434.27
	7-62	喷砂除锈	t	33.39	250.19	8 352.69
	8-29	Ⅰ类金属构件运输运距＜20 km	t	33.39	161.14	5 379.72
	8-112	钢柱每根重 4 t 以内安装	t	33.39	831.95	27 774.98
		小计				350 309.50

【例9-7】 某钢结构工程墙面C型钢檩条工程量清单见下表，请分析其综合单价

表9-6 某钢结构工程墙面C型钢檩条工程量清单

序号	项目编码	项目名称	项目特征描述	计量单位	工程量	金额/元	
						综合单价	合价
1	010606002001	墙面钢檩条	1. 钢材品种、规格 Q235 墙面横向及竖向门窗柱制作安装C型钢檩条(C220 * 70 * 20 * 25)； 2. 油漆品种、刷漆遍数 喷砂除锈，红丹防锈漆二遍，1.0小时薄型防火涂料 3. 构件运输20公里 4. 经测算C型钢表面积含量为124.45 m²/t	t	21.10		

【解】

表9-7 工程量清单综合单价分析表

项目编码		项目名称	计量单位	工程数量	综合单价	合价
10606002001		墙面钢檩条	t	21.10	13 389.31	282 514.54
清单综合单价组成	定额号	子目名称	单位	数量	单价	合价
	7-35	C.Z轻钢檩条制作	t	21.10	5 551.14	117 155.70
	17-145	金属面防火涂料 薄型 1小时	10 m²	262.59	402.77	105 763.58
	17-136	红丹防锈漆第2遍 金属面	10 m²	262.59	51.65	13 562.80
	17-142	醇酸磁漆第1遍 金属面	10 m²	262.59	56.58	14 857.37
	17-143	醇酸磁漆第2遍 金属面	10 m²	262.59	51.80	13 602.19
	7-62	喷砂除锈	t	21.10	250.19	5 280.21
	8-35	Ⅱ类金属构件运输运距<20 km	t	21.10	126.80	2 676.09
	8-136	C,Z檩条安装	t	21.10	455.66	9 616.61
		小计				282 514.54

习题与思考题

1. 计算如图 9－1 所示钢柱的工程量。

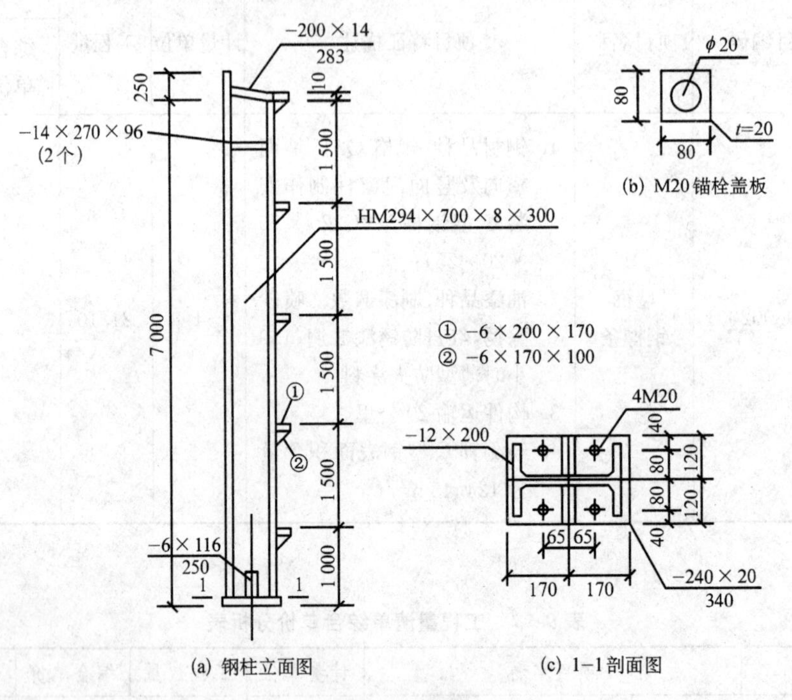

图 9－1　钢柱

2. 请编制如图 9－2 所示钢框架的柱和梁的工程量清单，并按照 2014 江苏计价定额进行计价，相关施工做法要求：刷红丹防锈漆一遍，防火涂料薄型(耐火 1.5 h)，构件安装，场内运输 650 m，履带式起重机安装高度 5.4 m，跨外安装。

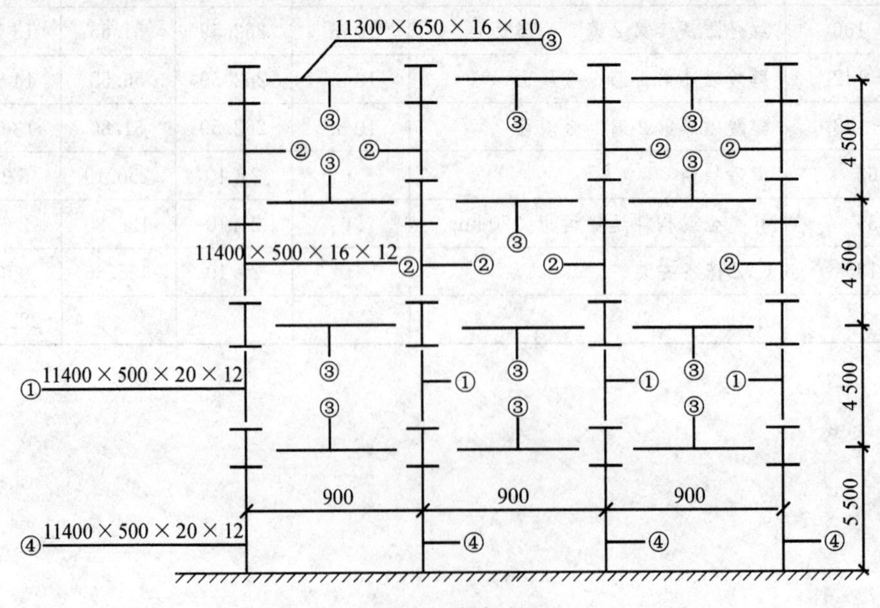

图 9－2　钢框架

3. 某钢结构工程部分工程量清单见下表，请分析其综合单价。

表9-8　某钢结构工程部分工程量清单

序号	项目编码	项目名称	项目特征描述	计量单位	工程量	金额/元		
						综合单价	合价	其中 暂估价
1	010516002001	预埋铁件	1 地脚锚杆制作安装	t	0.65			
2	010604001001	钢梁	1. 钢材品种、规格　H型Q345B纵向钢梁制作安装，规格按图纸要求 2. 油漆品种、刷漆遍数　喷砂除锈，红丹防锈漆及醇酸磁性漆各二遍，2小时薄型防火涂料 3. 构件运输20公里 4. 经测算本钢梁表面积含量为32.05 m^2/t	t	24.11			
3	010606001001	钢梁支撑、钢拉条	1. 钢材品种、规格　Q235钢隅撑制作安装，规格按图纸要求 2. 油漆品种、刷漆遍数　喷砂除锈，红丹防锈漆二遍，1小时薄型防火涂料 3. 构件运输20公里 4. 经测算本钢梁表面积含量为85.84 m^2/t	t	1.42			

第 10 章　某钢结构厂房造价编制实例

某钢结构厂房　　　　　　工程

招标工程量清单

招　标　人：＿＿＿＿＿＿＿＿＿＿

（单位盖章）

造价咨询人：＿＿＿＿＿＿＿＿＿＿

（单位盖章）

年　　月　　日

总　说　明

工程名称：某钢结构厂房

1. 工程概况：建筑面积 4 004 m^2，单层钢结构厂房，跨度 15 m，三跨。
2. 招标范围：钢结构
3. 工期：30 天
3. 工程量清单编制依据
(1) 甲方提供的施工图纸
(2)《建设工程工程量清单计价规范》(GB50500—2013) 及《房屋建筑与装饰工程工程量计算规范》(GB50854—2013)等 9 本工程量计算规范
(3)《江苏省建设工程工程量清单计价项目指引》(苏建定 2003 - 374 号)
(4) 省住房城乡建设厅《关于发布建设工程人工工资指导价的通知》(苏建函价〔2017〕721 号)
(5)《某市工程造价信息》(2017 年第 10 期)及市场询价
(6)《省住房城乡建设厅关于建筑业实施营改增后江苏省建设工程计价依据调整的通知》
(7) 苏建价〔2011〕791 号关于印发《江苏省施工机械台班补充定额》的通知

某钢结构厂房______工程

招标工程量清单

招　标　人：__________（单位盖章）

造价咨询人：__________（单位资质专用章）

法定代表人
或其授权人：__________（签字或盖章）

法定代表人
或其授权人：__________（签字或盖章）

编　制　人：__________（造价人员签字盖专用章）

复　核　人：__________（造价工程师签字盖专用章）

编制时间：　年　月　日　复核时间：　年　月　日

扉-1

分部分项工程和单价措施项目清单与计价表

工程名称：某钢结构厂房　　　　标段：　　　　第 1 页　共 4 页

序号	项目编码	项目名称	项目特征描述	计量单位	工程量	金额/元		
						综合单价	合价	其中 暂估价
1	010516002001	预埋铁件	1 地脚锚杆制作安装	t	0.6561			
2	010604001001	钢梁	1. 钢材品种、规格　H 型 Q345B 纵向钢梁制作安装，规格按图纸要求 2. 油漆品种、刷漆遍数　喷砂除锈，红丹防锈漆及醇酸磁性漆各二遍，2 小时薄型防火涂料 3. 构件运输 20 公里	t	24.1092			
3	010603001001	实腹钢柱	1. 钢材品种、规格　H 型 Q345B 钢柱制作安装，规格按图纸要求 2. 油漆品种、刷漆遍数　喷砂除锈，红丹防锈漆及醇酸磁性漆各二遍，2.5 小时薄型防火涂料 3. 构件运输 20 公里 4. 单根钢柱 2.568	t	33.3854			
4	010606002001	屋面钢檩条	1. 钢材品种、规格　Q235 屋面横向 C 型钢檩条制作安装，规格按图纸要求 2. 油漆品种、刷漆遍数　喷砂除锈，红丹防锈漆二遍，1 小时薄型防火涂料 3. 构件运输 20 公里	t	29.3376			
5	010606001001	钢梁支撑、钢拉条	1. 钢材品种、规格　Q235 钢隅撑制作安装，规格按图纸要求 2. 油漆品种、刷漆遍数　喷砂除锈，红丹防锈漆二遍，1 小时薄型防火涂料 3. 构件运输 20 公里	t	1.4209			
本页小计								
单价措施合计								
合　计								

续表

工程名称：某钢结构厂房　　　　标段：　　　　

<table>
<tr><th rowspan="3">序号</th><th rowspan="3">项目编码</th><th rowspan="3">项目名称</th><th rowspan="3">项目特征描述</th><th rowspan="3">计量单位</th><th rowspan="3">工程量</th><th colspan="3">金　额/元</th></tr>
<tr><th rowspan="2">综合单价</th><th rowspan="2">合价</th><th>其中</th></tr>
<tr><th>暂估价</th></tr>
<tr><td>6</td><td>010606001002</td><td>屋面拉杆</td><td>1. 钢材品种、规格　Q235B 屋面钢拉杆制作安装，规格按图纸要求
2. 油漆品种、刷漆遍数　喷砂除锈，红丹防锈漆二遍，1 小时薄型防火涂料
3. 构件运输 20 公里</td><td>t</td><td>1.5451</td><td></td><td></td><td></td></tr>
<tr><td>7</td><td>010606001003</td><td>屋面钢支撑</td><td>1. 钢材品种、规格　Q235B 屋面钢管水平钢支撑制作安装，规格按图纸要求
2. 油漆品种、刷漆遍数　喷砂除锈，红丹防锈漆二遍，1 小时薄型防火涂料
3. 构件运输 20 公里</td><td>t</td><td>11.5554</td><td></td><td></td><td></td></tr>
<tr><td>8</td><td>010606001004</td><td>柱间钢支撑、钢拉条</td><td>1. 钢材品种、规格　Q235 钢制作安装柱间支撑，规格按图纸要求
2. 油漆品种、刷漆遍数　喷砂除锈，红丹防锈漆二遍，1 小时薄型防火涂料
3. 构件运输 20 公里</td><td>t</td><td>14.8323</td><td></td><td></td><td></td></tr>
<tr><td>9</td><td>010606002002</td><td>墙面钢檩条</td><td>1. 钢材品种、规格　Q235 墙面横向及竖向门窗柱制作安装 C 型钢檩条(C220＊70＊20＊25)，规格按图纸要求
2. 油漆品种、刷漆遍数　喷砂除锈，红丹防锈漆二遍，1.0 小时薄型防火涂料
3. 构件运输 20 公里</td><td>t</td><td>21.1048</td><td></td><td></td><td></td></tr>
<tr><td>10</td><td>010606001005</td><td>T、XT 墙面拉条、斜拉条</td><td>1. C.Z 轻钢檩条制作
2. Ⅰ类金属构件运输运距 <5 km
3. C,Z 檩条安装
4. 其他金属面红丹防锈漆 1 遍
5. 其他金属面醇酸磁漆 2 遍</td><td>t</td><td>0.5774</td><td></td><td></td><td></td></tr>
<tr><td>11</td><td>010901002001</td><td>采光板屋面</td><td>型材品种、规格、品牌、颜色双层　1.5 mm 厚 600 mm 宽聚碳酸酯波形采光板。</td><td>m²</td><td>270.00</td><td></td><td></td><td></td></tr>
<tr><td colspan="9">本页小计</td></tr>
<tr><td colspan="9">单价措施合计</td></tr>
<tr><td colspan="9">合　计</td></tr>
</table>

续表

工程名称：某钢结构厂房　　　　标段：　　　　第 3 页　共 4 页

序号	项目编码	项目名称	项目特征描述	计量单位	工程量	金额/元		
						综合单价	合价	其中 暂估价
12	010901002002	型材外墙面(军绿)	1.80 厚双层镀铝锌岩棉彩钢墙面板，外层板厚 0.6 mm，内层板厚 0.5 mm，具体颜色及布置见详图。	m^2	3111.48			
13	010901002003	屋脊	1. 单层彩钢屋脊宽 600 带背托	m	96.00			
14	010901002004	型材屋面	1. 双层镀铝锌彩钢压型板加夹 80 厚无铝箔玻璃纤维棉板 2. 面层板板厚0.6 mm 3. 底层板厚 0.5 mm。	m^2	4050.00			
15	010606011001	钢板天沟	1. 钢材品种、规格　Q235B 铁件制作安装，规格按图纸要求 2. 油漆品种、刷漆遍数　喷砂除锈，红丹防锈漆二遍，1 小时薄型防火涂料 3. 构件运输 20 公里 4. 1.5 mm 厚 304 不锈钢天沟底宽 600 mm，制作安装	m	192.00			
16	010606008001	钢梯	1. 爬式钢梯子制作 2. Ⅰ类金属构件运输运距＜5 km 3. 钢扶手，栏杆安装 4. 其他金属面红丹防锈漆 1 遍 5. 其他金属面醇酸磁漆 2 遍	t	0.574			
17	010801005001	女儿墙内侧封边、封顶及泛水	女儿墙内侧 0.6 mm 厚单层彩钢板封边、封顶及泛水	m	282.00			
18	010901002005	型材屋面(包墙转角、门角、窗角)	1. 单层彩钢泛水，包墙转角、门角、窗角	m	670.80			
本页小计								
单价措施合计								
合　计								

续表

工程名称：某钢结构厂房　　　　　　　　标段：　　　　　　　　第4页　共4页

序号	项目编码	项目名称	项目特征描述	计量单位	工程量	金额/元		
						综合单价	合价	其中 暂估价
19	011506003001	雨篷	1. C.Z轻钢檩条制作 2. Ⅰ类金属构件运输运距<5 km 3. C,Z檩条安装 4. 其他金属面红丹防锈漆1遍 5. 其他金属面醇酸磁漆2遍 6. 彩钢夹芯板屋面板厚100 mm 7. 彩钢复合板(单层底板)V135 8. 单层彩钢泛水,包墙转角,山头宽600 mm	m^2	72.00			
20	010902004001	屋面排水管	1. PVC水落管Φ160 2. PVC水斗Φ160 3. 屋面铸铁落水口(带罩)排水Φ150	m	208.00			
分部分项合计								
21	011701001001	脚手架	1. 综合脚手架檐高在12 m以上层高在3.6 m内	m^2	4 320.00			
22	011705001001	大型机械设备进出场及安拆	1. 轮胎式起重机40 t以内场外运输费 2. 轮胎式起重机40 t以内组装拆卸费	台次	1.00			
本页小计								
单价措施合计								
合　计								

总价措施项目清单与计价表

工程名称：某钢结构厂房　　　　标段：　　　　第 1 页　共 1 页

序号	项目编码	项目名称	计算基础	费率/%	金额/元	调整费率/%	调整后金额/元	备注
1	011707001001	安全文明施工						
1.1	1.1	基本费		3.1				
1.2	1.2	增加费						
2	011707002001	夜间施工						
3	011707003001	非夜间施工照明						
4	011707005001	冬雨季施工						
5	011707006001	地上、地下设施、建筑物的临时保护设施						
6	011707007001	已完工程及设备保护						
7	011707008001	临时设施						
8	011707009001	赶工措施						
9	011707010001	工程按质论价						
10	011707011001	住宅分户验收						
合　计								

其他项目清单与计价汇总表

工程名称：某钢结构厂房　　　　标段：　　　　第 1 页　共 1 页

序号	项目名称	金额/元	结算金额/元	备注
1	暂列金额	10 000.00		
2	暂估价			
2.1	材料(工程设备)暂估价	—		
2.2	专业工程暂估价			
3	计日工			
4	总承包服务费			
合　计			—	

暂列金额明细表

工程名称：某钢结构厂房　　　　　　　　　　　　标段：　　　　　　　　　　　　第 1 页　共 1 页

序号	项目名称	计量单位	暂定金额/元	备注
1	暂列金额		10 000.00	
合　计			10 000.00	—

规费、税金项目计价表

工程名称：某钢结构厂房　　　　　　　　　　标段：　　　　　　　　　　第1页　共1页

<table>
<tr><th>序号</th><th>项目名称</th><th>计算基础</th><th>计算基数/元</th><th>计算费率/%</th><th>金额/元</th></tr>
<tr><td>1</td><td>规　费</td><td rowspan="4">分部分项工程费＋措施项目费＋其他项目费－除税工程设备费</td><td></td><td></td><td></td></tr>
<tr><td>1.1</td><td>社会保险费</td><td></td><td>3.2</td><td></td></tr>
<tr><td>1.2</td><td>住房公积金</td><td></td><td>0.53</td><td></td></tr>
<tr><td>1.3</td><td>工程排污费</td><td></td><td>0.1</td><td></td></tr>
<tr><td>2</td><td>税　金</td><td>分部分项工程费＋措施项目费＋其他项目费＋规费－(甲供材料费＋甲供设备费)/1.01</td><td></td><td>10</td><td></td></tr>
<tr><td colspan="4">合　　计</td><td colspan="2"></td></tr>
</table>

某钢结构厂房＿＿＿＿＿工程

招标控制价

招　标　人：＿＿＿＿＿＿＿＿＿＿＿＿

（单位盖章）

造价咨询人：＿＿＿＿＿＿＿＿＿＿＿＿

（单位盖章）

年　月　日

某钢结构厂房　　　　　工程

招 标 控 制 价

招标控制价（小写）：3377540.21

（大写）：叁佰叁拾柒万柒仟伍佰肆拾元贰角壹分

招　标　人：＿＿＿＿＿＿（单位盖章）

造价咨询人：＿＿＿＿＿＿（单位资质专用章）

法定代表人或其授权人：＿＿＿＿＿＿（签字或盖章）

法定代表人或其授权人：＿＿＿＿＿＿（签字或盖章）

编　制　人：＿＿＿＿＿＿（造价人员签字盖专用章）

复　核　人：＿＿＿＿＿＿（造价工程师签字盖专用章）

编制时间：　　年　月　日

复核时间：　　年　月　日

单位工程招标控制价汇总表

工程名称：某钢结构厂房　　　　　　　　标段：　　　　　　　　第 1 页　共 1 页

序号	汇总内容	金额/元	其中：暂估价/元
1	分部分项工程	2 796 032.87	
1.1	人工费	534 331.79	
1.2	材料费	1 893 137.92	
1.3	施工机具使用费	119 933.09	
1.4	企业管理费	170 097.78	
1.5	利润	78 518.69	
2	措施项目	151 196.35	—
2.1	单价措施项目费	29 013.10	—
2.2	总价措施项目费	122 183.25	
2.2.1	其中：安全文明施工措施费	87 576.43	
3	其他项目	10 000.00	—
3.1	其中：暂列金额	10 000.00	—
3.2	其中：专业工程暂估价		—
3.3	其中：计日工		—
3.4	其中：总承包服务费		—
4	规费	113 261.88	—
4.1	社会保险费	94 631.34	—
4.2	住房公积金	15 673.31	—
4.3	工程排污费	2 957.23	—
5	税金	307 049.11	—
招标控制价合计＝1＋2＋3＋4＋5＝甲供材料及甲供设备/1.01		3 377 540.21	

分部分项工程和单价措施项目清单与计价表

工程名称：某钢结构厂房　　　　标段：　　　　第1页　共4页

序号	项目编码	项目名称	项目特征描述	计量单位	工程量	金额/元		
						综合单价	合价	其中 暂估价
1	010516002001	预埋铁件	1 地脚锚杆制作安装	t	0.656 1	11 749.25	7 708.68	
2	010604001001	钢梁	1. 钢材品种、规格　H型Q345B纵向钢梁制作安装，规格按图纸要求 2. 油漆品种、刷漆遍数　喷砂除锈，红丹防锈漆及醇酸磁性漆各二遍，2小时薄型防火涂料 3. 构件运输20公里	t	24.109 2	9 709.42	234 086.35	
3	010603001001	实腹钢柱	1. 钢材品种、规格　H型Q345B钢柱制作安装，规格按图纸要求 2. 油漆品种、刷漆遍数　喷砂除锈，红丹防锈漆及醇酸磁性漆各二遍，2.5小时薄型防火涂料 3. 构件运输20公里 4. 单根钢柱2.568	t	33.385 4	9 474.04	316 294.62	
4	010606002001	屋面钢檩条	1. 钢材品种、规格　Q235屋面横向C型钢檩条制作安装，规格按图纸要求 2. 油漆品种、刷漆遍数　喷砂除锈，红丹防锈漆二遍，1小时薄型防火涂料 3. 构件运输20公里	t	29.337 6	11 192.37	328 357.27	
5	010606001001	钢梁支撑、钢拉条	1. 钢材品种、规格　Q235钢隅撑制作安装，规格按图纸要求 2. 油漆品种、刷漆遍数　喷砂除锈，红丹防锈漆二遍，1小时薄型防火涂料 3. 构件运输20公里	t	1.420 9	11 721.70	16 655.36	
本页小计							903 102.28	
单价措施合计							903 102.28	
合　计							2 825 045.97	

续表

工程名称：某钢结构厂房　　　　标段：　　　　第 2 页　共 4 页

序号	项目编码	项目名称	项目特征描述	计量单位	工程量	金额/元		
						综合单价	合价	其中 暂估价
6	010606001002	屋面拉杆	1. 钢材品种、规格　Q235B 屋面钢拉杆制作安装，规格按图纸要求 2. 油漆品种、刷漆遍数　喷砂除锈，红丹防锈漆二遍，1小时薄型防火涂料 3. 构件运输 20 公里	t	1.545 1	7 966.26	12 308.67	
7	010606001003	屋面钢支撑	1. 钢材品种、规格　Q235B 屋面钢管水平钢支撑制作安装，规格按图纸要求 2. 油漆品种、刷漆遍数　喷砂除锈，红丹防锈漆二遍，1小时薄型防火涂料 3. 构件运输 20 公里	t	11.555 4	7 763.57	89 711.16	
8	010606001004	柱间钢支撑、钢拉条	1. 钢材品种、规格　Q235 钢制作安装柱间支撑，规格按图纸要求 2. 油漆品种、刷漆遍数　喷砂除锈，红丹防锈漆二遍，1小时薄型防火涂料 3. 构件运输 20 公里	t	14.832 3	9 614.96	142 611.97	
9	010606002002	墙面钢檩条	1. 钢材品种、规格　Q235 墙面横向及竖向门窗柱制作安装 C 型钢檩条(C220 * 70 * 20 * 25)，规格按图纸要求 2. 油漆品种、刷漆遍数　喷砂除锈，红丹防锈漆二遍，1.0 小时薄型防火涂料 3. 构件运输 20 公里	t	21.104 8	12 078.83	254 921.29	
10	010606001005	T、XT 墙面拉条、斜拉条	1. C.Z 轻钢檩条制作 2. Ⅰ类金属构件运输运距 ＜5 km 3. C,Z 檩条安装 4. 其他金属面红丹防锈漆 1 遍 5. 其他金属面醇酸磁漆 2 遍	t	0.577 4	7 560.76	4 365.58	
本页小计							5 303 918.67	
单价措施合计							1 407 020.95	
合　计							2 825 045.97	

续表

工程名称：某钢结构厂房　　　　　　标段：　　　　　　第3页　共4页

序号	项目编码	项目名称	项目特征描述	计量单位	工程量	金额/元		
						综合单价	合价	其中 暂估价
11	010901002001	采光板屋面	型材品种、规格、品牌、颜色双层1.5 mm厚600 mm宽聚碳酸酯波形采光板。	m^2	270.00	222.63	60 110.10	
12	010901002002	型材外墙面(军绿)	1.80厚双层镀铝锌岩棉彩钢墙面板，外层板厚0.6 mm,内层板厚0.5 mm,具体颜色及布置见详图。	m^2	3 111.48	206.74	643 267.38	
13	010901002003	屋脊	1. 单层彩钢屋脊宽600带背托	m	96.00	124.71	11 972.16	
14	010901002004	型材屋面	1. 双层镀铝锌彩钢压型板加夹80厚无铝箔玻璃纤维棉板,2. 面层板板厚0.6 mm,3. 底层板厚0.5 mm。	m^2	4 050.00	139.24	563 922.00	
15	010606011001	钢板天沟	1. 钢材品种、规格 Q235B铁件制作安装,规格按图纸要求 2. 油漆品种、刷漆遍数 喷砂除锈,红丹防锈漆二遍,1小时薄型防火涂料 3. 构件运输20公里 4. 1.5 mm厚304不锈钢大沟底宽600 mm,制作安装	m	192.00	273.56	52 523.52	
16	010606008001	钢梯	1. 爬式钢梯子制作 2. Ⅰ类金属构件运输运距<5 km 3. 钢扶手,栏杆安装 4. 其他金属面红丹防锈漆1遍 5. 其他金属面醇酸磁漆2遍	t	0.574	8 910.31	5 114.52	
17	010801005001	女儿墙内侧封边、封顶及泛水	女儿墙内侧0.6 mm厚单层彩钢板封边、封顶及泛水	m	282.00	31.17	8 789.94	
18	010901002005	型材屋面(包墙转角、门角、窗角)	1. 单层彩钢泛水,包墙转角、门角、窗角	m	670.80	5.88	3 944.30	
本页小计							1 349 643.92	
单价措施合计							2 756 664.87	
合　计							2 825 045.97	

续表

工程名称：某钢结构厂房　　　　　　　　　标段：　　　　　　　　　　第4页　共4页

序号	项目编码	项目名称	项目特征描述	计量单位	工程量	金额/元		
						综合单价	合价	其中 暂估价
19	011506003001	雨篷	1. C.Z轻钢檩条制作 2. Ⅰ类金属构件运输运距<5 km 3. C,Z檩条安装 4. 其他金属面红丹防锈漆1遍 5. 其他金属面醇酸磁漆2遍 6. 彩钢夹芯板屋面板厚100 mm 7. 彩钢复合板（单层底板）V135 8. 单层彩钢泛水，包墙转角，山头宽600 mm	m^2	72.00	336.64	24 238.08	
20	010902004001	屋面排水管	1. PVC水落管Φ160 2. PVC水斗Φ160 3. 屋面铸铁落水口（带罩）排水Φ150	m	208.00	72.74	15 129.92	
			分部分项合计				2 796 032.87	
21	011701001001	脚手架	1. 综合脚手架檐高在12 m以上层高在3.6 m内	m^2	4 320.00	4.89	21 124.80	
22	011705001001	大型机械设备进出场及安拆	1. 轮胎式起重机40 t以内场外运输费 2. 轮胎式起重机40 t以内组装拆卸费	台次	1.00	7 888.30	7 888.30	
			本页小计				68 381.1	
			单价措施合计				29 013.10	
			合　　计				2 825 045.97	

综合单价分析表

工程名称：某钢结构厂房　　　　　　　　　　　　　　　　　　第 1 页　共 33 页

项目编码	010516002001	项目名称	预埋铁件	计量单位	t	工程量	0.6561

清单综合单价组成明细

定额编号	定额项目名称	定额单位	数量	单价					合价				
				人工费	材料费	机械费	管理费	利润	人工费	材料费	机械费	管理费	利润
5-27	铁件制作	t	1	2 296.01	4 262.93	684.15	774.84	357.61	2 296.01	4 262.93	684.15	774.84	357.61
5-28	铁件安装	t	1	1 931.92	221.55	352.25	593.87	274.1	1 931.92	221.55	352.25	593.87	274.1
综合人工工日		小　计							4 227.93	4 484.48	1 036.4	1 368.71	631.71
51.560 7 工日		未计价材料费											
清单项目综合单价									11 749.25				

材料费明细	主要材料名称、规格、型号	单位	数量	单价/元	合价/元	暂估单价/元	暂估合价/元
	型钢	t	1.060 5	3 498.8	3 710.48		
	电焊条　J422	kg	66.301 8	4.97	329.52		
	氧气	m^3	43.937 7	2.83	124.34		
	乙炔气	m^3	19.090 1	14.05	268.22		
	防锈漆	kg	2.444 4	12.86	31.43		
	油漆溶剂油	kg	0.252 6	12.01	3.03		
	其他材料费	元	17.494 3	1	17.49		
	其他材料费			—	−0.04	—	
	材料费小计			—	4 484.48	—	

续表

工程名称：某钢结构厂房　　　　第 2 页　共 33 页

项目编码	010604001001	项目名称	钢梁	计量单位	t	工程量	24.109 2

清单综合单价组成明细

定额编号	定额项目名称	定额单位	数量	单价					合价				
				人工费	材料费	机械费	管理费	利润	人工费	材料费	机械费	管理费	利润
7-11	钢屋架制作 ≤3 t	t	1	985.64	4 063.57	400.3	360.34	166.31	985.64	4 063.57	400.3	360.34	166.31
17-147	金属面防火涂料　薄型 2 小时	10 m²	3.205 129	149.6	462.82	40.47	49.42	22.81	479.49	1 483.4	129.71	158.4	73.11
17-136	红丹防锈漆第 2 遍　金属面	10 m²	3.205 129	19.55	21.45		5.08	2.35	62.66	68.75		16.28	7.53
17-142	醇酸磁漆第 1 遍　金属面	10 m²	3.205 129	20.4	24.7		5.3	2.45	65.38	79.17		16.99	7.85
17-143	醇酸磁漆第 2 遍　金属面	10 m²	3.205 129	19.55	21.59		5.08	2.35	62.66	69.2		16.28	7.53
7-62	喷砂除锈	t	1	65.6	72.07	48.12	29.57	13.65	65.6	72.07	48.12	29.57	13.65
8-29	Ⅰ类金属构件运输运距<20 km	t	1	13.86	6.21	89.6	26.9	12.42	13.86	6.21	89.6	26.9	12.42
8-120	钢屋架每榀构件重量≤3 t 履带式起重机拼装	t	1	176.3	98.11	151.79	85.3	39.37	176.3	98.11	151.79	85.3	39.37
综合人工工日		小　计							1 911.59	5 940.48	819.52	710.06	327.77
23.0346 工日		未计价材料费											
清单项目综合单价									9 709.42				

材料费明细	主要材料名称、规格、型号	单位	数量	单价/元	合价/元	暂估单价/元	暂估合价/元
	型钢	t	1.05	3 498.8	3 673.74		
	电焊条　J422	kg	19.48	4.97	96.82		
	碳钢埋弧焊丝	kg	19.79	7.72	152.78		
	焊剂	kg	7.62	3.43	26.14		
	氧气	m³	6.16	2.83	17.43		
	乙炔气	m³	2.68	14.05	37.65		
	防锈漆	kg	4.65	12.86	59.8		
	油漆溶剂油	kg	1.537 7	12.01	18.47		

续表

工程名称：某钢结构厂房　　　　第 3 页　共 33 页

	主要材料名称、规格、型号	单位	数量	单价/元	合价/元	暂估单价/元	暂估合价/元
材料费明细	其他材料费	元	29.340 5	1	29.34		
	防火涂料	kg	90.865 4	16.29	1 480.2		
	红丹防锈漆	kg	4.102 6	12.86	52.76		
	白布	m^2	0.128 2	3.43	0.44		
	醇酸磁漆	kg	7.371 8	15.44	113.82		
	醇酸漆稀释剂　X6	kg	1.923 1	12.86	24.73		
	砂纸	张	3.269 2	0.94	3.07		
	钢砂	kg	16.8	4.29	72.07		
	周转木材	m^3	0.018	1 586.47	28.56		
	钢丝绳	kg	0.02	5.75	0.12		
	镀锌铁丝　8#	kg	2.35	4.2	9.87		
	钢支架、平台及连接件	kg	0.16	3.57	0.57		
	周转木材	m^3	0.002	1 586.47	3.17		
	圆木	m^3	0.004	1 286.32	5.15		
	其他材料费			—	33.79	—	
	材料费小计			—	5 940.48	—	

续表

工程名称：某钢结构厂房　　　　　　　　　　　　　　　　　　　第 4 页　共 33 页

项目编码	010603001001	项目名称	实腹钢柱	计量单位	t	工程量	33.385 4

清单综合单价组成明细

定额编号	定额项目名称	定额单位	数量	单价/元					合价/元				
				人工费	材料费	机械费	管理费	利润	人工费	材料费	机械费	管理费	利润
7-2	钢柱制作≤3 t	t	1	743.74	4 080.98	574.96	342.86	158.24	743.74	4 080.98	574.96	342.86	158.24
17-149	金属面防火涂料　厚型 2.5 小时	10 m^2	2.564 103	266.05	388.1	24.28	75.49	34.84	682.18	995.13	62.26	193.56	89.33
17-136	红丹防锈漆第 2 遍　金属面	10 m^2	2.564 103	19.55	21.45		5.08	2.35	50.13	55		13.03	6.03
17-142	醇酸磁漆第 1 遍　金属面	10 m^2	2.564 103	20.4	24.7		5.3	2.45	52.31	63.33		13.59	6.28
17-143	醇酸磁漆第 2 遍　金属面	10 m^2	2.564 103	19.55	21.59		5.08	2.35	50.13	55.36		13.03	6.03
7-62	喷砂除锈	t	1	65.6	72.07	48.12	29.57	13.65	65.6	72.07	48.12	29.57	13.65
8-29	Ⅰ类金属构件运输运距 <20 km	t	1	13.86	6.21	89.6	26.9	12.42	13.86	6.21	89.6	26.9	12.42
8-112	钢柱每根重 4 t 以内安装	t	1	300.12	161.68	154.15	118.11	54.51	300.12	161.68	154.15	118.11	54.51
综合人工工日		小　计							1 958.07	5 489.76	929.09	750.65	346.49
23.530 5 工日		未计价材料费											
清单项目综合单价									9 474.04				

材料费明细	主要材料名称、规格、型号	单位	数量	单价/元	合价/元	暂估单价/元	暂估合价/元
	型钢	t	1.05	3 498.8	3 673.74		
	电焊条　J422	kg	21.34	4.97	106.06		
	碳钢埋弧焊丝	kg	22.47	7.72	173.47		
	焊剂	kg	8.65	3.43	29.67		
	氧气	m^3	7.49	2.83	21.2		
	乙炔气	m^3	3.25	14.05	45.66		
	防锈漆	kg	2.93	12.86	37.68		
	油漆溶剂油	kg	1.146 2	12.01	13.77		
	其他材料费	元	29.410 5	1	29.41		
	厚型防火涂料(粉料、黏结胶料)	kg	230.769 3	4.29	990		

续表

工程名称：某钢结构厂房　　　　　　　　　　　　　　　　　第 5 页　共 33 页

	主要材料名称、规格、型号	单位	数量	单价/元	合价/元	暂估单价/元	暂估合价/元
材料费明细	红丹防锈漆	kg	3.282 1	12.86	42.21		
	白布	m^2	0.102 6	3.43	0.35		
	醇酸磁漆	kg	5.897 4	15.44	91.06		
	醇酸漆稀释剂　X6	kg	1.538 5	12.86	19.79		
	砂纸	张	2.615 4	0.94	2.46		
	钢砂	kg	16.8	4.29	72.07		
	周转木材	m^3	0.007	1 586.47	11.11		
	钢丝绳	kg	0.02	5.75	0.12		
	镀锌铁丝　8#	kg	0.41	4.2	1.72		
	钢支架、平台及连接件	kg	0.16	3.57	0.57		
	周转木材	m^3	0.002	1 586.47	3.17		
	垫铁	kg	28.54	4.29	122.44		
	金属校正器	kg	0.22	4.72	1.04		
	钢管支撑	kg	0.13	3.59	0.47		
	麻袋	条	0.1	4.29	0.43		
	麻绳	kg	0.02	5.75	0.12		
	其他材料费			—		—	
	材料费小计			—	5 489.76	—	

续表

工程名称：某钢结构厂房　　　　　　　　　　　　　　　　　　　　第 6 页　共 33 页

项目编码	010606002001	项目名称	屋面钢檩条	计量单位	t	工程量	29.337 6

清单综合单价组成明细

定额编号	定额项目名称	定额单位	数量	单价					合价				
				人工费	材料费	机械费	管理费	利润	人工费	材料费	机械费	管理费	利润
7－35	C.Z 轻钢檩条制作	t	1	317.34	4 244.19	116.33	112.75	52.04	317.34	4 244.19	116.33	112.75	52.04
17－145	金属面防火涂料　薄型 1 小时	10 m^2	10.732 984	93.5	206.25	24.28	30.62	14.13	1 003.53	2 213.68	260.6	328.64	151.66
17－136	红丹防锈漆第 2 遍　金属面	10 m^2	10.732 995	19.55	21.45		5.08	2.35	209.83	230.22		54.52	25.22
17－142	醇酸磁漆第1遍　金属面	10 m^2	10.732 995	20.4	24.7		5.3	2.45	218.95	265.1		56.88	26.3
17－143	醇酸磁漆第2遍　金属面	10 m^2	10.732 995	19.55	21.59		5.08	2.35	209.83	231.73		54.52	25.22
7－62	喷砂除锈	t	1	65.6	72.07	48.12	29.57	13.65	65.6	72.07	48.12	29.57	13.65
8－35	Ⅱ类金属构件运输运距 <20 km	t	1	13.86	7.34	65.72	20.69	9.55	13.86	7.34	65.72	20.69	9.55
8－136	C,Z 檩条安装	t	1	149.24	5.21	163.72	81.37	37.56	149.24	5.21	163.72	81.37	37.56
综合人工工日		小　计							2 188.18	7 269.54	654.49	738.94	341.2
25.989 4 工日		未计价材料费											
清单项目综合单价									11 192.37				

材料费明细	主要材料名称、规格、型号	单位	数量	单价/元	合价/元	暂估单价/元	暂估合价/元
	C、Z 轻钢	t	1.05	3 944.73	4 141.97		
	防锈漆	kg	6.2	12.86	79.73		
	油漆溶剂油	kg	4.1819	12.01	50.22		
	其他材料费	元	57.732	1	57.73		
	防火涂料	kg	135.235 6	16.29	2 202.99		
	红丹防锈漆	kg	13.738 2	12.86	176.67		
	白布	m^2	0.429 3	3.43	1.47		
	醇酸磁漆	kg	24.685 9	15.44	381.15		
	醇酸漆稀释剂　X6	kg	6.439 8	12.86	82.82		
	砂纸	张	10.947 7	0.94	10.29		
	钢砂	kg	16.8	4.29	72.07		

续表

工程名称：某钢结构厂房　　　　第7页　共33页

	主要材料名称、规格、型号	单位	数量	单价/元	合价/元	暂估单价/元	暂估合价/元
材料费明细	周转木材	m³	0.004	1 586.47	6.35		
	钢丝绳	kg	0.02	5.75	0.12		
	镀锌铁丝　8#	kg	0.3	4.2	1.26		
	周转木材	m³	0.002	1 586.47	3.17		
	圆木	m³	0.001	1 286.32	1.29		
	螺栓　M8×80	套	0.56	0.14	0.08		
	麻绳	kg	0.05	5.75	0.29		
	其他材料费			—	−0.12	—	
	材料费小计			—	7 269.54	—	

工程名称：某钢结构厂房　　　　　　　　　　　　　　　　　　　　　　　　　　　　　第 8 页　共 33 页

项目编码	010606001001	项目名称	钢梁支撑、钢拉条	计量单位	t	工程量	1.420 9

清单综合单价组成明细

定额编号	定额项目名称	定额单位	数量	单价					合价				
				人工费	材料费	机械费	管理费	利润	人工费	材料费	机械费	管理费	利润
7 - 32	单式角钢隅撑制作(6＃以内角钢)	t	1	771.62	3 778.42	412.89	307.97	142.14	771.62	3 778.42	412.89	307.97	142.14
17 - 145 注	金属面防火涂料　薄型　1 小时(小型构件)	10 m²	8.583 855	102.85	210.36	24.28	33.05	15.26	882.85	1 805.7	208.42	283.7	130.99
17 - 142	醇酸磁漆第 1 遍　金属面	10 m²	8.583 855	20.4	24.7		5.3	2.45	175.11	212.02		45.49	21.03
17 - 143	醇酸磁漆第 2 遍　金属面	10 m²	8.583 855	19.55	21.59		5.08	2.35	167.81	185.33		43.61	20.17
17 - 136	红丹防锈漆第 2 遍　金属面	10 m²	8.583 855	19.55	21.45		5.08	2.35	167.81	184.12		43.61	20.17
7 - 62	喷砂除锈	t	1	65.6	72.07	48.12	29.57	13.65	65.6	72.07	48.12	29.57	13.65
8 - 41	Ⅲ类金属构件运输运距<20 km	t	1	20.02	3.58	90.57	28.75	13.27	20.02	3.58	90.57	28.75	13.27
8 - 140	钢屋架垂直剪刀撑安装	t	1	521.52	24.73	421.08	245.08	113.11	521.52	24.73	421.08	245.08	113.11
综合人工工日		小　计							2 772.34	6 265.97	1 181.08	1 027.78	474.53
33.225 4 工日		未计价材料费											
清单项目综合单价									11 721.7				

	主要材料名称、规格、型号	单位	数量	单价/元	合价/元	暂估单价/元	暂估合价/元
材料费明细	型钢	t	1.05	3 498.8	3 673.74		
	防锈漆	kg	6.49	12.86	83.46		
	油漆溶剂油	kg	3.502 6	12.01	42.07		
	其他材料费	元	47.505 5	1	47.51		
	防火涂料	kg	110.319 7	16.29	1 797.11		
	醇酸磁漆	kg	19.742 8	15.44	304.83		
	醇酸漆稀释剂　X6	kg	5.150 3	12.86	66.23		

续表

工程名称：某钢结构厂房　　　　第 9 页　共 33 页

	主要材料名称、规格、型号	单位	数量	单价/元	合价/元	暂估单价/元	暂估合价/元
材料费明细	砂纸	张	8.755 5	0.94	8.23		
	白布	m²	0.343 4	3.43	1.18		
	红丹防锈漆	kg	10.987 3	12.86	141.3		
	钢砂	kg	16.8	4.29	72.07		
	周转木材	m³	0.003	1 586.47	4.76		
	钢丝绳	kg	0.04	5.75	0.23		
	镀锌铁丝　8#	kg	0.24	4.2	1.01		
	周转木材	m³	0.001	1 586.47	1.59		
	圆木	m³	0.001	1 286.32	1.29		
	电焊条　J422	kg	3.91	4.97	19.43		
	其他材料费			—	−0.05	—	
	材料费小计			—	6 265.97	—	

续表

工程名称：某钢结构厂房　　　　第 10 页　共 33 页

项目编码	010606001002	项目名称	屋面拉杆	计量单位	t	工程量	1.545 1

清单综合单价组成明细

定额编号	定额项目名称	定额单位	数量	单价					合价				
				人工费	材料费	机械费	管理费	利润	人工费	材料费	机械费	管理费	利润
7-29	屋架钢支撑制作	t	1	1 101.26	3 957.28	513.62	419.87	193.79	1 101.26	3 957.28	513.62	419.87	193.79
17-145 注	金属面防火涂料 薄型 1小时(小型构件)	10 m²	1	102.85	210.36	24.28	33.05	15.26	102.85	210.36	24.28	33.05	15.26
17-142	醇酸磁漆第1遍 金属面	10 m²	1	20.4	24.7		5.3	2.45	20.4	24.7		5.3	2.45
17-143	醇酸磁漆第2遍 金属面	10 m²	1	19.55	21.59		5.08	2.35	19.55	21.59		5.08	2.35
17-136	红丹防锈漆第2遍 金属面	10 m²	1	19.55	21.45		5.08	2.35	19.55	21.45		5.08	2.35
7-62	喷砂除锈	t	1	65.6	72.07	48.12	29.57	13.65	65.6	72.07	48.12	29.57	13.65
8-41	Ⅲ类金属构件运输 运距<20 km	t	1	20.02	3.58	90.57	28.75	13.27	20.02	3.58	90.57	28.75	13.27
8-137	轻钢檩条圆钢拉杆安装	t	1	392.78	6.89	225.12	160.65	74.15	392.78	6.89	225.12	160.65	74.15
综合人工工日		小计							1 742.01	4 317.92	901.71	687.35	317.27
21.190 2 工日		未计价材料费											
清单项目综合单价									7 966.26				

	主要材料名称、规格、型号	单位	数量	单价/元	合价/元	暂估单价/元	暂估合价/元
材料费明细	型钢	t	1.05	3 498.8	3 673.74		
	电焊条　J422	kg	30	4.97	149.1		
	氧气	m³	6.16	2.83	17.43		
	乙炔气	m³	2.68	14.05	37.65		
	防锈漆	kg	4.65	12.86	59.8		
	油漆溶剂油	kg	0.81	12.01	9.73		
	其他材料费	元	17.8	1	17.8		
	防火涂料	kg	12.852	16.29	209.36		

续表

工程名称：某钢结构厂房　　　　第 11 页　共 33 页

	主要材料名称、规格、型号	单位	数量	单价/元	合价/元	暂估单价/元	暂估合价/元
材料费明细	醇酸磁漆	kg	2.3	15.44	35.51		
	醇酸漆稀释剂　X6	kg	0.6	12.86	7.72		
	砂纸	张	1.02	0.94	0.96		
	白布	m^2	0.040 1	3.43	0.14		
	红丹防锈漆	kg	1.28	12.86	16.46		
	钢砂	kg	16.8	4.29	72.07		
	周转木材	m^3	0.003 9	1 586.47	6.19		
	钢丝绳	kg	0.04	5.75	0.23		
	镀锌铁丝　8#	kg	0.24	4.2	1.01		
	周转木材	m^3	0.001	1 586.47	1.59		
	圆木	m^3	0.001	1 286.32	1.29		
	其他材料费			—	0.15	—	
	材料费小计			—	4 317.92	—	

续表

工程名称：某钢结构厂房　　　　第 12 页　共 33 页

项目编码	010606001003	项目名称	屋面钢支撑	计量单位	t	工程量	11.555 4

清单综合单价组成明细

定额编号	定额项目名称	定额单位	数量	单价					合价				
				人工费	材料费	机械费	管理费	利润	人工费	材料费	机械费	管理费	利润
7-31	钢管支撑(水平系杆)制作	t	1	411.64	3 804.03	246.95	171.23	79.03	411.64	3 804.03	246.95	171.23	79.03
17-145 注	金属面防火涂料　薄型　1 小时(小型构件)	10 m²	3.275 283	102.85	210.36	24.28	33.05	15.26	336.86	688.99	79.52	108.25	49.98
17-142	醇酸磁漆第1遍　金属面	10 m²	3.275 283	20.4	24.7		5.3	2.45	66.82	80.9		17.36	8.02
17-143	醇酸磁漆第 2 遍　金属面	10 m²	3.275 283	19.55	21.59		5.08	2.35	64.03	70.71		16.64	7.7
17-136	红丹防锈漆第 2 遍　金属面	10 m²	3.275 205	19.55	21.45		5.08	2.35	64.03	70.25		16.64	7.7
7-62	喷砂除锈	t	1	65.6	72.07	48.12	29.57	13.65	65.6	72.07	48.12	29.57	13.65
8-41	Ⅲ类金属构件运输运距＜20 km	t	1	20.02	3.58	90.57	28.75	13.27	20.02	3.58	90.57	28.75	13.27
8-139	钢屋架水平剪刀撑安装	t	1	318.98	24.48	323.49	167.04	77.1	318.98	24.48	323.49	167.04	77.1
综合人工工日		小　计							1 347.98	4 815.01	788.65	555.48	256.45
16.225 7 工日		未计价材料费											
清单项目综合单价									7 763.57				

材料费明细	主要材料名称、规格、型号	单位	数量	单价/元	合价/元	暂估单价/元	暂估合价/元
	型钢	t	1.05		3 498.8	3 673.74	
	电焊条　J422	kg	12.04	4.97	59.84		
	氧气	m³	1.5	2.83	4.25		
	乙炔气	m³	0.65	14.05	9.13		
	防锈漆	kg	4.47	12.86	57.48		
	油漆溶剂油	kg	1.540 8	12.01	18.51		
	其他材料费	元	26.361 1	1	26.36		
	防火涂料	kg	42.093 9	16.29	685.71		

续表

工程名称：某钢结构厂房　　　　第13页　共33页

	主要材料名称、规格、型号	单位	数量	单价/元	合价/元	暂估单价/元	暂估合价/元
材料费明细	醇酸磁漆	kg	7.533 1	15.44	116.31		
	醇酸漆稀释剂　X6	kg	1.965 2	12.86	25.27		
	砂纸	张	3.340 8	0.94	3.14		
	白布	m^2	0.131	3.43	0.45		
	红丹防锈漆	kg	4.192 3	12.86	53.91		
	钢砂	kg	16.8	4.29	72.07		
	周转木材	m^3	0.003	1 586.47	4.76		
	钢丝绳	kg	0.04	5.75	0.23		
	镀锌铁丝　8#	kg	0.24	4.2	1.01		
	周转木材	m^3	0.001	1 586.47	1.59		
	圆木	m^3	0.001	1 286.32	1.29		
	其他材料费			—	−0.03	—	
	材料费小计			—	4 815.01	—	

续表

工程名称：某钢结构厂房　　　　第 14 页　共 33 页

项目编码	010606001004	项目名称	柱间钢支撑、钢拉条	计量单位	t	工程量	14.832 3

清单综合单价组成明细													
定额编号	定额项目名称	定额单位	数量	单价					合价				
				人工费	材料费	机械费	管理费	利润	人工费	材料费	机械费	管理费	利润
7-28	柱间钢支撑制作	t	1	1 148.82	3 957.28	558.34	443.86	204.86	1 148.82	3 957.28	558.34	443.86	204.86
17-145 注	金属面防火涂料　薄型　1 小时(小型构件)	10 m^2	3.116 61	102.85	210.36	24.28	33.05	15.26	320.54	655.61	75.67	103	47.56
17-142	醇酸磁漆第 1 遍　金属面	10 m^2	3.116 61	20.4	24.7		5.3	2.45	63.58	76.98		16.52	7.64
17-143	醇酸磁漆第 2 遍　金属面	10 m^2	3.116 61	19.55	21.59		5.08	2.35	60.93	67.29		15.83	7.32
17-136	红丹防锈漆第 2 遍　金属面	10 m^2	3.116 61	19.55	21.45		5.08	2.35	60.93	66.85		15.83	7.32
7-62	喷砂除锈	t	1	65.6	72.07	48.12	29.57	13.65	65.6	72.07	48.12	29.57	13.65
8-41	Ⅲ类金属构件运输运距＜20 km	t	1	20.02	3.58	90.57	28.75	13.27	20.02	3.58	90.57	28.75	13.27
8-141	单式柱间钢支撑单件≤0.3 t 安装	t	1	346.04	222.23	396.68	193.11	89.13	346.04	222.23	396.68	193.11	89.13
综合人工工日		小　计							2 086.46	5 121.89	1 169.38	846.47	390.75
25.242 7 工日		未计价材料费											
清单项目综合单价									9 614.96				

材料费明细	主要材料名称、规格、型号	单位	数量	单价/元	合价/元	暂估单价/元	暂估合价/元
	型钢	t	1.05	3 498.8	3 673.74		
	电焊条　J422	kg	72.56	4.97	360.62		
	氧气	m^3	6.16	2.83	17.43		
	乙炔气	m^3	2.68	14.05	37.65		
	防锈漆	kg	4.65	12.86	59.8		
	油漆溶剂油	kg	1.508 5	12.01	18.12		
	其他材料费	元	26.266 4	1	26.27		

续表

工程名称：某钢结构厂房　　　　第15页　共33页

	主要材料名称、规格、型号	单位	数量	单价/元	合价/元	暂估单价/元	暂估合价/元
材料费明细	防火涂料	kg	40.0547	16.29	652.49		
	醇酸磁漆	kg	7.1682	15.44	110.68		
	醇酸漆稀释剂　X6	kg	1.87	12.86	24.05		
	砂纸	张	3.1789	0.94	2.99		
	白布	m^2	0.1247	3.43	0.43		
	红丹防锈漆	kg	3.9893	12.86	51.3		
	钢砂	kg	16.8	4.29	72.07		
	周转木材	m^3	0.004	1586.47	6.35		
	钢丝绳	kg	0.04	5.75	0.23		
	镀锌铁丝　8#	kg	0.23	4.2	0.97		
	周转木材	m^3	0.001	1586.47	1.59		
	圆木	m^3	0.004	1286.32	5.15		
	其他材料费			—	−0.02	—	
	材料费小计			—	5121.89	—	

工程名称：某钢结构厂房　　　　　　　　　　　　　　　　　　　　第 16 页　共 33 页

项目编码	010606002002	项目名称	墙面钢檩条	计量单位	t	工程量	21.104 8

清单综合单价组成明细

定额编号	定额项目名称	定额单位	数量	单价					合价				
				人工费	材料费	机械费	管理费	利润	人工费	材料费	机械费	管理费	利润
7-35	C、Z 轻钢檩条制作	t	1	317.34	4 244.19	116.33	112.75	52.04	317.34	4 244.19	116.33	112.75	52.04
17-145	金属面防火涂料　薄型　1 小时	10 m²	12.442 217	93.5	206.25	24.28	30.62	14.13	1 163.35	2 566.21	302.1	380.98	175.81
17-142	醇酸磁漆第1遍　金属面	10 m²	12.442 217	20.4	24.7		5.3	2.45	253.82	307.32		65.94	30.48
17-143	醇酸磁漆第2遍　金属面	10 m²	12.442 217	19.55	21.59		5.08	2.35	243.25	268.63		63.21	29.24
17-136	红丹防锈漆第2遍　金属面	10 m²	12.442 217	19.55	21.45		5.08	2.35	243.25	266.89		63.21	29.24
7-62	喷砂除锈	t	1	65.6	72.07	48.12	29.57	13.65	65.6	72.07	48.12	29.57	13.65
8-35	Ⅱ类金属构件运输运距＜20 km	t	1	13.86	7.34	65.72	20.69	9.55	13.86	7.34	65.72	20.69	9.55
8-136	C、Z 檩条安装	t	1	149.24	5.21	163.72	81.37	37.56	149.24	5.21	163.72	81.37	37.56
综合人工工日		小　计							2 449.71	7737.86	695.99	817.72	377.57
29.066 工日		未计价材料费											
清单项目综合单价									12 078.83				

材料费明细	主要材料名称、规格、型号	单位	数量	单价/元	合价/元	暂估单价/元	暂估合价/元
		C、Z 轻钢	t	1.05	3 944.73	4 141.97	
	防锈漆	kg	6.2	12.86	79.73		
	油漆溶剂油	kg	4.745 9	12.01	57		
	其他材料费	元	64.568 9	1	64.57		
	防火涂料	kg	156.771 9	16.29	2 553.81		
	醇酸磁漆	kg	28.617 1	15.44	441.85		
	醇酸漆稀释剂　X6	kg	7.465 3	12.86	96		
	砂纸	张	12.691 1	0.94	11.93		
	白布	m²	0.497 7	3.43	1.71		
	红丹防锈漆	kg	15.926	12.86	204.81		
	钢砂	kg	16.8	4.29	72.07		

续表

工程名称：某钢结构厂房　　　　第 17 页　共 33 页

	主要材料名称、规格、型号	单位	数量	单价/元	合价/元	暂估单价/元	暂估合价/元
材料费明细	周转木材	m^3	0.004	1 586.47	6.35		
	钢丝绳	kg	0.02	5.75	0.12		
	镀锌铁丝　8#	kg	0.3	4.2	1.26		
	周转木材	m^3	0.002	1 586.47	3.17		
	圆木	m^3	0.001	1 286.32	1.29		
	螺栓　M8×80	套	0.56	0.14	0.08		
	麻绳	kg	0.05	5.75	0.29		
	其他材料费			—	−0.13	—	
	材料费小计			—	7 737.86	—	

续表

工程名称：某钢结构厂房　　　　第 18 页　共 33 页

项目编码	010606001005	项目名称	T、XT 墙面拉条、斜拉条	计量单位	t	工程量	0.577 4

清单综合单价组成明细

定额编号	定额项目名称	定额单位	数量	单价					合价				
				人工费	材料费	机械费	管理费	利润	人工费	材料费	机械费	管理费	利润
7-45	屋架钢拉杆制作	t	1	1 337.43	3 961.48	352.2	439.3	202.75	1 337.43	3 961.48	352.2	439.3	202.75
8-41	Ⅲ类金属构件运输运距<20 km	t	1	20.02	3.59	90.58	28.75	13.27	20.02	3.59	90.58	28.75	13.27
8-136	C,Z 檩条安装	t	1	149.24	5.21	163.72	81.36	37.56	149.24	5.21	163.72	81.36	37.56
17-142	醇酸磁漆第1遍 金属面	10 m^2	4.5	20.4	24.7		5.3	2.45	91.8	111.15		23.85	11.03
17-143	醇酸磁漆第2遍 金属面	10 m^2	4.5	19.55	21.59		5.08	2.35	87.98	97.16		22.86	10.58
17-136	红丹防锈漆第2遍 金属面	10 m^2	4.5	19.55	21.45		5.08	2.35	87.98	96.53		22.86	10.58
综合人工工日		小　计							1 774.45	4 275.12	606.5	618.98	285.77
21.539 7 工日		未计价材料费											
清单项目综合单价									7 560.76				

材料费明细	主要材料名称、规格、型号	单位	数量	单价/元	合价/元	暂估单价/元	暂估合价/元
	钢筋　综合	t	1.050 1	3 447.35	3 620.06		
	电焊条　J422	kg	35	4.97	173.95		
	氧气	m^3	9.900 1	2.83	28.02		
	乙炔气	m^3	4.3	14.05	60.42		
	防锈漆	kg	4.65	12.86	59.8		
	油漆溶剂油	kg	1.965	12.01	23.6		
	其他材料费	元	27.31	1	27.31		
	周转木材	m^3	0.003 1	1 586.47	4.92		
	钢丝绳	kg	0.04	5.75	0.23		
	镀锌铁丝　8#	kg	0.130 1	4.2	0.55		
	周转木材	m^3	0.001	1 586.47	1.59		
	圆木	m^3	0.001	1 286.32	1.29		
	螺栓　M8×80	套	0.559 9	0.14	0.08		

续表

工程名称：某钢结构厂房　　　　第19页　共33页

	主要材料名称、规格、型号	单位	数量	单价/元	合价/元	暂估单价/元	暂估合价/元
材料费明细	麻绳	kg	0.050 1	5.75	0.29		
	醇酸磁漆	kg	10.349 8	15.44	159.8		
	醇酸漆稀释剂　X6	kg	2.7	12.86	34.72		
	砂纸	张	4.590 1	0.94	4.31		
	白布	m^2	0.180 1	3.43	0.62		
	红丹防锈漆	kg	5.76	12.86	74.07		
	其他材料费			—	-0.5	—	
	材料费小计			—	4 275.12	—	

续表

工程名称：某钢结构厂房　　　　第 20 页　共 33 页

项目编码	010901002001	项目名称	采光板屋面	计量单位	m^2	工程量	270

清单综合单价组成明细

定额编号	定额项目名称	定额单位	数量	单价					合价				
				人工费	材料费	机械费	管理费	利润	人工费	材料费	机械费	管理费	利润
15 - 79 换	玻璃采光天棚	10 m^2	0.1	130.9	1 861.42	133.48	68.74	31.73	13.09	186.14	13.35	6.87	3.17
综合人工工日		小 计							13.09	186.14	13.35	6.87	3.17
0.154 工日		未计价材料费											
清单项目综合单价									222.63				

材料费明细	主要材料名称、规格、型号	单位	数量	单价/元	合价/元	暂估单价/元	暂估合价/元
	聚碳酸酯采光板　600 * 1.5	m^2	1.03	100	103		
	不锈钢螺栓　M12×110	套	1.328 6	1.96	2.6		
	带母不锈钢螺栓　M12×45	套	1.328 6	1.97	2.62		
	电焊条	kg	0.492	4.97	2.45		
	泡沫条	m	2.543 9	1.29	3.28		
	镀锌连接铁件	kg	2.036 1	7.03	14.31		
	镀锌铁皮　δ1.2	m^2	0.2	37.92	7.58		
	硅酮密封胶	L	0.419	68.6	28.74		
	型钢	t	0.005 2	3 498.8	18.19		
	氧气	m^3	0.189	2.83	0.53		
	乙炔气	kg	0.073 8	15.44	1.14		
	红丹防锈漆	kg	0.098 4	12.86	1.27		
	其他材料费	元	0.56	1	0.56		
	其他材料费			—	−0.14	—	
	材料费小计			—	186.14	—	

续表

工程名称：某钢结构厂房　　　　第 21 页　共 33 页

项目编码	010901002002	项目名称	型材外墙面(军绿)	计量单位	m²	工程量	3 111.48

清单综合单价组成明细

定额编号	定额项目名称	定额单位	数量	单价					合价				
				人工费	材料费	机械费	管理费	利润	人工费	材料费	机械费	管理费	利润
14-225 注 1 换	彩钢夹芯板墙 墙厚 80 mm(单层板天沟)	10 m²	0.1	587.94	1 256.02		152.86	70.55	58.79	125.6		15.29	7.06
综合人工工日		小 计							58.79	125.6		15.29	7.06
0.717 工日		未计价材料费											
清单项目综合单价									206.74				

	主要材料名称、规格、型号	单位	数量	单价/元	合价/元	暂估单价/元	暂估合价/元
材料费明细	彩钢夹芯板(岩棉)　δ80	m²	1.06	88.6	93.92		
	地槽铝　75 mm	m	0.145	31.56	4.58		
	槽铝　75 mm	m	0.344	20.58	7.08		
	工字铝	m	1.679	9	15.11		
	角铝	m	0.262	4.29	1.12		
	膨胀螺栓　M10×110	套	0.4	0.69	0.28		
	铝拉铆钉　LD-1	十个	0.72	0.26	0.19		
	圆头螺栓(带垫圈) Φ6×35 mm	套	0.2	0.26	0.05		
	玻璃胶	L	0.087	34.3	2.98		
	钻头　Φ6～13	根	0.006	4.03	0.02		
	其他材料费	元	0.272	1	0.27		
	其他材料费			—		—	
	材料费小计			—	125.6	—	

续表

工程名称：某钢结构厂房　　　　第 22 页　共 33 页

项目编码	010901002003	项目名称	屋脊	计量单位	m	工程量	96

清单综合单价组成明细

定额编号	定额项目名称	定额单位	数量	单价					合价				
				人工费	材料费	机械费	管理费	利润	人工费	材料费	机械费	管理费	利润
10-26	单层彩钢屋脊宽 600 带背托	10 m	0.1	67.24	1 154.28		17.48	8.07	6.72	115.43		1.75	0.81
综合人工工日		小　计							6.72	115.43		1.75	0.81
0.082 工日		未计价材料费											
清单项目综合单价									124.71				

材料费明细	主要材料名称、规格、型号	单位	数量	单价/元	合价/元	暂估单价/元	暂估合价/元
	彩钢屋脊	m^2	1.248	79.75	99.53		
	铝拉铆钉　LD-1	十个	0.7	0.26	0.18		
	自攻螺钉	十个	0.7	0.51	0.36		
	密封带　3×20 mm	m	4.2	1.8	7.56		
	玻璃胶　300 mL	支	0.364	10.55	3.84		
	彩钢堵头	m	0.42	9.43	3.96		
	其他材料费			—		—	
	材料费小计			—	115.43	—	

续表

工程名称：某钢结构厂房　　　　第23页　共33页

项目编码	010901002004	项目名称	型材屋面	计量单位	m^2	工程量	4 050

清单综合单价组成明细

定额编号	定额项目名称	定额单位	数量	单价					合价				
				人工费	材料费	机械费	管理费	利润	人工费	材料费	机械费	管理费	利润
10-20换	彩钢夹芯板屋面板厚80 mm	10 m^2	0.1	132.84	1209.06		34.54	15.94	13.28	120.91		3.45	1.59
综合人工工日		小计							13.28	120.91		3.45	1.59
0.162工日		未计价材料费											
清单项目综合单价									139.24				

	主要材料名称、规格、型号	单位	数量	单价/元	合价/元	暂估单价/元	暂估合价/元
材料费明细	彩钢夹芯板(玻璃纤维芯材)δ80(钢板0.6+0.5厚)	m^2	1.04	88.6	92.14		
	工字铝	m	0.842	9	7.58		
	槽铝　75 mm	m	0.336	20.58	6.91		
	角铝	m	0.025	4.29	0.11		
	固定卡子　75 mm	个	0.44	2.83	1.25		
	彩钢内外扣槽	m	0.842	3	2.53		
	橡皮密封条　20×3～4 mm	m	1.733	3.86	6.69		
	铝拉铆钉　LD-1	十个	1.27	0.26	0.33		
	自攻螺钉	十个	0.14	0.51	0.07		
	密封带　3×20 mm	m	0.058	1.8	0.1		
	玻璃胶　300 mL	支	0.303	10.55	3.2		
	其他材料费			—		—	
	材料费小计			—	120.91	—	

续表

工程名称：某钢结构厂房　　　　　　　　　　　　　　　　　　第 24 页　共 33 页

项目编码	010606011001	项目名称	钢板天沟	计量单位	m	工程量	192

清单综合单价组成明细

定额编号	定额项目名称	定额单位	数量	单价					合价				
				人工费	材料费	机械费	管理费	利润	人工费	材料费	机械费	管理费	利润
10-27换	304 不锈钢天沟宽 600 mm	10 m	0.1	50.84	2 478.34		13.22	6.1	5.08	247.83		1.32	0.61
7-57	零星钢构件制作	t	0.001 953	2 125.45	4 262.95	673.75	727.79	335.9	4.15	8.33	1.32	1.42	0.66
17-145注	金属面防火涂料　薄型　1 小时(小型构件)	10 m²	0.003 906	102.85	210.36	24.28	33.05	15.27	0.4	0.82	0.09	0.13	0.06
17-142	醇酸磁漆第1遍　金属面	10 m²	0.003 906	20.4	24.71		5.31	2.45	0.08	0.1		0.02	0.01
17-143	醇酸磁漆第2遍　金属面	10 m²	0.003 906	19.55	21.59		5.08	2.35	0.08	0.08		0.02	0.01
17-136	红丹防锈漆第2遍　金属面	10 m²	0.003 906	19.55	21.45		5.08	2.35	0.08	0.08		0.02	0.01
7-62	喷砂除锈	t	0.001 953	65.59	72.07	48.12	29.58	13.66	0.13	0.14	0.09	0.06	0.03
8-41	Ⅲ类金属构件运输运距＜20 km	t	0.001 953	20.03	3.57	90.56	28.75	13.26	0.04	0.01	0.18	0.06	0.03
综合人工工日		小　计							10.04	257.39	1.68	3.05	1.42
0.1221 工日		未计价材料费											
清单项目综合单价									273.56				

材料费明细	主要材料名称、规格、型号	单位	数量	单价/元	合价/元	暂估单价/元	暂估合价/元
	304 不锈钢天沟 1 060 * 1.5 mm	m	1.08	214.2	231.34		
	槽型彩钢条　[2	m	1.63	7.12	11.61		
	自攻螺钉	十个	1.39	0.51	0.71		
	玻璃胶　300 mL	支	0.021	10.55	0.22		
	彩钢堵头	m	0.42	9.43	3.96		
	型钢	t	0.002 1	3 498.8	7.35		
	电焊条　J422	kg	0.058 6	4.97	0.29		
	氧气	m³	0.084 9	2.83	0.24		
	乙炔气	m³	0.036 9	14.05	0.52		

续表

工程名称：某钢结构厂房　　　　第25页　共33页

	主要材料名称、规格、型号	单位	数量	单价/元	合价/元	暂估单价/元	暂估合价/元
材料费明细	防锈漆	kg	0.004 7	12.86	0.06		
	油漆溶剂油	kg	0.001 8	12.01	0.02		
	其他材料费	元	0.049 5	1	0.05		
	防火涂料	kg	0.050 2	16.29	0.82		
	醇酸磁漆	kg	0.009	15.44	0.14		
	醇酸漆稀释剂　X6	kg	0.002 3	12.86	0.03		
	砂纸	张	0.004	0.94			
	白布	m^2	0.000 2	3.43			
	红丹防锈漆	kg	0.005	12.86	0.06		
	钢砂	kg	0.032 8	4.29	0.14		
	钢丝绳	kg	0.000 1	5.75			
	镀锌铁丝　8#	kg	0.000 1	4.2			
	其他材料费			—	−0.17	—	
	材料费小计			—	257.39	—	

续表

工程名称：某钢结构厂房　　　　　　　　　　　　　　　　　　　　第 26 页　共 33 页

项目编码	010606008001	项目名称	钢梯	计量单位	t	工程量	0.574

清单综合单价组成明细

定额编号	定额项目名称	定额单位	数量	单价					合价				
				人工费	材料费	机械费	管理费	利润	人工费	材料费	机械费	管理费	利润
7-39	爬式钢梯子制作	t	1	1 162.75	3 917.87	637.4	468.03	216.03	1 162.75	3 917.87	637.4	468.03	216.03
8-41	Ⅲ类金属构件运输运距<20 km	t	1	20.02	3.57	90.57	28.75	13.28	20.02	3.57	90.57	28.75	13.28
8-149	钢扶手，栏杆安装	t	1	996.11	72.42	34.29	267.89	123.66	996.11	72.42	34.29	267.89	123.66
16-264 *2	其他金属面红丹防锈漆 1 遍	t	1	203.03	106.83		52.79	24.36	203.03	106.83		52.79	24.36
16-268	其他金属面醇酸磁漆 2 遍	t	1	246.27	130.77		64.02	29.55	246.27	130.77		64.02	29.55
综合人工工日		小　计							2 628.18	4 231.46	762.26	881.48	406.88
31.365 9 工日		未计价材料费											
清单项目综合单价									8 910.31				

	主要材料名称、规格、型号	单位	数量	单价/元	合价/元	暂估单价/元	暂估合价/元
材料费明细	型钢	t	1.055 2	3 498.8	3 691.93		
	电焊条　J422	kg	27.723 5	4.97	137.79		
	氧气	m^3	3.299 8	2.83	9.34		
	乙炔气	m^3	1.435 5	14.05	20.17		
	防锈漆	kg	5.592 2	12.86	71.92		
	油漆溶剂油	kg	0.581 2	12.01	6.98		
	其他材料费	元	13.747 4	1	13.75		
	周转木材	m^3	0.025 1	1 586.47	39.82		
	钢丝绳	kg	0.040 1	5.75	0.23		
	镀锌铁丝　8#	kg	0.040 1	4.2	0.17		
	周转木材	m^3	0.001	1 586.47	1.59		
	红丹防锈漆	kg	9.3	8.75	81.38		
	油漆溶剂油	kg	0.959 9	12.01	11.53		
	砂纸	张	19	0.87	16.53		
	醇酸磁漆　C04-42 大红及付红	kg	5.95	20.12	119.71		
	醇酸漆稀释剂　X6	kg	0.65	12.86	8.36		
	白布	m^2	0.03	2.93	0.09		
	其他材料费			—	0.19	—	
	材料费小计			—	4 231.46	—	

续表

工程名称：某钢结构厂房　　　　第 27 页　共 33 页

项目编码	010801005001	项目名称	女儿墙内侧封边、封顶及泛水	计量单位	m	工程量	282

清单综合单价组成明细

定额编号	定额项目名称	定额单位	数量	单价					合价				
				人工费	材料费	机械费	管理费	利润	人工费	材料费	机械费	管理费	利润
10-28	单层彩钢泛水，包墙转角，山头宽 500 mm	10 m	0.1	36.9	260.8		9.59	4.43	3.69	26.08		0.96	0.44
综合人工工日		小　计							3.69	26.08		0.96	0.44
0.045 工日		未计价材料费											
清单项目综合单价									31.17				

	主要材料名称、规格、型号	单位	数量	单价/元	合价/元	暂估单价/元	暂估合价/元
材料费明细	单层彩板	m^2	0.52	42.02	21.85		
	铝拉铆钉　LD-1	十个	1.5	0.26	0.39		
	玻璃胶　300 mL	支	0.364	10.55	3.84		
	其他材料费			—		—	
	材料费小计			—	26.08	—	

续表

工程名称：某钢结构厂房　　　　第 28 页　共 33 页

项目编码	010901002005	项目名称	型材屋面(包墙转角、门角、窗角)	计量单位	m	工程量	670.8

清单综合单价组成明细

定额编号	定额项目名称	定额单位	数量	单价					合价				
				人工费	材料费	机械费	管理费	利润	人工费	材料费	机械费	管理费	利润
10－28＋10－29＊－2.5 换	单层彩钢泛水，包墙转角，山头宽 250 mm	10 m	0.042 039	36.9	89.05		9.59	4.43	1.55	3.74		0.4	0.19
综合人工工日		小　计							1.55	3.74		0.4	0.19
0.0189 工日		未计价材料费											
清单项目综合单价									5.88				

材料费明细	主要材料名称、规格、型号	单位	数量	单价/元	合价/元	暂估单价/元	暂估合价/元
	单层彩板　0.6 mm	m²	0.218 6	30	6.56		
	铝拉铆钉　LD－1	十个	0.630 6	0.26	0.16		
	玻璃胶　300 mL	支	0.153	10.55	1.61		
	单层彩板	m²	－0.109 3	42.02	－4.59		
	其他材料费			—		—	
	材料费小计			—	3.74	—	

续表

工程名称：某钢结构厂房　　　　　　　　　　　　　　　　　　　　第29页　共33页

项目编码	011506003001	项目名称	雨篷	计量单位	m^2	工程量	72

清单综合单价组成明细

定额编号	定额项目名称	定额单位	数量	单价					合价				
				人工费	材料费	机械费	管理费	利润	人工费	材料费	机械费	管理费	利润
7-35	C.Z轻钢檩条制作	t	0.017 464	317.34	4 244.19	116.33	112.75	52.04	5.54	74.12	2.03	1.97	0.91
8-26	Ⅰ类金属构件运输运距<5 km	t	0.013 435	7.7	6.21	40.37	12.5	5.77	0.1	0.08	0.54	0.17	0.08
10-20换	彩钢夹芯板屋面板厚80 mm	10 m^2	0.1	132.84	1 209.06		34.54	15.94	13.28	120.91		3.45	1.59
8-136	C,Z檩条安装	t	0.013 435	149.24	5.21	163.72	81.37	37.56	2.01	0.07	2.2	1.09	0.5
17-142	醇酸磁漆第1遍　金属面	10 m^2	0.011 542	20.4	24.71		5.29	2.45	0.24	0.29		0.06	0.03
17-143	醇酸磁漆第2遍　金属面	10 m^2	0.011 542	19.55	21.59		5.08	2.35	0.23	0.25		0.06	0.03
17-136	红丹防锈漆第2遍　金属面	10 m^2	0.011 542	19.55	21.44		5.08	2.35	0.23	0.25		0.06	0.03
10-28+10-29*1	单层彩钢泛水，包墙转角，山头宽600 mm	10 m	0.293 333	36.9	304.5		9.59	4.43	10.82	89.32		2.81	1.3
综合人工工日		小　计							32.45	285.29	4.77	9.67	4.47
0.395 5工日		未计价材料费											
清单项目综合单价									336.64				

	主要材料名称、规格、型号	单位	数量	单价/元	合价/元	暂估单价/元	暂估合价/元
材料费明细	C、Z轻钢	t	0.018 3	3 944.73	72.19		
	防锈漆	kg	0.108 3	12.86	1.39		
	油漆溶剂油	kg	0.015	12.01	0.18		
	其他材料费	元	0.293 1	1	0.29		
	钢丝绳	kg	0.000 3	5.75			
	镀锌铁丝　8#	kg	0.003 6	4.2	0.02		
	钢支架、平台及连接件	kg	0.002 2	3.57	0.01		
	彩钢夹芯板(玻璃纤维芯材)δ80(钢板0.6+0.5厚)	m^2	1.04	88.6	92.14		

续表

工程名称：某钢结构厂房　　　　第 30 页　共 33 页

	主要材料名称、规格、型号	单位	数量	单价/元	合价/元	暂估单价/元	暂估合价/元
材料费明细	工字铝	m	0.842	9	7.58		
	槽铝　75 mm	m	0.336	20.58	6.91		
	角铝	m	0.025	4.29	0.11		
	固定卡子　75 mm	个	0.44	2.83	1.25		
	彩钢内外扣槽	m	0.842	3	2.53		
	橡皮密封条　20×3～4 mm	m	1.733	3.86	6.69		
	铝拉铆钉　LD-1	十个	5.67	0.26	1.47		
	自攻螺钉	十个	0.14	0.51	0.07		
	密封带　3×20 mm	m	0.058	1.8	0.1		
	玻璃胶　300 mL	支	1.370 7	10.55	14.46		
	螺栓　M8×80	套	0.007 5	0.14			
	麻绳	kg	0.000 7	5.75			
	醇酸磁漆	kg	0.026 5	15.44	0.41		
	醇酸漆稀释剂　X6	kg	0.006 9	12.86	0.09		
	砂纸	张	0.011 8	0.94	0.01		
	白布	m^2	0.000 5	3.43			
	红丹防锈漆	kg	0.014 8	12.86	0.19		
	单层彩板	m^2	1.830 4	42.02	76.91		
	其他材料费			—	0.28	—	
	材料费小计			—	285.29	—	

续表

工程名称：某钢结构厂房　　　　第 31 页　共 33 页

项目编码	010902004001	项目名称	屋面排水管	计量单位	m	工程量	208

清单综合单价组成明细

定额编号	定额项目名称	定额单位	数量	单价/元					合价/元				
				人工费	材料费	机械费	管理费	利润	人工费	材料费	机械费	管理费	利润
10-203	PVC 水落管 Φ160	10m	0.1	37.72	550.42		9.81	4.53	3.77	55.04		0.98	0.45
10-207	PVC 水斗 Φ160	10 只	0.0125	31.16	507.14		8.1	3.74	0.39	6.34		0.1	0.05
10-215	屋面铸铁落水口（带罩）排水 Φ150	10 只	0.012 5	150.06	242.5		39.02	18.01	1.88	3.03		0.49	0.23
综合人工工日			小　计						6.04	64.41		1.57	0.73
0.073 6 工日			未计价材料费										
清单项目综合单价									72.74				

	主要材料名称、规格、型号	单位	数量	单价/元	合价/元	暂估单价/元	暂估合价/元
材料费明细	PVC-U 排水管　DN160	m	1.02	40.73	41.54		
	PVC 塑料抱箍　Φ160	副	1.187 5	7.29	8.66		
	PVC 塑料管束节　DN160	个	0.401 5	12.01	4.82		
	PVC 塑料管 135°弯头　DN160	个	0.057	38.59	2.2		
	胶水	kg	0.030 9	10.72	0.33		
	PVC 塑料落水斗　Φ160	只	0.127 5	30.01	3.83		
	铸铁落水口(带罩)　Φ150	套	0.126 3	24.01	3.03		
	其他材料费			—		—	
	材料费小计			—	64.41	—	

续表

工程名称：某钢结构厂房　　　　　　　　　　　　　　　　　　　　　　　　第32页　共33页

项目编码	011701001001	项目名称	脚手架	计量单位	m^2	工程量	4320

清单综合单价组成明细													
定额编号	定额项目名称	定额单位	数量	单价/元					合价/元				
				人工费	材料费	机械费	管理费	利润	人工费	材料费	机械费	管理费	利润
20-29	单层轻钢厂房柱梁安装脚手架	10 m^2	0.1	17.22	1.5	1.64	4.9	2.26	1.72	0.15	0.16	0.49	0.23
20-30	单层轻钢厂房屋面瓦安装脚手架	10 m^2	0.1	4.92	1.73	1.64	1.71	0.79	0.49	0.17	0.16	0.17	0.08
20-31	单层轻钢厂房墙板、门窗、雨篷等其他安装单层墙板脚手架	10 m^2	0.070 239	8.2	1.53	1.64	2.56	1.18	0.58	0.11	0.12	0.18	0.08
综合人工工日		小　计							2.79	0.43	0.44	0.84	0.39
0.034工日		未计价材料费											
清单项目综合单价									4.89				

	主要材料名称、规格、型号	单位	数量	单价/元	合价/元	暂估单价/元	暂估合价/元
材料费明细	脚手钢管	kg	0.010 4	3.68	0.04		
	脚手架扣件	个	0.003 5	4.89	0.02		
	其他材料费	元	0.360 3	1	0.36		
	型钢	kg	0.003 4	3.5	0.01		
	工具式金属脚手	kg	0.001 1	4.08			
	其他材料费			—		—	
	材料费小计			—	0.43	—	

续表

工程名称：某钢结构厂房　　　　第33页　共33页

项目编码	011705001001	项目名称	大型机械设备进出场及安拆	计量单位	台次	工程量	1

清单综合单价组成明细

定额编号	定额项目名称	定额单位	数量	单价/元					合价/元				
				人工费	材料费	机械费	管理费	利润	人工费	材料费	机械费	管理费	利润
25-13	轮胎式起重机25 t以内场外运输费	次	1			5 197.49					5 197.49		
25-14	轮胎式起重机25 t以内组装拆卸费	次	1			2 690.81					2 690.81		
综合人工工日			小计						7 888.3				
0工日			未计价材料费										
清单项目综合单价									7 888.3				

	主要材料名称、规格、型号	单位	数量	单价/元	合价/元	暂估单价/元	暂估合价/元
材料费明细							
	其他材料费			—		—	
	材料费小计			—		—	

总价措施项目清单与计价表

工程名称：某钢结构厂房　　　　标段：　　　　第 2 页　共 2 页

序号	项目编码	项目名称	计算基础	费率/%	金额/元	调整费率/%	调整后金额/元	备注
1	011707001001	安全文明施工			87 576.43			
1.1	1.1	基本费	分部分项工程费＋单价措施项目费－分部分项除税工程设备费－单价措施除税工程设备费	3.1	87 576.43			
1.2	1.2	增加费	分部分项工程费＋单价措施项目费－分部分项除税工程设备费－单价措施除税工程设备费					
2	011707002001	夜间施工						
3	011707003001	非夜间施工照明						
4	011707005001	冬雨季施工	分部分项工程费＋单价措施项目费－分部分项除税工程设备费－单价措施除税工程设备费	0.125	3 531.31			
5	011707006001	地上、地下设施、建筑物的临时保护设施						
6	011707007001	已完工程及设备保护						

续表

工程名称：某钢结构厂房　　　　标段：　　　　第1页　共2页

序号	项目编码	项目名称	计算基础	费率/%	金额/元	调整费率/%	调整后金额/元	备注
7	011707008001	临时设施	分部分项工程费＋单价措施项目费－分部分项除税工程设备费－单价措施除税工程设备费	1.1	31 075.51			
8	011707009001	赶工措施						
9	011707010001	工程按质论价						
10	011707011001	住宅分户验收						
合计					122 183.25			

其他项目清单与计价汇总表

工程名称：某钢结构厂房　　　　标段：　　　　第 1 页　共 1 页

序号	项目名称	金额/元	结算金额/元	备注
1	暂列金额	10 000.00		
2	暂估价			
2.1	材料(工程设备)暂估价	—		
2.2	专业工程暂估价			
3	计日工			
4	总承包服务费			
合　计		10 000.00		—

暂列金额明细表

工程名称：某钢结构厂房　　　　　　　　　　标段：　　　　　　　　　　第1页　共1页

序号	项目名称	计量单位	暂定金额/元	备注
1	暂列金额		10 000.00	
合　计		10 000.00	—	

规费、税金项目计价表

工程名称：某钢结构厂房　　　　标段：　　　　第 1 页　共 1 页

序号	项目名称	计算基础	计算基数/元	计算费率/%	金额/元
1	规　费	分部分项工程费＋措施项目费＋其他项目费－除税工程设备费	113 261.88		113 261.88
1.1	社会保险费		2 957 229.22	3.2	94 631.34
1.2	住房公积金		2 957 229.22	0.53	15 673.31
1.3	工程排污费		2 957 229.22	0.1	2 957.23
2	税　金	分部分项工程费＋措施项目费＋其他项目费＋规费－(甲供材料费＋甲供设备费)/1.01	3 070 491.10	10	307 049.11
合　计					420 310.99

承包人供应材料一览表

工程名称：某钢结构厂房　　标段：　　第 1 页　共 4 页

序号	材料编码	材料名称	规格型号等特殊要求	单位	数量	除税单价	除税合价	含税合价	税额合价	备注
1	601021	醇酸磁漆	C04－42 大红及付红	kg	3.415 3	20.12	68.72	80.12	11.41	
2	601057	红丹防锈漆		kg	5.338 2	8.75	46.71	54.45	7.74	
3	603045	油漆溶剂油		kg	0.551	12.01	6.62	7.72	1.10	
4	608003	白布		m^2	0.017 2	2.93	0.05	0.06	0.01	
5	608144	砂纸		张	10.906	0.87	9.49	11.02	1.53	
6	609028	醇酸漆稀释剂	X6	kg	0.373 1	12.86	4.80	5.60	0.80	
7	01010100	钢筋	综合	t	0.606 3	3 447.35	2 090.13	2 437.33	347.20	
8	01050101	钢丝绳		kg	3.413 3	5.75	19.63	22.87	3.24	
9	01270100	型钢		t	94.279 2	3 498.80	329 864.06	384 659.14	54 795.07	
10	01270101	型钢		kg	14.708 6	3.50	51.48	60.01	8.53	
11	01270311	C、Z 轻钢		t	54.284 8	3 944.73	214 138.88	249 710.08	35 571.20	
12	01270415	槽型彩钢条	[2	m	312.96	7.12	2 228.28	2 597.57	369.29	
13	01292308	单层彩板		m^2	205.108 8	42.02	8 618.67	10 050.33	1 431.66	
14	01292308	单层彩板	0.6 mm	m^2	146.64	30.00	4 399.20	5 129.47	730.27	
15	01292502	彩钢夹芯板(岩棉)	δ80	m^2	3 298.168 8	88.60	292 217.76	340 766.80	48 549.04	
16	01292507	彩钢夹芯板(玻璃纤维芯材)	δ80(钢板 0.6＋0.5 厚)	m^2	4 286.88	88.60	379 817.57	442 920.44	63 102.87	
17	01510322	槽铝	75 mm	m	2 455.3411	20.58	50 530.92	58 928.19	8 397.27	
18	01510422	地槽铝	75 mm	m	451.164 6	31.56	14 238.75	16 602.86	2 364.10	
19	01510505	工字铝		m	8 694.898 9	9.00	78 254.09	91 296.44	13 042.35	
20	01510700	角铝		m	918.257 8	4.29	3 939.33	4 591.29	651.96	

续表

工程名称：某钢结构厂房　　　　标段：　　　　第 2 页　共 4 页

序号	材料编码	材料名称	规格型号等特殊要求	单位	数量	除税单价	除税合价	含税合价	税额合价	备注
21	01590211	镀锌铁皮	δ1.2	m^2	54.00	37.92	2 047.68	2 387.88	340.20	
22	02270105	白布		m^2	33.693 8	3.43	115.57	134.78	19.21	
23	02290301	麻绳		kg	3.267 1	5.75	18.79	21.89	3.10	
24	02290401	麻袋		条	3.338 5	4.29	14.32	16.69	2.37	
25	03010322	铝拉铆钉	LD-1	十个	8 705.205 6	0.26	2 263.35	2 611.56	348.21	
26	03031201	自攻螺钉		十个	911.16	0.51	464.69	546.70	82.00	
27	03050105	螺栓	M8×80	套	29.1128	0.14	4.08	4.66	0.58	
28	03050708	不锈钢螺栓	M12×110	套	358.722	1.96	703.10	817.89	114.79	
29	03050806	带母不锈钢螺栓	M12×45	套	358.722	1.97	706.68	825.06	118.38	
30	03053505	圆头螺栓(带垫圈)	Φ6×35 mm	套	622.296	0.26	161.80	186.69	24.89	
31	03070123	膨胀螺栓	M10×110	套	1 244.592	0.69	858.77	995.67	136.91	
32	03270202	砂纸		张	859.1892	0.94	807.64	945.11	137.47	
33	03410200	电焊条		kg	132.84	4.97	660.21	770.47	110.26	
34	03410205	电焊条	J422	t	2.5402	4 970.00	12 624.79	14 733.16	2 108.37	
35	03430421	碳钢埋弧焊丝		t	1.227 3	7 720.00	9 474.76	11 045.70	1 570.94	
36	03450200	焊剂		kg	472.495 8	3.43	1 620.66	1 889.98	269.32	
37	03510609	道钉		kg	58.826 4	5.92	348.25	405.90	57.65	
38	03570216	镀锌铁丝	8#	kg	92.748 2	4.20	389.54	454.47	64.92	
39	03590100	垫铁		kg	952.819 3	4.29	4 087.59	4 764.10	676.50	
40	03590715	镀锌连接铁件		kg	549.747	7.03	3 864.72	4 507.93	643.20	
41	03591503	钢砂		t	2.312 8	4 290.00	9 921.91	11 564.00	1 642.09	
42	03632106	钻头	Φ6～13	根	18.668 9	4.03	75.24	87.74	12.51	

续表

工程名称：某钢结构厂房　　　　标段：　　　　第 3 页　共 4 页

序号	材料编码	材料名称	规格型号等特殊要求	单位	数量	除税单价	除税合价	含税合价	税额合价	备注
43	04171521	彩钢屋脊		m^2	119.808	79.75	9 554.69	11 142.14	1 587.46	
44	04171525	304 不锈钢天沟	1 060 * 1.5 mm	m	207.36	214.20	44 416.51	51 794.38	7 377.87	
45	04171532	彩钢内外扣槽		m	3 470.724	3.00	10 412.17	12 147.53	1 735.36	
46	04171533	彩钢堵头		m	120.96	9.43	1 140.65	1 330.56	189.91	
47	05011200	圆木		m^3	0.222 2	1 286.32	285.82	333.30	47.48	
48	05030615	硬木成材		m^3	0.120 5	2 229.63	268.67	313.30	44.63	
49	06110210	聚碳酸酯采光板	600 * 1.5	m^2	278.10	100.00	27 810.00	32 429.24	4 619.24	
50	11030303	防锈漆		kg	675.900 8	12.86	8 692.08	10 138.51	1 446.43	
51	11030304	红丹防锈漆		t	1.104 8	12 860.00	14 207.73	16 572.00	2 364.27	
52	11030521	防火涂料		t	10.733 6	16 290.00	174 850.34	203 938.40	29 088.06	
53	11030528	厚型防火涂料(粉料、黏结胶料)		t	7.704 3	4 290.00	33 051.45	38 521.50	5 470.05	
54	11111503	醇酸磁漆		t	1.937 4	15 440.00	29 913.46	34 873.20	4 959.74	
55	11450513	醇酸漆稀释剂	X6	kg	505.405 5	12.86	6 499.51	7 581.08	1 081.57	
56	11590914	硅酮密封胶		L	113.13	68.60	7 760.72	9 050.40	1 289.68	
57	11591102	玻璃胶		L	270.698 8	34.30	9 284.97	10 827.95	1 542.98	
58	11591105	玻璃胶	300 mL	支	1 570.114 8	10.55	16 564.71	19 312.41	2 747.70	
59	12030107	油漆溶剂油		kg	347.647 3	12.01	4 175.24	4 867.06	691.82	
60	12370305	氧气		m^3	620.563 3	2.83	1 756.19	2 047.86	291.66	
61	12370335	乙炔气		kg	19.926	15.44	307.66	358.67	51.01	
62	12370336	乙炔气		m^3	247.435 2	14.05	3 476.46	4 052.99	576.52	
63	12413501	胶水		kg	6.422	10.72	68.84	80.28	11.43	
64	13121504	泡沫条		m	686.853	1.29	886.04	1030.28	144.24	

续表

工程名称：某钢结构厂房　　　　标段：　　　　第 4 页　共 4 页

序号	材料编码	材料名称	规格型号等特殊要求	单位	数量	除税单价	除税合价	含税合价	税额合价	备注
65	14310616	PVC－U 排水管	DN160	m	212.16	40.73	8 641.28	10 077.60	1 436.32	
66	15170312	PVC 塑料管束节	DN160	个	83.512	12.01	1 002.98	1 169.17	166.19	
67	15170919	PVC 塑料管 135°弯头	DN160	个	11.856	38.59	457.52	533.52	76.00	
68	15372509	PVC 塑料抱箍	Φ160	副	247.00	7.29	1 800.63	2 099.50	298.87	
69	26250345	固定卡子	75 mm	个	1 813.68	2.83	5 132.71	5 985.14	852.43	
70	30090310	PVC 塑料落水斗	Φ160	只	26.52	30.01	795.87	928.20	132.33	
71	30090506	铸铁落水口(带罩)	Φ150	套	26.26	24.01	630.50	735.28	104.78	
72	31010506	橡皮密封条	20×3～4 mm	m	7 143.426	3.86	27 573.62	32 145.42	4 571.79	
73	31010522	密封带	3×20 mm	m	642.276	1.80	1 156.10	1 348.78	192.68	
74	31130106	其它材料费		元	8 154.697 6	1.00	8 154.70	8 154.70	—	
75	32020132	钢管支撑		kg	4.340 1	3.59	15.58	18.19	2.60	
76	32030105	工具式金属脚手		kg	4.551 5	4.08	18.57	21.67	3.10	
77	32030121	钢支架、平台及连接件		kg	9.354	3.57	33.39	38.91	5.52	
78	32030303	脚手钢管		kg	44.948 6	3.68	165.41	192.83	27.42	
79	32030513	脚手架扣件		个	15.084	4.89	73.76	85.98	12.22	
80	32090101	周转木材		m^3	0.993 3	1 586.47	1 575.84	1 837.61	261.76	
81	32090101	周转木材		m^3	0.248 7	1 586.47	394.56	460.10	65.54	
82	32270103	金属校正器		kg	7.344 8	4.72	34.67	40.40	5.73	
83	34010113	钢轨	38 kg/m	t	0.048 2	4 116.24	198.40	231.36	32.96	
84	12010103	机械用汽油		kg	253.360 9	9.12	2 310.65	2 695.76	385.11	
85	12010303	机械用柴油		t	1.565 8	7 740.00	12 119.29	14 139.17	2 019.88	
86	31150301	机械用电力		kW·h	38 438.970 6	0.76	29 213.62	34 210.68	4 997.07	
合　计							1 938 662.84	2 259 542.83	320 879.92	

附录　钢材规格及重量表

附录1　圆钢

直径/mm	截面面积/cm²	理论重量/kg·m⁻¹	直径/mm	截面面积/cm²	理论重量/kg·m⁻¹	直径/mm	截面面积/cm²	理论重量/kg·m⁻¹	直径/mm	截面面积/cm²	理论重量/kg·m⁻¹
3	0.071	0.055	17	2.270	1.780	35	9.620	7.500	110	95.030	74.600
4	0.126	0.099	18	2.545	1.998	36	10.179	7.990	120	113.100	88.780
5	0.196	0.154	19	2.835	2.230	38	11.340	8.902	130	132.730	104.200
6	0.283	0.222	20	3.142	2.466	40	12.561	9.865	140	153.120	120.840
6.5	0.332	0.261	21	3.464	2.720	42	13.850	10.879	150	176.720	138.720
7	0.385	0.302	22	3.801	2.984	45	15.940	12.490	160	201.060	157.830
8	0.503	0.395	23	4.155	3.260	48	18.100	14.210	170	226.980	178.180
9	0.635	0.499	24	4.524	3.551	50	19.635	15.410	180	254.470	199.760
10	0.785	0.617	25	4.909	3.850	53	22.060	17.320	190	283.530	222.570
11	0.950	0.750	26	5.390	4.170	55	23.760	18.650	200	314.160	246.620
12	1.131	0.888	27	5.726	4.495	60	28.270	22.190	210	346.360	271.890
13	1.327	1.040	28	6.153	4.830	70	39.480	30.210	220	330.130	298.400
14	1.539	1.208	30	7.069	5.550	80	50.270	39.460	240	452.390	355.130
15	1.767	1.390	32	8.043	6.310	90	63.620	49.940	250	490.880	385.340
16	2.011	1.578	34	9.079	7.130	100	78.540	61.650			

附录 2　方钢

边长/mm	截面面积/cm^2	理论重量/$kg \cdot m^{-1}$	边长/mm	截面面积/cm^2	理论重量/$kg \cdot m^{-1}$	边长/mm	截面面积/cm^2	理论重量/$kg \cdot m^{-1}$
5	0.25	0.196	20	4.00	3.14	48	23.04	18.09
6	0.36	0.283	21	4.41	3.46	50	25.00	19.63
7	0.49	0.385	22	4.84	3.80	53	28.09	22.05
8	0.64	0.502	24	5.76	4.52	56	31.36	24.61
9	0.81	0.636	25	6.25	4.91	60	36.00	28.26
10	1.00	0.785	26	6.76	5.30	63	39.69	31.16
11	1.21	0.960	28	7.84	6.15	65	42.25	33.17
12	1.44	1.130	30	9.00	7.06	70	49.00	38.47
13	1.69	1.33	32	10.24	8.04	75	56.25	44.16
14	1.96	1.54	34	11.56	9.07	80	64.00	50.24
15	2.25	1.77	36	12.96	10.17	85	72.25	56.72
16	2.56	2.01	38	14.44	11.24	90	81.00	63.59
17	2.86	2.27	40	16.00	12.56	95	90.25	70.85
18	3.24	2.54	42	17.64	13.85	100	100.00	78.50
19	3.61	2.82	45	20.45	15.90			

附录3 钢板

厚度/mm	理论重量/kg·m^{-2}	厚度/mm	理论重量/kg·m^{-2}	厚度/mm	理论重量/kg·m^{-2}	厚度/mm	理论重量/kg·m^{-2}
0.2	1.570	1.6	12.56	11	86.35	30	235.5
0.25	1.963	1.8	14.13	12	94.20	32	251.2
0.3	2.355	2.0	15.70	13	102.1	34	266.9
0.35	2.748	2.2	17.27	14	109.9	36	282.6
0.4	3.140	2.5	19.63	15	117.8	38	298.3
0.45	3.533	2.8	21.98	16	125.6	40	314.0
0.5	3.925	3.0	23.55	17	133.5	42	329.7
0.55	4.318	3.2	25.12	18	141.3	44	345.4
0.6	4.710	3.5	27.48	19	149.2	46	361.1
0.7	5.495	3.8	29.83	20	157.0	48	376.8
0.75	5.888	4.0	31.40	21	164.9	50	392.5
0.8	6.280	4.5	35.33	22	172.7	52	408.5
0.9	7.065	5.0	39.25	23	180.6	54	425.9
1.0	7.850	5.5	43.18	24	188.4	56	439.6
1.1	8.635	6.0	47.10	25	196.3	58	455.3
1.2	9.420	7.0	54.95	26	204.1	60	471.0
1.25	9.813	8.0	62.80	27	212.0		
1.4	10.99	9.0	70.65	28	219.8		
1.5	11.78	10.0	78.50	29	227.7		

附录 4　螺栓

直径/mm	螺杆/kg·m^{-1}	高 H/mm		对角距离 D/mm	一个头重/kg	单帽重/kg	双帽重/kg
		头	帽				
9	0.499	9	7	13	0.015	0.008 8	0.018
10	0.617	10	8	20	0.020	0.013	0.026
12	0.888	12	10	24	0.035	0.023	0.048
14	1.200	14	11	28	0.056	0.034	0.068
16	1.580	16	13	32	0.084	0.052	0.104
18	1.998	18	14	36	0.119	0.072	0.144
19	2.230	19	15	38	0.140	0.086	0.172
20	2.466	20	16	40	0.163	0.105	0.210
22	2.980	22	18	44	0.217	0.141	0.282
24	3.551	24	19	48	0.299	0.188	0.376
25	3.850	25	20	50	0.319	0.200	0.400
27	4.498	27	22	54	0.401	0.255	0.510
28	4.834	28	22	56	0.448	0.274	0.548
30	5.549	30	24	60	0.551	0.344	0.688
32	6.310	32	26	64	0.668	0.424	0.848
34	7.127	34	27	68	0.802	0.498	0.996
36	7.990	36	29	72	0.952	0.599	1.198
38	8.903	38	30	76	1.119	0.691	1.382
40	9.865	40	32	80	1.305	0.816	1.632
42	10.876	42	34	84	1.511	0.956	1.912
45	12.485	45	36	90	1.858	1.159	2.318

注：每支螺栓重量＝螺栓长度×螺栓每米重量＋端头重＋帽重

附录 5　C 型钢表

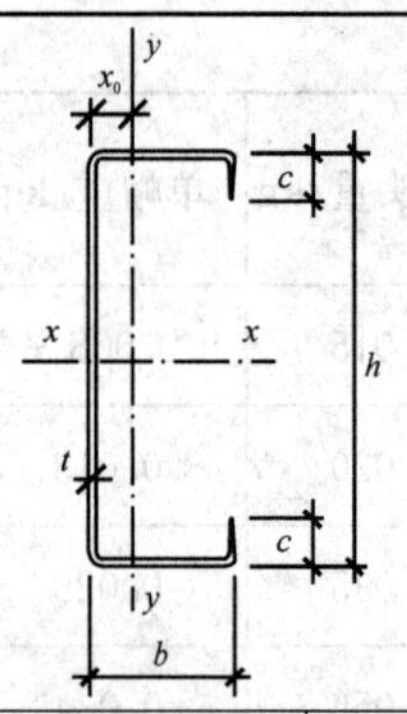

C 型钢示意图以及参数说明
左图中：
h 为高度 Height
b 为中腿边长 Mid Flange
c 为小腿边长 Small Flange
t 为厚度 Thickness
一般 C 型钢比重计算公式为：
G=(外形总长－N 个角×2t)×t×7.85

型号	尺寸/mm				截面积 cm^2	理论重量 /kg·m^{-1}	型号	尺寸/mm				截面积 /cm^2	理论重量 /kg·m^{-1}
	h	b	c	t				h	b	c	t		
C80	80	40	20	2.25	4.29	3.37	C160	160	60	20	2.25	6.99	5.49
C80	80	40	20	2.50	4.75	3.72	C160	160	60	20	2.50	7.75	6.08
C80	80	40	20	2.75	5.19	4.08	C160	160	60	20	2.75	8.49	6.67
C80	80	40	20	3.00	5.64	4.42	C160	160	60	20	3.00	9.24	7.25
C80	80	50	20	2.25	4.74	3.72	C160	160	70	20	2.25	7.44	5.84
C80	80	50	20	2.50	5.25	4.12	C160	160	70	20	2.50	8.25	6.47
C80	80	50	20	2.75	5.74	4.51	C160	160	70	20	2.75	9.04	7.10
C80	80	50	20	3.00	6.24	4.89	C160	160	70	20	3.00	9.84	7.72
C100	100	50	20	2.25	5.19	4.08	C180	180	50	20	2.25	6.99	5.49
C100	100	50	20	2.50	5.75	4.51	C180	180	50	20	2.50	7.75	6.08
C100	100	50	20	2.75	6.29	4.94	C180	180	50	20	2.75	8.49	6.67
C100	100	50	20	3.00	6.84	5.36	C180	180	50	20	3.00	9.24	7.25
C120	120	50	20	2.25	5.64	4.43	C180	180	60	20	2.25	7.44	5.84
C120	120	50	20	2.50	6.25	4.90	C180	180	60	20	2.50	8.25	6.47
C120	120	50	20	2.75	6.84	5.37	C180	180	60	20	2.75	9.04	7.10
C120	120	50	20	3.00	7.44	5.84	C180	180	60	20	3.00	9.84	7.72
C140	140	50	20	2.25	6.09	4.78	C180	180	70	20	2.25	7.89	6.19
C140	140	50	20	2.50	6.75	5.29	C180	180	70	20	2.50	8.75	6.86
C140	140	50	20	2.75	7.39	5.80	C180	180	70	20	2.75	9.59	7.53
C140	140	50	20	3.00	8.03	6.31	C180	180	70	20	3.00	10.44	8.19
C140	140	60	20	2.25	6.54	5.13	C180	180	80	20	2.25	8.34	6.55
C140	140	60	20	2.50	7.25	5.69	C180	180	80	20	2.50	9.25	7.26
C140	140	60	20	2.75	7.94	6.23	C180	180	80	20	2.75	10.14	7.96
C140	140	60	20	3.00	8.64	6.78	C180	180	80	20	3.00	11.04	8.66
C160	160	50	20	2.25	6.54	5.13	C200	200	50	20	2.25	7.44	5.84
C160	160	50	20	2.50	7.25	5.69	C200	200	50	20	2.50	8.25	6.47
C160	160	50	20	2.75	7.94	6.23	C200	200	50	20	2.75	9.04	7.10
C160	160	50	20	3.00	8.64	6.78	C200	200	50	20	3.00	9.84	7.72

续表

型号	尺寸/mm				截面积 cm²	理论重量 /kg·m⁻¹	型号	尺寸/mm				截面积 /cm²	理论重量 /kg·m⁻¹
	h	b	c	t				h	b	c	t		
C200	200	60	20	2.25	7.89	6.19	C240	240	60	20	2.25	8.79	6.90
C200	200	60	20	2.50	8.75	6.86	C240	240	60	20	2.50	9.75	7.65
C200	200	60	20	2.75	9.59	7.53	C240	240	60	20	2.75	10.69	8.39
C200	200	60	20	3.00	10.44	8.19	C240	240	60	20	3.00	11.64	9.13
C200	200	70	20	2.25	8.34	6.55	C240	240	70	20	2.25	9.24	7.25
C200	200	70	20	2.50	9.25	7.26	C240	240	70	20	2.50	10.25	8.04
C200	200	70	20	2.75	10.14	7.96	C240	240	70	20	2.75	11.24	8.82
C200	200	70	20	3.00	11.04	8.66	C240	240	70	20	3.00	12.24	9.60
C200	200	80	20	2.25	8.79	6.90	C240	240	80	20	2.25	9.69	7.61
C200	200	80	20	2.50	9.75	7.65	C240	240	80	20	2.50	10.75	8.43
C200	200	80	20	2.75	10.69	8.39	C240	240	80	20	2.75	11.79	9.26
C200	200	80	20	3.00	11.64	9.13	C240	240	80	20	3.00	12.84	10.07
C220	220	50	20	2.25	7.89	6.19	C250	250	50	20	2.25	8.57	6.72
C220	220	50	20	2.50	8.75	6.86	C250	250	50	20	2.50	9.50	7.45
C220	220	50	20	2.75	9.59	7.53	C250	250	50	20	2.75	10.42	8.18
C220	220	50	20	3.00	10.44	8.19	C250	250	50	20	3.00	11.34	8.90
C220	220	60	20	2.25	8.34	6.55	C250	250	60	20	2.25	9.02	7.08
C220	220	60	20	2.50	9.25	7.26	C250	250	60	20	2.50	10.00	7.85
C220	220	60	20	2.75	10.14	7.96	C250	250	60	20	2.75	10.97	8.61
C220	220	60	20	3.00	11.04	8.66	C250	250	60	20	3.00	11.94	9.37
C220	220	70	20	2.25	8.79	6.90	C250	250	70	20	2.25	9.47	7.43
C220	220	70	20	2.50	9.75	7.65	C250	250	70	20	2.50	10.50	8.24
C220	220	70	20	2.75	10.69	8.39	C250	250	70	20	2.75	11.52	9.04
C220	220	70	20	3.00	11.67	9.13	C250	250	70	20	3.00	12.54	9.84
C220	220	80	20	2.25	9.24	7.25	C250	250	75	20	2.25	9.69	7.61
C220	220	80	20	2.50	10.25	8.04	C250	250	75	20	2.50	10.75	8.43
C220	220	80	20	2.75	11.24	8.82	C250	250	75	20	2.75	11.79	9.26
C220	220	80	20	3.00	12.24	9.60	C250	250	75	20	3.00	12.84	10.07
C240	240	50	20	2.25	8.34	6.55	C250	250	80	20	2.25	9.92	7.78
C240	240	50	20	2.50	9.25	7.26	C250	250	80	20	2.50	11.00	8.63
C240	240	50	20	2.75	10.14	7.96	C250	250	80	20	2.75	12.07	9.47
C240	240	50	20	3.00	11.04	8.66	C250	250	80	20	3.00	13.14	10.31

附录 6　热轧等边角钢的尺寸及重量表

号数	尺寸/mm		截面面积/cm²	理论质量/kg·m⁻¹
	边宽	边厚		
2	20	3	1.13	0.889
		4	1.46	1.145
2.5	25	3	1.43	1.124
		4	1.86	1.459
3	30	3	1.75	1.373
		4	2.28	1.786
3.6	36	3	2.11	1.56
		4	2.76	2.163
		5	3.38	2.654
4	40	3	2.36	1.852
		4	3.09	2.422
		5	3.79	2.976
4.5	45	3	2.66	2.088
		4	3.49	2.736
		5	4.29	3.369
		6	5.08	3.985
5	50	3	2.97	2.332
		4	3.9	3.059
		5	4.803	3.770
		6	5.688	4.465
5.6	56	3	3.343	2.624
		4	4.39	3.446
		5	5.415	4.251
		8	6.568	6.568
6.3	63	4	4.978	3.907
		5	6.143	4.822
		6	7.288	5.721
		8	9.515	7.469
		10	11.657	9.151

续表

号数	尺寸/mm		截面面积/cm^2	理论质量/$kg \cdot m^{-1}$
	边宽	边厚		
7	70	4	5.57	4.372
		5	6.875	5.397
		6	8.16	6.406
		7	9.424	7.398
		8	10.667	8.373
7.5	75	5	7.412	5.818
		6	8.797	6.905
		7	10.16	7.976
		8	11.503	9.030
		10	14.126	11.089
8	80	5	7.912	6.211
		6	9.397	7.376
		7	10.86	8.525
		8	12.303	9.658
		10	15.126	11.874
9	90	6	10.637	8.350
		7	12.301	9.656
		8	13.944	10.946
		10	17.167	13.476
		12	20.306	15.940
10	100	6	11.932	9.366
		7	13.796	10.830
		8	15.638	12.276
		10	19.261	15.120
		12	22.8	17.898
		14	26.256	20.611
		16	29.627	23.257

续表

号数	尺寸/mm		截面面积/cm^2	理论质量/$kg \cdot m^{-1}$
	边宽	边厚		
11	110	7	15.196	11.928
		8	17.238	13.532
		10	21.261	16.690
		12	25.2	19.782
		14	29.056	22.809
12.5	125	8	19.75	15.504
		10	24.373	19.133
		12	28.912	22.696
		14	33.367	26.193
14	140	10	27.373	21.488
		12	32.512	25.522
		14	37.567	29.490
		16	42.539	33.393
16	160	10	31.502	24.729
		12	37.441	29.391
		14	43.296	33.987
		16	49.067	38.518
18	180	12	42.241	33.159
		14	48.896	38.383
		16	55.467	43.542
		18	61.955	48.634
20	200	14	54.642	42.894
		16	62.136	48.680
		18	9.301	54.401
		20	76.505	60.056
		24	90.661	70.168

注：① 等边角钢的通常长度应符合附表 1 中的规定。

② 定尺长度和倍尺长度应在合同中注明，其长度允许偏差为＋50 mm。

附表 1　等边角钢的通常长度

号数	2～9	10～14	16～20
长度/m	4～12	4～19	6～10

附录 7　热轧不等边角钢的尺寸及重量表

号数	尺寸/mm			截面面积/cm²	理论质量/kg・m⁻¹
	长边宽	短边宽	边厚		
2. 5/1. 6	25	16	3	1. 162	0. 912
		16	4	1. 499	1. 176
3. 2/2	32	20	3	1. 492	1. 171
		20	4	1. 939	1. 522
4/2. 5	40	25	3	1. 890	1. 484
		25	4	2. 467	1. 936
4. 5/2. 8	45	28	3	2. 149	1. 687
		28	4	2. 806	2. 203
5/3. 2	50	32	3	2. 431	1. 908
		32	4	3. 177	2. 494
5. 6/3. 6	56	36	3	2. 743	2. 153
		36	4	3. 590	2. 818
		36	5	4. 415	3. 466
6. 3/4	63	40	4	4. 058	3. 185
		40	5	4. 993	3. 920
		40	6	5. 908	4. 638
		40	7	6. 802	5. 339
7/4. 5	70	45	4	4. 547	3. 570
		45	5	5. 609	4. 403
		45	6	6. 647	5. 218
		45	7	7. 657	6. 011
7. 5/5	75	50	5	6. 125	4. 808
		50	6	7. 260	5. 699
		50	8	9. 467	7. 431
		50	10	11. 590	9. 098
8/5	80	50	5	6. 375	5. 005
		50	6	7. 560	5. 935
		50	7	8. 724	6. 848
		50	8	9. 867	7. 745

续表

号数	尺寸/mm			截面面积/cm²	理论质量/kg·m⁻¹
	长边宽	短边宽	边厚		
9/5.6	90	56	5	7.212	5.661
		56	6	8.557	6.717
		56	7	9.880	7.756
		56	8	11.183	8.779
10/6.3	100	63	6	9.617	7.550
		63	7	11.111	8.722
		63	8	12.584	9.878
		63	10	15.467	12.142
10/8	100	80	6	10.637	8.350
		80	7	12.301	9.656
		80	8	13.944	10.946
		80	10	17.167	13.476
11/7	110	70	6	10.637	8.350
		70	7	12.301	9.656
		70	8	13.944	10.946
		70	10	17.167	13.476
12.5/8	125	8	7	14.096	11.066
		8	8	15.989	12.551
		8	10	19.712	15.474
		8	12	23.351	18.330
14/9	140	90	8	18.038	14.160
		90	10	22.261	17.475
		90	12	26.400	20.724
		90	14	30.456	23.908
16/10	160	100	10	25.315	19.872
		100	12	30.054	23.592
		100	14	34.709	27.247
		100	16	39.281	30.835

续表

号数	尺寸/mm			截面面积/cm²	理论质量/kg·m⁻¹
	长边宽	短边宽	边厚		
18/11	180	110	10	28.373	22.273
		110	12	33.712	26.464
		110	14	38.967	30.589
		110	16	44.139	34.649
20/12.5	200	125	12	37.912	29.761
		125	14	43.867	34.436
		125	16	49.739	39.045
		125	18	55.526	43.588

注：① 不等边角钢的通常长度应符合附表 2 中的规定。

② 定尺长度和倍尺长度应在合同中注明，其长度允许偏差为＋50 mm。

附表 2　不等边角钢的通常长度

号数	2.5/1.6～9/5.6	10/6.3～14/9	16/10～20/12.5
长度/m	4～12	4～19	6～10

附录8　热轧工角钢的尺寸及重量表

型号	尺寸/mm			截面面积/cm^2	理论质量/$kg \cdot m^{-1}$
	高	腿宽	腹厚		
10	100	68	4.5	14.345	11.261
12.6	126	74	5	18.118	14.223
14	140	80	5.5	21.516	16.890
16	160	88	6	26.131	20.513
18	180	94	6.5	30.756	24.143
20a	200	100	7	35.578	27.929
20b	200	102	9	39.578	31.069
22a	220	110	7.5	42.128	33.070
22b	220	112	9.5	46.528	36.524
25a	250	116	8	48.541	38.105
25b	250	118	10	53.541	42.030
28a	280	122	8.5	55.404	43.492
28b	280	124	10.5	61.004	47.888
32a	320	130	9.5	67.145	52.717
32b	320	132	11.5	73.556	57.741
32c	320	134	13.5	79.956	62.765
36a	360	136	10	76.480	60.037
36b	360	138	12	83.680	65.689
36c	360	140	14	90.880	71.341
40a	400	142	10.5	86.112	67.598
40b	400	144	12.5	94.112	73.878
40c	400	146	14.5	102.112	80.158
45a	450	150	11.5	102.446	80.420
45b	450	152	13.5	111.446	87.485
45c	450	154	15.5	120.446	94.550
50a	500	158	12	119.304	93.654
50b	500	160	14	129.304	101.504
50c	500	162	16	139.304	109.354
56a	560	166	12.5	135.435	106.316
56b	560	168	14.5	146.635	115.108
56c	560	170	16.5	157.835	123.900
63a	630	176	13	154.658	121.407
63b	630	178	15	167.258	131.298
63c	630	180	7	179.858	141.189

附录 9 热轧槽钢的尺寸及重量表

型号	尺寸/mm			截面面积/cm²	理论质量/kg·m⁻¹
	高	腿宽	腰厚		
5	50	37	4.5	6.928	5.438
6.3	63	40	4.8	8.451	6.634
8	80	43	5.0	10.248	8.045
10	100	48	5.3	12.748	10.007
12.6	126	53	5.5	15.692	12.318
14a	140	58	6.0	18.516	14.535
14b	140	60	8.0	21.316	16.733
16a	160	63	6.5	21.962	17.24
16	160	65	8.5	25.162	19.752
18a	180	68	7.0	25.699	20.174
18	180	70	9.0	29.299	23.000
20a	200	73	7.0	28.837	22.637
20	200	75	9.0	32.831	25.717
22a	220	77	7.0	31.646	24.999
22	220	79	9.0	36.245	28.453
25a	250	78	7.0	34.917	27.410
25b	250	80	9.0	39.917	31.335
25c	250	82	11.0	44.917	35.260
28a	280	82	7.5	40.034	31.427
28b	280	84	9.5	45.634	35.823
28c	280	86	11.5	51.234	40.219
32a	320	88	8.0	48.513	38.083
32b	320	90	10.0	54.913	43.107
32c	320	92	12.0	61.313	48.131
36a	360	96	9.0	60.910	47.814
36b	360	98	11.0	68.110	53.466
36c	360	100	13.0	75.310	59.118
40a	400	100	10.5	75.068	58.928
40b	400	102	12.5	83.068	65.208
40c	400	104	14.5	91.068	71.488

参考文献

[1] 中华人民共和国建设部.建筑制图标准 GB/T50104—2001[S].北京:中国计划出版社,2002

[2] 中华人民共和国建设部.建筑结构可靠度设计统一标准 GB50068—2001[S].北京:中国建筑工业出版社,2002

[3] 中华人民共和国住房和城乡建设部.建筑抗震设计规范 GB50011—2010[S].北京:中国建筑工业出版社,2010

[4] 中华人民共和国建设部.建筑结构荷载规范 GB50009—2012[S].北京:中国建筑工业出版社,2012

[5] 中华人民共和国建设部.钢结构设计规范 GB50017—2003[S].北京:中国计划出版社,2003

[6] 中国工程建设标准化协会.门式刚架轻型房屋钢结构技术规程 CECS102:2002[S].北京:中国计划出版社,2003

[7] 中国建筑技术研究院.高层民用建筑钢结构技术规程 JGJ99—1998[S].北京:中国建筑工业出版社,1998

[8] 中华人民共和国建设部.钢结构工程施工质量验收规范 GB50205—2001[S].北京:中国计划出版社,2002

[9] 上海宝钢工程指挥部.钢结构制作安装施工规程 YB9254—1995[S].北京:冶金工业出版社,1996

[10] 中华人民共和国建设部.建筑钢结构焊接技术规程 JGJ81—2002[S].北京:中国建筑工业出版社,2002

[11] 湖北省建筑工程总公司.钢结构高强度螺栓连接的设计、施工及验收规程 JGJ82—91[S].北京:中国建筑工业出版社,1993

[12] 中华人民共和国建设部.钢桁架检验及验收标准 JG9—1999[S].北京:中国标准出版社,1999

[13] 中华人民共和国建设部.钢网架检验及验收标准 JG12—1999[S].北京:中国标准出版社,1999

[14] 中华人民共和国建设部.网架结构设计与施工规程 JGJ7—91[S].北京:中国建筑工业出版社,1992

[15] 戴国欣.钢结构[M].武汉:武汉理工大学出版社,2007

[16] 王新武.钢结构[M].郑州:郑州大学出版社,2006

[17] 何芳.钢结构工程计量与计价[M].北京:中国水利水电出版社,2013

[18] 金大伟.钢结构工程造实训[M].南京:江苏科学技术出版社,2012

[19]《看范例快速学习钢结构工程预算》编委会.看范例快速学习钢结构工程预算[M].北京:机械工业出版社,2014

[20] 张国栋.一图一算之钢结构工程造价[M].北京:机械工业出版社,2014

[21] 中华人民共和国住房和城乡建设部.建设工程工程量清单计价规范 GB50500—2013[S].北京:中国计划出版社,2013

[22] 中华人民共和国住房和城乡建设部.房屋建筑与装饰工程工程量清单计算规范 GB50854—2013[S].北京:中国计划出版社,2013